新时代新使命战略研究丛书

无形疆域安全

——新时代网络空间安全战略研究

李大光◎著

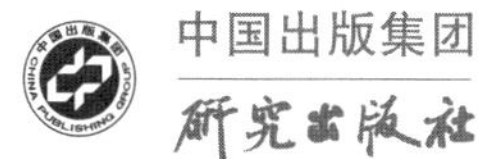

图书在版编目 (CIP) 数据

无形疆域安全 : 新时代网络空间安全战略研究 / 李大光著 . -- 北京 : 研究出版社 , 2022.3

（新时代新使命战略研究丛书）

ISBN 978-7-5199-0170-7

Ⅰ . ①无… Ⅱ . ①李… Ⅲ . ①计算机网络 – 网络安全 – 研究 Ⅳ . ① TP393.08

中国版本图书馆 CIP 数据核字 (2022) 第 026619 号

出 品 人：赵卜慧

责任编辑：陈侠仁

无形疆域安全：新时代网络空间安全战略研究

WUXING JIANGYU ANQUAN:

XINSHIDAI WANGLUO KONGJIAN ANQUAN ZHANLüE YANJIU

李大光　著

研究出版社 出版发行

（100011　北京市朝阳区安华里 504 号 A 座）

北京中科印刷有限公司印刷　新华书店经销

2022 年 3 月第 1 版　2022 年 3 月北京第 1 次印刷

开本：710 毫米 ×1000 毫米　1/16　印张：27.5

字数：378 千字

ISBN 978 – 7 – 5199 – 0170 – 7　定价：76.00 元

邮购地址 100011　北京市朝阳区安华里 504 号 A 座

电话（010）64217619　64217612（发行中心）

前言

国家利益在网络空间空前拓展，维护网络空间利益已经成为国家层面的重点战略关注。自20世纪中叶诞生以来，网络以几何级指数迅速辐射到社会生活的方方面面，铸就了经济发展新引擎，开创了社会生活新模式。如今，世界各国的政治、经济、文化、社会生活对网络的依存度越来越大，各种业务处理基本实现网络化，世界各国尤其是发达的社会运转已经与网络密不可分，网络空间已经渗透到政治、经济、军事、文化、社会生活等各个领域。

互联网是20世纪人类最伟大的发明之一，网络空间是人类共同的活动空间，这一空间正在深刻改变人们的生产和生活方式。网络技术的迅猛发展和广泛应用，引起了国家安全领域的革命性变革，网络安全成为国家安全的“无形疆域”，构成了国家安全的重要内容和关键要素。随着网络技术的发展和使用范围的扩大，网络空间安全问题日益成为国际社会关注的新问题。网络安全形势日益严峻，国家政治、经济、文化、社会、国防安全及公民在网络空间的合法权益面临诸多风险与严峻挑战。网络空间已被世界各国视为影响国家安全、地缘政治乃至国际政治格局的重要因素之一，成为国家间战略博弈的新高地。可以说，网络安全是事关国家安全的重大战略问题，没有网络空间安全，国家安全的其他领域就得不到有效保障，因而也就没有国家的总体安全。

网络安全在国家安全中占有极其重要的战略地位，已经成为国家和社会的基础性安全。由于全球互联网发展不平衡，网络空间内新老问题交叠，现有互联网治理规则难以反映大多数国家的意愿和利益。在互联网这种新型国际公域中，世界各国尤其是网络强国在这一公共空间展开新的角逐，使互联网这一国际网络空间安全呈现新态势。网络犯罪、有害信息、黑客活动等频频登上报头刊尾，可以说互联网空间危机四伏，引发网络空间的安全问题日益凸显，已成为各国共同面临的重大安全问题。针对网络空间安全威胁在全球蔓延的态势，各个国家着眼网络空间治理的长远目标，纷纷制定网络空间安全战略，用以维护本国网络空间安全。

我国已成为网络大国，但还不是网络强国，在网络安全方面面临着严峻挑战。网络空间安全已经成为我国面临的最复杂、最现实、最严峻的非传统安全问题之一。没有网络空间安全就没有国家安全，也就没有经济社会稳定运行，广大人民群众利益就难以得到保障。因此，新时代如何构建网络空间安全战略？如何维护国家网络空间安全？这是当今迫切需要解决的重要议题。本书采用比较分析法、文献分析法、定性分析法等研究方法，从新时代网络空间安全问题与国家政治安全、经济安全、军事安全、外交安全、文化安全和社会安全的关系入手，进而研究当今世界主要国家网络空间安全战略，最后研究构建以网络强国为目标的我国网络空间安全战略。

李大光

2021 年 8 月 28 日

目 录 CONTENTS

绪 论

一、新时代全球网络空间飞速发展 002

（一）网络空间进入全球互联的新时代 002

（二）中国网络进入全民互联的新时代 009

（三）中国网络建设进入全面发展新时代 014

二、几个相关基本概念的诠释 016

（一）网络空间与赛博空间 017

（二）网络空间与传统空间 022

（三）网络空间安全与安全战略 026

（四）网络社会与网络社会治理 031

三、新时代网络空间安全建设的紧迫性 034

（一）新时代网络空间安全危机四伏 034

（二）中国网络空间安全的机遇与挑战 037

（三）维护网络空间安全刻不容缓 039

第一章 网络安全与政治安全

一、网络空间安全威胁政治安全 044

（一）网络空间的政治安全问题日益凸显 045

（二）网络空间成为政治博弈新空间 050
（三）网络空间赋予政治安全新内涵 055

二、网络空间政治安全面临新挑战 059
（一）通过网络空间侵犯国家网络主权 060
（二）网络安全威胁国家政治制度安全 065
（三）网络安全冲击国家意识形态安全 068
（四）网络空间安全威胁政治秩序安全 073
（五）网络地缘政治扩大地缘政治内涵 076

三、维护网络空间政治安全刻不容缓 081
（一）网络政治安全关乎国家安全 081
（二）维护网络空间政治安全任重道远 086
（三）全面维护国家网络空间政治安全 087

第二章 网络安全与经济安全

一、网络空间为经济发展拓展新空间 094
（一）“互联网+”为传统经济增添新活力 094
（二）物联网成为新的经济增长点 098
（三）“互联网+经济”发展前景广阔 102

二、网络空间安全事关国家经济安全 108
（一）网络时代经济安全日益凸显 109
（二）网络空间安全脆弱的经济领域 118
（三）造成网络经济安全问题的主要原因 123

三、积极应对网络时代的经济安全威胁 128
（一）中国网络经济安全威胁严峻 129
（二）综合施策化解网络经济安全威胁 135

（三）全面提高维护网络经济安全的能力 138

第三章 网络安全与军事安全

一、网络空间军事化愈演愈烈 144

（一）网络空间军事理论逐渐成熟 144
（二）网络空间军事竞赛日趋激烈 150
（三）网络空间军事演练常态化 161

二、网络空间面临网络战争威胁 165

（一）近几场战争中的网络战 165
（二）地区冲突中的网络战 172
（三）地缘政治争端中的网络战 177

三、中国网络空间面临的军事威胁严峻 182

（一）新时代中国网络空间安全形势 183
（二）中美网络空间治理理念的不同 194
（三）中国网络空间安全威胁新趋势 198

第四章 美国网络空间安全战略

一、美国在国际互联网空间的态势 210

（一）美国掌握互联网的管理权 210
（二）美国掌握互联网的主导权 214
（三）美国掌握网络空间的控制权 219
（四）美国在网络空间“一超独大” 225

二、美国网络空间安全战略发展演变 229

（一）克林顿政府的网络空间安全战略 230
（二）布什政府的网络空间安全战略 232

（三）奥巴马政府的网络空间安全战略 237
（四）特朗普政府的网络空间安全战略 243
（五）拜登政府的网络空间安全战略 248

三、美国网络空间安全战略内涵与特点 267
（一）网络空间安全战略的基本内涵 268
（二）网络空间安全战略的主要特点 281

第五章 俄罗斯网络空间安全战略

一、积极参与网络空间的竞争博弈 290
（一）俄罗斯信息安全与网络安全概念 290
（二）积极谋求网络空间控制权 294
（三）打造网络安全有效防护体系 296

二、网络空间安全战略发展演变 297
（一）网络空间安全战略的初步发展 298
（二）网络空间安全战略的逐渐形成 300
（三）网络空间安全战略的基本成型 302

三、网络空间安全战略的内容与特点 305
（一）网络空间安全战略的基本内容 305
（二）网络空间安全战略的主要特点 316

第六章 欧盟网络空间安全战略

一、欧盟网络空间安全战略发展演变 322
（一）发布多部网络空间安全策略法案 322
（二）顶层设计欧盟网络空间安全战略 323
（三）初步形成网络空间安全战略体系 326

二、欧盟网络空间安全战略的内容与特点 330
（一）欧盟网络空间安全战略的主要内容 330
（二）欧盟网络空间安全战略的基本特点 335

三、主要国家网络空间安全战略 336
（一）法国的网络空间安全战略 336
（二）德国网络空间安全战略 339
（三）欧盟前成员国英国的网络空间安全战略 342

第七章 亚太国家网络空间安全战略

一、中国网络空间安全战略 348
（一）网络空间安全战略的发展演变 348
（二）网络空间安全战略的主要内容 350
（三）中国网络空间安全战略的主要特点 353

二、中国周边国家网络空间安全战略 354
（一）日本网络空间安全战略 354
（二）印度网络空间安全战略 361
（三）韩国网络空间安全战略 363

三、其他亚太国家网络空间安全战略 368
（一）以色列网络空间安全战略 368
（二）伊朗网络空间安全战略 370

第八章 全面推进网络强国战略

一、中国亟须推进网络强国战略 376
（一）国家网络主权受到侵害 376
（二）网络边疆安全不容乐观 381

（三）网络国防存在安全隐患 384

二、推进网络强国战略基本构想 390

（一）走中国特色网络强国之路 390

（二）制定落实网络强国发展战略 393

（三）推进网络强国建设路径选择 397

三、全面推进网络强国战略主要措施 402

（一）牢固树立网络安全新观念，
提高维护网络空间安全意识 402

（二）加强网络空间基础设施建设，
努力打造数字经济新形态 404

（三）推动关键核心技术创新发展，
在网络核心技术领域实现突破 406

（四）加快推进网络国防力量建设，
积极构筑强大网络国防 409

（五）制定科学的网络空间法律体系，
有秩序推进网络空间发展与治理 413

（六）加速网络空间人才培养，
打造高素质网络空间建设人才队伍 415

（七）推动网络空间安全国际合作，
共建网络空间命运共同体 417

结束语 423

参考文献 425

后 记 429

绪 论

“聪者听于无声，明者见于未形。”习近平总书记在2018年全国网络安全和信息化工作会议上强调，没有网络安全就没有国家安全，就没有经济社会稳定运行，广大人民群众利益也难以得到保障。这一重要论述，为推动我国网络安全体系的建立，树立正确的网络安全观指明了方向。如今，中国特色社会主义进入新时代，网络空间伴随技术和经济的发展，对国家的安全威胁日益凸显。

一、新时代全球网络空间飞速发展

习近平总书记在党的十九大报告中明确指出：“经过长期努力，中国特色社会主义进入了新时代，这是我国发展新的历史方位。”[①] 新时代，各方面环境都已经发生了或正在发生着前所未有的变化，这些深刻变化在为网络空间安全提供全新发展机遇的同时，也给互联网治理带来了诸多的困难和挑战。

（一）网络空间进入全球互联的新时代

互联网是20世纪人类文明的辉煌成果。进入21世纪以来，互联网已经渗透到社会生产、生活各个方面，深刻影响着国际政治、经济、文化、社会、军事等领域的发展，深刻改变着当今世界面貌，加速着人类文明进步的步伐，开启了一个崭新的时代。

---

① 习近平：《决胜全面建成小康社会　夺取新时代中国特色社会主义伟大胜利——在中国共产党第十九次全国代表大会上的报告》，《人民日报》2017年10月28日。

1. 国际互联网的发展

1991 年 8 月 6 日，伯纳斯·李（Tim Berners-Lee）在 alt.hypertext 新闻组贴出一份关于 World Wide Web 的简单摘要。这个日子被载入史册，标志着 Web 页面在互联网上首次登场。他提出所有人都可以免费使用 WWW 的概念，此后 WWW 以惊人的速度发展。如今，没有人知道它究竟有多大。现在，公开出版的网页有 500 多亿，但网页实际数量可能比被搜索引擎编入索引的 500 亿还要多 400 倍至 750 倍，每分钟又有数十万计的页面加入。国际互联网从出现至今，大致可分为三个发展阶段：

第一阶段是社会化应用前的实验阶段（1969—1994 年）。正如未来学家所说："生活本来是平静的，后来计算机想要相互对话，情况就大变了。"1946 年，世界上第一台计算机问世，当时它只是作为弹道轨道计算的工具。随着计算机数量日趋增多，并通过线路、服务器、路由器等连接起来，网络开始形成，并于 1969 年在美国防务系统诞生了阿帕网（ARPA Net），网络降临了人间。现代互联网的前身是美国国防部构建的阿帕网。1969 年，美国国防部为确保美国重要的计算机系统在发生核大战时仍能正常运作，下令其下属的高级研究计划局（ARPA）研究计算机联网问题。ARPA 建立了作为军用实验网络的阿帕网，起初只有 4 台主机相互对话；两年以后，已有 19 个节点、30 个网站联了进来；4 年以后，也就是 1973 年，阿帕网上的节点又增加一倍，达到了 40 个。到 20 世纪 70 年代末期，国防部高级研究计划局又建立了若干个计算机局域网并投入使用。为解决局域网之间的通信问题，高级研究计划局着手研究将不同局域网连接起来形成广域网的新方法，并建成了一个广域的计算机互联网。

阿帕网迅速膨胀，很快构建起一个把不同局域网和广域网连接起来的互联网，这就是因特网的雏形，而因特网的真正发展是 20 世纪 80 年代末的事情。1983 年 1 月 1 日，美国国防部正式将 TCP/IP 作为阿帕网的网络协议，并正式命名为"Internet"。1987 年，与因特网相连的主机数只有 1 万台，1989 年主机数突破 10 万台，1992 年主机数突破 100 万台。1991

年，瑞士高能物理研究实验室程序设计员伯纳斯·李开发出 WWW 技术（万维网），采用超文本格式（hypertext）把分布在网上的文件链接在一起，Web 页面首次登场。在这一阶段，互联网由政府出资建设，用户免费使用，网络规模小、速率低，主要应用于文件传输和收发电子邮件，操作比较复杂，用户只局限在科研或者专业人员。20 世纪 90 年代后半期，互联网得到异常迅速的发展，已逐步把全球联结成了一个巨大的国际互联网络。网络以迅猛发展之势，在“网”住人们生活的同时，也渗透到世界军事的各个角落，并推进现代战争迅速向信息化转型。

第二阶段是社会化应用的初始阶段（1995—2000 年）。美国科学基金会（NSF）于 1991 年通过一个计划，从 1994 年开始允许商用网络运营商通过竞标方式将各自的主干网互联起来，形成一个新的主干网来取代 NSFNET。1994 年，美国允许商业资本介入，互联网从实验室进入面向社会的商用时期。1995 年 4 月 30 日，NSFNET 主干网正式停止使用，NSF 把 NSFNET 经营权转交给美国 3 家最大的私营电信公司（Sprint、MCI 和 ANS），全面商业化的互联网主干网形成，互联网进入商业应用时期。1996 年，全球 1200 万台主机接入互联网，建立 50 万个 WWW 站点。1999 年 2 月 22 日，第一家网上银行在美国印第安纳正式营业。这一阶段，互联网以网络的扩张、用户的增加和大批网站的出现为主，主要应用于浏览网页和收发电子邮件等。互联网的潜在商业价值被普遍看好，吸引了各方投资。由于商用初期未能迅速找到有效的盈利模式，过度的投机行为最终导致 20 世纪末全球性“网络泡沫”的出现与破灭。

第三阶段是普及应用的社会化发展阶段（2001 年至今）。进入 21 世纪，以信息技术为核心的科技革命，推动着网络空间全面拓展，贯穿于陆海空天各个领域，让整个“地球村”高速运行在瞬息万变的网络电磁世界之中，网络空间与人类社会越来越休戚相关。随着网络泡沫破灭，互联网发展进入相对平稳的阶段。宽带、无线移动通信等技术发展，为互联网应用的丰富和拓展创造了条件。在网络规模和用户数量持续增加的同时，互联网开始向更深层次的应用领域扩张。电子商务、电子政务、远程教育等网络应用日渐成熟，互联网逐渐渗透到金融、商贸、公共服务、社会管理、新闻出版、广播影视等方面。以博客、播客等为代表的第二代万维网（Web2.0）使每个普通网民都可以成为互联网内容的提供者，激发了公众的参与热情，网络内容日益丰富。

自互联网问世以来，它在技术方面的突破可谓一日千里，网络连接触及全球的每一个角落，“展现出史无前例的力量”。

2. 如今人类进入“e 社会”时代

互联网出现之后人类生活进入一个新时代，即“e 社会”时代。从互联网出现以后，特别是电子商务和电子金融出现以后，无论衣食住行，还是学习娱乐甚至交友恋爱，都能在互联网上毫不费力地得到满意选择。在美国有 80% 的家庭上网，绝大多数人习惯在网上消费，连买件衬衣等简单的事情也要先在网上查查。人类社会的各个组成部分：个人、家庭、社区、企业、银行、行政机关、教育机构等，以遍布全球的网络为基础，超越时间与空间的限制，打破国家、地区以及文化不同的障碍，实现了彼此之间的互联互通，平等、安全、准确地进行信息交流，使传统的社会转型为电子的社会，转型为“e 社会”。互联网已经成为一种强大力量，对整个社会的发展以及整个社会产生着强大的影响力。2021 年 1 月，全球使用互联网的人数达到了 46.6 亿，比 2020 年同期增加了 3.16 亿，增长了 7.3%。目前，全球互联网普及率为 59.5%。

21 世纪的“e 社会”已经成为基本的生活环境。人们开始用“e-”构词法来描述和交流未来生活的情境。信息家电、自由软件、网易、eBay、亚马逊书店等成为人们注意力聚集的中心；满街涌动的公共汽车上是大幅网站广告，人们的生活随之发生着翻天覆地的变化，地球正在变为“e-”化的世界。互联网对现实社会生活，从某种意义上说就像粮食和水一样成为人们的生活必需品。2016 年在美国，通信活动如电邮（几乎有 91%）和即时聊天、文字信息（86%）是主要的上网活动。生活在这种“e 社会”传播下，全球文化也发生了变迁。智研咨询发布的《2017—2022 年中国互联网市场分析预测及发展趋势研究报告》显示，在发达地区国家，大多数手机网民将使用智能手机上网。超过 98% 的北美网民和 97% 的西欧网民将使用智能手机上网。英国家庭主妇们是网络生力军，平均每日花 47% 的休息时间在网上。2017 年，超过 60% 的拉丁美洲网民经常使用智能手机访问网络。到 2021 年，这个指数将超过 72%。

“e 社会”传播下全球文化变迁不可避免地出现全球文化的“拟像”式呈现、全球文化的多元化表达、全球文化的价值观碰撞和全球文化的领导权争夺这四种表现形态。如今，“e 社会”传播具有传播信息的自由性、开放性、复杂性，传播主体的隐匿性、平等性、多层性，传播对象的大众性、年轻性、知识性，传播符号的集合性、视觉性、能指性（网络传播符号的视觉性突出，并且随之带来的符号能指性得以凸显），传播媒介的快捷性、虚拟性、多媒性，传播过程的时效性、个性化、互动性。快捷、丰富、自由、开放、多元、互动的视听新媒介，突破了时空、感官、传受之间的限制，重塑着人们捕捉、接收、反馈信息的方式和习惯，更是对人们的思想观念、情感世界、思维方式、意志品格、行为习惯乃至世界观、人生观和价值观都潜移默化地产生着深远影响。

尽管全球以互联网为核心的网络空间发展速度，是人类历史上任何时代所不能比拟的。但是，从人类对网络空间更大更快的需求来看，网络新技术自身的创新发展，是未来网络空间发展的重要愿景。面对全球网络空间创新和变革大势，当前全球移动互联网、智能终端、大数据、云计算、物联网等技术研发和产业化都取得了重大突破，信息通信技术和互联网技术的应用给产业发展带来革命性、颠覆性的影响，成为新一轮科技革命和产业变革孕育发展的重要动力。

世界各主要信息化先进国家，都在大力推动各自的网络新技术融合创新战略，推动企业为主体、市场为导向、产学研用紧密结合的技术创新体系，特别是在移动互联网、物联网、云计算、大数据、智能终端等新技术领域，关键的核心技术频频被突破，各种新技术、新业务、新业态、新模式不断出现和快速发展。毫无疑问，创新是互联网发展的永恒主线，在互联网领域，迫切需要加快实施创新驱动发展战略，多方参与、携手努力，共同打造一个充满活力，具有创新能力的发展空间。

3. 互联网正在改变人类社会面貌

技术变革是社会变革的决定性力量。随着人类向信息化时代的迈进，国际互联网不断发展完善，网络已渗透到人类社会的各个领域，不断改变着人们的生产、生活方式，改变着人类的文明理念和思维方式。可以说，网络正在深刻地改变着当今人类社会。

互联网遍布五洲四海，不管你是在亚洲、欧洲，还是在美洲、非洲，都可以通过互联网沟通交流。互联网已将世界变成了一个网络地球村，在0和1的转换之间，把大家紧紧地联系在一起。进入21世纪，世界发展日新月异，每天每分每秒都会有奇迹发生。互联网，速度是每秒30万公里的光速，范围是全球，距离是零，容量是无限，时间是24小时，鼠标对鼠标。整个世界进一步缩微，所有的“竞技场”因一台无所不包的计算机而被夷平。越来越多的人被计算机、电子邮件、网络、远程会议和各种新软件联系在一起。互联网突破了国家、地域、政治、语言之间有形和无形的疆界，成为庞大的地球社区，把全世界更加紧密地联系在一起，万里之遥的信息传播瞬间即可完成。不同地区、不同国籍的人们，因互联网而缩短距离，都成了地球村的村民。近年来，世界各国的人都爱讲：“地球变小了！”这当然不是指地球直径变短了。说地球变小，主要是交通工具和信息技术的发展，让人与人之间的时空距离骤然缩短，人类地球村的梦想变成了现实。但我们今天所说的地球村概念，已不再是因为发明了飞机让世界物理距离变“短”，而是互联网让人们有“无时无刻不在身旁”的感觉。“离互联网还有多远？从此向西500米”，这曾是20世纪末瀛海威公司的网络广告。从那时起，人们认识到，一只奇怪的“猫”（Modem）可以让计算机连接到世界各地。从此，互联网把地球变成了高度扁平化的村落，把世界各地的人拉到一起，让全球成为一个大家庭。

互联网引发的不仅是一场突飞猛进的信息革命，更是一场前所未有的深刻社会变革。自从网络技术问世以来，网络先是用在军事及教育和科研部门，后来迅速向政治、经济、社会和文化等各个领域渗透。几乎在一夜之间，网络就把人类从工业时代带进了信息时代。其速度之快，出乎人们的意料。互联网使人们的社会生活方式发生了巨大变革，为我们提供了新的社会生活方式：网上语言影响着人们的日常语言，网上娱乐影响着人们的休闲方式，网上交流影响着人们的交往方式，网上信息影响着人们的思想观念。有人把互联网称为继报纸、广播、电视之后的“第四媒体”，但它绝非三大传统媒体在信息高速公路上的简单翻版，目前来看已经超过传统的大众传媒成为全球最大的媒体。互联网的影响甚至可以和蒸汽机的发明相比拟，将使以制造业为中心的工业社会转化为以信息产业为中心的信息社会。

互联网是现实社会的延伸，是一种新的社会基础结构，是一种新的生活方式，是一种新的社会理念。互联网成为自由的平台、思想的乐园，给各国社会生活、工作、经济发展带来了无穷魅力和巨大利益，在思想、政治、经济、军事、文化等各个方面深刻影响着人类社会，推动着社会各领域的变革。随着人们认识的不断深化、不断拓展，网络空间的内涵、外延还会不断发展，并引发人类社会变革向深层次发展。变革是互联网永远的主题，人类社会正在因互联网而引发社会大变革。比尔·盖茨在《数字神经系统》中讲道：“只有变化才是不变的。”互联网引发的不仅是一场突飞猛进的信息革命，更是一场前所未有的深刻社会变革。从奥巴马利用脸书等网络平台赢得公众支持当选美国总统，到一些国家领导人开通微博并上网倾听网民呼声，收集网民的意见建议……互联网深刻影响着各国的政治环境；从网络交易、网银支付的日益普及，到国际电子商务的迅猛增长，互联网正改变着世界经济的运作模式；电子邮件以及QQ、微信等即时通信的普及应用，前所未有地改变了人们的社会交往方式。互联网正悄悄改变着社会发展进程，引领着未来变革，产生新的政治模式、文化模式、经济模式、思维模式、商业模式、营销模式等。面对变化，社会变革已经成为网络变革的重要内容，互联网技术正呈现裂变式发展态势，互联网发展迎来前所未有的变革时代。

互联网与政治、经济、社会、文化、军事等方面互为借助，相互作用，成为加速世界变革的利器。现代社会对信息的依赖程度越来越高，信息除关系到一个国家的政治、经济等方面外，还直接影响到普通民众的日常生活，对民众的心理和意志影响重大。互联网日益成为各种社会思潮、利益诉求的集散地，成为群众参政议政的重要平台，网民已成为社会舆论的主导力量。网络战争是信息社会依托于网络空间而进行对抗和冲突的一种崭新形式，其目的在于“夺取或保持信息优势或制信息权”，从而为己方的军事、政治、经济、文化、科技等各个领域的利益服务。

（二）中国网络进入全民互联的新时代

中国的互联网建设虽然起步较晚，但发展很快。而中国互联网整体发展时间短，网速可靠性、科技性则需更上一层楼。

1. 互联网建设起步较晚但后来者居上

1989 年 8 月，中国科学院承担了国家计委立项的“中关村教育与科研示范网络”（NCFC）——中国科技网（CSTNET）前身的建设。1989 年，中国开始建设互联网，5 年目标——建设国家级四大骨干网络联网。1991 年，在中美高能物理年会上，美方提出把中国纳入互联网络的合作计划。1994 年 3 月，中国正式加入国际互联网。1994 年 4 月，NCFC 率先与美国 NSFNET 直接互联，实现了中国与 Internet 全功能网络连接，标志着我国最早的国际互联网络的诞生。中国科技网成为中国最早的国际互联网络。1995 年 5 月，张树新创立中国第一家互联网服务供应商瀛海威，中国普通民众开始进入互联网络。

如今，中国网民人数超过美国跃居世界第一。中国电信开始筹建中国公用计算机互联网（CHINANET）全国骨干网，1996年1月正式开通提供服务，标志着中国互联网进入社会化应用阶段。1997年，国家主管部门研究决定由中国互联网络信息中心（CNNIC）牵头组织开展中国互联网络发展状况统计调查，形成了每年年初和年中定期发布《中国互联网络发展状况统计报告》的惯例。力图通过核心数据反映中国网络强国建设历程，已经成为中国的政府部门、国内外行业机构、专家学者等了解中国互联网发展状况、制定相关政策的重要参考。2000年4—7月，中国三大门户网站搜狐、新浪、网易成功在纳斯达克上市。进入21世纪后，中国互联网蓬勃发展，全面进入互联网时代。2001年，在工业和信息化部（原信息产业部）的指导下，中国互联网协会正式成立，这标志着中国拥有了首家权威性的全国性互联网行业社会组织。随着中国互联网新一轮的高速增长，2008年，中国网民数量也节节攀升，6月达到2.53亿，跃居世界首位。经过十多年的发展，中国互联网已经形成规模，互联网应用走向多元化。

互联网进入规范化发展的新阶段。2013年是我国互联网开启大数据应用的元年，大数据为互联网产业向纵深发展，提供了新的技术支持。2014年，随着3G、4G移动网络和智能手机的日渐普及，移动支付成为互联网企业关注的焦点，共享经济平台纷纷涌现，在移动支付领域，中国走在了世界的前列。2015年，“互联网+”被首次写入政府工作报告，成为我国国家层面的重大举措，对于加快体制机制改革、实施创新驱动战略，具有重要意义。2018年，互联网进入规范化发展的新阶段。工业互联网建设取得重要进展，实体经济与数字经济深度融合，网络扶贫助推脱贫攻坚，5G试验频率使用许可发放，规模部署迈入新阶段，IPv6规模部署持续推进，信息基础设施快速演进升级。

2021年2月3日，中国互联网络信息中心在京发布的第47次《中国互联网络发展状况统计报告》显示，截至2020年12月，我国网民规模达

9.89 亿，较 2020 年 3 月增长 8540 万，互联网普及率达 70.4%。①

2. 中国互联网发展进入全民时代

经过几十年的建设发展，如今中国互联网已经成为全球第一大网，其网民人数最多、联网区域最广。短短十几年时间，互联网从一个令普通人充满好奇的新鲜事物，成为一种家喻户晓的数字化社会生活方式。当代中国已经进入了“微时代”“移动互联时代”“信息网络化时代”“自媒体时代”“新媒体时代”。

中国移动终端的普及带动了整个移动互联产业链的发展。如今，亚洲是移动互联网最活跃的地区，净使用率约为 18%。从移动互联网获取信息的比例占个人信息量的 81%，超过 50% 的手机端用户都会用到浏览器阅读相关内容；而在中国，腾讯公司的 QQ 和微信用户更是不容小觑，其中仅微信月活跃用户就达 5.4 亿人，覆盖 200 多个国家和地区。当今时代，移动互联提供了绝佳渠道，连接了人与人之间的信息交流、收集、传递和分享，使其成为生活中不可缺少的一部分。中国互联网发展能在如此短的时间里崛起，有如下五个方面的重要原因：一是宏观经济高速增长保障了研发投入和基础交通建设，促进了快递物流发展，为电子商务等互联网应用发展提供了基础条件。由于市场准入门槛较低、竞争充分，物流领域崛起一批顺丰、申通、京东等民营企业。二是人口红利，主要表现在人口数量、年龄结构和人口质量，20 世纪 60 年代与 80 年代的婴儿潮、14 亿多的人口总量、9.89 亿的网民数量、庞大的高校毕业生和研发人员队伍，为千禧年后互联网快速发展提供了坚实基础。三是政策的支持作用，一方面是高度支持我国互联网发展，加深互联网的跨界融合作用；另一方面是保护幼稚产业、避免受到外资的过度冲击。四是以华为、OPPO、vivo、小米（华米 OV）为代表的国产手机崛起，使中国加速进入移动互联网时代，创造了

① 中国互联网络信息中心（CNNIC）：第 44 次《中国互联网络发展状况统计报告》，http：//www.cac.gov.cn/2019-08/30/c_1124938750.htm。

“APP 经济”的终端基础。2019 年第二季度华米 OV 四家国产手机品牌合计占全球市场份额超过 40%、中国市场份额超过 80%。五是以百度、阿里、腾讯（BAT）为主的互联网巨头企业通过投资布局、孵化、裂变拆分等方式，培养带动了一大批互联网的新生力量。另外，中国互联网的崛起更是得益于政府与市场之间的合理分工。政府一方面大力度甚至超前地投资交通基础设施和高等教育等具备正外部性的领域；另一方面在发展初期给予产业一定的支持，企业之间则依靠研发创新和市场机制充分竞争。而反观长期存在垄断的行业，则由于缺乏市场竞争迟迟无法形成国际竞争力。

从未来发展来看，中国网络空间发展呈现五大趋势：网络基础设施发展加快、行业规模不断扩大、行业间跨界融合不断加速、互联网对经济发展的拉动明显、互联网企业向国际化发展。目前，我国相关部门正在加大力度推动互联网创新与经济社会发展的紧密结合，努力扶持中小微企业积极参与竞争，使企业真正成为互联网创新的主体和中坚力量。紧密跟踪全球互联网科技发展的新趋势，主动参与国际交流与合作，支持企业在海外建立研发机构，积极融入全球创新网络。

3. 社会经济对网络的依赖日益增加

随着我国经济发展进入新常态，信息经济在我国国内生产总值中的占比不断攀升，“互联网 +”行动计划带动全社会兴起了创新创业热潮，党的十八届五中全会、“十三五”规划纲要都对实施网络强国战略、“互联网 +”行动计划、大数据战略等作出了部署，云计算、大数据、移动互联网的发展应用，促进了信息网络的深度关联、融合发展，形成了全新的网络空间，互联网给我国经济社会发展带来了一系列新的变化。

“互联网 +”全面助推中国经济发展。2015 年 3 月 5 日，李克强总理在十二届全国人大三次会议上的政府工作报告中首次提出“互联网 +”行动计划。从“互联网 +”概念所涵盖的意义来讲，它揭示了全球网络空间未来的美好愿景——将传统的物理空间和生活，与虚拟的网络空间深度融合，从而推动人类生活工作的方方面面需求，更加便捷、智能和美好。通俗来说，“互联网 +”就是“互联网 + 各个传统行业”，但这并不是简单的两者相加，而是利用信息通信技术以及互联网平台，让互联网与传统行业进行深度融合，创造新的发展生态。2015 年，李克强总理在政府工作报告中提到“互联网 +”行动计划，推动移动互联网、云计算、大数据、物联网等与现代制造业结合，促进电子商务、工业互联网和互联网金融健康发展，引导互联网企业拓展国际市场。

新一代信息技术发展推动了知识社会以人为本、用户参与的下一代创新（创新 2.0）演进。创新 2.0 以用户创新、开放创新、大众创新、协同创新为特征。随着新一代信息技术和创新 2.0 的交互与发展，人们的生活方式、工作方式、组织方式、社会形态正在发生深刻变革，产业、政府、社会、民主治理、城市等领域的建设应该把握这种趋势，推动企业 2.0、政府 2.0、社会 2.0、合作民主、智慧城市等新形态的演进和发展。“互联网 +”是创新 2.0 下的互联网与传统行业融合发展的新形态、新业态，是知识社会创新 2.0 推动下的互联网形态演进及其催生的经济社会发展新常态。它代表一种新的经济增长形态，即充分发挥互联网在生产要素配置中的优化和集成作用，将互联网的创新成果深度融合于经济社会各领域之中，提升实体经济的创新力和生产力，形成更广泛的以互联网为基础设施和实现工具的经济发展模式。

无所不在的网络会同无所不在的计算、无所不在的数据、无所不在的知识，一起推进了无所不在的创新，以及数字向智能并进一步向智慧演进，并推动了“互联网 +”的演进与发展。人工智能技术的发展，包括深度学习神经网络，以及无人机、无人车、智能穿戴设备和人工智能群体系统集群及延伸终端，将进一步推动人们现有生活方式、社会经济、产业模式、合作形态的颠覆性发展。从现状来看，“互联网 +”尚处于初级阶段，各领域对“互联网 +”还在做论证与探索，特别是那些非常传统的行业，正努力借助互联网平台增加自身利益。例如，传统行业开始尝试营销的互联网化，借助 B2B、B2C 等电商平台来实现网络营销渠道的扩建，增强线上推广与宣传力度，逐步尝试网络营销带来的便利。与传统企业相反的是，在“全民创业”的常态下，企业与互联网相结合的项目越来越多，诞生之初便具有“互联网 +”的形态，因此它们不需要再像传统企业一样转型与升级。“互联网 +”正是要促进更多互联网创业项目的诞生，从而无须再耗费人力、物力及财力去研究与实施行业转型。可以说，每一个社会及商业阶段都有一个常态以及发展趋势，“互联网 +”的发展趋势则是大量“互联网 +”模式的爆发以及传统企业的“破与立”。

“互联网 +”在经济建设中的融合发展，使中国经济对网络的依赖日益增加，互联网的经济应用属性不断增强，企业不断地拓宽对互联网的应用范围并达到更高的应用水平，互联网应用与经济发展呈现明显的正相关关系。中国网络化水平不断提升，互联网、电信网、广电网加快融合，物联网迅速发展，云计算和新一代互联网技术取得重大突破。通信、广电、金融、能源、交通、海关、税务、商贸等重要行业部门和大中型城市的基础设施，以及大中型企业的生产经营，都高度依靠信息网络实施管理控制，信息网络已经成为支撑国家经济社会发展的新战略基石。这种对网络日益上升的依赖度，也使中国经济社会运行潜藏着重大安全风险。

（三）中国网络建设进入全面发展新时代

中国社会进入新时代，一个全新的虚拟空间与现实社会并行而存的“大数据”时代应运而生，“互联网 +”经济发展新形态的深入推进、5G 时代的即将到来等，毋庸置疑都会使中国的网络空间建设进入一个新时代。

1. 我国网络空间安全出现新情况

中国特色社会主义进入新时代，我国经济、政治、文化、外交、信息领域的发展均有了量的飞跃，同时亦有了质的提升。与之前以鲜明层级结构为组织形式且信息相对闭塞的社会相比，人类社会进入新时代。随着网络技术的持续更新与全面普及，在大时间、空间尺度内信息传递的中介渠道更加畅通，这不但使人们获取信息的成本更加低廉，而且使信息的交流与交换更加及时高效，也就从根本上改变了需要等级结构来维持社会稳定与安宁的技术基础。

如今，网络空间已被普遍认为是继陆海空天之外的第五维域。网络空间安全涉及党政军系统、社会组织和利益集团的方方面面，已然突破了传统的技术范畴，成为国家安全战略布局不可或缺的组成部分，逐渐形成了牵网络空间安全“一发”而动国家安全之“全身”的局面。当前国际形势正经历复杂深刻的演变，单边主义、贸易保护主义抬头，不确定性增强，大国博弈暗流涌动。我们现在所处的是一个船到中流浪更急、人到半山路更陡的时候，是一个越进越难、越进越险而又不进则退、非进不可的时候。2013 年 6 月爱德华·斯诺登曝光的“棱镜门”事件表明，美国一直将中国作为主要的监视对象，这对中国的信息安全造成了巨大的威胁。从这一意义上来看，网络空间安全与国家安全息息相关，维护网络空间安全是实现网络强国的前提，亦是实现总体国家安全的保障。

2. 维护网络空间安全上升到国家战略

随着科学技术的飞速发展和信息网络的全面普及，我国社会进入了大数据时代。网络智能的发展为人们的生产、生活提供了诸多便利，极大地提高了人们的工作效率，促进了经济的繁荣与社会的进步。然而，在信息化进程深入推进的今天，由于网络自身的开放性、网络用户的复杂性、世界网络空间治理体系话语权的不完善等一些内外部因素致使我国网络空间安全存在一系列的安全隐患。党和国家领导人高度重视网络空间安全这一国家安全的重要组成部分，针对一系列的网络安全隐患，多措并举，协同发力，尤其是党的十九大以来中国特色社会主义进入新时代，顺应我国网络社会的现实需要和全球安全的发展形势，更是把网络空间安全上升到国家战略的层次加以重视，并不断探索多种现实路径深入推进我国网络空间安全战略的科学构建与有效实施。

站在新的历史方位，万物互联，信息互通，互联网日益成为人们生产和生活的基础和平台，极大地提高了人们对世界的认知能力，延伸了国家治理新领域。与此同时，我们也面临网络空间安全治理的现实任务，为了切实解决人民日益增长的美好生活需要和不平衡不充分的发展之间的矛盾，进行网络安全隐患的消除与预防迫在眉睫。对此我们必须对网络空间安全这一问题予以重视。如果忽视这方面的建设，势必会影响到我国的政治稳定及国家安全。

3. 维护新时代网络空间安全意义重大

网络空间既是人的生存环境，也是信息的生存环境，它是所有信息系统的综合，是一个复杂的巨大系统。网络空间安全作为国家安全的关键因素，具有普遍性、跨国性、脆弱性、战略性等一系列特征，较之传统安全问题而言，网络空间安全问题更加综合、更加复杂、更加抽象。

"谁掌握了信息，掌握了网络，谁就将拥有整个世界。"这说明在世界范围内，掌握网络核心技术的国家可以影响甚至操纵整个世界互联网体系，可以按照自己的意志制定有利于自身利益的互联网行业游戏规则，这无疑是隐性的不易被察觉的霸权主义。从这一角度来看，作为全球性问题的网络空间安全是世界人民共同面临的难题，没有哪个国家能够置身事外，独善其身。新时代维护我国网络空间安全有利于我们在全球建立起自己完整独立的信息主权和信息话语权，为世界各个既想加快本国网络技术迅速发展，又想保持自身独立性的国家和民族提供中国方案，贡献中国智慧，并在全球构建网络空间命运共同体，进一步实现网络强国的战略目标。

新时代我们应紧密团结在以习近平同志为核心的党中央周围共谋治网之道、共建强国之基。开辟新空间、挖掘新潜能，在共商共建共享的和谐氛围中释放更多的互联网发展红利，进而让互联网繁荣发展的机遇和成果更好地造福全人类，同全世界各国人民一起携手并进共建网络空间命运共同体。

二、几个相关基本概念的诠释

作为 20 世纪人类最伟大的发明之一，互联网逐步成为信息时代人类社会发展的战略性基础设施，推动着生产和生活方式的深刻变革，进而不断重塑经济社会的发展模式，成为构建信息社会的重要基石。随着信息技术的全面系统发展推进，网络空间迅速向政治、经济、军事、文化等不同领域扩张，因而又创造了崭新的与网络相关的新概念。下面就与本书研究密切相关的几个基本概念进行诠释。

（一）网络空间与赛博空间

网络空间作为人造空间，是随着信息网络技术发展而发展、伴随互联网发展而产生的新空间概念。“冷战”结束之后，互联网跨越地缘政治壁垒在全球高速扩展，催生了全球网络空间。由于网络空间是信息技术构成的现实与虚拟融合的空间维域，因此搞清网络空间和赛博空间的概念和内涵非常必要。

1. 网络空间概念

当今世界，随着人类控制力向全球各个角落不断延伸，可供各国争夺的空间不断拓展，从陆地到海洋、到空中，再到太空，每一次拓展都依靠先进的科学技术作为支撑。如今，随着互联网技术的发展和各国对互联网的依赖度逐渐提高，网络空间已成为各国优先争夺的重要战略空间。如今，对网络空间的定义较多。

从不同的视角出发，网络空间就具有不同的定义。从网络视角进行定义，认为网络空间是允许实现技术和网络系统相结合的物理基础设施、电子交流设备、计算机系统、嵌入式软件构成该域名的基本操作、连接功能、计算机系统之间的网络链接、网络与网络之间的链接、用户接入的节点、中间路由节点、因特网和局域网的总称[①]。也有专家认为网络空间就是指建立在世界范围内计算机网络化基础上的信息、设备以及人类之间相互联系而产生的一种全新的社会生活空间，其具有虚拟性、变化性、开放性以及

---

① Mayer，M.，Martino，L.，Mazurier，P.and Tzvetkova，G（2014）. How Would You Define Cyberspace?http：//www.academia.edu/7097256/How_would_you_define_Cyberspace.

即时性等特征。[①]从信息视角进行定义，认为网络空间是人运用信息通信技术系统进行交互的虚拟空间，有专家认为网络空间可被定义为“构建在信息通信技术基础设施之上的人造空间”[②]，用以支撑人们在该空间开展各类与信息通信技术相关的活动。从网络和电磁视角进行定义，有专家认为网络空间是信息时代人们赖以生存的信息环境，是所有信息系统的集合。网络电磁空间是一个由电子和电磁设备结合使用的全球性的、动态的域名；它以创造、储存、修改、置换、共享、提取、应用、删除和中断信息为目的。[③]从信息论角度来看，系统是载体，信息是内涵。网络电磁空间是所有信息系统的集合，是人类生存的信息环境，人在其中与信息相互作用、相互影响。因此，网电空间存在更加突出的信息安全问题，其核心内涵仍是信息安全。[④]

根据联合国国际电信联盟（ITU）的定义，网络空间是指：“由以下所有或部分要素创建或组成的物理或非物理的领域，这些要素包括计算机、计算机系统、网络及其软件支持、计算机数据、内容数据、流量数据以及用户。”[⑤]相比较而言，其对网络空间的定义最为全面，涵盖了用户、物理和逻辑三个层面的构成要素，更具技术性和科学性。根据2011年版《中国人民解放军军语》中的解释，网络空间是指：“融合于物理域、信息域、认知域和社会域，以互联互通的信息技术基础设施网络为平台，通过无线电、有线电信道传递信号信息、控制实体行为的信息活动空间。”[⑥]它包括互联

① 欧阳杰同、欧阳材彦：《信息安全、网络安全、网络空间安全的研究》，《信息与计算机》2018年第1期，第168-169页。

② 方滨兴：《定义网络空间安全》，《网络与信息安全学报》2018年第4期，第1-5页。

③ 张焕国、韩文报、来学嘉等：《网络空间安全综述》，《中国科学信息科学》2016年第2期，第125-164页。

④ 闫州杰、付勇、刘同、唐小静、王晶：《我国网络空间安全评估研究综述》，《计算机科学与应用》2018年第12期。

⑤ “ITU Toolkit for Cybercrime Legislation”，p. 12，http：//www.itu.int/cybersecurity.

⑥ 全军军事术语管理委员会、军事科学院：《中国人民解放军军语》，军事科学出版社2011年版，第288页。

网、电信网络、计算机系统以及关键行业的嵌入式处理器和控制器等。网络空间是一个人造的新空间，是与陆海空天相互交融、同等重要、对人类活动产生革命性影响的第五维域。网络空间的出现与发展，是人类社会发展进程中的一件大事，对人类活动的冲击和影响巨大。

综合归纳各家对网络空间的定义，所谓网络空间，是指一种相互依赖的信息基础设施网络构成的信息交换域，它由国际互联网、通信网、计算机系统、自动化控制系统、数字设备及其承载的应用、服务和数据等系统组成，以及关键行业的嵌入式处理器和控制器等构成的一个互联互通的数字信息处理环境。这一独特的载体将国家的公共网络、关键基础设施网络和国防专用网络有机地整合到了一条“信息高速公路”上，并提供了现代生活与安全保障的各种便捷服务。网络空间不同于陆海空天的三维物理空间，它是基于信息技术而形成的一种实体加虚拟的物理空间。网络空间形成后，与国家安全产生了密切的联系从而衍生出各种新安全现象与议题，主要包括三个板块：国家网络基础设施与网络化基础设施的安全、国家安全议题在网络空间的延伸和演变以及国家围绕网络安全的国际竞争与协调。

根据 2015 年 7 月 1 日和 2016 年 11 月 7 日全国人民代表大会常务委员会先后通过的《中华人民共和国国家安全法》《中华人民共和国网络安全法》以及 2016 年 12 月国家互联网信息办公室发布的《国家网络空间安全战略》相关法律和政策可以看出，中国政府立法保护的网络空间主要指以互联网为主体，外延到移动互联网、工业控制网等与国家公民息息相关的网络的组合，更接近于学术研究中从网络视角和信息视角定义的统称。因此，本书认为网络空间包括网络空间和电磁空间，其内涵除包括互联网、移动互联网、控制网等之外，还应包括战场信息网等和国防安全相关的网络。

2. 赛博空间

赛博空间（Cyberspace）或更准确地称为网络电磁空间，是加拿大作家威廉·吉布森（William Gibson）于 1984 年在其科幻小说《神经漫游者》

（*Neuromancer*）中创造的一个词语，意指计算机信息系统与人的神经系统相连接产生出的一种虚拟空间。[①]20 世纪 90 年代，学术界对赛博空间概念进行了不断的探讨，当时形成的看法是，赛博空间基本与互联网同义。

随着计算机技术、传感器技术的飞速发展及网络和网格技术的突破，网络空间已成为一个新兴的真实存在的客观领域。“该领域以使用电磁能量的电子设备、网格，以及网络化软硬件系统为物理载体，以信息和对信息的控制力为主要内容，通过对数据的存储、修改和交换，实现对物理系统的操控。”[②] 由此可见，网络空间是一个新兴的“控制域”。作为世界上的唯一超级大国，美国要维护自己的霸权地位，自然不会放过这一新兴的“控制域”。

进入 21 世纪后，赛博空间逐渐得到美国政府和军方的广泛重视，并随着对其认识的不断深入而多次对其定义进行修订。2003 年 2 月，布什政府公布《保护赛博空间国家战略》，将赛博空间定义为：“由成千上万互联的计算机、服务器、路由器、转换器、光纤组成，并使美国的关键基础设施能够工作的网络，其正常运行对美国经济和国家安全至关重要”。赛博空间从单纯的计算机网络扩展到无形的电磁频谱，是处于电磁环境中的一种物理领域。根据《美国国防部军事术语词典》，赛博空间是信息环境内的全球领域，它由独立的信息技术基础设施网络组成，包括因特网、电信网、计算机系统以及嵌入式处理器和控制器；赛博空间作战是赛博能力的运用，其主要目的是在赛博空间内或通过赛博空间实现军事目标或军事效果。这类行动包括支持全球信息栅格运行和防御的计算机网络行动和行为。

2006 年 12 月，美国参谋长联席会议发布《赛博空间行动国家军事战略》，指出：“赛博空间是指利用电子学和电磁频谱，经由网络化系统和相关物理基础设施进行数据存储、处理和交换的域。”从对赛博空间的定义

① William Gibson，*Neuromancer*，New York：Ace Books，1984，p.69.

② 吴巍：《赛博空间与通信网络安全问题研究》，《中国电子科学研究院学报》2011 年第 5 期，第 474 页。

可以看出，赛博空间并不等同于计算机网络或因特网，它还包括使用各种电磁能量（红外波、雷达波、微波、伽马射线等）的所有物理系统。因此，在赛博空间中的战斗并非创造虚拟效果或在某种虚拟现实中攻击敌人，而是包括了物理作战，将产生非常真实的作战效果。赛博空间内的战斗，可以是持久或短暂的、动能或非动能的、致命或非致命的，既可以使敌方人员死亡或受伤，也可以通过非致命方式直接阻止敌方的军事行动。同时赛博空间的作战行动直接影响了敌方指挥系统对部队的指挥控制甚至火力攻击的能力。

由于赛博空间与电磁频谱和网络化系统密切相关，这决定了赛博空间具有一些与陆海空天领域所不同的特点，主要包括以下几个方面：一是技术创新性。赛博空间是唯一能够动态配置基础设施和设备操作要求的领域，将随着技术的创新而发展，从而产生新的能力和操作概念，便于作战效果在整个赛博空间作战中的应用。二是不稳定性。赛博空间是不断变化的，某些目标仅在短暂时间内存在，这对进攻和防御作战是一项挑战。敌方可在毫无预兆的情况下，将先前易受攻击的目标进行替换或采取新的防御措施，这将降低己方的赛博空间作战效果。同时，对己方赛博空间基础设施的调整或改变也可能会暴露或带来新的薄弱环节。三是无界性。由于电磁频谱缺乏地理界限和自然界限，这使得赛博空间作战几乎能够在任何地方发生，可以超越通常规定的组织和地理界限，可以跨越陆海空天全领域作战。四是高速性。信息在赛博空间内的移动速度接近光速。作战速度是战斗力的一种来源，充分利用这种近光速的高质量信息移动速度，就会产生倍增的作战效力和速率。赛博空间具有能够提供快速决策、指导作战和实现预期作战效果的能力。此外，提高制定政策和决策的速度将有可能产生更大的赛博空间作战能力。①

① 李耐和：《赛博空间与赛博对抗：网络战研究会会议论文集（2010）》，《空天力量杂志》2011年第2期，第57-66页。

需要指出的是，俄罗斯官方文件很少使用“网络空间”“网络安全”等概念，其中出现较多的是“信息空间”“信息安全”等。俄罗斯认为，“信息空间”是有关信息形成、传递、运用、保护的领域，主要包括信息基础设施、信息系统、互联网网站、通信网络、信息技术以及相应社会关系的调节机制等。简言之，俄罗斯将“信息空间”做了三个层面的划分：物理层面（硬件）、应用层面（软件）、人文层面（制度）。与此同时，俄罗斯通常将“网络空间”理解为互联网的通信网站、其他远程通信网站、保障这些网站发挥功能的技术设施，以及通过这些网站激发人类积极性的方法的总和。很显然，俄罗斯认为，“网络空间”概念小于“信息空间”，只涉及物理层面和应用层面的问题。

（二）网络空间与传统空间

随着信息和网络技术的飞速发展，互联网已渗透到人类生活的方方面面，并对国家安全、军事斗争以及战争形态产生了重大而深远的影响，网络空间已成为与传统的陆海空天三维物理空间并列的人类第二生存空间。网络电磁物理空间与传统的陆海空天三维物理空间既有相同之处，又有相异之处。

1. 网络空间与传统空间的异同

网络电磁物理空间与陆海空天三维物理空间的相同之处，一是两者都是客观存在的物理空间。陆海空天三维物理空间是看得见的具有长宽高三维特征的物理空间；网络空间是在计算机上运行的，它需要计算机基础设施和通信线路来实现，是由各种互联网、电信网、计算机系统、嵌入式处理器和控制器系统等看得见的各种物质器件构成的计算机网络实体系统。二是两者都具有地缘政治意义。网络空间是人类社会在科学技术高度发达的基础上建构的新信息交流空间，是将人员、技术、空间和信息有效连接在一起的网络地缘政治新空间，它从诞生之日起就具有国际政治、经济、军事和文化效能。网络空间是现实世界的虚拟映射，全球地缘政治矛盾也将不可避免地被带入这个人造空间领域。网络世界的冲突是真实世界的延续，网络地缘政治空间与传统地缘政治空间一样，所以网络世界和真实世界一样险象环生，充满了理念不合、利益冲突、政治攻击甚至战争。网络地缘新空间是将陆海空天连接起来的全球网络空间。三是两者都存在地缘利益争端。网络空间安全的重要性源于网络空间不断增长的技术、经济、社会和政治价值。这与地缘安全的重要性源于地缘利益不断增长的技术、经济、社会和政治价值是一致的。网络空间的固有规律和特性使其在继承的同时，也改变了传统地缘政治的理论与实践，产生的深远影响，深刻地改变了大国关系及相互力量对比，地缘政治博弈进入了网络新纪元。

网络电磁物理空间与陆海空天三维物理空间的相异之处。陆海空天三维物理空间是一个实体空间。陆地、海洋、空中、天空都是看得见、摸得着的具有三维物理特性的实体空间。陆地是以地球大陆为媒介的物理空间，海洋是除地球大陆以外以海水为媒介的物理空间，空中（地球表面之上 100 千米以内的物理空间）是以大气层为媒体的物理空间，天空（地球表面 100 千米以上的物理空间）也称太空是大气层之外的外太空物理空间。网络电磁物理空间即实体的物理结构，又有虚拟空间。从物理结构上分析，网络空间主要由通信基础设施、部署在网络外围的计算机、移动智能终端以及各种提供共享资源的服务器等组成。此外，各种互联网应用和提供的服务都是网络空间重要的组成部分。网络的虚拟空间是指网络电磁物理空间，这是一个看不见却客观存在的虚拟空间。

网络电磁物理空间与陆海空天三维物理空间是并列的两种物理空间。网络电磁物理空间是一个实体与虚拟结合的空间，既有实体性又有虚拟性。网络空间是由各种互联网、电信网、计算机系统、嵌入式处理器和控制器系统等构成的计算机网络系统的新质空间，这是它的实体性；而这种由计算机网络系统构成的新质空间又是一种没有长、宽、高边界的电磁物理空间，这是网络空间的虚拟性。可见，如果说陆海空天三维物理空间是人类生存的第一物理空间，那么网络电磁物理空间就是人类生存的第二物理空间。

网络空间生存在国际关系行为体和全球公民社会的环境中，高度依赖并服务于各国际关系行为体与全球公民社会，具有国际政治、经济、军事和文化的功能与属性，使得网络空间中大国间的权力博弈从属于传统国际政治领域国家实力竞争与国际权力格局变化的范畴。当代网络空间权力格局的特征、网络空间权力格局的博弈模式、中国在日趋激烈的网络空间权力博弈中的地位及其在网络空间中的国家安全状况等，成为信息化时代我们必须认真关注和应对的新问题。

2. 网络空间是人类活动的第五维域

随着网络信息技术的飞速发展和全面普及，人类生活、工作、思维方式正在发生深刻变革，以互联网为主要载体的网络空间和现实世界不断融合。因此，人们将网络空间称为继陆海空天三维物理空间之后人类赖以生存的电磁空间。如果说陆海空天三维物理空间为人类生存的“第一空间”的话，那么网络电磁空间就是人类赖以生存的“第二空间”。按照人类活动维域来说，网络空间是继陆域、海域、空域和天域之后人类生存的第五维域——网域。

作为人类生存空间，陆海空天三维物理空间是人类生存的“第一空间”，网络电磁物理空间是人类生存的“第二空间”。因为无论陆地、海洋，还是空中乃至天空，这些维域空间都是以三维物理特征出现在人们的眼前和脑海，三者是人们看得见、摸得着的物理空间，是人类赖以生存、发展和繁衍的基本空间。离开了陆海空天三维物理空间，人类也就谈不上生存、发展和繁衍。而网络空间是随着信息技术特别是网络信息技术的发展而产生的电磁物理空间。作为信息技术发展所催生的人类活动之电磁物理空间，网络空间是信息环境中的一个全球域，由相互关联的信息技术基础设施网络构成，这些网络包括国际互联网、电信网、计算机系统以及嵌入式处理器和控制器。网络空间具有如下两个重要特点：一是信息以电子形式存在；二是计算机能对这些信息进行处理，如存储、搜索、索引、加工等。如今，网络空间已成为由计算机及计算机网络构成的数字社会的代名词。网络空间的技术性、虚拟性及广延性决定了其是一个异常复杂的国家安全新疆域。伴随着现代科技的迅猛发展，网络正以非同寻常的速度在全球范围内扩张，成为影响国家安全、经济发展及文化传播的无形力量，成为承载政治、军事、经济、文化的全新空间。

网域是随着网络空间而出现的一个新的空间维域，具有与传统的三维物理空间所不同的概念内涵和基本特性，成为拥有重要战略利益的利益空间。网域具有不同于陆海空天三维物理实体空间的新特点。一是网域是以计算机网络为核心的人类社会制造的新维域。网络空间以计算机网络为核心拓展而来，依托互联网，迅速成为人类社会政治、经济、军事、文化和社会交往方式的承载体，成为人类社会生存的“第二空间”。二是网域是一种人造的空间维域。网域的产生是计算机技术和网络技术发展的结果，是人类智慧达到一定程度的产物，网域的组成和行为直接受人类认知和技术能力的影响。三是网域是虚实结合的电磁物理维域。网域涉及物理域、信息域、认知域和社会域，既包括构成网络空间的组件，也包括承载于网络之上的政治博弈、经济运行、社会交往和文化交流。四是网域是一个可以控制的物理空间维域。在网络空间，可通过对网络本身、信息，以及嵌入式处理器和控制器的控制延伸到对物理空间、心理空间和社会空间的控制，不但能控制人、改变人，还能控制世界、改变世界。五是网域是开放复杂的混沌空间维域。网络空间联通全世界、跨越全领域、作用全社会。在微观上，结构复杂、要素多元、瞬息万变；在宏观上，网聚效应、蝴蝶效应、放大效应明显，呈现出复杂巨系统的鲜明特征。

人类的科技水平开辟了怎样的空间，就会引领地缘政治博弈发展到那里。正如当年马汉预言“谁控制了海洋，谁就控制了世界”、杜黑预言“谁控制了天空，谁就控制了世界”一样，在网络时代，谁能够控制网络空间，谁就能掌握未来世界权力的源泉。网域作为国家安全的一个新疆域，是与电子信息技术和网络技术的发展密切相关的。电子技术的突破所催生的电子战使人类军事较量进入了第五维域的战场，它虽然不具备长、宽、高等传统物理概念，但其中却演绎着同样硝烟弥漫、血肉横飞、实实在在的战争。美国国防部原部长助理、全球“软实力”理论的创立者约瑟夫·奈也说：“信息网络将重新定义国家权力。”显然，在其看来，“制网权”将成为继“制陆权”“制海权”“制空权”及“制天权”之后大国战略较量的又一焦点。

随着人类社会对网络空间依赖程度的不断加深，网络空间成为人类生产生活的“第二生存空间”和军事对抗的“第五维作战空间”。世界各国围绕网络空间的主导权、控制权、话语权展开了激烈的争夺，网络空间的竞争已达到与人类生存、国家命运和军事斗争成败休戚相关的程度。思考网络空间威慑能力建设，具有重大现实和理论价值。

（三）网络空间安全与安全战略

中国古代兵圣孙子说：“兵者，国之大事，死生之地，存亡之道，不可不察也。”21 世纪是人类的信息时代，网络信息安全就是不可不察的国家死生之地、存亡之道。近年来，随着当前生产和生活对网络信息系统依赖性的增强，网络攻击事件的数量仍将不断增多，影响范围也将更加广泛。世界经济论坛《2018 年全球风险报告》中首次将网络攻击纳入全球风险前 5 名，成为 2018 年全球第三大风险因素。

1. 网络空间安全

如今，互联网已经成为推动经济发展和社会进步的全球性重要信息基础设施。在这个阶段，互联网高速发展所掩盖的商业模式问题、安全问题、监管问题等不安全、不稳定的隐患，也随着互联网的社会化而更加凸显。比如，日益增长的针对 DNS 系统的攻击及黑客行为、域名与知识产权的冲突、域名与隐私权保护、域名持有人的权利保护等。不仅互联网自身发展面临挑战，互联网对政治、经济、文化、生活的负面影响也日益凸显，网络空间安全也受到世界各国的普遍关注。

分析网络空间安全，首先面临的问题就是如何界定这个概念。为此，首先要了解作为网络安全上位概念的信息安全。而国家总体安全观视域下的信息安全，是指国家范围内的信息数据、信息基础设施、信息软件系统、网络、信息人才、公共信息秩序和国家信息等不受来自国内外各种形式威胁的状态，是国家安全的有机组成部分。可以说，没有信息安全，国家安全就无从谈起。由于研究领域、观察角度和追求目标不同，对于网络空间安全的含义会有不同理解。国际电信联盟曾推荐了一个工作定义："网络空间安全是用以保护网络环境和机构及用户资产的各种工具、政策、安全理念、安全保障、指导原则、风险管理方式、行动、培训、最佳做法、保证和技术的总和。"[①] 这一表述侧重技术和管理需求，其目标主体是网络空间整体环境，包括各类信息基础设施、机构及用户资产。

在美国，《网络战和网络恐怖主义》的作者任杰夫斯基·莱赫（Janczewski Lech）和卡洛利客·安德鲁（Caloric Andrew），将网络空间安全描述为"21世纪的最新、最独特的国家安全问题"，"网络安全没有国际或公共的边界，也不容易监管或技术修复"。网络安全是一门涉及计算机科学、网络技术、通信技术、密码技术、信息安全技术、应用数学、数论、信息论等多种学科的综合性学科。美军对网络电磁空间进一步做出新的诠释："一个全球范围内的域，由一些独立的信息技术基础设施网络构成。"认为这个网络空间绝非虚拟的，它构成了有信息网、有武器装备平台和有人参与的巨系统，是实实在在可博弈对抗的超级时空。在这里，各要素与各系统等能够网聚起来，从而形成范围涵盖全球的联合作战体系，因而其范畴已远远超出了网络技术领域发展的本身。

在中国，2015年6月，国务院学位委员会和教育部批准增设网络空间安全为一级学科。网络空间安全的主要特性为：保密性、完整性、可用性、

① Telecommunication Standardization Sector of ITU, Recommendation X. 1205: Overview of Cybersecurity, Data Networks, Open System Communications and Security/Telecommunication Security, Apr. 2008, p. 2, available at: http: //www.itu.int/rec/T-REC-X. 1205-200804-I.

可控性、可审查性。同年7月1日，十二届全国人大常委会第十五次会议表决通过了新的《中华人民共和国国家安全法》，其中第二十五条首次比较系统、全面、完整地界定了国家安全框架下的网络安全，指出："国家建设网络与信息安全保障体系，提升网络与信息安全保护能力……防范、制止和依法惩治网络攻击、网络入侵、网络窃密、散布违法有害信息等网络违法犯罪行为，维护国家网络空间主权、安全和发展利益。"刘万凤在《计算机知识与技术》2016年第35期发表的《新常态下网络空间安全的几点思考》一文中认为："传统的网络空间安全指的是网络系统的硬件、软件及其中的数据不受到偶然的或者恶意的破坏、泄露和更改。这往往更强调的是信息本身的安全属性，认为信息只要包括秘密性、完整性和可用性。但在信息论中，则更强调信息不能脱离它的载体而孤立存在。因此，可以将网络空间安全划分为以下几个层次：设备的安全；数据的安全；内容的安全；行为的安全。其中，第二个层次数据的安全也就是传统的网络空间安全。"

综上所述，所谓网络空间安全，是指国家网络环境的可信性、安全与稳定，网络活动的合法、有序与可控的状态。即国家运用各种国家资源，维护有利于经济发展繁荣、社会政治稳定和国防安全的网络环境，防止国内和跨国网络活动对国家安全造成威胁。网络空间安全的核心内容就是网络上的信息安全，涉及的领域很广。主要包括：网络运行系统安全；网络上系统信息的安全；网络上信息传播的安全，即信息传播后果的安全；网络上信息内容的安全。网络环境的可信性、安全与稳定，网络活动的合法、有序与可控，成为国家安全的关注对象。防止源于网络空间的安全威胁或通过网络空间发起的攻击影响经济、政治、军事等其他领域的稳定，也成为国家安全的重要关注。因此，各国政府运用各种国家资源，维护有利于经济繁荣发展、社会政治稳定和军事国防安全的网络环境，防止国内和跨国网络活动对国家安全造成威胁，便构成了国家网络空间安全的主要内容。

如果从系统科学角度来分析，网络空间安全则是国家安全体系中具有决定作用的序参量，影响并主导着整个安全体系的演变和发展方向。在不同时期，对网络空间安全有过不同的称谓和解释，其内涵在不断深化、外延也在不断扩展。当前，我们关注的网络空间安全包括意识形态安全、数据安全、技术安全、应用安全、资本安全、渠道安全等方面，其中既涉及网络空间安全防护的目标对象，也反映维护网络空间安全的手段途径。网络空间安全的另一个重要方面是网络空间与信息系统的安全。2010 年 6 月出现的“震网”病毒使伊朗核设施受到大面积破坏，显示出关键基础设施已经成为网络武器的真实攻击目标，有可能引发灾难性后果。斯诺登事件等表明，少数国家利用掌握的互联网基础资源和信息技术优势，大规模实施网络监控，大量窃取政治、经济、军事秘密以及企业、个人隐私数据，有的还远程控制他国重要网络与信息系统。试想，在危机时刻，如果一个国家涉及国计民生的关键基础设施被人攻击后瘫痪，甚至军队的指挥控制系统被人接管，那真是“国将不国”的局面。

近年来，网络空间安全当仁不让地成为国际社会关注的热点和焦点。网络空间安全是一门涉及计算机科学、网络技术、通信技术、密码技术、信息安全技术、应用数学等相关自然科学与技术的综合性学科。安全防范是一个持续不断的过程，涉及技术、管理、人员、社会意识等多方面因素。维护网络空间安全就是保护网络基础设施、保障安全通信以及对网络攻击所采取的措施。随着信息技术的发展和计算机网络在世界范围内的广泛应用，国家政治、经济、文化、军事等受网络的影响日益增强，给国家安全也带来了新的威胁。网络空间安全对国际政治、经济、军事等方面的影响日益突出，迫切需要对其进行全面而系统化的研究。

2. 网络空间安全战略

随着网络在全球迅猛发展和普及，互联网在推动世界经济、政治、文化和社会发展的同时，已不同程度地渗透到国家的政治、经济、军事、社会、文化等各个领域，因而就产生了网络空间的安全问题。涉及安全问题要从整体上筹划全局的方略，这就是一个战略问题，也即网络空间安全战略。

“战略”一词最早来源于军事概念，著名军事理论家克劳塞维茨在《战争论》一书中将“战略”定义为“为达到战争目的而对战斗的运用，战略需为军事行动规定一个适应战争目的的目标”。战略应该具备五个基本要素：战略目标、战略方针、战略手段、战略力量和战略措施，这五个方面相辅相成、缺一不可。中国古代著名的军事家孙武的《孙子兵法》是目前公认的最早对战略进行全局谋划的巨著。

网络空间安全战略是加强网络治理的顶层设计和全局统筹，是国家安全战略的重要组成部分，是一个国家在特定历史条件下运用政治、经济、军事、文化等各种资源，应对网络空间威胁、维护国家网络空间安全利益的总体构想。关于国家网络空间安全战略，目前国内外学术界、各国政府相关部门尚没有统一和权威的定义。但综合上述有关战略及安全战略的概述、定义，可以概括地说：网络空间安全战略，是指一个国家为确保网络空间不被干扰、破坏，国家涉密网络信息不被窃取，对如何综合运用科技、司法、政治、军事、经济等国家资源所做的总体构想与全面规划。也就是国家运用各种国家资源，维护有利于经济繁荣发展、社会政治稳定和国防安全的网络环境，防止国内和跨国网络活动对国家安全造成威胁的方略。

世界各国的网络空间国家安全战略。面对全球范围内网络空间安全如此严峻的态势，世界各军事强国纷纷积极应对，从成立专业部队、颁布政策文件、举行攻防演习等诸多方面，抓紧筹划网络空间国家安全战略。当前，全球正处于网络空间安全战略的调整和变革时期，世界各国纷纷调整信息安全战略，明确网络空间战略地位，并提出将采取包括政治、军事、经济、科技等在内的多种手段保障网络空间安全。其中，美国最先明确提出网络空间安全战略，用以维护其网络空间战略利益。

网络空间安全战略内容十分丰富。网络安全，从根本上来说是网络信息的安全。网络信息安全所包括的内容非常多，现阶段公用通信网络尽管看似非常发达，对人们的生活也产生了积极的作用，但是其中却存在很多安全漏洞以及安全威胁。从广义上来说，只要是对网络信息的完整性和保密性或者是可控性造成威胁的都可以将其作为网络空间安全所研究的范围。为了维护网络空间安全，根据网络空间安全范畴的内涵外延，构建网络空间安全主要应该把握以下一些基本内容：网络空间安全战略目标的设立，重视网络空间安全战略顶层设计，积极推动网络安全空间的国际合作，进一步推进网络空间安全标准化建设，完善优化网络空间安全的组织管理体系，加强网络空间安全建设专业人才培养，等等。

（四）网络社会与网络社会治理

随着信息技术的飞速发展，网络社会应运而生。伴随着网络信息技术的迅速发展和广泛应用，一种新型的社会形态——网络社会（Cyber Society）正在兴起。而伴随着网络社会的兴起，网络社会治理问题出现并成为社会治理的重要问题而被提上议事日程。

1. 网络社会

在当今历史时代，互联网对人类社会的诸多方面已经或正在进行全面的塑造，从而使得一种新的社会形态开始出现，这就是人们常说的网络社会。20 世纪 90 年代以来，网络社会在不经意间成为各学科甚至一般大众纷纷引用的关键词，至今众说纷纭。网络社会一词，首次出现于荷兰学者狄杰克（Jan van Dijk）于 1991 年出版的书中。狄杰克认为，网络社会是由各种不同网络交织所形成，而网络也决定了社会的走向与目标，影响的层次包括个人、组织以及社会，认为社会仍是由团体、组织等形成，但这些团体的关系与互动会受到网络的影响甚剧。接着曼威・科司特（Manuel Castells）于 1996 年出版的书中大量使用网络社会的概念，描述当代社会的转型，并将网络的集合视为社会。

对于网络社会，人们似乎形成了某种约定俗成的共识，即它是在以 Internet 为核心的信息技术作用下，人类社会所开始进入的一个新的社会阶段或所产生的一种新的社会形式。但在不同的应用场景却有不同的含义。经过对相关文献进行梳理，我们似可将网络社会的含义归纳为两大类即作为现实空间一种新社会结构形态的网络社会（Network Society）和基于互联网架构的计算机网络空间（Cyber Space）的网络社会（Cyber Society）。之所以会产生两种网络社会概念问题，是因为随着20世纪90年代信息技术革命的掀起，产生了不同于以往任何网络的崭新的“网络”——基于计算机网络技术的“计算机网络”或“信息网络”，这为网络形式的大变革奠定了物质基础，也崛起了现代意义上的网络社会。高度发展的信息网络，一方面通过现实社会的投射，构成了自己虚拟的网络社会（Cyber Society）；另一方面通过信息网络的渗透，融合了各种已存的社会实体网络，使网络社会（Network Society）成为整个现实社会的结构形态。

马克思在分析社会的本质时，提出了“社会是人们交互作用的产物”的理论命题。即社会是人们相互交往的结果，是人们之间普遍联系的表现，无论社会表现为何种形式，它的这种本质不会改变。网络社会在其本质属性上并未超越这一理论认识。因此，我们对两种“网络社会”设法进行界定时，都应以“人们交互作用”作为基本理念。网络社会（Network Society）的界定，首先在于它是现实的社会，属于一种世界普遍交往的社会结构；同时它是充分将信息网络（当前是以Internet为代表）作为人类交往实践活动的技术网络。在这样的界定下，网络社会（Network Society）是在人类社会结构变迁过程中，一种作为人类交往实践活动的新生社会关系，即网络与信息技术网络的社会共同体。它是信息社会的重要表现特征或者表现形态。至于在国内学术界中研究更热门的网络社会（Cyber Society），首先界定它是虚拟的社会，因为它存在于Internet通过网络技术等模拟现实情境所形成的一个沟通信息的虚拟空间（virtual space）或电子空间（cyber space）。从“人们交互作用”基本理念分析可知，网络社会（Cyber Society）仅仅是一种虚拟的社会环境，这是人类交往的一种虚拟网络环境，而没有作为社会主体的“人们交互作用”，因此，现代网络社会（Network Society）的形成，有赖于现代信息通信技术（以网络技术为代表）把原子（atom）世界转化成比特（bit）世界，克服自然地理因素的限制进行信息的自由传递；而进行信息自由传递的基础，则是计算机和联结计算机的网络以及在该网络里产生的网络社会（Cyber Society）。因此简单地说，网络社会（Cyber Society）是网络社会（Network Society）的基础，而又被包容在后者之中。本书中所说的网络社会就是指网络社会（Network Society）。

2. 网络社会治理

网络社会治理是当今国际社会共同面临的重要课题。网络社会的匿名、开放、高度自治等内在特点决定了对其管控存在较大难度，如何引导网络社会自律、解决管理前端缺失、提升网络社会违法犯罪查处力度来规划网络社会管控已成为一大课题。

互联网不是法外之地，需要进行综合治理。在当今时代背景下的人类社会生活中，网络社会生活的比重、分量和现实影响力在一天天地增加，并且已经展现出行将占据人类社会生活之核心位置的发展态势。近年来，移动互联网络的快速发展，则又进一步助推了这一发展态势。在互联网络和网络社会这个特定的“行为活动场域”中，在人们的行为活动变得空前自主和便捷的同时，由于相关治理体系建构和管理措施施行的滞后和乏力，也由于行为主体自我约束的淡化与缺位，从而导致了现实利益矛盾冲突的“网络化展现”，以及包括网络违法犯罪行为在内的各类网络失范行为的大量出现，造成了网络社会生活中以及网下现实社会生活中的一些紊乱和失序。互联网在为人们迅速获取信息并提供便利的同时，各种网络谣言、网络诈骗等现象也经常出现。从表面上看，这些现象的出现是因为在互联网泛传播语境下，信出多源、鱼龙混杂，以至于信息甄别成本很高，为各种谣言滋生、网络诈骗等提供了土壤。这就将合理建构网络社会治理体系，有效实施网络社会治理的重要性和紧迫性凸显出来。

网络社会治理，是指以网络社会为对象，通过借鉴治理的价值理念、制度设计和手段方式，由政府、企业、社会组织以及公民个人等多种社会力量共同参与和协同实施的社会治理。可见，网络社会治理主要包含三要素：一是治理的客体是网络社会。对于如何处理网络社会中出现的问题，治理理念提供了比较好的视角。治理理念与网络社会中出现的一些新变化比较吻合。二是治理的主体是多元的。治理主体包括政府、企业、社会组织以及公民个人等多种社会力量，网络社会中的行动主体都可以成为治理的主体。三是治理理念与传统的统治和管理理念有所不同。例如，论及网络社会治理，其客体与主体在一定程度上是平等的，也是可以相通的，更强调共同参与和互动协商。当前，亟须加快推进构建政府、企业、技术专家、网民等多主体网络社会治理体系，共享治理资源，共担治理责任，共建治理规则，发挥各自在网络社会治理资源上的相对优势，进而推动网络社会“碎片化”治理向整体性治理转变。重点要从以下三个方面加快推进网络社会治理：要培育网络社会整体性治理的共建主体、要培育网络社会整体性治理的共治机制、要培育网络社会整体性治理的共享文化。此外，还应该通过立法对互联网络、虚拟世界进行规范，打击破坏国家政治和社会稳定的行为。

三、新时代网络空间安全建设的紧迫性

网络空间具有开放、快速、分散、互联、虚拟、脆弱等特点。网络用户可以自由访问任何网站，几乎不受时间和空间的限制。信息传输速度极快，病毒等有害信息可在网上迅速扩散和放大。网络基础设施和终端设备数量众多，分布地域广阔。各种网络信息系统互联互通，用户身份和位置真假难辨，构成了一个庞大而复杂的虚拟环境。此外，网络软件和协议存在许多技术漏洞，为攻击者提供了可乘之机。这些特点都给网络空间安全管控造成了极大的困难。因此，新时代必须加强网络空间安全建设。

（一）新时代网络空间安全危机四伏

互联网自诞生以来，深刻影响着人类社会的方方面面，除带给人们经济、便捷与高效之外，也不时展示出其负面威力。虚拟世界是现实世界的

延伸，虚拟世界的蝴蝶抖动几下翅膀，同样会传导到现实世界，引发真实的风暴。近年来，政治博弈、军事对抗、金融较量及文化冲突，持有利益诉求的各种主体都试图在网络空间赢得或延续自己在现实世界的权力优势。另外，黑客攻击和重大安全事件曝光度呈增长态势，数据泄露和勒索软件等事件多发频发，网络空间安全危机四伏。

从维护国家军事安全的视角而言，谁控制了信息网络，谁就控制了军事较量的战略“制高点”。从海湾战争和科索沃战争中的网络战实践中可以看出，网络战将贯穿战争活动的始终，其地位作用更加显著。而且，发生在国际互联网和战场两条战线上的网络战不会分开，而是相互配合，相互支援。随着计算机网络在战争中的地位与作用日益突出，计算机网络战部队已出现并向专业化方向发展。专门的计算机网络攻击武器平台也会出现，这种攻击武器将不仅是一种普通计算机，而且是一种由计算机软、硬件紧密结合的武器系统。它会根据不同需要，可以包括大、中、小型或固定式、台式、便携式等多种，利用这种网络攻击系统，可以对敌方网络进行侦察、入侵等活动。进入 21 世纪以来，发生在国际互联网上的几起重大网络对抗事件表明，一旦战争爆发，大规模的网络战进入实战将不可避免。从俄格战争、乌克兰冲突等近几场军事行动来看，现代战争首先是在网络空间打响，并可能成为决定战争胜负的关键。同时，计算机病毒、特洛伊木马、后门程序等计算机软件也会不断发展更新，逐渐成为实用的计算机网络战武器。而且这种软件武器会随着计算机技术的发展，而不断升级换代，以便对抗不断提高的计算机网络防护能力。因此，可以预见，随着信息技术的进一步发展和广泛运用，各国军队对网络战的重视程度不断增强，世界军事强国在网络战领域的竞争更加激烈。

从维护国家经济安全的视角而言，对重要的经济部门或政府机构的计算机进行任何有计划的攻击都可能产生灾难性的后果，这种危险是客观存在的。信息技术广泛应用和网络空间兴起，极大促进了社会经济繁荣进步，同时也给经济安全带来了新的风险和挑战。随着互联网应用在经济发展中的重要性不断提升，未来工业互联网、农业互联网、医疗信息化、金融信息化的进一步推进，互联网攻击可能制造更加严重的社会和经济危害。因此，网络安全已成为国家安全的重要组成部分。过去敌对力量和恐怖分子毫无例外地使用炸弹和子弹，现在他们可以把手提计算机变成有效武器，造成非常巨大的危害。如果人们想要继续享受信息时代的种种好处，继续使国家安全和经济繁荣得到保障，就必须保护计算机控制系统，使它们免受攻击。据有关方面统计，目前美国每年由于网络安全问题而遭受的经济损失超过 170 亿美元，德国、英国也均在数十亿美元以上，法国为 100 亿法郎，日本、新加坡的问题也很严重。因此，网络空间安全对经济安全的影响受到越来越多的国家关注和防范。

从维护国家社会安全的视角而言，网络空间的风云变幻必将波及自然空间、社会空间及认知空间等。网络空间是一个开放的空间，这一空间虽然是虚拟的，但却充满危机。在这个无边际世界，既有欣欣向荣的景致，也有荒芜的废墟；既有许多健康有益的内容，也有不少低俗有害的东西；既有精神食粮，也有文化垃圾。网络上各种思想文化相互激荡、交锋，优秀传统文化和主流价值观面临冲击。进入 21 世纪以来，在各领域的计算机犯罪和网络侵权方面，无论是数量、手段，还是性质、规模，都已经到了令人咋舌的地步。在国际刑法界列举的现代社会新型犯罪排行榜上，计算机犯罪已名列榜首。据统计，全球平均每 20 秒就发生 1 次网上入侵事件，黑客一旦找到系统的薄弱环节，所有用户均会遭殃。

从维护国家安全战略的视角考虑，如果想要在网络空间获得并保持长久的优势，就必须打造综合优势或多维力量。世界各国尤其是网络强国，以国家利益为核心，以网络安全为目标，围绕网络空间国际政治权力，在网络空间控制、威慑、干涉和合作等方面展开了激烈的博弈。随着信息技术的不断创新和信息网络的广泛普及，网络空间已经深刻影响到国家的政治、经济、科技、军事和文化等各个领域的安全，并使得国家安全局势发生了深刻变化。

（二）中国网络空间安全的机遇与挑战

随着科学技术的飞速发展和信息网络的全面普及，我国社会进入了大数据时代。然而，在信息化进程深入推进的过程中，由于网络自身的开放性、网络用户的复杂性，世界网络空间治理体系话语权的不完善等一些内外部因素，致使中国网络空间安全存在一系列的安全隐患。为此，我们必须积极应对网络社会给中国带来的机遇和挑战，不断探索多种现实路径深入推进中国网络空间安全的科学构建与有效实施。

1. 网络空间给中国带来重大机遇

伴随信息革命的飞速发展，由互联网、通信网、计算机系统、自动化控制系统、数字设备及其承载的应用、服务和数据等组成的网络空间，正在全面改变人们的生产生活方式，深刻影响人类社会历史发展进程。

一是信息传播的新渠道。网络技术的发展，突破了时空限制，拓展了传播范围，创新了传播手段，引发了传播格局的根本性变革。网络已成为人们获取信息、学习交流的新渠道，成为人类知识传播的新载体。

二是生产生活的新空间。当今世界，网络深度融入人们的学习、生活、工作等方方面面，网络教育、创业、医疗、购物、金融等日益普及，越来越多的人通过网络交流思想、成就事业、实现梦想。

三是经济发展的新引擎。互联网日益成为创新驱动发展的先导力量，信息技术在国民经济各行业广泛应用，推动传统产业改造升级，催生了新技术、新业态、新产业、新模式，促进了经济结构调整和经济发展方式转变，为经济社会发展注入了新的动力。

四是文化繁荣的新载体。网络促进了文化交流和知识普及，释放了文化发展活力，推动了文化创新创造，丰富了人们精神文化生活，已经成为传播文化的新途径和提供公共文化服务的新手段。网络文化已成为文化建设的重要组成部分。

五是社会治理的新平台。网络在推进国家治理体系和治理能力现代化方面的作用日益凸显，电子政务应用走向深入，政府信息公开共享，推动了政府决策科学化、民主化、法治化，畅通了公民参与社会治理的渠道，成为保障公民知情权、参与权、表达权、监督权的重要途径。

六是交流合作的新纽带。信息化与全球化交织发展，促进了信息、资金、技术、人才等要素的全球流动，增进了不同文明的交流融合。网络让世界变成了地球村，国际社会越来越成为你中有我、我中有你的命运共同体。

七是国家主权的新疆域。网络空间已经成为与陆地、海洋、天空、太空同等重要的人类活动新领域，国家主权拓展延伸到网络空间，网络空间主权成为国家主权的重要组成部分。尊重网络空间主权、维护网络安全、谋求共治、实现共赢，正在成为国际社会共识。

2. 网络空间发展给中国带来严峻挑战

网络安全形势日益严峻，国家政治、经济、文化、社会、国防安全及公民在网络空间的合法权益面临诸多风险与严峻挑战。

一是网络渗透危害政治安全。政治稳定是国家发展、人民幸福的基本前提。利用网络干涉他国内政、攻击他国政治制度、煽动社会动乱、颠覆他国政权，以及大规模网络监控、网络窃密等活动严重危害国家政治安全和用户信息安全。

二是网络攻击威胁经济安全。网络和信息系统已经成为关键基础设施乃至整个经济社会的神经中枢，遭受攻击破坏、发生重大安全事件，将导致能源、交通、通信、金融等基础设施瘫痪，造成灾难性后果，严重危害国家经济安全和公共利益。

三是网络有害信息侵蚀文化安全。网络上各种思想文化相互激荡、交锋，优秀传统文化和主流价值观面临冲击。网络谣言、颓废文化、淫秽、暴力、迷信等违背社会主义核心价值观的有害信息侵蚀青少年身心健康，败坏社会风气，误导价值取向，危害文化安全。网上道德失范、诚信缺失现象频发，网络文明程度亟待提高。

四是网络恐怖和违法犯罪破坏社会安全。恐怖主义、分裂主义、极端主义等势力利用网络煽动、策划、组织和实施暴力恐怖活动，直接威胁人民生命财产安全、社会秩序。计算机病毒、木马等在网络空间传播蔓延，网络欺诈、黑客攻击、侵犯知识产权、滥用个人信息等不法行为大量存在，一些组织肆意窃取用户信息、交易数据、位置信息以及企业商业秘密，严重损害国家、企业和个人利益，影响社会和谐稳定。

五是网络空间的国际竞争方兴未艾。国际上争夺和控制网络空间战略资源、抢占规则制定权和战略制高点、谋求战略主动权的竞争日趋激烈。个别国家强化网络威慑战略，加剧网络空间军备竞赛，世界和平受到新的挑战。

网络空间机遇和挑战并存，机遇大于挑战。必须坚持积极利用、科学发展、依法管理、确保安全，坚决维护网络安全，最大限度利用网络空间发展潜力，更好惠及 14 亿中国人民，造福全人类，坚定维护世界和平。

（三）维护网络空间安全刻不容缓

目前，中国网络空间安全面临的形势十分严峻，美国等西方大国把中国作为网络空间的主要战略对手，在战略上进行打压、围堵、遏制，在行动上进行渗透、颠覆、破坏，在军事上进行牵制、威慑、攻击，在技术上实施控制、封锁、阻挠，严重威胁中国网络空间安全和发展利益。只有充分认清当前网络空间安全现状，以更宽阔的世界眼光和战略眼光审视战争形态的深刻变化，才能跟上时代步伐，以时不我待的紧迫感推进网络空间安全能力建设，在战略博弈中赢得战略主动。

第一，制定网络空间国家安全战略，做好网络空间安全的统筹规划和顶层设计。作为国际竞争新的制高点，围绕网络空间进行的争夺，就是国家和民族未来的争夺，也是军队未来战争胜负的争夺，必须将其作为重大而现实的战略任务，深刻认清网络安全问题对我们实现国家发展、维护政权安全、推进国防建设和保持社会稳定具有重大战略意义。网络安全工作涉及信息化建设的各个环节，包括法律、管理、技术、人才、意识等各个方面，与各部门、各地方都密切相关，是一个复杂的系统工程。网络中的一个环节、一个局部、一台计算机出问题，都有可能迅速地扩展到整个系统和网络，影响全局。这就要求我们十分注重统筹规划、全面防护，从各个层面、各个环节上加强综合性的信息安全保障工作。

第二，围绕形成新型战斗力，加强网络空间作战力量建设。深刻认识网络和信息在战斗力生成中的主导和倍增作用，把网络空间作战力量作为新型作战力量，纳入联合作战体系，作为军队改革的重要内容，进一步优化结构、调整编制，加强总部战略级、战区军兵种战役级网络空间作战部队建设，统筹网络侦攻防控力量结构规模和相关手段建设，以工程化建设思路加以推进，并适时组建改建相关部队。要在进一步完善信息基础网络建设等硬件设施的同时，着眼构建侦攻防控相结合的网络战力量体系，协调推进网络侦察、网络攻防和舆情监控力量的建设发展，从基础设施、装备技术、部队训练等各方面，加大建设投入和指导力度。

第三，依靠科技创新丰富拓展网络空间斗争手段，不断提升网络空间作战核心能力。核心技术是国之重器，也是解决安全问题的密钥。开展网络空间斗争，必须以先进的技术手段做支撑。现实警示我们，维护网络安全，筑牢安全堤坝，必须下定决心、保持恒心、找准重心突破核心技术。只有掌握核心关键技术，才能赢得主动。为此，必须在技术、产业、政策上共同发力，充分激发创新活力，加大新兴技术研发力度，加速推动信息领域核心技术突破。同时，打通基础研究和技术创新衔接绿色通道，构建技术支撑体系、网络安全技术体系、人才队伍体系、教育训练和保障体系，力争以基础研究带动应用技术群体突破。坚持把技术创新作为战略基点，加强新一代网络技术发展和应用，突破制约信息化建设的核心关键技术。一是准确把握信息化战争特点，加强密码技术应用，建设网络可靠体系；二是加强全光网络技术（全光网络技术是指信号只是在进出网络时才进行电 / 光和光 / 电的变换，而在网络中传输和交换的过程中始终以光的形式存在）研究，建立安全的信息传输通道；三是大力发展主动防御技术，实现“御敌于国门之外”；四是大力发展具有自主知识产权的信息技术，大力推进国产关键软硬件研发，从根本上提高我军网络信息安全的自主可控水平。

第四，努力打造网络空间命运共同体。随着移动互联网、物联网、云计算、大数据等新技术的应用，国家政治、经济、贸易、科技、军事等领域对网络空间的依赖度逐步增加。但是随着网络犯罪、网络恐怖主义、情报机构以及军队等借用DNS劫持、木马病毒攻击、钓鱼网站等手段对网络的攻击，给网络空间利益带来了巨大损失，解决网络空间威胁需要各国从多维度积极参与、合作，以寻求有效治理之道。

鉴于目前没有公认的网络空间国际公约、各国自行其是的现状，中国国家主席习近平在2015年第二届世界互联网大会上提出了全球互联网发展治理“尊重网络主权、维护和平安全、促进开放合作、构建良好秩序”的“四项原则”和“加快全球网络基础设施建设，促进互联互通；打造网上文化交流共享平台，促进交流互鉴；推动网络经济创新发展，促进共同繁荣；保障网络安全，促进有序发展；构建互联网治理体系，促进公平正义”的“五点主张”。互联网是人类的共同家园，各国不应以攻防谋私利，应该共同构建网络空间命运共同体，推动网络空间互联互通、共享共治，为开创人类发展更加美好的未来助力。

为创造更加繁荣美好的网络空间做出更大贡献。中国始终是网络空间的建设者、维护者和贡献者，致力于与国际社会携手共建和平、安全、开放、合作的网络空间。中国坚决维护网络安全，最大限度利用网络空间发展潜力，更好惠及世界人民，造福全人类，坚定维护世界和平。

第一章　网络安全与政治安全

从历史上看，技术进步与政治变革的互动关系十分密切。技术进步会导致政治关系、社会关系和经济关系发生重大变化，并深刻影响政治过程、决策过程、政府效率、意识形态等政治生活的深层次内容，甚至会导致政治制度发生根本性的变革。国际互联网（Internet）是 20 世纪人类最伟大的发明之一，以互联网承载的新技术融合为典型特征的第四次工业革命正在到来，其所蕴含的能量正在深刻影响着所有人员、界别和行业，给人类带来了空前的机遇和挑战。随着网络空间政治因素的不断渗入，网络空间安全对国家政治安全的影响越来越大。

一、网络空间安全威胁政治安全

政治安全是指国家主权、政权、政治制度、政治秩序以及意识形态等方面免受威胁、侵犯、颠覆、破坏的客观状态。政治安全对国家安全至关重要，它对国家整体安全具有全方位的、深刻的影响。早在 1969 年，当"阿帕网"刚刚研制成功时，项目负责人史蒂夫·卢凯西克就曾敏锐地指出："今天的创新在未来会给世界带来什么，那或许将是一幅令人惊恐的图景。"[①] 他的预言也许有些过于悲观，但随着网络空间安全的重要性与日俱增，如今的互联网真真切切地把世界搅动了起来，虚拟空间已经变成现实威胁，网络空间的政治安全日益凸显。

---

① ［美］迈克尔·贝尔菲奥尔：《疯狂科学家大本营》，黄晓庆等译，科学出版社 2012 年版，第 117 页。

（一）网络空间的政治安全问题日益凸显

“冷战”结束之后，互联网跨越地缘政治壁垒在全球高速扩展，催生了全球网络空间，给世界带来了巨大的甚至是天翻地覆的变化，对国家政治生活和政治安全产生了重大影响。自从网络技术问世以来，先是用在军事及教育和科研部门，后来迅速向政治、经济、社会、科技和文化等各个领域渗透。几乎在一夜之间，网络就把人类从工业时代带进了信息时代。其发展速度之快，对人类社会影响之大，完全出乎人们的意料。

1. 网络正在改变现代社会政治生态

在当今这个全球化的时代，网络就像整个社会的神经系统，深刻影响着国际政治、经济、文化、社会、军事等领域的发展。随着信息技术的快速发展，网络空间成为大国博弈的制高点，网络空间安全也影响着国家的政治安全。网络社会的发展则给政治安全增加了新的变数，特别是网络技术变革促进网络政治传播自由不断扩展，在给国家政治安全带来新机遇的同时，也带来了空前挑战。

网络空间为民主政治发展提供新方式。利用网络干涉他国内政、攻击他国政治制度、煽动社会动乱、颠覆他国政权，以及大规模网络热搜、网络窃密等活动严重危害了国家政治安全和用户信息安全。网络空间的安全威胁大可覆国，小可杀人。2011 年西亚北非的“茉莉花革命”，就是一个街头小贩自杀以后，在网上热炒，再引起整个社会的动荡，最后造成这些国家的政权批量倒台，一些国家总统外逃。从 2011 年起，奥巴马政府制订了秘密计划“影子网络”，为“茉莉花革命”中部分关闭互联网的国家中的激进分子提供独立开设的网络与国外联系。国际上争夺和控制网络空间战略资源、抢占规则制定权和战略制高点、谋求战略主动权的竞争日趋激烈。网络作为一种新兴的信息传播和交换媒介，已经发展成为一种普遍的社会交流载体和社会联系形式。网络空间作为虚拟空间，呈现出最自由、最民主的空间，正在改变着全球政治生态，为民主政治发展提供了新的渠道。

因此，互联网的存在在一定程度上改变了传统的政治生活，为民主政治发展提供了新方式。

网络空间是国际政治领域斗争的重要渠道，已成为维护国家利益和社会稳定的新舞台。网络传播的开放性、便捷性和隐匿性，使得思想文化渗透和外部势力插手更为容易。近年来，全球网络安全热点频出，网络空间的较量已成为国家、集团甚至一些组织、个人达成政治军事目的的重要手段。当前，美国正在全球主导一场利用网络颠覆主权国家政权的意识形态斗争，宣称任何国家和组织都不能随意封堵网络，目的是强行推行西方价值观，颠覆敌对国家政权。中东、北非政局动荡进一步表明，网络已成为主要推手和重要工具，一旦被敌对势力控制利用，就会成为反动舆论的“放大器”、勾结串联的“传声筒”和恶性事件的“催化剂”，对国家政权巩固和社会安全稳定构成严重威胁。

互联网已成为意识形态领域斗争的主战场。由于网络的隐蔽性、快捷性和匿踪性，网络可以轻易跨越传统的国家边界，轻易地对某国重要部门的网站发动攻击，却很难去追踪威胁的来源。目前，从世界范围来看，网络安全威胁和风险日益突出，并日益向政治、经济、文化、生态、国防等领域渗透。因此，美国声称要像拥有核优势那样拥有对网络空间的控制权，把扩大网络空间优势作为巩固美国“全球领导地位”的重要举措。美国前国务卿奥尔布赖特就曾说：“我们要利用互联网把美国的价值观送到中国去。”随着互联网的发展，现实生活与网络融为一体，交集越来越大，网络空间是现实生活的映射和延伸，网络空间反映的网民生活、意见、诉求，成为现实社会生活、政治生活的重要组成部分，应该作为执政党的重要民意和舆情来源之一。管好用好互联网已经成为治国理政的重要工具。互联网的发展深刻改变着舆论格局、大大拓展了宣传思想阵地、丰富了宣传手段和方法。

如今，网上文化碰撞成为不可回避的“面对面”政治博弈的新方式。不同民族、不同文化的人们可以不受地域限制进行“面对面”的交流，文化的融合和渗透不可避免。网络外交和灵巧实力的应用就是例子。与传统地缘政治博弈中的占领关键地区的攻城略地不同，网络空间新疆域的界定依靠的是技术对抗和文化博弈，利用优势技术资源，通过潜移默化和适时引爆的方式，实施思想殖民成为网络时代政治博弈的新特点。美国“棱镜”等监控计划的曝光表明网络强国占据着控制网络权力的优势，同时越来越凸显出网络空间意识形态斗争的尖锐和复杂。

网络空间已经成为维护国家政治安全的新维域。对今天的国家来说，维护国家政治安全，不仅局限于以保障现实世界中有形的、以领土为代表的主权核心价值的安全，还要求能够对支撑社会生活正常运行的关键信息、基础设施、跨境数据流动、网络空间的各种行为等保持必要的控制，确保国家的核心利益处于免受威胁和可持续发展的状态。

2. 网络空间政治化越来越严重

在短短几十年里，网络已彻底改变社会的面貌和人们的生产、生活方式。网络空间已成为人类活动不可缺少的公共、主权和私人空间。进入21世纪，信息技术革命的日新月异，网络应用技术的层出不穷，深刻地改变着世界的面貌，网络空间不再仅仅是一种生成和传播信息的媒介，更是深入人类的各个领域并开始扮演主导角色。随着网络技术的发展和网络全球化的实现，网络正在以其特有的空间和方式，迅速而有力地改变着我们的价值观念、思维方式和话语系统，改变着我们的生活方式和工作方式，甚至改变着人类感知的物质世界和精神世界。

随着信息成为国家发展的重要战略资源，国家间围绕着信息的获取、使用和控制的斗争愈演愈烈，网络安全成为维护国家安全和社会稳定的重要组成部分。当前，网络已全面渗入国家发展的各个领域之中，其影响逐渐从经济社会领域扩展至政治、外交、安全等领域，使网络安全在国家安全中的地位不断上升。网络环境的复杂性、多变性以及信息系统的脆弱性，决定了网络空间安全威胁的客观存在。近年来，国际关系风云变幻，网络空间纷繁复杂，人工智能、区块链、5G、量子通信等具有颠覆性的战略性新技术突飞猛进，大数据、云计算、物联网等基础应用持续深化，数据泄露、高危漏洞、网络攻击、智能犯罪等网络安全问题也呈现出新的变化，严重危害国家关键基础设施安全、社会稳定与民众隐私。与此同时，国际网络治理徘徊前行，大国博弈不断升级，网络空间政治化、军事化趋势越来越明显，给国际网络安全态势带来了更大的不确定性。

随着网络空间安全以及网络空间意识形态较量的日趋激烈，使网络空间成为国家政治安全关注的焦点内容。人类发展的历史证明，人类活动的空间延伸到哪里，利益的角逐便跟进到哪里。互联网开拓了国际政治行为体互动的新空间、新方式、新手段，对国际政治、经济、文化、外交、军事等领域产生了广泛而深刻的影响。当今世界，信息网络技术创新日新月异，以数字化、网络化、智能化为特征的信息化浪潮蓬勃兴起，全球网络发展进入全面渗透、跨界融合、加速创新、引领前沿的新阶段。网络空间安全事关人类共同利益，事关世界和平与发展，事关国家政治安全。

3. 网络空间面临的政治安全威胁

网络空间已经成为人类生存和发展的新环境，是有别于陆地、海洋、空气、外层空间之外的“第五空间”。这一人类生存和发展的新环境具有许多政治行为和政治活动，因而网络空间面临政治安全威胁。如今，网络空间面临的主要政治安全威胁表现如下。

一是国家主权安全面临来自网络空间的威胁。国家主权安全面临来自网络空间的威胁，主要是网络发展导致国家主权的相对弱化和分散化，具体表现为如下几个方面：首先，从对内主权来看，由于因特网协议的开放性和管理方式的分散性，决定了信息在网络空间的传播和交流在相当程度上是不受政府管制的。在网络空间，国家对信息的控制能力、对公民个人行为的控制能力受到一定程度的弱化，国家的司法权和税收管理权也受到挑战。其次，从对外主权来看，由于因特网的跨国性、平等性、流动性，决定了它必然推动经济全球化的进程，增强各国间的相互渗透和相互依存，一国的国内政策，经由网络传播，很快就会扩散开来，成为一种“世界舆论”。就传统而言，国家是行使主权的唯一主体。然而在网络时代，由于因特网的非集中性和非对称性即在因特网上，理论上任何个人和组织都可以成为新闻发布者，并且小规模行为者和大规模行为者可以在同一平台上竞争，从而加剧了国家主权在对内和对外两个方面向其他非国家行为体的分散。少数西方网络发达国家无疑垄断着网络信息技术的优势，相比之下广大发展中国家却面临着网络信息主权受到削弱的威胁。

二是网络主权资源安全面临网络强国的严峻威胁。网络主权资源安全是网络空间国家政治安全的重要议题。目前，网络主权资源安全主要体现在互联网国家域名资源的争夺以及顶级域名的生存上。互联网诞生以来，网络域名与地址的监管便由美国掌控，因为美国掌握着全球互联网 13 台域名根服务器中的 10 台（另 3 台分别位于东京、伦敦和斯德哥尔摩）。理论上，只要在根服务器上屏蔽该国家域名，就能够让该国国家顶级域名网站在网络空间瞬间“消失”（以中国为例，尾缀为“.cn”的网站将无法链接和打开）。从这一意义上说，美国具有全球独一无二的制网权，控制了主根服务器也就控制了其他国家的顶级域名，便有能力威慑其他国家的电子边疆和电子主权。由于互联网是全球互通互联的，瘫痪一国顶级域名，不仅损害该国利益，也会损害很多与其相关的国家、机构和个人的利益，美国也不敢轻易地针对某国采取断网行动。而为应对美国断网威胁，一些国家构建了替代性的国内网络服务体系。一旦美国停止该国网络域名解析后，该国网络作为局域网能够运行，但不能与国外网络连接。

三是针对网络舆情民意进行有意误导。相比针对网络基础结构的破坏和网络数据的篡改，针对网络舆情民意进行误导的网络攻击手法更加隐蔽，也更加常见。首先，一些西方国家利用资本控制和金钱引诱等方式控制世界主要门户、论坛、博客等网站的舆论主导权，不断对其他国家的社会突发事件和敏感事件进行歪曲和放大，以造成不同群体之间的对立，达到扰乱攻击目标国社会秩序的目的。其次，一些西方国家大力宣扬“网络自由论”，对别国正常的网络审查和安防制度进行诋毁和抹黑，希望能够利用舆论力量，使别国政府放弃对网络空间的管理。此外，一些西方国家利用其网络优势，大力宣扬“网络威胁论”，污蔑别国政府和军队对其他国家网络进行攻击，阻止别国和平接入和利用国际网络，力图将别国排除在网络正常秩序之外，以实现其网络霸权图谋。

四是网络空间国家意识形态安全。网络空间国家意识形态安全是目前一些国家面临的重大安全挑战，挑战的主体既可能是外国，也可能是国内行为体（国内意识形态挑战者），或某些跨国行为体，三者在某些情况下可能形成联动机制。在民族国家仍是最为重要的国际行为体的当代，国家仍然是网络空间威胁他国意识形态安全的主体，但非国家行为体的网络意识形态功能和软实力也日益彰显。网络空间国家意识形态竞争与安全是安全领域中观念政治体现得最为淋漓尽致的议题。

五是网络攻击目标由经济领域开始转向政治领域。2017 年发生的“勒索病毒”事件起初是针对经济领域，后来开始转向政治领域。部分“勒索软件”的本质目的不是勒索赎金，而是实现对特定目标、特定区域设施的破坏，这种攻击模式不同于以往的事件，而是基于一定的地缘条件，针对特定区域、目标投放木马，借“勒索软件”自身的传播进行破坏。这种独特的攻击行为可能是有国家支持背景的民间组织承载，即民间复合体。这些民间复合体的目的不在于勒索，而在于破坏。一旦这种破坏行为开始实施，就会对关键基础设施造成极大伤害。“勒索软件”的攻防已经从单纯的网络空间较量发展到具有一定意义的政治较量，如果不能快速有效地响应，会给社会带来混乱和损失。

（二）网络空间成为政治博弈新空间

国家安全在互联网的影响下扩大了领域，政治博弈的空间进一步扩展。以互联网载体的网络空间作为全球性、开放性的交流平台，不仅为不同意识形态扩展影响和权力提供了广阔场域，还为不同意识形态之间展开竞争和攻击提供了便利，形成了政治博弈新空间。

1. 西方国际秩序和霸权延伸到网络空间

网络基于其信息传播速度快、多元复杂、即时互动、传播无界和隐蔽难控等特点，已超越所有传统媒体，逐渐成为主导性的信息传播方式。西方发达国家不仅可以在核心技术和资源上实现垄断和霸权，还可以利用网络空间传播带有政治色彩的信息，并将其在网络空间进行最大限度的辐射，以实现其在网络空间延伸西方国际秩序和霸权的政治目的，从而对国际政治安全构成现实威胁。

正常来说，网络空间治理的一切问题，都要放在现在国际规则共识的框架内公开、透明、合理地协商解决，而非无端指责、污名化。而网络霸权主义在网络空间盛行，多利益攸关治理模式在实践中出现决策有效性和公正性的问题，具体表现为难以确定各方利益是否真正被代表、决策的有效性难以保障及网络空间霸权主义的存在。要促进网络安全、保障公共利益，同时构建平等参与、公平利用、共同合作的网络空间，建立以网络空间国家主权为基础的网络空间共同治理模式是必然选择。

因此，必须积极推进网络空间国际秩序构建。在参与网络空间国际秩序构建过程中，首先应当秉持网络空间主权原则，这不仅是《联合国宪章》的基本原则，也是我国和平共处五项原则的应有之义。在积极践行网络空间主权原则时，要尊重各国网络空间主权、抵制网络空间霸权，同时采取科学的手段维护我国网络空间主权。

2. 网络空间成为颠覆国家政权的新空间

网络空间的较量和博弈险象环生、变幻莫测。突尼斯、利比亚和埃及等国政权，为何那么容易被“推特”推倒，一夜之间垮台？国家的倾覆，始于思想的瓦解。互联网的发展改变了人们的沟通方式，推动了网络舆论的快速发展，使网络日益成为舆论生成、传播、交锋的主阵地。网络环境错综复杂，网络攻击形形色色，网络攻击已经成为 21 世纪大国博弈的主战场之一。

通过网络干扰他国大选。伊朗因总统大选结果而爆发骚乱事件就是一个典型的案例。2009年6月13日，伊朗政府宣布现任总统内贾德在总统大选中获胜，引发了伊朗10年来最大规模的抗议活动。落败的穆萨维的数千名支持者在首都德黑兰市中心示威游行，并导致首都骚乱和冲突，最终酿成了反对者与军方的流血冲突。伊朗大选风波震动了中东、震动了全球，世界各大媒体争相报道，各个国家竞相关注，一时间伊朗大选以及反对派发起的抗议“大选不公”的示威游行成为全球时事焦点。伊朗当局为平息局面，暂停该国手机用户间的短信发送服务，宣布军管互联网，禁止国外媒体采访，全面控制国内舆论。而反对者却通过推特突破了政府的信息封锁，向外界传递信息，并与其他反对者进行交流。在这场抗议活动中，网络成为示威者传递信息、发泄不满和积聚外界同情的重要渠道：个人博客、推特、脸书等工具成为示威者在日常通信缺失时交流的重要方式，Youtube、Flickr等网站成为他们向国际媒体反映德黑兰街头实景的首选载体，而黑客技术也被堂而皇之地用来攻击政敌和网站。

通过网络颠覆他国政权。近年来，一些国家发生了反政府运动，导致政权更替，而这种反政府运动都有一个共同的特点，就是通过互联网发起，导致街头政治冲突爆发，最终推翻现政权，产生新的国家政权。美国也公开承认，将互联网作为颠覆他国政权的重要手段，鼓励他国反政府势力利用美国互联网企业从事颠覆活动，从而来实现美国的外交目标。埃及的“‘脸书’与‘推特’革命”就是美国通过网络颠覆他国政权的典型例子。2011年1月25日，埃及数百万人走上街头抗议，要求时任总统穆巴拉克辞职。示威游行声势浩大、组织严密，迫使穆巴拉克解散内阁，任命前任情报部长奥玛·苏莱曼担任新的副总统。这次暴动的主要组织团体“4月6日运动”就是以“脸书”为平台组成的一个网络组织。“4月6日运动”的负责人马希尔在华盛顿接受“卡耐基基金会”采访时说：“这是埃及青年人第一次利用像‘脸书’和‘推特’这样的网络通信工具进行革命，我们的目标是推行政治民主，鼓励民众参与政治进程。”在该组织的背后，还有更多的潜在势力，无不与美国主导的网络力量联系密切。如埃及反对党领导人之一的戈尼姆，就是一名“谷歌”公司的工作人员。在“谷歌”公司的帮助下，技术人员建立了“Speak-2Tweet”服务，埃及人可以通过该服务打电话，并留下音频信息，这些信息随后被传送到“推特”上。作为“4月6日运动”的一个组成部分，动员埃及反政府势力进行示威游行的核心力量Kefaya（正式名称是“埃及变革运动”）是一个虚拟组织。鉴于此，部分西方大众传媒将发生在突尼斯和埃及的事件称为“‘脸书’及‘推特’革命”。网络助力利比亚反对派推翻卡扎菲政权。统治利比亚42年的政治强人卡扎菲，被美国利用网络造成国内混乱，并在短时间内被推翻，最后死于非命，惨不忍睹。

西方国家借助网络空间颠覆乌克兰亚努科维奇政府。乌克兰政权的更迭，西方国家没动一枪一弹，而是充分利用乌克兰独特的地缘政治和俄罗斯举办冬奥会的契机，巧妙投棋布子，在网络空间成功实施了政治威逼、经济引诱、文化渗透等战略手段，取得了令世人震惊的战略效果。这是发生在乌克兰的网络颠覆事件。回顾乌克兰政府更迭事件，其表面上经历了由群众自发集会到有组织抗议的“自发民主”进程，实质上却是由美国在网络空间酝酿到现实空间爆发的周密的网络颠覆行动。2013年底，美国等西方国家针对亲俄的乌克兰亚努科维奇政府展开大规模系统性网络攻击，导致乌官方网络彻底瘫痪，政府集体“失声”，并于2014年2月策动亲美的乌反对派重掌政权。乌克兰政局演变从策划—发酵—扩散—激化—失控—武装冲突的局势剧变，清晰地向世人表明，这是一场以美国为首的西方国家在现实世界和虚拟空间精心策划、蓄谋已久的战略行动。

随着全球网络信息时代的到来，网络信息安全与网络攻防迅猛发展，从伊朗大选、格鲁吉亚“玫瑰革命”“阿拉伯之春”到乌克兰危机，西方强国以网络战为主导、相关战略规划为指引、专门立法为支撑、完善管理体制为保障、实战训练为途径的网络安全体系逐渐完善，且应用日趋熟练，并开始积极争夺相关国际规则的制定，企图由此主导全球网络空间信息与信息流，重复导演“乌克兰政权更迭”，实现军事、政治和经济等多重目标，把西方主导的国际秩序和霸权延伸到网络空间。

3. 网络空间可使政治影响发生“蝴蝶效应”

政治活动的本质，在一定意义上是信息传播的过程，无论是掌握国家政权者的治国理政，还是民众参与的国家政治社会生活，都需要信息的交流。互联网的发展提供了人类历史上一种全新的信息传播方式和社会交往方式，在政治和社会生活中充分展示了混沌学中的“蝴蝶效应”，对人类社会的生产方式和社会关系的变化有极强的影响力。

作为“政治软力量”，网络信息传播一旦被用作对一国实施政治攻击的工具，将直接威胁到该国政权和政治制度的稳定，恶化其政治外交环境，进而严重危及国家安全。近年来，一些恐怖组织、民族分裂势力、宗教极端分子等利用网络扩散其政治影响，进行颠覆性宣传，形成了对主权国家政治安全和稳定的重大威胁。如果不法分子故意通过智能手机制造和恶意传播有害信息，比如记录危机事件现场的文字、声音、图片、影像，就会对公众造成更直接、更严重的心理冲击，加剧负面心理反应，容易引发群体心理危机，将会严重影响国家政治安全和稳定。2001 年菲律宾人用手机短信聚集起百万群众，游行抗议前总统埃斯特拉达，并最终导致了他的下台。

网络作为新兴的传播工具，与传统报刊、广播、电视等传统媒体相比，网络的开放性、平等性、虚拟性、互动性等特点显得尤为突出。社会政治事件和信息可以通过互联网实时传输到整个世界，并迅速形成全球舆论，这使一国的内政动向不可避免地会受到外部无形的压力，使政府的行为和决策受到一定牵制和约束，直接影响国家的政治安全。2016 年 7 月，土耳其发生军事政变未遂，主要原因是政变者忽视了对网络空间控制权的掌握，而土耳其总统则利用互联网实现了对国家机器的持续掌控，甚至发动了对军队的反攻，很好地组织了整个国民力量反对军队的政变行为。

利用网络空间，可用最小的投入，实现网络强国预期的政治图谋。近年来网络空间发生的“颜色革命”，就是西方国家利用一起普通的民怨事件导致执政多年的强势总统倒台，一个国家政权更迭的“蝴蝶效应”会如同海啸一般席卷多个国家和地区。乌克兰剧变更是美欧西方“非暴力政权更迭”的战略图谋成功的范例。西方国家的这一战略图谋，既是美、俄之间的政治较量，也是美、俄、乌在网络空间的战略博弈，并通过在网络空间所形成的“蝴蝶效应”，颠覆了传统的战争形式，达到了“一箭多雕”的战略效果。因此，在网络时代，国家政治安全既要全方位地对外部政治力量进行有效防御以保护国家主权不受侵犯，也要对国内政治、经济和社会力量进行整合以保障公民权利得以实现，从而保证国家政治稳定和民主参与的动态平衡与良性互动。

（三）网络空间赋予政治安全新内涵

政治安全是政治发展进程中不可避免的重要课题，其内涵随着政治文明的发展不断发展并赋予新的内涵。随着网络向政治领域广泛渗透并对政治领域产生重大影响，在信息时代，网络空间赋予政治安全新内涵，进一步扩大了政治安全范畴。

1. 网络空间充斥影响政治安全稳定的新因素

网络空间是信息传播新渠道，是生产生活的新空间，是经济发展的新引擎，是文化繁荣的新载体，是社会治理的新平台，是合作交流的新纽带，是国家主权的新疆域。随着网络空间影响政治安全稳定的新因素越来越多，网络空间对政治安全的影响和冲击越来越大。当前包括我国在内的广大发展中国家，正处于经济社会发展的关键期，面临错综复杂的国内外环境和诸多影响网络空间中的政治安全因素，维护国家政治安全的任务更加艰巨复杂。

一是网络空间主权安全影响国家政治安全。网络空间主权作为国家主权在网络空间的延伸，关系到一个国家的政治安全乃至核心利益。网络的发展拓宽了国家主权的边界，使国家主权形式上分散化，广大发展中国家在网络信息技术上的弱势使它们面临信息泄露的危险，传统意义上的国家主权在网络时代呈现出新的不平衡，发展中国家在网络信息技术上的落后迫使它们严重依赖发达国家，导致网络空间主权面临丧失。随着云计算、物联网、大数据等新一代网络信息技术的不断发展，网络空间的数据资源成为推动经济社会新一轮创新发展的关键性生产要素。我国于2016年发布的《国家网络空间安全战略》在分析网络技术带来的挑战时，特别指出利用网络干涉他国内政、攻击他国政治制度、煽动社会动乱、颠覆他国政权，以及大规模网络监控、网络窃密等活动严重危害国家政治安全。如今，一些发达国家对此认识较早，已经制定了一些政策措施以维护国家网络主权安全，而广大发展中国家在这方面相对落后，不仅认识尚浅，而且缺乏相应的安全保障、政策措施和法律法规。

二是网络空间信息安全政治化冲击国家政治安全稳定。随着大数据和人工智能技术的发展，政治安全和信息安全所面临的威胁正在日趋同化，信息安全政治化、政治安全信息化的特征十分明显。互联网在全球普及的过程中，一些欧美发达国家支持网络空间的全球化和自由化，呼吁实现网络空间的自治，反对政府的权力干预，认为公民社会将取代国家，人类社会将进入全新的网络社会。国际互联网络中的意识形态传播能够通过分化机制、削弱机制和渗透机制对国家政治制度安全产生威胁。另外，境外一些敌对国家和势力借助网络空间传播具有危害或威胁国家政治安全和执政能力的信息，严重地影响了国家政治安全稳定。

三是网络空间意识形态领域渗透和反渗透斗争异常激烈。意识形态安全关乎国家的存亡，是保障国家长治久安的重要屏障。网络时代，意识形态安全问题已经渗透至网络空间，成为网络空间安全的重要组成部分。因此，如何有效保障网络意识形态安全，直接影响着国家政治安全。部分西方国家鼓吹“网络自由”，大肆输出不良价值观念，对我国意识形态安全造成了一定冲击。当前，随着网络信息化的迅猛发展和网民规模的持续扩大，互联网已经成为舆论斗争的主战场，直接关系我国政治安全和文化安全。在互联网中，能否获得意识形态领域渗透和反渗透斗争的胜利，在很大程度上决定党和国家的未来。

四是网络空间复杂的行为体对网络空间政治安全具有重要影响。大数据和人工智能时代，人类社会发生了结构性的变革，新型网络信息传播技术的深度运用在促进人类社会发展的同时，也对既有的伦理、法律和秩序等体系产生了重大冲击，影响国家政治基础的安全稳定。无论是价值观的冲突，还是制度安排的选择，其背后发挥作用的仍然是网络空间不同行为体之间的互动。网络空间中的行为体除了传统的国家行为体，还包括私营部门、非政府组织、个人用户等非国家行为体。这些网络空间行为体构成了网络政治基础，对网络空间政治安全具有重要影响。网络霸权主义、网络恐怖主义、混合战争等事件背后所涉及的各类网络危害国家安全的信息，不仅让社会风险达到了前所未有的峰值，还引发了国家与国家、社会与人、人与人之间的相互紊乱关系，国家政治基础的稳定遇到了巨大的挑战。

2. 网络政治为政治安全增添新内容

维护网络时代政治安全问题，首先应当深入认识网络政治问题。在当今网络社会，由于多元化网络技术手段对政治的全面渗透和介入，国家政治安全发生了深刻变化，网络政治安全已成为一种全新的政治安全形态。

所谓网络政治安全，就是在网络社会中，基于网络技术与政治体系的深度交融和互动，国家政治体系有效运转，不受因网络作用而促成的各种因素的威胁、颠覆和破坏，保持安全稳定的一种良好状态。网络社会是一种新的社会形态，它以网络技术变革及网络技术广泛运用为基础。在网络社会这种特殊的时代场域中，多元化网络技术手段与政治体系的深度交融和互动，使得网络政治安全问题日益凸显，成为国家改革发展中必须重视的问题。网络技术变革及网络技术广泛运用所带来的巨大影响在国家政治安全领域得到了充分体现，诸多网络政治安全问题正是这一背景下的产物。在网络时代，网络威胁这种非传统安全的危害性不亚于传统战争，特别是网络空间各种网络谣言的生成及广泛传播，已经成为网络政治安全的重要隐患。对于国家政治安全来说，互联网具有双面作用，它既能促进政治安全，也能成为危及政治安全的重要诱因，故网络政治安全治理的要旨就在于如何发挥网络技术的积极价值，同时避免其对政治安全产生负面效应。

互联网络作为一种信息传播媒介，在这一点上它与诸如报刊、广播、电视等传统大众媒介是一致的，但自身的诸多优越性，又使其迥异于传统的大众媒介形式，而且它的广泛运用及所产生的影响，也远远超出了传统大众媒介的范畴。因此，网络政治表现出与传统政治所不同的鲜明特点。首先是平等性。每位公民都可以进入网站发表自己的政治见解。每一个参与者的地位是平等的。其次是直接性。在网络政治中，任何人不需要别人来代表自己，他们自己可以发表政治意见，并对政府的议案进行投票。最后是快捷性。对于普通大众来说，几乎不可能亲身体验的政治世界，可以很方便地通过网络实现，而且互联网可以通过视频画面来表明政治世界的客观真实性。

网络政治是一把“双刃剑”，给政治社会化既带来机遇，又带来挑战。网络政治所具有的突出特点，导致其很多方面存在安全问题，具体表现在两个方面。一方面，网络政治的平等性导致网络政治的泛滥。网络政治的平等性和不加限制性，使外国敌对势力有机可乘，它们在网站、贴吧等网络信息的集散地散发扭曲社会主义核心价值观的反动信息，再通过网络手段广泛转载和传播，扩大影响范围。另一方面，网络政治的直接性冲击网络政治安全。网络政治是社会主义民主的重要组成部分，是建立社会主义和谐社会的重要步骤。但近年来出现的不和谐理论泛滥，直接阻碍了我国的社会主义民主进程。由于网络政治的直接性，导致了很多不法分子和敌对势力通过重复多次在网络发表反动文字，企图造成大范围传播的行为。由失真、过滥的信息煽动起的公众情绪所制造的肤浅的、虚假的民主，极大地影响社会公平和公正以及行政决策的效率，直接影响国家的政治安全。

3. 网络空间成为国际政治博弈的新舞台

网络空间信息来源的匿名性、信息流通的高速性、信息处理的高效性等，助推其成为国家行为主体间新的逐力场，对国际关系产生了越来越重要的影响。随着网络安全在国际关系中的重要性日益凸显，网络空间成为国际政治博弈的一个新舞台。

作为一个新兴事物并且与现实空间有着千丝万缕的联系，网络空间成为世界各国特别是大国之间角逐的新战场。目前来看，网络空间的国际政治博弈进入了一个大国博弈的新阶段。在网络空间国际政治博弈的大舞台上可以看到越来越多的国家间利益博弈，对网络空间国际治理的整体态势带来了深远的影响。可以说，网络空间国际治理的发展态势不仅取决于信息通信技术的快速发展和广泛应用，同样受制于大国力量的此消彼长和国际格局的演变。斯诺登事件对美国与欧美、俄罗斯和拉美国家的关系均造成了不同程度的冲击，折射出当今大国在网络安全层面的博弈。

万物生化，盈亏往复。国际关系也是如此，单极世界久盛必衰，多极格局势在必然。单极向多极，多极向无极，国之关系亦由对抗到合作、结盟向非结盟的稳定关系发展，必然伴随着国家经济实力、军事实力和政治实力的对抗与博弈。当前，这种实力的博弈已经映射并延伸到网络空间，网络空间的竞争、对抗、合作与发展，成为国家关系构建的崭新舞台。透过网络空间霸权、对抗、竞合的时代特征，审视西方大国网络空间战略合作、网络结盟的本质及目标，准确把握我国网络空间发展的战略机遇，透析我国网络国防建设的战略重点，成为当前推进国防建设现代化的重要议题。

二、网络空间政治安全面临新挑战

随着信息社会的发展和互联网的普及，特别是 Web2.0、Web3.0 等技术带来论坛、博客、微博、社交网络的快速发展，“人人都有麦克风”，由此各类信息呈现出传播渠道多、传播速度快、传播范围广的特点，互联网逐步深入社会的各个领域，它提供了难以计数的有用信息，但同时也伴随着大量的不良信息，如计算机病毒、网络入侵与攻击、垃圾邮件、色情信息、反动言论以及泄露的机密信息等，这些不良信息不仅会造成重大的经济损失，还会威胁国家的政治、科技、国防、宗教等的正常秩序，干扰人民群众的正常生活，甚至引发社会动荡，网络空间政治安全在国家安全中的地位和作用也越来越大。如今，网络空间对国家政治安全的冲击，主要表现在威胁国家网络主权安全、威胁国家政治制度、冲击国家意识形态、动摇政治秩序稳定基础以及危害国家网络地缘政治安全等。

（一）通过网络空间侵犯国家网络主权

国家主权的覆盖范围随着人类活动空间的拓展而拓展，从最初的陆地逐渐向海洋、空中延伸，并得到了国际社会的普遍认可和尊重。如今，人类社会已经进入信息时代网络社会，随着网络空间作为人类生活不可或缺的新空间出现后，国家主权就伴随着人类社会的脚步向网络空间延伸，形成了网络空间国家主权。网络主权作为国家主权的重要组成部分，越来越受到世界各国特别是网络强国的重视，并将维护网络主权上升为国家安全战略关注的重要范畴。

1. 网络空间国家主权的缘起

互联网在日常生活中的广泛应用，使传统国家主权理念受到网络化的挑战，人们对传统国家主权内涵的理解也有所改变。主权原则作为威斯特伐利亚体系以来国际体系的核心特征，其重要功能之一在于保障国际体系的秩序稳定。具体来说，这种秩序性功能体现在约束体系暴力、明确权利义务、保障平等发展和保护文化特性等方面。网络主权的缘起便在于这一新兴空间上述秩序功能的失位。同时，这也意味着网络主权实践应受到秩序维护的限制，从而表现为一种“有限度的”主权。

欧洲三十年战争之后形成的威斯特伐利亚体系，通常被认为是现代民族国家体系的起点。主权至少具有对内和对外的双重含义：对内主权意味着在一定领土范围内最高和最终的政治权威，它垄断了有组织的强制性力量，并对社会行为施加管控；对外主权意味着这一政治权威不受任何外部力量的支配，“其存在仅仅是由于主体间的相互理解和期待”[①]。因此，要理解网络主权的缘起，就应当解释作为一种国际规范的主权原则，在网络时代仍然得到国际行为体共同认可和遵守的内在缘由。就目前来看，主张网络主权的观点大致沿着两条脉络展开。一是认为主权本身是不断演进发展的概念。随着时代环境的变化，主权的内涵、外延及其实践都会发生相应调整。这一逻辑隐含着国家权力“自然延伸”的预设，但对于这种延伸的内在动力（或必然性）似乎缺乏有效解释。主权本质上是由主体间共有观念形成的国际规范，而规范既可能被行为主体接受并内化，也可能在互动进程中走向衰败。[②]仅从概念演化并不能得出国家主权必然拓展至网络空间这一结论。二是认为国家在网络空间行使主权具有现实可行性。无论是构成网络空间的基础设施还是终端用户，都不能完全脱离国家主权管辖的边界。而政府管理信息流动和网络行为的技术手段也在不断演进和丰富。这些事实意味着网络空间具备一定的“可规制性”，为国家主权介入提供了可能。但是，可行性本身并不等同于正当性，网络主权是否以及为何具有必然性仍未得到充分说明。因此，上述研究尽管对网络主权的概念基础和实现途径展开了探讨，但对网络主权的缘起似乎缺乏有效论证。可见，国际规范虽然本质上是由行为体的共有观念构成，但其自身的功能价值会对该规范是否被接纳、扩散并社会化产生影响，换句话说，规范承载的政治功能是理解其在国际社会中兴起和延续的重要因素。主权在过去数百年间成为国家间互动的核心规范，在很大程度上源于其对无政府状态下国际秩序的维护。同样，网络空间政治秩序失衡，以及主权原则对网络空间秩序重塑的重要价值，使网络主权逐渐成为网络空间治理的首要原则。如今，网络空间以其“超领土”“超空间”的形态存在，全面渗透到世界的各个角

---

① AlexanderWendt，“AnarchyIsWhatStatesMakeofIt：TheSocialConstructionofPowerPolitics”，*InternationalOrganization*，Vol.46，No.2，1992，p.412.

② ChristopherKutz，“HowNormsDie：TortureandAssassinationinAmericanSecurityPolicy”，*Ethics&InternationalAffairs*，Vol.28，No.4，2014，pp.425-449.

落。网络空间作为继陆海空天后的第五维空间，给主权国家的政治安全带来了重大挑战。网络主权是传统国家主权在网络空间的自然延伸，也是现实主权在网络空间符合逻辑的投射。

所谓网络主权，是指国家在自己主权范围内独立自主地发展、监督和管理所属网络空间内事务，掌管网络资源及所有软硬件设备，独立处理涉网事务的权力。网络主权主要体现在网络空间逻辑层和网络空间物理层两个层面。网络主权在网络空间逻辑层上主要表现为IP地址和AS号等网络资源的分配管理权，以及政府的监管和治理权。网络主权在网络空间物理层上主要表现为互联网交换节点、陆地电缆、海底电缆、卫星、数据中心等各类网络基础设施的运营权（包括建设权和管理权等），以及政府的监管和治理权。国家行使网络主权具体包括对内的最高权、对外的独立权和防止侵略的自卫权三个方面。其中，对内的最高权是指国家行使最高统治权，国家范围内的一切涉网部门、信息和设备都必须服从国家的管理；对外的独立权是指参照国际法有关原则，独立地、不受外力干涉地处理国内一切涉网事务，如国家有权按照自身的意愿制定涉网政策法规、成立组织机构和确定运行模式；自卫权是指国家为了防止所属网络空间被侵略而进行国防建设，并在网络空间受到侵略时进行自卫的权利。

2. 网络主权面临严峻挑战

信息技术革命的日新月异、网络应用技术的层出不穷，深刻地改变着世界的面貌，造就了虚拟但客观存在的网络社会与网络空间。在这无形的、貌似平静的世界中，同样也充斥着利益的博弈、权力的角逐乃至强权的肆虐，弥漫着越来越浓重的硝烟味。在这样的网络时代，网络主权不再是一个抽象的概念，而是民族国家的基本构成要件之一。随着网络主权的出现，由于网络信息技术发展的不平衡，使主权国家的网络主权面临严峻的挑战。

网络霸权是发展中国家网络主权和安全面临的最现实威胁。信息技术在加速大数据传播、收集、共享的同时，也为一些国家或组织利用网络霸权干涉别国内政或实施网络攻击提供了漏洞和暗网，严重威胁国家网络主权安全。在他国关键基础设施中植入系统，用作网络战的前置准备工作并预置战场，塑造有利于特定国家的战略态势，是追求单边主义的网络霸权国家常规化的做法。

网络弱国面临严峻的网络空间主权安全威胁。跨境网络攻击发生频率的增多以及严重程度的飙升，成为困扰各国网络主权安全的一大难题，尤其是那些针对一国基础设施的网络攻击，给各国的发展造成了巨大的负面影响。各国开始意识到对于网络攻击这一问题的解决已经不能再忽视。由于西方发达国家掌握着网络核心技术，占据着互联网空间的主要话语权，并在网络空间大力宣扬西方价值观，导致处于网络空间弱势的国家网络空间主权面临严峻挑战和安全威胁。一方面，国际信息安全环境日趋复杂，西方加紧对弱势国家进行网络遏制，并加快利用网络进行意识形态渗透；另一方面，重要信息系统、工业控制系统的安全风险日益突出，信息安全网络监管的难度和复杂性持续加大。近年来，有境外攻击团伙长期以中国政府部门、事业单位、科研院所的网站为主要目标实施网络攻击，篡改网页，持续对中国政府部门网站实施 DDoS 攻击。据国家计算机网络应急处理协调中心（CNCERT）于 2019 年 6 月发布的《2018 年我国互联网网络安全态势综述》显示，来自美国的网络攻击数量最多，且呈现愈演愈烈之势。当前，针对重要信息系统和工业控制系统的网络攻击持续增多，给中国经济发展和产业安全等带来严峻挑战。

如今，与我国网络空间快速发展形成鲜明对比的是网络空间主权安全保障能力的不足，人民群众对网络社会进一步发展的迫切需求和现阶段网络空间主权安全治理能力有限之间的矛盾，已经成为影响网络空间政治安全和经济社会发展的重大问题。

3. 保卫网络主权刻不容缓

网络空间主权不容侵犯。信息时代，信息主权不容侵犯，网络主权必须得到尊重。正如习近平主席 2014 年 7 月 18 日在巴西国会发表《弘扬传统友好共谱合作新篇》演讲时所指出的那样，当今世界，互联网发展对国家主权、安全、发展利益提出了新的挑战，必须认真应对。虽然互联网具有高度全球化的特征，但每一个国家在信息领域的主权权益都不应受到侵犯，互联网技术再发展也不能侵犯他国的信息主权。[①] 事实上，通过信息网络攻击一个主权国家，与通过陆海空天攻击一个主权国家，在本质上都是一样的侵略行为。

网络安全成为中国国家安全的薄弱环节。历史已经证明，新技术、新领域能够对人类社会发展强制地产生颠覆性影响，正如工业技术倾覆了农业文明一样，不能掌控新的颠覆性技术，就必然会被时代所颠覆。以网络技术为核心的网络空间安全已经开始对国家安全产生了全面的颠覆性影响，成为国家安全体系的最有力改变者、国家安全创新的最敏感领域、国家安全竞争的最前沿领域和国家安全变革的最难以预测的因素。把控网络安全颠覆性影响的动因和范围，探讨国家安全领域内涵的重大变化，对于提升国家安全预警与处置能力十分重要。目前，信息社会的运转对计算机网络的依赖性日益加重，计算机网络已经渗透到国家的政治、经济、军事、文化、生活等各个领域。“棱镜门”更折射出中国网络主权受到严重侵犯。美国中央情报局雇员斯诺登曝光的“棱镜门”事件，昭示了美国践踏包括中国网络主权在内的世界各国网络主权的霸权嘴脸。网络空间虽然看不见硝烟与战火，也没有千军万马厮杀的场面，但这里的拼杀和博弈却十分激烈。美国等西方国家利用网络优势，打着“网络自由”的旗号，对中国发动政治和意识形态攻势，包括散布虚假信息，挑战中国共产党的执政合法性，甚至公然纵容和支持那些鼓吹颠覆中国政府的政治势力。如今，虽然中国各种杀毒软件和防火墙不断升级，但各种病毒还是不断入侵，网络安全方面的信息技术相对滞后，网络主权始终受到严重威胁。

必须积极应对网络空间安全威胁。随着信息化的不断发展，网络信息

① 殷建光：《习主席“信息主权不容侵犯”互联网安全观响彻世界》，人民网 · 观点频道，2014年7月18日。

已渗透至政治、经济、社会、文化、军事等各个方面，网络安全已经成为大家关注的焦点，如果网络信息安全出现问题，后果将非常严重，国家将蒙受重大损失。“棱镜门”事件凸显出我们对国家级网络攻击的应对能力不足，充分暴露了中国网络空间的软肋。为了消除这个软肋，从根本上提升中国网络空间的防护能力，必须行动起来，以积极的姿态去迎接网络空间安全挑战，应对网络空间安全威胁。

（二）网络安全威胁国家政治制度安全

政治制度，是指统治阶级为实现阶级专政而采取的统治方式、方法的总和，包括国家政权的组织形式、国家结构形式、政党制度及选举制度等。由于国家的类型不同，或同一类型国家所处的具体历史条件不同，其政治制度也会有差异。按政权的组织形式分，有君主制、共和制、议会制和人民代表制；按中央和地方管理的权限分，有中央集权制和地方分权制等。中国实行人民代表大会制的政权组织形式和单一制的国家结构形式。网络时代，以美国为首的西方发达国家通过网络空间以各种方式极力鼓吹西方的民主价值观与政治发展模式，借此来冲击社会主义国家的社会和政治制度，并用网络手段使发展中国家在网络空间成为新的“殖民地”，新的“依附体系”，以在网络时代大行其道。

1. 借“网络自由”之名鼓吹西方政治制度模式

美国等西方国家主张的“网络自由”是侵犯别国网络安全的最大威胁。长期以来，它们借“网络自由”之名，大肆输出意识形态，鼓吹西方政治制度模式，诋毁、攻击我国的政治制度和价值观念，对我国意识形态安全形成极大冲击。应对网络意识形态安全挑战，必须坚持我国的社会主义意识形态，打造网络强国。

“网络自由”的本质是网络霸权主义。关于网络空间主权的适应性问题，一直存在争执。以美国为首的西方发达国家，凭借其拥有的广大发展中国家望尘莫及的先进科学技术，主张“先占者主权”，即“网络自由”。

由于信息技术发展水平的巨大差距，因而网络自由只能是西方国家的自由，而不可能是平等的自由。当然，西方国家并不是不承认网络主权的存在，只是在网络主权问题上执行双重标准，在关乎自身利益的时候，就宣示主权神圣不可侵犯，屡次借各种理由对中国等国家进行指责和提出无理的维权要求；而在无关自身权益的时候，就高调地抛出“网络自由”论调，宣称网络空间没有边界，不受限制。这种双重标准就使其网络霸权主义的实质暴露无遗。自2013年美国情报部门雇员斯诺登出走爆料以来，美国利用网络技术侵犯他国的行径就不再是秘密，美国国务院对此事件也并不避讳，还极力辩护，并借机对其他国家进行指责。特别是2015年上半年以来，美国持续热炒所谓“中国黑客对美发动网络攻击”，将矛头直指中国。美国国防部长也曾明确表示，“网络攻击已成为美国遏制某些敌国的重要手段”。可见，美国这个在网络安全问题上叫嚣最大声的国家，其实却是对世界各国进行间谍活动最猖狂、对别国网络安全构成最大威胁的国家。“网络自由”只是其在网络空间推行霸权主义的幌子。

主张“网络自由”的目的在于借助网络推行西方价值观。互联网时代，美国等西方国家将其意识形态战略的重点放在网络空间，借助网络向其他国家大肆推行其价值观。为达成这一目的，西方国家就必然要极力维护其在网络空间的主导地位和话语权，于是就抛出了“网络自由”主张。“网络自由”说到底就是西方国家为实施意识形态输出战略排除障碍而定制的概念，其目的绝不是促进各国网络自由平等发展，而是为西方意识形态战略在网络空间的推行提供合法性的依据。

2.通过网络空间攻击他国政治制度

网络时代，某些西方国家凭借其“网络信息强势”，将网络变成对他国渗透破坏的主渠道，大肆输出西方意识形态，鼓吹西方政治制度模式，诋毁、攻击他国的政治制度和价值观念，积极推行“和平演变”和实施“颜色革命”，导演了一场场“没有硝烟的战争”。从某种程度上看，通过网络空间攻击他国政治制度已成为西方“网战”的主要形态之一，它与基于信息技术基础上的“硬摧毁”一样，对目标国的网络安全和国家安全构成严重挑战。

通过网络空间攻击他国政治制度的一个最直接的表现就是，西方国家政治制度、文化和价值观在我国网络空间的传播和煽动，严重冲击着我国政治制度在网络舆论阵地的话语权。国内一些网民多年浸淫互联网，深受西方所兜售的那套“普世价值”所迷惑，逢中必反，逢美必捧，高举“言论自由”旗帜，大肆攻击和抹黑政府、党的领导和社会主义制度，对中国出现的任何问题都习惯性地归因于体制、制度，在网络空间极力散布悲观论调，鼓动消极情绪。国内个别学者沦为西方民主政治的追随者与信奉者，在网络上公开散布指导思想多元化、实行宪政民主等各种反马克思主义的错误观点，否定中国特色社会主义道路和共产党领导制度，否定马克思主义在中国社会主义意识形态中的主导地位。西方敌对势力栽培和收买的所谓“公知”、“大V”、网络写手等极端反体制分子长期在网络空间兴风作浪，试图搅浑网络舆论场，搞乱人们尤其是年轻人的思想认识和价值观判断。一些网络媒体淡化甚至故意放弃社会主义意识形态，大肆传播利己主义、享乐主义的人生观和价值观，极尽宣扬奢侈过度消费的生活方式。西方媒体更是精心设置议题、恶意炒作，操控舆论，助推历史虚无主义在我国网络空间扩散。这些都在一定程度上削弱和消解了社会主义政治制度的影响力，使得社会主义核心价值观以及优秀传统文化遭到侵蚀，严重危害到我国社会主义政治制度安全。

3. 网络政治安全挑战执政党执政地位

诞生于美国的国际互联网在虚拟的网络空间打造了一个网络社会，为人类营造一个全新的社会生活空间。国家政治体系在政治发展进程中协调运转，维持政治结构和政治秩序的相对稳定，并能适应国内外政治环境的各种变化，从而确保政治运行的稳定性和连续性。如果政治安全得不到基本保障，那么要实现国家的整体安全是不可想象的。

在互联网时代，执政党如果没有高度重视网络的影响力和号召力，没有清醒地认识到网络政治安全的重要性，没有维护好网络政治安全，就难以长久地巩固自己执政党的位置。2011年初，突尼斯、埃及的民众利用网络新技术，迅速传播对政权和特权腐败的愤怒与不满的言论，并成功地“串联”了数以百万计的普通老百姓，鼓动大家在规定时间、规定地点无规律地上街游行。结果仅仅几周内，分别执政23年、30年的阿里政权和穆巴拉克政权就被迅速推翻。同一时期利比亚、叙利亚、也门、阿尔及利亚、巴林等业已发生或面临发生“颜色革命”的危险。一些国家爆发的来势凶猛、蔓延迅速、影响力极大的网络虚拟政治运动带来的现实社会政治运动，对于执政者来说完全出乎意料和措手不及。西方一些发达国家认为，可以通过网络力量在那些他们自认为是“独裁”的国家进行演变，美国发布报告中曾公开宣布，“鼓励世界各地人们使用数字媒体，组织社会和政治运动”。种种事实再次证实，敌对势力和敌对分子利用互联网技术社会动员能力将会严重影响一个国家的网络政治安全，严重扰乱执政党执政方针的稳定性和连续性，严重威胁着执政党的执政地位。

（三）网络安全冲击国家意识形态安全

在网络安全中，意识形态安全是第一位的。互联网的便捷性与即时性为意识形态的渗透提供了不同于现实的便捷途径，在技术层面西方发达国家占据主导地位。传统意义上的信息垄断在网络时代被打破，网络传播信息的快速性使得政府垄断信息的局面受到挑战，主流意识形态在社会的传播受到挑战，多元化思想传播弱化了统一舆论的影响，意识形态安全面临前所未有的挑战。

1. 西方利用互联网进行意识形态渗透

网络空间作为意识形态传播的重要载体和崭新平台，具有强大的意识形态传播功能。互联网出现并普及后，网络空间迅速成为意识形态斗争的主战场和思想冲撞激荡的主渠道。互联网的广泛使用，网络社交新媒体的出现，迅速改变了实体空间信息流程和传播规律，神话般地拓宽了人们获知信息的渠道，成为偏见的散播者、敌对势力的信使、社会动荡的引爆点和“蝴蝶效应”的最佳载体，催生了颠覆国家政权的新模式。

网络社交新媒体成为颠覆政权的新工具。热衷于对第三世界进行意识形态渗透的西方国家，单方面地认为世界就应该是他们所设想的那样，可以通过渗透改变其他国家的意识形态。2011 年初，突尼斯、埃及等国相继爆发被称为“阿拉伯之春”的街头政治运动。以互联网为代表的新兴媒体成为民众组织串联、宣传鼓噪的重要平台。突、埃反对势力利用推特、脸书等网站，频繁发布集会通知、游行示威等信息，大量传播极具刺激性、煽动性游行画面，不断激发民众强烈的参与意识和反抗意识，使抗议浪潮迅速爆发。新兴媒体发挥的强大组织和煽动作用，直接影响和改变了突、埃民众的思维和行动，产生了连锁反应和“滚雪球”效应，引发抗议力量迅速聚积，最终导致两国剧变甚至政权更迭。

2017 年 12 月，伊朗再次爆发了反政府游行示威活动，伊朗政府指责美国政府通过互联网对示威者进行引导和鼓动。伊朗政府决定临时限制 Telegram 和 Instagram 两款社交软件的使用，这两款软件被认为推动了示威运动向伊朗全国迅速蔓延。美国总统特朗普则连续在推特上发表推文，号召伊朗人反对政府的“压迫”，争取“自由”。伊朗总统鲁哈尼对特朗普此举予以严厉谴责。可以说，中东国家所发生的许多乱局背后都有西方政府利用互联网进行渗透和“搅局”的影子，他们的政治野心很明确，就是要通过影响网络舆论，推动线下的反政府运动，进而在相关国家实现政治颠覆和政权更迭。

一些典型的事例反映了网络意识形态和舆论领域的复杂局面。2018 年 3 月，脸书因用户数据泄露事件引起国际社会广泛关注，一家名为“剑桥分析”（Cambridge Analytica）的英国数据公司，被指以不正当手段获取了脸书超过 5000 万名用户的信息数据，并通过滥用这些数据获得政治影响和经济收益。“剑桥分析”是一家政治广告公司，通过锁定用户的信息、特征和价值观取向，定向地推送政治信息和广告（其中有些信息是虚假和杜撰的)，以此影响公众舆论。“剑桥分析”曾服务于特朗普竞选团队，并参与了英国脱欧公投活动。除美国和英国外，德国和以色列的相关政府部门也决定对Facebook用户数据泄露事件开展调查。巴西是Facebook的全球第三大用户市场，巴西政府已启动对涉事巴西数据公司的调查，以确保巴西大选不受外界的左右和干扰。由此可见，拥有庞大用户的网络社交媒体如果被蓄意利用，将会对相关国家的国内舆论和政治进程产生不可估量的影响。

互联网已经成为意识形态斗争的主战场，网上渗透与反渗透、破坏与反破坏、颠覆与反颠覆的斗争尖锐复杂。相比传统媒体，网络具有跨时空、跨国界、信息快速传播、多向互动等特性，对现实社会问题和矛盾具有极大的催化放大作用，极易使一些局部问题全局化、简单问题复杂化、国内问题国际化，给国家治理带来挑战。

2. 网络空间意识形态博弈日益激烈

网络空间的兴起，在全球范围内改变了意识形态斗争的状态与格局，为广泛影响人的心理、意志和信仰提供了新的廉价的平台和机制。随着信息技术的快速发展，网络空间成为大国博弈的制高点，网络空间意识形态斗争也成为新的斗争样式。西方网络强国打着“网络自由”的旗号，试图利用网络输出其政治、经济、社会制度和价值观念，甚至企图利用网络政治动员的巨大能量来瓦解、颠覆他国政权。

网络空间的意识形态斗争更加激烈。从一定意义上讲，意识形态都是通过一定的信息表达出来的，而特定的信息在一定程度上又负载着一定的意识形态。而互联网信息从来就不是中性的，信息的传播过程和内容都打上了深深的意识形态烙印。互联网传播方式，不仅不能消除信息发布者和信息内容的意识形态特征，反而为形形色色的意识形态提供了传播和扩展的平台。比如，通过互联网进行政治宣传和动员，具有信息量大、信息及时、多媒体互动等一系列优点，利用互联网信息传播的优势，可以达到非常好的政治效果。再如，在信息发布和传播的同时，网络信息内容对接收者往往也会起到引导教化的作用。在这个过程中，会出现两种倾向，一种是在“正面”信息的影响下，人们的价值观朝“正向”发展，即朝主流意识形态倡导的方向发展；另一种是在“负面”信息的影响下，网民形成了与主流意识形态相悖的思想价值观。各种思想文化、政治主张相互交锋，民族主义、爱国主义相互交织，针对主流意识形态的反主流倾向（自由主义）此起彼伏，网络恐怖主义也不甘寂寞。参与互联网信息传播的各色人等都把自己的“意识形态”——价值观、理论和政治倾向等发于互联网，并对现实社会产生影响。

网络意识形态斗争错综复杂。借助于网络的独特作用，意识形态斗争覆盖更加广泛、手段更加多元、形式更加丰富、进程更加隐蔽、效果更加明显，为网络空间意识形态安全带来极大挑战。一是网络技术革新打破了意识形态斗争的边界。信息流通瞬息万变，能够快速覆盖广泛的目标对象，而网络的开放性也使信息得到广泛的关注，多元利益介入也更加方便，意识形态斗争不再局限于一城一域或简单的利益双方。二是网络为公众提供了开放的信息窗口。多元社会思潮也随即进入公众视野，一些裹挟着意识形态攻击性质的错误思想借助多元化、民主化、自由化的外衣对公众施加干扰和迷惑，冲击主流意识形态的公信力和影响力。三是作为公众接触信息的渠道，网络信息媒介的发展也使意识形态斗争更加复杂。媒介技术的发展丰富了意识形态呈现的形式，多媒体手段使这些信息更加引人注目，而同时网络空间角色复杂，传统的传受关系被改变，信息传播者的目的意图难以预测，网络空间意识形态斗争力量构成也就难以有效区分。

3. 没有网络意识形态安全就没有国家政治制度安全

由于网络空间中的各种文字、图片、影像等时刻影响着人类的思想意识，因此，网络逐渐发展成为意识形态自由表达的场所以及部分国家开展意识形态渗透工作的工具。在此背景下，没有网络意识形态安全，就没有国家政治制度安全。维护网络空间意识形态安全刻不容缓。

互联网的迅猛发展使中国面临的意识形态和网络舆论问题更加复杂。

一些西方国家利用互联网进行思想渗透和文化入侵，企图在中国复制西亚北非国家的“茉莉花革命”和东欧中亚的“颜色革命”。网络空间的意识形态安全关系到中国的国家安全，也直接反映了中国的国家软实力，必须高度重视。在美国各种基金会的支持下，许多反华势力都有自己的网站，成为他们进行鼓动宣传的阵地。他们通过与国内某些团体和个人的联系探听消息，并根据中国国内发生的各种事件进行臆断揣测。由此，这些反华网站的新闻就出炉了。这些新闻的标题大都危言耸听，或者对中国领导人进行无端揣测甚至污蔑，或者放言中国政治体制面临巨大危险，或者宣称中国经济已经走到末路，等等。这些言论尽管一次又一次地被事实所否定，但相关反华网站仍然专注于此。他们还与国内的联系人进行合作，由国内联系人提供信息和素材，由境外反华网站负责加工成文章并进行发布，再通过国内联系人设法发布到国内的网络空间中，并利用水军大肆炒作，其目的就是要让网民改变对中国意识形态的看法和传统认知。西方世界还有大量的研究机构和智库对中国的意识形态持有严重的偏见，它们的专家学者在网络上发表言论，动辄拿中国政治体制说事，无视中国政治发展取得的成就，抹黑中国政治体制和意识形态。这种言论充斥西方世界，以至于很多政客和研究者都把批判中国意识形态视为一项理所当然的事。

中国国内的网络舆论中也存在不少宣传西方意识形态的隐蔽阵地。它们打着智库网站的名号，实际上发表和收集的都是隐晦地对中国的意识形态进行质疑的文章和言论，利用学术的外衣为西方意识形态和价值观做宣传。西方的一些电影、电视剧和各种视频在中国网络中的广泛传播和流行，成为推销西方意识形态的文化载体。这些文化内容中所体现的西方思维方式、价值观和行为方式，都对中国的意识形态构成了一定的冲击。鉴于此，2018 年 8 月，习近平总书记在全国宣传思想工作会议上指出，“我们必须坚持以立为本、立破并举，不断增强社会主义意识形态的凝聚力和引领力。我们必须科学认识网络传播规律，提高用网治网水平，使互联网这个最大变量变成事业发展的最大增量”。体现了以习近平同志为核心的党中央对网络空间主权的高度重视，为新时代维护网络意识形态安全指明了方向。

“水可载舟，亦可覆舟。”网络空间并非一块平静祥和的“伊甸园”，里面交织着文化价值观的博弈、敌对邪恶势力的渗透以及情绪化话语的表达。因此，做好网络空间治理，推动互联网内容发展，打造网络综合治理体系，进而提升社会主义意识形态凝聚力和引领力，既有利于维护网络意识形态安全和占领网络意识形态话语权，也有利于推动本国社会主义运动的发展，还有利于扭转当前世界社会主义运动处于低谷的不利局面，扩大社会主义在世界范围内的辐射力和影响力。

（四）网络空间安全威胁政治秩序安全

网络空间安全对政局稳定的冲击也是显而易见的。网络打破了国家节制政治参与的“瓶颈”，网络政治参与呈现新的态势，政府对网络事件的控制力度被弱化，全球理念传播更加广泛，政府威信与权威受到挑战，网络恐怖主义对政治秩序构成威胁。如果从宏观层面看待这些消极影响，与积极影响相比，网络对政治安全的威胁更多的是制度层面的破坏，从而影响动态的政治参与等一系列政治行为。

1. 移动社交网络媒体打破了国家节制政治参与的“瓶颈”

在网络时代，微信、微博等移动社交网络媒体在新闻传播中的作用日益凸显，对网络空间政治安全影响越来越大。社交网络上的新闻传递速度非常惊人，朋友圈的转发和再转发，使看似简单的微信里面隐藏着巨大的一环套一环的信息传播网络，亲朋好友之间转发的新闻和信息不会受到太多质疑。这一方面有利于信息的分享，另一方面也为那些虚假信息、谣言和恶意信息的传播提供了土壤。因此，政府很难及时采取措施，相关部门和企业也难以关闭那些传播虚假信息和有害信息的微信公众号和微信群，难以对那些利用微信进行造谣传谣和进行反政府动员的行为予以有力的坚决打击。另外，对于微博上一些不断发表敏感政治言论的“大 V”也难以进行监督。一些“大 V”以各种被公众所崇拜的形象出现，却不时地在其微博账号中发表推崇西方民主和人权的观念，宣扬无政府主义、历史虚无主义、极端自由主义等有害言论。有的“大V”甚至毫不顾忌地大肆抹黑中国政府的形象，抹黑具有重要积极影响的历史人物。这些移动社交网络媒体打破了国家节制政治参与的“瓶颈”。

网络谣言冲击社会安全稳定，给国家政治安全造成危害。谣言之所以能够造成巨大负面影响，就是因为谣言传播对人们心理造成的伤害。人们的行为总是受内心的支配，谣言传播给心理上造成的影响才导致人们做出种种不理智的行为。谣言的传播其实是民众心理不安的外在表现，也是宣泄内心负面情绪的表现。一些群体性事件通过网络传播，可以迅速引发跨地区的反应，一些局部和地区性的热点问题通过网络恶意炒作，很容易造成大范围扩散。例如，贵州的“瓮安事件”、云南的“孟连事件”、安徽的“池州事件”、重庆的“万州事件”等都可以发现谣言的身影。谣言的传播往往会成为引发社会冲突事件的导火线或为事件的发展推波助澜。纵观近年发生的具有全国性影响的群体性事件，无一不受到网络谣言的推波助澜。

2. 政府对网络事件的控制力度被严重弱化

互联网发展有利于保障公民权利的实现，推进民主政治发展，实现公平正义。与此同时，互联网技术领域处于劣势一方，容易丧失网络话语权，致使国家主权受到冲击。如今，网络强国利用其技术优势打破网络边疆，冲淡公民对本国主流意识形态的政治认同感，从而危害国家意识形态的安全。

近年来，随着互联网技术的发展，以微博、社交类网站、视频类网站及移动通信为代表的社会化媒体呈现出日新月异的变革，其对网络舆情状态的影响更加复杂深刻，加之我国正处在改革关键期和矛盾多发期，诸种问题叠合积聚，网络舆情已成为当前社会和谐度和稳定度的标志，成为政府和社会各界的关注焦点。互联网信息具有丰富性、海量性、复杂性、虚拟性、隐蔽性、发散性、渗透性和随意性等特点，对其理解和把握越来越需要用科学、精准、可信的方法。

然而，一些政府部门在网络舆情的收集分析、监测研判、回应沟通、引导说明和危机管理过程中，尚处于粗放式阶段，相关工作较为感性主观，一些部门仍然停留在“部分网民认为”“某网友认为”等定性描述上，缺乏科学、扎实、直观、量化、可比对的数据基础，难以全面反映特定区域和特定时域网络舆情发生、发展状况与趋势，更谈不上形成系统、规范的网络舆情分析研判体系。如何从主观判断迈向客观分析和量化管理，建立定向分析、定量研究与有效管理体系，成为政府部门亟须解决的难题。更为严重的是，由于网络基础设施普及与互联网应用不对等的因素，有可能会加剧社会贫富差距，危害国民权利的实现，致使政府公信力降低，从而严重影响国家政治秩序的安全稳定性。

3. 网络恐怖主义对政治秩序构成威胁

民族分裂、极端宗教和网络恐怖主义活动猖獗，严重影响了国家政治秩序稳定。现代恐怖主义发展已经不再是单纯的暴力形式，网络恐怖主义作为一种新的形式登上了现实舞台，其危害性及破坏性对国家政治安全、经济安全、文化安全、军事安全构成新的威胁。

一是通过网络传播暴恐音像视频、宣扬极端宗教思想已成为当前暴恐案件多发的重要诱因。国际恐怖组织早已开始通过网络阵地宣传自己的主张，并且通过互联网招募人员、筹集资金。通过对新疆发生的暴恐事件详细分析后发现，抓捕的涉暴恐怖犯罪的嫌疑人基本以“80后”“90后”为主体，他们大多通过互联网和多媒体卡等载体观看暴恐音像视频，传播宗教极端思想，学习“制爆方法”和“体能训练方式”，借助QQ群、短信、微信以及非法讲经点等交流制爆经验，宣扬“圣战”思想，密谋袭击目标等。从破获的昆明“3·01”、乌鲁木齐“4·30”“5·22”等多起暴恐案件来看，暴恐分子几乎都曾收听、观看过暴恐音像视频，最终制造暴恐案件。据新疆官方统计，仅2013年，“东伊运”就制作发布了107部暴恐音像视频，超历年总和，“东突”等分裂势力在境外网站发布的暴恐音像视频数量较往年大幅增加，不断通过各种渠道传入境内。这些音像视频大肆宣扬

"圣战"等暴力恐怖、极端宗教思想，煽动性极强，危害极大。

二是网络反恐难度加大。与传统的恐怖活动相比，网络恐怖主义的网络组织机构更具有小型化、组织边界虚无化的特点；网络信息传播更隐蔽、行动更隐蔽，攻击更有效，涉及面更广；实施网络恐怖活动资金消耗低。如，"伊斯兰国"恐怖组织在招募人员、人员培训、策划袭击、模拟演练等未必是在恐怖基地进行，而是通过互联网进行，效率更高且更难防范。网络打破了时空对恐怖活动的限制，致使网络反恐难度加大。

三是国际社会应对网络恐怖主义还未形成合力。每一个国家都用自己的一套方式，都相信自己的这套方式是奏效的。但是如果国际社会没有一个统一措施，就没有办法很好地打击恐怖主义。以色列 MHYLI 网络安全公司总裁、退役准将尼尔·列维提醒："我们还没有联合起来，但恐怖分子，尤其是网络恐怖分子已经联合起来了。"

网络恐怖主义通过网络的破坏，可以直接影响现实政治生活、社会秩序和人们的生命财产安全，同时，更为复杂的是，通过灌输或改变网络的承载信息，可以直接对网络受众的思想实现改变，从而对人类的文化和文明传承进行颠覆性的影响，其危害的领域已经难以从技术上进行根除了，需要制定更为复杂的和成体系的全面应对措施。

（五）网络地缘政治扩大地缘政治内涵

地缘政治权力在空间中的分布及其互动。信息全球化催生了全球网络空间的勃兴，各主权国家对于网络空间主导权和控制权的争夺日益透明化、白热化，传统地缘政治已经映射到网络空间，推动网络地缘政治时代的来临。互联网代表着人类秩序演进的新阶段，并由此引起地缘政治秩序的大变革。互联网开辟的虚拟空间被认为是地缘政治继陆海空天之后的第五维度空间，承载着越来越多的权力与财富，因而形成的网络地缘政治为地缘政治增添了新内涵。

1. 地缘政治冲突蔓延至网络空间

网络攻击与其他攻击活动一样，不能脱离国际关系、国家战略和地缘政治等因素。尤其是现阶段，全球骚乱不断的大环境下，出于政治目的，争夺网络空间主导权的战略、战术手段渐趋日常化。政治主张相左、国家利益冲突、报复性打击等因素，在地缘政治冲突顷刻间就蔓延到网络空间。

地缘政治紧张局势导致美国等西方国家对俄罗斯网络攻击加剧。近年来，由于美国等西方国家与俄罗斯在地缘政治、经济和安全领域冲突上升，全球地缘政治紧张局势加剧网络攻击态势。美国等西方国家指责俄罗斯在2016年干预美国大选，于2017年干预法国选举，通过"影子经纪人"泄露美国国家安全局（NSA）的网络工具。2017年，网络安全公司Flashpoint发布报告指出，俄罗斯的网络空间威胁攻击者加剧了针对西方国家政府的网络间谍活动和假消息散播活动。随着网络时代的到来，网络安全成为大国间博弈的重要筹码，由此带来的网络威胁日益严峻，伴随的网络攻击等黑客活动也更加频繁且不断升级。

2018年，俄罗斯与美国等西方国家在网络空间的较量更加频繁和激烈。3月，俄罗斯卡巴斯基发布报告揭露了一起潜伏6年的"弹弓"（Slingshot）网络间谍行动。"弹弓"行动是美国特种作战司令部（SOCOM）下属联合特种作战司令部（JSOC）运作的一项军事计划，主要是通过感染恐怖分子常用计算机，以收集相关情报。研究人员称，"弹弓"是当前技术最先进的黑客组织之一，通过散播具有高度入侵性的恶意软件，感染了包括阿富汗、伊拉克、肯尼亚、苏丹、索马里、土耳其和也门等多个非洲和中东国家的数千台设备，窃取大量重要数据。2019年3月，卡巴斯基实验室研究人员发现，ZebrocyAPT组织使用一种新的下载程序在德国、英国、伊朗、乌克兰和阿富汗等多个国家部署一个最近开发的后门系统。

2. 网络地缘政治冲突对政治安全构成新威胁

随着信息化浪潮深入发展，世界各国对互联网的依赖程度日臻加深，信息网络的国际政治效能在全球政治、经济、军事和文化领域日益凸显，争夺网络空间优势成为国际政治权力竞争的重要内容，国际政治权力博弈已经涉足网络空间，网络攻击与地缘政治纷争融合。各国以国家利益为核心，以网络安全为目标，围绕网络空间国际政治权力展开了激烈的博弈，凸显网络空间安全形势严峻。随着地缘政治冲突蔓延到网络空间，国家政府和组织机构面临网络空间地缘政治新威胁。

网络空间没有地域界线，网络地缘政治外延可以向全球无限延伸。2007 年 7 月，美国国防部遭受了持续的网络攻击，黑客通过欺诈电子邮件突破了 Windows 系统的一个漏洞并窃取了大量敏感数据，包括可登录机密网络的大量身份和密码信息，随后美国国防部不得不断开系统连接。2016 年，奥地利因拒绝土耳其加入欧盟，激起一些组织复仇情绪，两国外交争执升级，奥政企领域遭受了来自土耳其的网络攻击。土耳其黑客组织利用拒绝服务攻击（DoS），直接瘫痪奥地利国民银行 Austrian National Bank（OeNB）。一场政治博弈，让来自网络空间的攻击重创奥地利政企。2018 年 1 月，美国政府指责巴基斯坦黑客在全球范围内活动频繁，以篡改网站为目标的激进黑客逐渐成为该国黑客组织最主要的力量，主要是为了宣传宗教口号，达到政治目的。同年 10 月，美国火眼公司发布报告披露疑似朝鲜政府背景支持的黑客组织 APT38，称 APT38 是朝鲜政府主要利用网络攻击行动获取经济资金支持的黑客团队，与针对 SWIFT 系统的攻击等网络经济犯罪案件存在密切关联。

地缘政治争端导致欧洲网络地缘政治争端激增。奥地利受到国家级的网络攻击。2019 年底，奥地利遭遇了前所未有的网络打击，不明来源的攻击直接瞄准外交部计算机系统，展开了长达两日的精准破坏。奥地利官方虽然没有正式披露攻击细节以及后果，但从攻击的破坏程度来看，此次攻击极可能来自某一拥有国家背景的黑客组织。奥地利这个以艺术著称，充满诗和远方的国家尚且如此，英、德、荷等国际政治的活跃者，更是难逃网络攻击毒手。2019 年英国大选前夕，工党网站遭遇频繁且大规模网络攻击，“缜密且大型”的 DDoS 攻击，严重影响了工党网站以及在线竞选平台。究竟是竞争对手作乱，还是他国组织借选举制造骚乱，一直很难下定论。最终，英国将这一严重威胁选举的网络攻击，归咎于俄罗斯背景黑客组织。英国选举难，德国也有着不堪回首的往事。2017 年，德国政府遭受“史上最大规模”网络攻击，外国黑客在其政府系统中插入恶意软件窃取数据，国防部、内政部私人网络悉数沦陷。溯源网络攻击幕后黑手并不容易，但这并不妨碍德国政府通过地缘矛盾，锁定俄罗斯背景的黑客组织（德国怀疑俄罗斯背景黑客组织发起攻击）。嚣张的网络攻击在欧洲各地煽风点火。2018 年初，荷兰三大银行连续遭受 7 次网络攻击，仅 DDoS 攻击就频繁上演 3 次之多，造成网站和互联网银行服务全面瘫痪，荷兰税务局也遭受严重影响。对此，荷兰将矛头指向欧洲最熟悉的敌人俄罗斯。

为此，欧盟出手制裁网络攻击。在频繁且焦灼的网络攻击下，致力于维系地区稳定，谋求经济发展的欧盟，当然不可能坐以待毙。为对抗网络攻击，荷兰、法国、波兰、西班牙、芬兰等 9 个欧盟国家，成立快速反应小组，协助各国当局应对网络攻击，大有抱团取暖的架势。九国联合之余，欧盟 2020 年还正式实施网络安全法，从网络安全结构、增强数字技术掌控等方面下手，升级卫生、能源、金融运输等关键部门网络安全防御水准。除此之外，欧盟还首次推出了最严厉的网络攻击惩治措施。根据该措施，无论袭击是否实施，欧盟都有权制裁网络攻击发起人，以及背后提供资金、技术或实际支持的个人、企业和机构，轻则禁止入境，重则直接冻结财产。不难看出，欧盟此举是想从黑客下手，阻断网络攻击。

3. 黑客的参与使网络地缘政治更加复杂

黑客活动渗入政治、经济、军事等多重领域。近年来，具有国家背景的黑客活动陆续“浮出水面”，呈明显上升趋势。黑客组织发起的攻击活动由原有的利益驱动转向综合了政治、经济、军事、宗教等多个因素的复杂性网络攻击，引发更多威胁。

2003 年，美国国家航空航天局（NASA）的几百个下属网站和数个美国政府机构的网站遭受了代号为“泰坦之雨”的一系列协同攻击。这场攻击持续了大约三年时间，一些军火承包商的研究室的相关网站也成了攻击目标，如桑迪亚国家实验室、洛克希德马丁和红石兵工厂。2009 年 1 月，以色列国防军和以色列贴现银行的网站因黑客的拒绝服务攻击而大面积瘫痪，其他一些小网站也受到了这次攻击的波及。这次网络攻击是对以军在加沙地区的军事行动的抗议。6 月 6 日，伊朗黑客组织 MuddyWater 一直在利用恶意文件攻击伊拉克、巴基斯坦和塔吉克斯坦等国家电信组织并冒充政府机构。2010 年 1 月，谷歌表示其受到了网络入侵，黑客利用 AdobeReader 中的一个漏洞实施了这次攻击，安全专家将这次攻击称为“欧若拉行动”。无独有偶，黑客用同样的方法攻击了其他 30 多家公司，其中包括雅虎、赛门铁克、Adobe 和诺斯罗普·格鲁门。

2013 年 12 月，一名黑客利用网络钓鱼将恶意软件植入了欧洲 20 国集团峰会的计算机，从中窃取了美国武装干预叙利亚内政提议的细节。2016 年 8 月，伊朗多个重要石化工厂遭到恶意软件攻击，引发石化公司起火。12 月，乌克兰能源公司 UKrenergo 遭受网络攻击，导致乌克兰首都基辅市北部和周边地区停电 30 分钟。2018 年 4 月，黑客利用思科高危漏洞发起攻击，20 余万台思科设备受到影响。2019 年 12 月 16 日，伊朗电信部长宣布，该国在一周内化解了两次网络攻击，并表示此次攻击旨在刺探政府情报。

激进黑客、反社会组织和“圣战”分子针对国家机构的网络活动更加猖獗。除了国家黑客带来的威胁，网络安全公司 Flashpoint 发布报告预测，称激进黑客、反社会组织和“圣战”分子的网络活动会更加猖獗。自 2017 年初以来，土耳其黑客组织 AslanNeferlerTim 一直都是最活跃的激进黑客组织之一，曾使用位于美国、奥地利和土耳其的攻击基础设施发起一系列 DDoS 攻击。虽然它的主要目标是土耳其，但同样也对美国、希腊、丹麦、德国等国的机场、银行和政府机构发动攻击。这份报告指出，美国政治两极化也导致仇恨团体和非“圣战”威胁攻击者重新发动网络攻击。许多此类攻击者使用互联网、社交媒体平台和Discord等消息服务宣传抗议活动。这对于忙于应对普通网络犯罪分子的组织机构而言，国家网络威胁有时显得遥不可及。可见，地缘政治冲突、激进黑客行动和其他看似无关的事态发展已逐渐蔓延到网络领域。

网络地缘政治安全已经成为一个全球性威胁，全球性问题则需要全球共同应对。从未来的趋势看，网络地缘政治安全将是世界各国所面临的一项共同挑战，全球性问题需要全球合作，但是考虑到网络空间治理仍是一项新兴议题以及各国之间的利益分歧，全球网络空间治理必然是任重道远的。

三、维护网络空间政治安全刻不容缓

伴随信息革命的飞速发展，互联网、通信网、计算机系统、自动化控制系统、数字设备及其承载的应用、服务和数据等组成的网络空间，正在全面改变人们的生产生活方式，深刻影响人类社会历史发展进程。网络空间政治安全与国家安全息息相关，如何提高网络空间政治安全，使其不受到外部力量的威胁已经迫在眉睫，应加快针对网络空间政治安全评估的研究工作，为保障我国网络空间政治安全提供有益支撑。总之，加强网络空间政治安全问题研究，对于提高国家网络空间安全具有重要的现实意义和深远的历史意义。

（一）网络政治安全关乎国家安全

随着信息时代的来临，尤其是以互联网为核心的“无国界数字化空间”的全面铺展，国家政治安全的概念与内涵正在发生有时迅猛、有时潜移默化的变迁。已有若干因素表明，涉及国家政治安全的范围拓展了、防范的难度增大了，而且出现了许多全新的危及国家政治安全的形式。特别是中国这样的发展中国家，正处于信息边缘地带，发达国家拥有无可比拟的信息资源优势，使得中国在信息上对它们产生了很大的依赖，处于“边缘”

地带的国家就会受到“中心国”的影响，甚至是威胁。可以说，网络政治安全对我国的国家安全更为重要。

1. 网络政治安全是国家安全的根本

近年来，随着我国全面深化改革的持续推进、深层社会矛盾的凸显，以及外部发展环境的深刻变化，政治安全问题受到了党和国家的高度重视，以至于在总体国家安全观中，政治安全被置于“根本”地位。网络的兴起是一场无声的革命，它必将使人类社会各个领域产生革命性的深远影响，国家安全首当其冲。国家安全包括很多方面，经济安全、政治安全、社会安全等。随着网络技术的发展和普及，网络政治安全问题成为政治安全的主要方面。近年受西方国家意识形态侵入的影响，网络中出现一些不和谐的声音且一直在传播，影响政治安全。其目的是改变人们的信念，由于我国正处于社会主义初级阶段，很多人的社会主义觉悟还不高，很容易轻信错误的信息，在政治安全方面给我国带来很多障碍。

政治安全是国家安全的前提，我国长期以来非常重视政治安全问题。面对日益复杂的互联网环境和快速发展的信息化技术，我国的网络与信息系统的安全，尤其是网络政治安全面临从未有过的严峻挑战和考验。“9·11”事件后，美国研究认为，未来信息网络攻击（摧毁国家信息基础设施）比物理攻击（摧毁世贸大楼）所造成的破坏更大，影响范围更广。习近平总书记强调指出，“网络和信息安全牵涉到国家安全和社会稳定，是我们面临的新的综合性挑战；没有网络安全就没有国家安全，没有信息化就没有现代化”[①]。自 1995 年开始，网络与信息安全已经成为中国信息化发展战略的重要组成部分，党的十六届四中全会把信息安全提到了前所未有的高度，信息安全与政治、经济、文化安全并列为四大主题。2014 年 2 月，由习近平总书记担任组长的中央网络安全和信息化领导小组正式成立，标志着我国已把信息安

① 《习近平出席全国网络安全和信息化工作会议并发表重要讲话》，新华社，2018 年 4 月 21 日，http：//www.gov.cn/xinwen/2018-04/21/content_5284783.htm。

全和网络政治安全上升到了史无前例的战略高度。20世纪90年代末以来，境内外敌对势力、敌对分子将互联网作为对边疆地区进行渗透与分裂活动的重要工具和主渠道，试图破坏边疆地区社会稳定和国家安全。网络政治安全已成为影响边疆地区长治久安和社会稳定的“重地”“要地”“险地”。我们一定要清醒地认识到，在网络信息化时代，没有网络安全、没有网络政治安全，就没有社会稳定，更没有国家安全。网络政治安全是任何国家、政府、部门都非常重视的问题。只有加强网络治理，确保网络政治安全和社会稳定，才能保障符合我国利益的国家“网络疆域”。

2. 中国当前网络政治安全令人担忧

对于一个国家而言，政治安全是其他安全的基本前提。互联网时代，网络与信息系统的安全，尤其是网络政治安全逐渐成为全球性议题。在全球化浪潮中，伴随着日益复杂的网络信息技术的发展，当前我国网络政治安全比以往任何时候都要严峻得多，面临前所未有的挑战与威胁。网络时代，敌意和恶意的网络攻击使我国的网络政治安全面临的挑战主要有以下几个方面。

一是境外敌对势力利用网络对我国进行攻击和煽动，使我国意识形态安全面临严峻挑战。对我国政治安全构成最大威胁的是各种西方反华势力利用宗教渗透，传播西方的政治文化和政治价值观念，影响人们在我国社会政治生活中产生的情感和意识上的归属感，对我国实施“西化”“分化”的战略图谋。阿尔温·托夫勒在《权力的转移》中说：“世界已经离开了暴力与金钱的控制的时代，而未来世界政治的魔方将控制在拥有信息强权的人手里，他们会使用手中掌握的网络控制权、信息发布权，利用英语这种强大的文化语言优势，达到暴力、金钱无法征服的目的。”西方发达国家正通过“信息殖民”控制发展中国家的政治、经济和文化命脉，以巩固西方强势文化的地位。

二是互联网已经成为敌对势力和敌对分子对我国进行渗透的重要工具，其影响面和危害性日益凸显。当前，一些反华势力通过望风捕影、杜撰虚构、断章取义等手段，恶毒攻击我国社会主义道路、政治制度及党和国家领导人，以期在国际社会造成更大的影响，妄图达到搞乱人民、搞乱社会，搞乱国家的目的。如果不给予坚决制止和打击，将对我国的安全带来新的挑战，严重影响社会稳定和长治久安。

三是政府网络治理能力面临挑战。习近平总书记在中共十八届三中全会《中共中央关于全面深化改革若干重大问题的决定》的说明中明确表示，“面对互联网技术和应用飞速发展，现行管理体制存在明显弊端，多头管理、职能交叉、权责不一、效率不高”。这说明我国各级政府在维护网络政治安全方面的能力还存在“短板现象”。第一，思想认识不到位，重视程度不够。有些政府部门和领导干部对网络舆情（尤其是政治谣言）缺乏政治敏感性和政治责任感。第二，有关网络治理的法律法规制定得还不完善，依法管理网络的工作还做得不够到位。第三，网络安全意识不强。我国是网络大国，但我国网民的网络安全意识、网络安全防护的能力还比较薄弱，远远落后于欧美等发达国家。第四，网络舆情工作缺乏前瞻性和预见性；网络舆情收集和分析工作滞后，监测管理不到位；工作中存在推诿、扯皮，上报不准确、不及时等现象。第五，我国专门从事信息安全工作技术人才稀缺，阻碍了我国信息安全事业的发展。同时部分县、乡镇信息设备不足、缺乏配套的技术支撑、人员配备不足，导致基层政府在控制信息网络的工作中处于被动，给工作带来诸多不便。第六，移动即时通信存在监管难、辟谣难的问题。微信具有传播快、隐蔽性强、影响大等特点；微信是基于“私人关系”发展起来的新媒介场域，是一种熟人之间的“强关系”，彼此之间信息传播更容易、传播的渗透率更高、信任度更高，导致对微信内容监控的难度也在不断增大。

3. 我国网络边疆安全形势不容乐观

网络边疆治理对于维护国家政治安全意义重大，其可以抵御敌方利用网络发动的战争、防范敌方利用网络进行的窃密和破坏活动、遏制敌方利用网络进行的意识形态渗透和颠覆、打击“三股势力”利用网络策划的分裂阴谋和恐怖活动等。我国的网络边疆不仅面临巨大的挑战和压力，而且自身还存在不少问题。目前的整体安全形势比较严峻，突出表现在以下几个方面：

在与西方国家的互联网竞争中，我国目前处于相对弱势一方。互联网技术最早是由美国发明及应用，并以西方国家为中心向全球扩张的，西方国家占据着网络建设和发展的明显技术优势。到目前为止，全球大部分互联网资源和关键基础设施都由美国等西方国家掌控。不仅如此，西方国家还具有互联网信息的强大话语优势。当今互联网信息内容的 90% 以上为英语信息，主要是美英等西方信息，世界知名网站多为西方所设，而用于网络信息搜索、图像传输、视频演示的网站大都来自西方。西方国家利用这样的优势，以互联网为平台，在全世界范围内大肆推销其价值理念、意识形态、生活方式等，肆意围攻所谓的“问题国家”。我国从 1994 年才开始接入国际互联网，作为后来者，在很多时候不得不接受和遵守由西方国家制定和主导的互联网游戏规则。再加上技术上客观存在的巨大差距，目前在与西方国家的互联网竞争中处于相对弱势的地位。这对于我国网络边疆安全的维护是极为不利的。

我国现在虽是网络大国，但不是网络强国，缺乏自主创新的核心技术。目前我国政府部门和重要行业的服务器、存储设备、操作系统、数据库大多是国外产品。美国的互联网企业几乎渗透到我国网络空间的每一个节点，覆盖了信息技术的所有领域。这些进口的计算机、交换机、路由器、操作系统等，其密钥芯片和程序上均可能被故意预留控制端口，存在被非法“入侵”和“窃听”的可能。而一些包括军工在内的中国企业在引进国外的技术设备后，技术升级、维修保养等售后服务还严重依赖外方，实际上使设备运转和生产情况时时处于外方的监控之下，甚至还存在被外方远程遥控随时停止工作的可能性。这不但使我国的网络安全存在很大隐患，而且网络边疆的防御体系较为脆弱，防御能力比较有限。

缺乏网络主权和网络防护意识，网上泄密事件屡屡发生。在现实生活中，传统有形空间的国家主权和边疆受到挑战和侵犯，往往会引起举国关注。而无形网络空间的主权和边疆受到挑战，却不容易受到重视。这一方面是因为网络空间的虚拟性使人们无法直观、及时地感知到其发生的变化和出现的事端，更重要的还是因为网络主权和网络防护意识的缺乏。从已发生的网络窃密、泄密案件看，主要的安全漏洞有4种：计算机网络定位不准、违规使用涉密计算机信息系统、涉密计算机信息系统违规连接互联网、交叉使用优盘。我国目前的网络安全技术水平还有待提升，而这些人为的漏洞更为敌手的网络窃密提供了可乘之机。

（二）维护网络空间政治安全任重道远

中国互联网经历了从无到有、从小到大的发展历程。互联网给中国带来了历史性巨变，以大数据、云计算等为代表的新技术，越发深入地改变着人们的生产生活。然而，互联网是一把“双刃剑”，人们在享受其带来的便利之时，也面临安全问题的困扰。

目前，中国已成为名副其实的网络大国，但还不是网络强国，维护网络空间政治安全任重道远。1994年，互联网诞生25年后，中国才第一次实现与国际互联网的全功能链接。今天的中国数字经济正在实现“弯道超车”。作为当今世界最大的网络大国，中国网络空间面临严重的安全挑战。网络安全牵一发而动全身，“震网”病毒蔓延、“棱镜门”风波、“勒索”病毒攻击等事件告诉我们，网络安全威胁近在咫尺，筑牢国家安全的无形边疆任重道远。由于计算机的广泛使用，网络控制了国家从政治到经济，从经济到国防再到人民生活的所有领域。网络运转则国家运转，网络瘫痪则国家瘫痪。

鉴于网络空间安全在国家安全中的地位越来越重要，党的十八大以来，党中央、国务院高度重视网络安全和信息化工作，于2014年2月27日成立了中央网络安全和信息化领导小组，并于2018年3月根据《深化党和国家机构改革方案》将该小组改为中国共产党中央网络安全和信息化委员会。

这些都充分体现了中国最高层全面深化改革、加强顶层设计的意志，显示出保障网络安全、维护国家利益、推动信息化发展的决心。习近平总书记在中央网络安全和信息化领导小组第一次会议上提出了“没有网络安全就没有国家安全，没有信息化就没有现代化”① 的重大论断，强调要从国际国内大势出发，制定实施网络安全和信息化发展战略、宏观规划和重大政策，总体布局，统筹各方，创新发展，努力把我国建设成为网络强国。习近平总书记的重要讲话将网络安全提升到国家战略问题的高度上来，为我们研究网络空间安全、维护国家网络空间利益、建设网络强国指明了方向。

目前，境外敌对势力将互联网作为对中国渗透破坏的主渠道，以“网络自由”为名，不断在网上进行有针对性的攻击诬蔑、造谣生事，试图破坏中国的社会稳定和国家政治安全。因此，系统研究政治安全的理论问题，全面认识网络与政治安全的关系，并在此基础上提出改进网络政治安全治理的对策建议，有效应对网络对中国政治安全的挑战，是当代中国政治建设过程中一个不容回避的迫切问题。

（三）全面维护国家网络空间政治安全

在当今网络社会，网络技术革命与社会急剧转型的交织，更是凸显了网络政治安全的重要性。因此，如何有效推进网络政治安全治理，实现网络化背景下国家的长治久安，是一个颇具现实意义的研究议题。必须积极推进网络政治安全治理，防范化解纷繁复杂的网络政治安全风险，实现网络政治的稳定和国家的长治久安。

1. 提升政府维护网络空间政治安全能力

从国家安全的总体角度看，政治安全表现为国家政治体系不存在颠覆性威胁，具有较高政治合法性且治理良好的状态，以及能够有效维持这种状态的能力。也就是国家政治体系在政治发展进程中协调运转，维持政治

① 《习近平谈治国理政》，外文出版社 2014 年版，第 198 页。

结构和政治秩序的相对稳定，并能适应国内外政治环境的各种变化，从而确保政治运行的稳定性和连续性。在网络时代，维护网络空间政治安全越来越受到重视。

一是加强信息网络安全顶层设计。在互联网时代，信息网络安全已经不是单独的、零散的、封闭的系统，而是一个复杂的、整体的、开放的大系统。要从国家战略高度统一考虑和部署，从源头上加强国家信息网络安全的顶层设计。应在中央网络安全和信息化委员会的领导下尽快完成我国网络领域的顶层设计及结构设计，并在网络情报系统建设、网络舆情管控及引导、网络安全人才培养、网络社会管理等方面，实施一系列战略措施。

二是提高对网络政治安全的管控能力。首先，政府要加强指导，探索形成法律规范、政府监管、行业自律、技术保障、公众监督、社会教育相结合的网络治理机制。其次，建设和完善信息网络安全监控体系，提高对信息网络安全事件应对和防范的能力，防止有害信息传播。对于破坏网络政治安全的行为，国家必须采取强有力的措施，迅速果断处理，不能留有余地。通过封锁反动网站、过滤有害的网络政治信息等方式，消除反动舆论，通过网络警察等有效技术手段核实网络政治动员发布者的现实社会身份，依法给予制裁。再次，建立政府网络安全审查制度。对公共安全和国防不利的信息，不利于民族团结和宗教和谐的信息，败坏公共道德、与社会主流价值观相违背的信息，重点审查并禁止在互联网上交流。最后，构建全信息资源共享机制。只有在全国构建有效的情报信息网络体系才能更加有效地打击暴力恐怖分子。进一步完善各省区市之间应急响应和维稳处突指挥机制，确保通联顺畅、指挥灵活，提高组织化程度和整体作战能力。

三是做好网络意识形态安全工作。习近平总书记强调指出，意识形态工作是党的一项极端重要的工作，事关党的前途命运，事关国家长治久安，事关民族凝聚力和向心力。意识形态作为一个国家政治安全的灵魂，其对于培养人民政治认同感、维系社会控制力、维护国家政治安全的作用是显而易见的。做好意识形态工作，关系社会稳定和长治久安的大局，关系政治安全、经济发展、民族团结、社会稳定。首先，坚持党管意识形态不动摇，牢牢掌握意识形态工作主导权。对意识形态领域的敏感事件和复杂难题，敢抓敢管；及时掌握和深入分析研判意识形态领域新情况、新动向；加大对政治性、宗教类非法出版物的查缴力度，堵住各类噪声、杂音及民族分裂思想、宗教极端思想、暴力恐怖思想传播的渠道与途径。其次，大力弘扬和践行社会主义核心价值观。弘扬“富强、民主、文明、和谐，自由、平等、公正、法治，爱国、敬业、诚信、友善”的社会主义核心价值观，加强现代文化引领，不断增进各族干部群众的认知认同，占领意识形态领域阵地，有效对冲宗教极端思想影响。此外，掌握网络话语权，始终把正确导向放在首位。西方国家凭借丰富的信息资源、发达的信息技术，在网络空间意识形态话语权争夺中占据着一定的优势。因此，必须提升社会主义意识形态的辐射力，牢牢掌握网络空间话语权。坚持团结稳定鼓劲、正面宣传为主，形成积极健康向上的主流舆论；开展针锋相对的舆论斗争，在关键时刻和关键问题上，旗帜鲜明、态度坚定，主动发声、敢于亮剑。党员干部要承担起做好意识形态工作的政治责任和领导责任，带头抓意识形态工作，带头批评错误观点和错误倾向。

2. 制定网络空间边疆治理的策略措施

鉴于目前的形势，强化网络边疆的治理可谓迫在眉睫、刻不容缓。为此，我们需要更新观念、提高认识，搞好顶层设计与战略谋划，软硬并举、内外兼修，切实提高我国的网络边疆治理能力，改善国际网络生存环境。

强化网络主权与网络国防意识，加强顶层设计，做好战略谋划。对于网络边疆治理这样事关国家安宁与稳定乃至前途和命运的重大工作，首先必须从国家战略的高度加以重视和谋划。其在制定过程中应当强调以下几个原则：一是要把“网络国防”作为国家整体国防战略的一个有机组成部分，并与其他国防战略形成有效的配合与支持。二是要着重建设和健全网络安全与网络边疆治理的领导体制，建立和完善各部门之间统一行动、资源共享、情况通报、技术交流等协调与运行机制。三是要实现治理主体的多元化，充分利用好国家、军队、企业乃至个人的各自优势与特长，形成合力，共筑保卫国家网络边疆的信息长城。四是要注重平战结合，既要考量战时的应对措施，更要抓平时的常态化演练；既要突出短期效应，更应重视长效机制的建设。

锤炼内功，切实提高网络边疆的治理能力，保证对本国网络空间的控制权。在激烈的网络竞争和较量中，只有夯实了网络国防的基础，拥有强大防御和反制敌人的能力，才能真正有效地治理网络边疆，维护国家的政治安全。“内功”的锤炼最为关键的是以下三个方面：一是核心技术的研发、创新与使用。要整合各方力量，重点联合攻关操作系统、CPU、网络加密认证、防病毒、防攻击入侵检测、区域隔离安全系统等维护网络安全的关键技术；要重点研发若干独创的网络武器，增强网络战中的反制能力，以非对称性方式寻求破敌之策；要大力实施自主国产技术和产品的替代战略。二是高素质的网络技术人才培养。不仅要培养高水平的技术研发人员，还要着力提高那些从事网络监控、网络执法、网络对抗等工作的专门人员的专业素质和业务技术水平，提高“网络哨兵”“网络警察”“网络卫士”的实战能力，建立起以专业部队为核心、外围力量多元互补的强大网络国防力量。三是网络边疆治理的制度建设。必须坚持利用制度的规范性、强制性、普遍性、稳定性来有效维护网络秩序，使网络边疆的治理能够真正建立在制度保障的基础之上。

积极参与国际网络合作，努力改善国际网络环境，争夺国际网络空间的话语权。互联网时代，各国的网络空间实际上是不可分割的整体，一国网络边疆的有效治理还有赖于良好的国际网络环境。面对目前对我国不利的国际网络环境，消极地躲避退让肯定于事无补，任由其发酵恶化也不可行，唯有积极主动地参与国际合作，在参与中趋利避害的同时，寻求国际网络环境的逐步改善。为此，应积极参与国际合作，治理世界各国共同面临的网络问题，塑造负责任的大国形象；积极开展网络外交，充分宣传我国的网络政策主张及其正当性与合理性，坚决抵制某些国家在网络领域的双重政治标准；积极参与制定、修改现行国际网络空间行为规则，不断扩大我国在国际网络治理中的影响力和话语权；以联合国等国际组织为舞台，加强与有关国家的对话与磋商，积极促成“国际互联网公约”“打击计算机犯罪公约”等一系列相关国际性公约的制定和国际网络领域反恐等合作机制的建立，坚定不移地继续推动以联合国为核心构建公正、合理的国际网络新秩序。

3. 努力抢占网络政治安全制高点

事实表明，信息网络化是一个时代潮流。每一个国家、每一个民族都必须面对这个时代、置身于这个时代。从这个意义上说，网络时代对每一个国家来说，既是挑战，也是机遇。对于中国这样一个在信息技术研究和开发领域相对落后，依然受制于人的发展中国家来说，更是如此。如何直面网络时代的挑战，以信息化带动工业化，与此同时，注意网络发展所产生的政治问题，筹划 21 世纪的政治安全，使中国的网络建设和社会主义政治文明建设向更健康的方向迈进，是一项重大而紧迫的课题。

一是确立网络信息安全意识和网络危机意识。目前我国全社会网络信息安全意识还比较淡薄，对信息安全也缺乏常识性的了解。必须牢固树立网络信息安全意识。同时，必须认识到在网络时代，一个国家、一个民族的兴衰，更多地将取决于对信息这种重要战略资源的生产获取和使用的综合国力。一定要从国家政治安全的战略高度，大兴学习网络、掌握网络、运用网络和创新网络之风，从而积极寻找应对策略。

二是从战略高度重视信息防御工作。加强对信息安全的统一管理，建立安全防范体系。在网络时代的今天，信息化建设不光局限于信息领域，还会涉及社会发展的方方面面。因此，国家应从战略高度重视信息安全工作，制定和完善信息防御法规，依法加强信息安全管理。

三是建立健全网络信息安全相关的法规制度，确保网络政治安全工作于法有据，有章可循。目前我国已制定《中华人民共和国网络安全法》《全国人民代表大会常务委员会关于维护互联网安全的决定》《互联网信息服务管理办法》《互联网新闻信息服务管理规定》等法律法规，对以造谣等方式煽动颠覆国家政权、散布谣言扰乱社会秩序、侮辱或者诽谤他人、编造恐怖信息等行为均作出明确界定。要借鉴发达国家的经验，从切实维护信息安全、网络政治安全及保障公民信息安全角度，继续完善网络空间安全法律法规。同时对已有的信息网络方面的法律规范及行政规章严格执行，违法必究，执法必严。

四是抢占网络宣传制高点，争取网上舆论斗争的主动权。加快建设网上的马克思主义阵地，努力扩充网上本国信息资源，以逐步获得能够与西方信息传播相抗衡的力量，利用互联网传播各种对自己有利的信息，特别是要充分展示本国、本民族的优秀文化遗产，以拓展我国文化在世界的影响，对内起到社会舆论的监督和引导作用，以加大对人民群众的思想政治道德教育，提高其识辨能力，抵制西方网络对我国的消极影响。

第二章 网络安全与经济安全

互联网的迅猛发展给经济腾飞插上了翅膀，在网络时代，网络空间是经济社会发展的新支柱，“互联网＋经济”产生网络经济新形态，网络向经济各个领域渗透，有力地促进了经济飞速发展，因网络安全问题引发的经济安全问题也随之出现。随着互联网的不断发展，网络已经融入社会经济的各个领域，网络安全威胁已成为经济安全的最大风险。如何预防和解决网络空间安全问题给经济安全带来的隐患和损失，已成为网络时代经济发展的重中之重。

一、网络空间为经济发展拓展新空间

随着互联网广泛地渗入人类社会生活的各个方面，大量的经济活动也因此在网络空间全面展开，成为推动经济发展的新动力。在网络时代，互联网可以与任何经济活动联系起来，也可以让经济活动发生重大变化，从而为经济发展拓展了新空间。

（一）“互联网＋”为传统经济增添新活力

网络正在全面深入地渗透到人类的政治、社会、经济、生活的方方面面，并促使全球一体化的进程不断加快。因此，有人说网络让地球扁平化了。互联网对经济活动发生着重大影响，导致经济活动发生了新变化，为传统经济增添了新活力。

1.“互联网＋”助推全球经济一体化

经济层面的全球化与网络化紧密结合，使资本、劳动、服务、技术尤其是信息等生产要素以空前的规模和速度在全球范围内自由流动、优化配置，形成了以金融网络、物联网和电子商务为主要特征的国际网络经济，催生了新的经济规则，“互联网 +”助推全球经济一体化。

互联网让地球扁平化。互联网是一个世界规模的巨大信息和服务资源库，地球由此成了地球村，使全世界人民可以共同合作、分享劳动成果。它不仅为人们提供了各种各样的简单而且快捷的通信与信息检索手段，更重要的是为人们提供了庞大的信息资源和服务资源。世界各地数以万计的人们可以利用互联网进行信息交流和资源共享。互联网缩小了世界的距离，使商业机会全球平等化，加强了全球劳动力协作。通过网络信息的传播，任何人不分国籍、种族、性别、年龄、贫富，互相传送和吸收经验与知识，发表意见和见解。在第一时间获得世界各地的新闻和趣闻，超越了报纸、电视等传统媒体时间上的局限，缩短了人们认识世界的时间。

网络信息技术不仅冲击着传统的经济管理模式，还在营销方面深深地影响着企业的营销策略。网络技术迅猛发展，尤其是电子商务的出现，深刻地影响着企业的营销方式。网上营销成本低廉，信息交换迅速。如果排除技术上的缺陷和语言上的障碍，从理论上说，互联网使全球企业变成了一个百货商场，可以把自己的产品销售到全球各个角落。近年来，“互联网 +”成为产业创新、参与国际分工、促进贸易便利化和优化全球资源配置的重要力量。在国际贸易领域，“互联网 +”催生的新商业模式和新贸易方式，不仅推动了国内统一市场的形成，还拓宽了通往国际市场的渠道，更加速了内贸、外贸市场的一体化进程。

随着大数据、云计算、物联网等新一代信息技术取得重大进展，数字经济与传统产业深度融合，成为引领全球经济发展的强劲动力。越来越多的企业具备了真正意义上的全球化特征，借助信息网络在全球范围内实现需求、研发、生产、销售等环节的无缝精确对接。特别是国际经济中最为活跃的金融业，其资产存在和转移摆脱了对传统纸质货币的依赖，以数字的形式通过网络空间瞬间即可转移到世界任何地方。

2.“互联网 +”拓展经济发展新模式

“互联网 +”是创新 2.0 下的互联网发展新业态，是知识社会创新 2.0

推动下的互联网形态演进及其催生的经济社会发展新形态。“互联网 +”是一种新型的经济运营模式，它将互联网与各类传统行业结合起来，以互联网作为载体，以传统行业作为主体，创造出了一种崭新的行业体系。通俗地说，“互联网 +”就是“互联网 + 各个传统行业”，但这并不是简单的两者相加，而是利用信息通信技术以及互联网平台，让互联网与传统行业进行深度融合，创造新的发展生态。

“互联网 +”深入各个方面，覆盖我们的生活，包括工业、农业、教育、医疗、环境、政务等，可以说无处不在。这是一种新的经济形态，主要表现在优化生产要素、更新业务体系、重构商业模式来完成经济转型和升级。总体来说，创新推动一个国家的发展和进步，“互联网 +”就是一次互联网行业的自我创新。正是互联网的特质，用所谓的互联网来求变、自我革命，也更能发挥创新的力量。有了“互联网 +”，以计算机为核心组成一个智能化网络，诸多生产模块可以通过网络连成一个有机的整体，通过互联网进行监控和调度。以汽车产业为例，不但可以同时进行多种型号汽车的生产，如果正在进行装配的汽车生产模块出现问题，也可以及时调度其他的生产资源或者零部件模块继续进行生产。每个车型都有备用的生产模块可以迅速切换，既提高了生产设备的运转效率，又可以使汽车生产品种多样化变得非常容易。然而，“互联网 +”带来的这些新的生产方式，需要大量的新技术及专利作为基础和支撑。虽然看起来容易，但“互联网 +X”（X 指可以开发的行业或领域）包含着大量的新技术。

时至今日，“互联网 +”在发达国家的产业发展中正衍生出越来越多的新形式、新业态。在美国，联邦政府每年用于“互联网 +”农业信息网络建设方面的投资近 15 亿美元。这样的“互联网 +”模式在英国、德国、法国等发达国家以及许多发展中国家都已经蓬勃发展。借助专利、软件著作权等知识产权的力量，“互联网 +”正在全球迎来一个生机勃勃的春天。英国公布的最新统计数据显示，英国互联网经济年产值超过 2000 亿美元，人均超过 3000 美元，对英国经济的贡献超过医疗、建筑和教育行业。德国是举世公认的制造强国，“互联网 +”的方式，为德国“工业 4.0”产业升级插上了翅膀。以往汽车生产主要是按照事先设计好的工艺流程，在由众多机械组成的生产线上进行，所以很难在一段时间内同时设计、生产多样化的汽车。在不同生产线上操作的工人分布于各个车间，只能各司其职，无法掌握整个生产流程，生产能力并没能很好地发挥出来。但是，在“互联网 +”的智能化工厂中，固定的生产线概念消失了，采取了以计算机和互联网为核心，可以动态、有机地重新构成的模块化生产方式，使汽车设计、生产的个性化、高效率成为举手之劳。

互联网经济是信息网络化时代产生的一种崭新的经济现象。在互联网经济时代，经济主体的生产、交换、分配、消费等经济活动，以及金融机构和政府职能部门等主体的经济行为，都越来越多地依赖信息网络，不仅要从网络上获取大量的经济信息，依靠网络进行预测和决策，而且许多交易行为也直接在信息网络上进行。

3.“互联网 +”为经济发展装上新引擎

科技点亮生活，网络精彩世界。“互联网 +”行动计划已经不仅仅是一个口号，其能够作为新引擎促进产业的全面转型升级，能够产生新的消费服务方式，能够激发市场的巨大活力。“互联网 + 金融”“互联网 + 教育”“互联网 + 住宿”“互联网 + 停车场”……在出行、住宿、教育、旅游、金融以及其他生产与生活的细分领域，各类“互联网 + 经济新业态”蓬勃发展，在供给端提高了闲置资源的利用效率，在需求侧满足了消费者对美好生活的向往。

“互联网 +”深入实施，能够拓展信息消费空间。相关数据表明，信息消费每增加 100 亿元，就可以带动国民经济增长 300 亿元。如网络游戏、电子支付、通信服务、影视传媒等信息消费，在中国也确实增长迅猛。比如，在传统教育领域，利用互联网面向中小学、大学、职业教育等多层次人群开放课程，可以足不出户享受到在线教育的便利。

云计算、物联网、大数据技术和相关产业迅速崛起，让人们看到了互联网催生新经济的魔力。在未来，“互联网+”还会涉足包括移动医疗垂直化发展、工业生产制造更智能、催化农业品牌道路、在线教育大爆发、全民理财与小微企业发展等。随着智慧城市建设发展的需要，用互联网手段去改造传统的服务模式、服务流程和服务手段，能提升公共服务的品质，让民众能够更便捷、高效地享受各类公共服务，进而形成“互联网+公共服务”体系。

互联网推动经济增长的强劲引擎表明，未来互联网革命可能会促进诸多产业生产力的显著增长。研究发现，互联网革命最显著的影响并非反映于电子商务领域，而是表现在提高生产力、降低交易成本、提高效率上。网络经济是人类经济发展史上具有革命意义的事件，这是一场基于20世纪在计算机——通信技术以及相关技术基础之上引发的经济革命。网络经济不是一般意义科技进步带来的变革，它在经济社会中引起的变革具有深刻、深远的意义。

近年来，“互联网+”借助知识产权蓬勃发展，深刻地改变了人们的生活，催生了许多新型业态，产生了新的经济增长点，成为世界各国大力推动的新经济增长点。

（二）物联网成为新的经济增长点

物联网被称为继计算机、互联网之后世界信息产业的第三次浪潮。物联网将真正带领我们进入网络时代，在这个极具挑战的时代，世界各国都将面临更多的机遇。

1. 物联网及其产生与发展

物联网就是“物物相连的互联网”，其英文名为Internet of Things（IoT），是指在互联网的基础上，利用射频识别技术、传感器技术、纳米技术、智能嵌入技术、无线数据通信技术（红外感应器、全球定位系统、激光扫描器）等信息传感设备，按约定的协议，把地球上所有的物品与互联网联结起来，进行信息交换和通信，以实现智能化识别、定位、跟踪、监控和管理的一种网络。

物联网就是通过把互联网的畅通性、国际性、便捷性、大容量性同世界的每一个物体相连，使物体与物体（包括人与物）更智能地联结起来，使世界更小，从而进入数字世界。它是通过各种信息传感设备，如传感器、射频识别技术、全球定位系统、红外感应器、激光扫描器、气体感应器等各种装置与技术，实时采集任何需要监控、连接、互动的物体或过程，采集其声、光、热、电、力学、化学、生物、位置等各种需要的信息，与互联网结合形成的一个巨大网络。其目的是实现物与物、物与人、所有的物品与网络的联结，方便识别、管理和控制。这有两层意思：一是物联网的核心和基础仍然是互联网，是在互联网基础上延伸和扩展的网络；二是其用户端延伸和扩展到了任何物品与物品之间进行信息交换和通信。物联网是互联网的应用拓展，与其说物联网是网络，不如说物联网是互联网基础上的业务和应用。物联网整合了互联网以及所有的传统行业，无疑将是有史以来最大的产业，它将颠覆文化、思想以及生产方式。虽然金融危机给全球经济带来了极大的打击，但物联网将是这次危机后长久振兴经济和提升生产力最根本和最有效的新产业。

美国于 1999 年首次发明了自动识别技术，即条形码（Auto-ID），并被应用于沃尔玛和美国国防部。2003 年，美国《技术评论》提出传感网络技术将是改变人们生活的十大技术之首。伴随经济的不断发展，物联网已经得到很大的发展。2005 年 11 月 17 日，在突尼斯举行的信息社会世界峰会（WSIS）上，国际电信联盟（ITU）发布《ITU 互联网报告 2005：物联网》，引用了“物联网”的概念。物联网的定义和范围已经发生了变化，覆盖范围有了较大的拓展，不再只是指基于射频识别技术的物联网。自 2008 年之后，为了促进科技发展，寻找经济新的增长点，各国政府开始重视下一代的技术规划，将目光放在了物联网上。美国的 IBM 公司在 2009 年 1 月提出基于物联网“智慧地球”构想，奥巴马总统更是将“物联网”提升到国家级发展战略。欧盟的组织 EPoSS 分析预测未来物联网的发展将经历四个阶段：2010年之前RFID被广泛应用于物流、零售和制药领域，2010—2015年物体互联，2015—2020年物体进入半智能化，2020年之后物体进入全智能化。亚洲的日本、韩国以及新加坡等国家也各自制定了物联网的发展战略。

在中国，科技部、工信部、发改委等15个部委在2005年至2010年，相继出台多项RFID技术及应用、新一代宽带无线移动通信网络等重大专项。各地方政府及高校科研院所也都在积极行动，物联网在中国的发展十分迅速。2008年11月在北京大学举行的第二届中国移动政务研讨会上提出“知识社会与创新2.0”，移动技术、物联网技术的发展代表着新一代信息技术的形成，并带动了经济社会形态、创新形态的变革，推动了面向知识社会的以用户体验为核心的下一代创新（创新2.0）形态的形成，创新与发展更加关注用户、注重以人为本。而创新2.0形态的形成，又进一步推动新一代信息技术的健康发展。2009年8月，时任国务院总理温家宝“感知中国”的讲话，把我国物联网领域的研究和应用开发推向了高潮。无锡市率先建立了“感知中国”研究中心，中国科学院、运营商、多所大学在无锡建立了物联网研究院。自温家宝提出“感知中国”后，物联网被正式列为国家五大新兴战略性产业之一，写入政府工作报告，物联网在中国受到了全社会的极大关注，其受关注程度是美国、欧盟以及其他各国不可比拟的。

2. 物联网成为新的经济增长点

业内专家认为，物联网一方面可以提高经济效益，大大节约成本；另一方面可以为全球经济的复苏提供技术动力。目前，美国、欧盟等都在投入巨资深入研究探索物联网。中国也高度关注、重视物联网的研究，工业和信息化部会同有关部门，在新一代信息技术方面正在开展研究，以形成支持新一代信息技术发展的政策措施。

物联网作为一个新经济增长点的战略性新兴产业，具有良好的市场效益。《中国物联网行业应用领域市场需求与投资预测分析前瞻》数据表明，2010年，物联网在安防、交通、电力和物流领域的市场规模分别为600亿元、300 亿元、280 亿元和 150 亿元。2011 年，中国物联网产业市场规模达到 2600 多亿元。美国权威咨询机构 Forrester 预测，到 2020 年，世界上物物互联的业务，跟人与人通信的业务相比，将达到 30∶1，因此，物联网被称为下一个万元亿级的通信业务。另据通用电气估算，到 2030 年，高达 15 万亿美元的产值将来自物联网范畴。

物联网前景非常广阔，它将极大地改变人们的生活方式。物联网把我们的生活拟人化了，万物成了人的“同类”。在这个物物相连的世界中，物品（商品）能够彼此进行“交流”，而无须人的干预。物联网利用射频识别技术，通过计算机互联网实现物品（商品）的自动识别和信息的互联与共享。可以说，物联网描绘的是充满智能化的世界。在物联网的世界里，物物相连、天罗地网。据悉，物联网产业链可以细分为标识、感知、处理和信息传送四个环节，每个环节的关键技术分别为 RFID、传感器、智能芯片和电信运营商的无线传输网络。

3. 物联网为全球经济提供技术动力

物联网对经济发展的意义堪比工业革命、互联网以及移动通信，将极大推动社会创新与繁荣，引发新一轮企业数字化转型。

物联网备受各国青睐，无疑是因为物联网背后潜藏着的巨大市场，同时也是世界各国对未来物物相连的智能化的一种进军。此外物联网产业在自身发展的同时，还将带动传感器、微电子、视频识别系统等一系列产业的同步发展，带来巨大的产业集群生产效益。物联网技术涵盖设备、网络、平台和应用等多个方面，通过网络和平台链接设备和用户，实现交换信息、远程监控和智能操作等应用；信息革命是人类经济史上标志性的革命，在此过程中，大数据解决信息认知问题，互联网解决信息传输问题，而物联网解决信息产业化应用和创新型再生问题，三者结合将推动产品和服务乃至整个经济形态的螺旋上升；物联网发展的核心问题，就是标准和规则的互联互通，这预示着未来世界经济创新发展的重要方向和新型国际竞争的重要领域。物联网广泛应用在电力、安防保卫、智能运输、智能建筑、医护等领域，规模远远超过目前的互联网，其投入是互联网的 10 倍，效益是互联网的 30 倍。物联网的广泛应用将推动经济加快发展：一是改进效率。英国最大的供水和废水处理服务供应商泰晤士水务公司，正是利用传感器、数据传输和分析平台帮助公用事业企业预测设备故障，提升了对诸如泄露时间或恶劣天气情况的应急速度。据德意志银行估算，通过引入物联网技术，制造商可提升 30% 的生产效率。二是增强运营可适应性。石油天然气勘探和生产商阿帕奇公司依靠光线预警系统、泄漏监测系统等业务信息系统，实现了对管道运行动态的实时监控，能更加合理地制定检修方案并更有效地降低运营成本。三是提高盈收能力。已有百年历史的全球轮胎业领导者米其林集团将嵌入式传感器放置在轮胎内，在通过物联网解决方案减少燃油消耗和成本的同时，实现了按行驶里程销售轮胎的盈利模式。四是创新经济业态。阿里巴巴等物联网先锋企业在进军医疗领域时描绘了“未来医院”的蓝图，患者可通过支付宝实现实名注册、诊卡绑定、在线挂号、智能预约和分诊、就医导航、远程候诊和复诊、在线理赔和大数据基础上的健康预警等。

物联网是社会经济发展的一个必然选择，是生产社会化、智能化发展的必然产物，是现代信息网络技术与传统商品市场有机结合的一种创造。物联网能够促进社会生产力发展，促进新的产业链形成，改变社会生活方式。随着社会生产方式和生活方式的转变，人们的思想观念、思维方式正在发生深刻变化。

（三）“互联网 + 经济”发展前景广阔

如今，互联网与生产越来越密切相关。就互联网对产业发展的影响而言，主要体现为以互联网为代表的信息技术与传统产业渗透交融，成为传统产业变革的引领性力量，并不断催生新产业新业态。互联网具有通用性、交互性、开放性和共享性等基本属性，依托便捷优势、扁平优势、规模优势、集聚优势和普惠优势，加速与各产业融合，在平台和大数据的支持下，线上线下的分工合作更加紧密，一部分传统业态和商业模式逐步消失，新的业态和商业模式快速兴起。

1.“互联网＋经济”正在改变经济发展图景

“互联网＋”最明显的特征与对经济社会的影响，是对于结构、联结、交互、联络的重塑，简略来说就是“互联网＋传统工作”。“互联网＋经济”是互联网经济，它是基于互联网所产生的经济活动的总和。作为网络信息系统与经济体系结合衍生出的一种全新经济形态，网络经济充分发挥互联网在生产要素配置中的优化和集成作用，将互联网的创新成果深度融入经济社会各领域之中，提升实体经济的创新力和生产力，形成更广泛的以互联网为基础设施和实现工具的经济发展新形态。对于生活方式而言，则是通过互联网与信息化为生活带来更加丰富和精彩的内容。

从2G、3G、4G到现在的5G网络，以及物联网技术的发展，为传统经济注入新能量，“互联网＋经济”成为网络时代经济的发展模式和方向。“互联网＋经济”行动计划，将重点促进以云计算、物联网、大数据为代表的新一代信息技术与现代制造业、生产性服务业等的融合创新，发展壮大新兴业态，打造新的产业增长点，为大众创业、万众创新提供环境，为产业智能化提供支撑，增强新的经济发展动力，促进国民经济提质、增效、升级。

随着互联网不断普及，“互联网＋经济”行动计划已经不仅仅是一个口号，其能够作为新引擎促进产业的全面转型升级，能够产生新的消费服务方式，能够激发市场的巨大活力。随着“互联网＋经济”的深入实施，全面拓展了经济发展空间。其中，“互联网＋”与传统的农业、工业和服务业三大产业相结合，为传统的三大产业带来新的生机和活力，此外，诸如“互联网＋金融”“互联网＋医疗”“互联网＋旅游”等层出不穷。可见利用“互联网＋经济”有无限可能，必能给传统行业以提质增效空间，给经济发展注入新的活力。实施“互联网＋经济”，催生出许多新经济现象。包括餐饮、外卖、旅游在内的很多传统服务行业已经在互联网影响下开始转型。

“互联网 + 农业”是将互联网作为农业生产环节的载体，将农产品与互联网相结合，从源头开始进行把关，打造一系列智能的产品生产线。这样不仅能打消公众对于食品安全的顾虑，也能够拓宽农产品的销售途径。“互联网 + 农业”、订单农业的出现和发展，将使食品安全成为农业业态变革的重要方向。农产品生产流通全过程信息的透明化和可追溯体系的建立，将使农业业态特别是安全食品生产方式发生革命性变化。农业看起来离互联网最远，但“互联网 + 农业”的潜力却是巨大的。农业是传统的基础产业，亟须用数字技术提升农业生产效率，通过信息技术对地块的土壤、肥力、气候等进行大数据分析，然后据此提供种植、施肥相关的解决方案，大大提升农业生产效率。此外，农业信息的互联网化将有助于需求市场的对接，互联网时代的新农民不仅可以利用互联网获取先进的技术信息，也可以通过大数据掌握最新的农产品价格走势，从而决定农业生产重点。同时，农业电商将推动农业现代化进程，通过互联网交易平台减少农产品买卖的中间环节，增加农民收益。面对万亿元以上的农资市场以及近 7 亿的农村用户，农业电商面临巨大的市场空间。

“互联网 + 工业”是传统制造业企业采用移动互联网、云计算、大数据、物联网等信息通信技术，改造原有产品及研发生产方式，与“工业互联网”“工业 4.0”的内涵一致。“移动互联网 + 工业”是借助移动互联网技术，传统制造厂商可以在汽车、家电、配饰等工业产品上增加网络软硬件模块，实现用户远程操控、数据自动采集分析等功能，极大地改善了工业产品的使用体验。“云计算 + 工业”是基于云计算技术，一些互联网企业打造了统一的智能产品软件服务平台，为不同厂商生产的智能硬件设备提供统一的软件服务和技术支持，优化用户的使用体验，并实现各产品的互联互通，产生协同价值。“互联网 + 工业制造”是指把互联网作为载体，优化工业制造过程中的各项流程，使得工业制造更加快捷、方便，提高生产效率，实现“工业产品智能化”的目标。“物联网 + 工业”是运用物联网技术，工业企业可以将机器等生产设施接入互联网，构建网络化物理设备系统（CPS），进而使各生产设备能够自动交换信息、触发动作和实施控制。物联网技术有助于加快生产制造实时数据信息的感知、传送和分析，加快生产资源的优化配置。“网络众包 + 工业”是在互联网的帮助下，企业通过自建或借助现有的“众包”平台，可以发布研发创意需求，广泛收集客户和外部人员的想法与智慧，大大扩展了创意来源。

“互联网 + 服务业”将互联网作为服务业的载体，依靠互联网方便快捷的特性提升服务的质量，促进服务业与各行各业的联系，打造生产与后期服务的一体化内容。伴随网络基础设施逐渐完善，互联网催生了许多新产业、新技术、新模式和新业态，包括教育、医疗、政府服务和信息、通信、娱乐、电子商务、社交网络等新型服务。此外，“互联网 + 贸易”“互联网 + 医疗”“互联网 + 交通”“互联网 + 公共服务”“互联网 + 教育”等新兴领域也呈现方兴未艾之势。互联网促进了新一代国际贸易业态即 E 国际贸易的形成和发展。目前，主要国际贸易形式仍为一般贸易、加工贸易、小额边境贸易和采购贸易，但 E 国际贸易的增速将大大高于这 4 种贸易形式的增速，很可能成为一种主要国际贸易形式。随着“互联网 +”战略的深入实施，互联网必将与更多传统行业进一步融合，合奏出互联网经济发展的最强音。大力推进互联网对传统产业的渗透和改造，加快经济发展方式转变，积极培育新的经济增长点，促进新旧动能转换，进而培育和形成更高级形态的互联网经济，不断提高经济发展的质量和水平，在互联网引发的经济社会大变革中实现跨越式发展。

2.“互联网 + 经济”可优化经济资源配置

近年来，互联网在改造传统产业、创新商业模式和产业业态的过程中发挥了重要作用。许多行业和企业纷纷加入“互联网 + 经济”行动，形成了“互联网 + 旅游”“互联网 + 房地产”“互联网 + 教育”“互联网 + 医疗”“互联网 + 娱乐”“互联网 + 金融”等，不一而足。从经济学的视角来看，上述“互联网 + 经济”行动的本质是经济资源通过互联网进行优化配置的过程。

从微观来看，“互联网＋经济”有助于经济资源更加有效地配置。在消费者一侧，“互联网＋经济”有利于消费者搜寻到想要的产品和服务，不但可以使消费者低成本地比较不同供给者的产品和服务的价格，还可以通过其他消费者对产品和服务的评价来了解与掌握产品和服务的质量，降低了消费者和供给者之间的信息不对称性。由于“互联网＋经济”既能够降低产品和服务的价格，又能够保证产品和服务的质量，因此，最终能够增进消费者剩余。在供给者一侧，“互联网＋经济”有利于展现不同供给者所提供产品和服务的特色和个性（比如位置、外形、经验等），从而满足不同消费者的不同偏好，这就在竞争的基础上增加了供给者的垄断势力，有利于增加生产者剩余。所以从整体上看，“互联网＋经济”有利于社会福利的改进。由于“互联网＋经济”降低了交易成本，会促使更多不同规模的企业、机构和各类消费者形成更多个性化的供给和需求，所以“互联网＋经济”会以更大的规模创造出社会福利。

从中观来看，“互联网＋经济”有助于加速改造传统产业、实现产业转型升级。目前我国中观经济存在的某些问题，诸如许多行业产能过剩而有些行业又不能满足市场需求等问题，可以借助于“互联网＋经济”解决，因为“互联网＋经济”有助于各类经济资源实现跨产业整合，有利于各类资源要素在不同行业和产业间共享、转移和转换，从而应对不同的市场需求。一方面，“互联网＋经济”可以帮助企业和个人将自己利用效率不高的资源快速形成有效的市场供给，满足各类资源在不同企业和行业之间的快速流动，有利于产业转型升级。另一方面，由于“互联网＋经济”可以促进不同产业和企业之间进行合理规模的投资，减少低效投资，使企业仅保留自己的核心产品和服务，非核心外围业务则通过“互联网＋经济”迅速找到供应商，从而有利于实现规模经济，也有助于产业组织的进一步优化。

从宏观来看，“互联网＋经济”有助于经济资源的充分利用，减缓宏观经济波动。凯恩斯学派认为经济危机是经济资源不能被充分利用而形成大规模闲置引起的。在“互联网＋经济”没有被充分利用的时代，总供给和总需求之间的搜寻成本较高，在有些情况下总需求不能得到满足，而总供给过剩，经济资源不能得到充分利用，导致产品价格下降，失业增加，引发经济衰退。“互联网＋经济”则可以灵活有效地匹配供给侧和需求侧，调动“沉睡”的经济资源。通过“互联网＋经济”，企业可以及时掌握并准确预测市场规模的变化，从而形成与总需求相匹配的投资，降低不必要的投资，减少由市场波动引起的资源闲置和浪费，提高投资回报率，同时在劳动力市场上也有助于工人与资本的有效配置，减少工人的闲置时间——失业。

3. “互联网＋”为经济发展培育新动能

在全球新一轮科技革命和产业变革中，互联网与各领域的融合发展具有广阔的前景和无限潜力，已是不可阻挡的时代潮流。各国大力推进“互联网＋”行动，促进互联网的创新成果与经济社会各领域的深度融合，推动技术进步、组织变革和产业转型，提升实体经济创新力和生产力，进而形成经济发展新动能。

新技术、新业态、新模式不断涌现。如今，互联网在促进制造业、农业、能源、环保等产业转型升级方面取得了积极成效。“互联网＋”打破了传统的行业分类，出现了融合性、跨界的新产业，基于互联网的新兴业态不断涌现。“互联网＋”的核心价值是让企业和商业的资产和活动形成可存储、可分析、可连接的海量数据，基于这些数据又可开发出新的客户、新的需求，提供新的服务，延伸服务链条，形成新业态。近年来，这类新业态如雨后春笋般涌现出来。如传统的家具行业连接互联网后，就出现了家居订制化的服务业，企业不再只是出售家具，而是帮助客户进行家居甚至生活设计。在交通出行领域，车、路都越来越智能化，汽车的数据可以实时传输，这些数据在保险领域就催生了可根据不同消费者提供不同保险服务的互联网汽车保险业务，在汽车维护领域催生了可移动、低成本的便捷维修服务商，在出行服务领域培育出了一大批城市实时地图服务、交通引导、分时租赁等新业务和新模式。新业态多是由中小企业创造的，从一定意义上讲，中小企业已成为这一轮“互联网+”行动的主力军。此外，由此带来的社会服务更加便捷普惠。我国移动互联网的用户已经达11亿左右，现在与人们生活相关的服务几乎都能在网上得以实现。近年来，健康医疗、教育、交通等民生领域的互联网应用更加丰富，公共服务更加多元，线上线下结合更加紧密。特别是移动支付业务发展迅速，现在许多大城市甚至是一些小地方，人们出门可以不带现金和银行卡，很多地方都可以接受线上支付。现在只要是我们能想到的可以基于互联网提供的服务领域，每天都可能会冒出一些新公司，而且迭代快，创新非常活跃。“互联网+”正在深刻改变经济运行和社会生活的组织及方式，可以说一场持久的技术革命已经拉开序幕。

如今，世界各国都在积极发展互联网经济，而中国作为后来者，互联网经济的规模已经位居世界之首。自党的十八大以来，网络、信息等技术加速向产业渗透，平台经济、共享经济蓬勃发展，线上线下快速融合，互联网以不可阻挡之势，与各领域、各行业迅速融合。全球定位导航、高性能计算、新型显示等基础产业相继取得重大突破，物联网、大数据、云计算等新兴产业生机盎然。现代互联网科技手段的广泛运用，为我们开启了全新的生活。技术手段持续进步，放眼未来，“互联网+”仍有巨大的发展空间。

二、网络空间安全事关国家经济安全

金融、能源、电力、通信、交通等领域的关键信息基础设施是经济社会运行的神经中枢，是网络安全的重中之重，也是可能遭到重点攻击的目标。“物理隔离”防线可被跨网入侵，电力调配指令可被恶意篡改，金融交易信息可被窃取，关键信息基础设施存在重大风险隐患。一旦遭受攻击，就可能导致交通中断、金融紊乱、电力瘫痪等问题，具有很大的破坏性和杀伤力。可见，网络空间安全关乎国家机器运转，关乎国家经济安全。

（一）网络时代经济安全日益凸显

随着世界经济信息化、数字化和网络化特征日趋明显，网络已成为经济活动的重要平台和渠道，对实体经济的发展有着至关重要的影响。商务活动的电子化和资本运作的虚拟化，在为各类经济活动提供史无前例的快捷和便利的同时，也大大增加了经济活动的风险性。金融、能源、交通等行业以及众多大型企业的日常运作与网络信息系统紧密相连、密不可分，一旦发生重大突发网络安全事件，国家实体经济将遭受难以估量的重大损失。

1. 网络时代经济安全内涵

经济安全是国家安全的基础，维护国家安全，根本上是为了发展经济，更好地满足人民对美好生活的需要。所谓国家经济安全，是指一国的国民经济发展和经济实力处于不受根本威胁的状态。也就是说，在经济全球化时代，一国保持其经济存在和发展所需资源有效供给、经济体系独立稳定运行、整体经济福利不受恶意侵害和不可抗力损害的状态和能力。

经济安全问题伴随着主权国家的诞生而产生。“冷战”结束后，经济因素在国际关系中地位上升，以经济和科技为核心的综合国力竞争成为各国，尤其是大国之间竞争的焦点。经济全球化加速全球贸易、投资和金融自由化，使各国经济相互依存程度加深，利益关系趋于复杂，经济竞争加剧，贸易摩擦增加，经济安全风险加大，金融安全、能源安全、科技安全、粮食安全、人才安全等问题凸显。在此背景下，许多国家重新思考和权衡经济安全与军事安全和政治安全的相互关系，提升经济安全在国家总体战略中的地位，并从国内、国外两条战线保障国家经济安全。

从总体上说，在全球经济一体化背景下经济安全集中体现在以下几个方面：一是国家经济主权保持独立。经济主权不仅表现在对领土的管辖与治理上，而且在全球化下更主要体现主权国家对国内经济事务的自主决策。

独立自主决策是国家经济安全的关键。二是自然环境能够得到合理保护，正常的资源需求得到稳定供给，经济发展所依赖的市场得到有效保障。三是国家内部社会矛盾缓和，政治安定，经济基础稳定与持续增长。四是社会总供求大致平衡，经济结构协调合理，支柱产业的国际竞争力不断增强。五是国际经济政治秩序相对有利，不存在对国家政治经济构成直接威胁，经济发展的进程能够经受国际经济动荡的冲击。六是国内企业具有国际竞争力。具有全球竞争力的企业必然是实现全球化经营的企业，是能在全球范围内优化资源配置的企业。七是政府的宏观调控与治理能力较强。国家经济安全不仅体现在微观方面的国民、企业与中观行业的竞争力上，而且更重要的是反映在政府的宏观调控与治理能力上，集中体现在货币与财政政策的独立有效运用上。

2. 网络空间的经济安全不容忽视

如今，互联网已经深入人类社会生活的各个方面。经济生活、社会交往和日常起居日益依赖于这一先进的网络信息传播和交流技术。互联网成为社会经济增长的脊梁，是所有经济部门所倚重的关键性资源。正因为网络空间存在风险和漏洞，它在给经济发展带来方便的同时，因安全问题也给经济造成了不可忽视的损失。

一是社会经济对网络信息高度依赖性的隐患。随着互联网经济的扩大，人类社会对于网络的依赖性越强，网络安全使经济所面临的挑战也就越多。信息技术下的经济是网络经济，它是以信息经济为主的国民经济。这种信息经济是架构在信息网络上的，网络的安全与正常运行是经济平稳发展的基础。大量的信息系统和应用业务要与国际接轨，诸如电信、电子商务、电子支付等使信息空间跨越国境，国际上围绕信息的获取、使用和控制的斗争愈演愈烈。国家的“信息边疆”在不断延伸和交错，“控制信息权”成为综合国力、竞争能力的重要体现。没有一个良好的网络安全体系，国家就会处于高度经济金融风险和信息战的威胁之中。在数字时代，国家成为一部巨大的“国家机器”，当它充分数字化时，也就成为互联网上的一台巨型计算机的附庸。一位美国情报官员就曾说："给他 10 亿美元外加 20 个能力高强的黑客，他就可以'关掉美国'——像关掉一台计算机一样。"由此可见，国家经济运行与网络安全的关系是何等紧密。

二是经济犯罪瞄准网络经济。有越来越多的金融机构成了网络攻击的潜在目标。这通常构成网络犯罪，英国内政部将其描述为"这些行动通常是由复杂的犯罪组织实施，它们的目标是政府、企业和公众，以获得金钱或财产。它们的动机主要是为了获取经济利益，但也可能造成人身伤害"。这表现为攻击金融机构的犯罪组织，或者那些不能真正描述成"战争行为"的活动。然而，当这些攻击变得持久和频繁时，它们毫无疑问地对国家资产构成威胁，并且对工业和社会整体产生危害，从而影响一个国家的安全与稳定。根据《2010 年英国国家安全战略报告》，"估计网络犯罪已经造成了全球每年 1 万亿美元的经济损失，以及难以计算的人力成本"。那么这种行动在什么时候会成为一种战争形式？当考虑某个单一民族国家的潜在利益时，经济网络犯罪不应仅仅关系到金融行业本身，还应该将它纳入国家战略中，就像英国的情况一样。通过进一步分析会发现，网络犯罪提供了一个可以检验攻击技术的环境。正如有人所言，"网络犯罪就是网络战中的恶意软件和性能开发、测试和完善的实验室"。这进一步强调了攻击的相互联系，行为者和代理者并不是一致的和明确分工的，但在一个模糊的环境中运行，因此，在任何情况下都很难确定真正的犯罪者。2015 年 4 月 1 日，奥巴马政府通过了新的网络安全制裁计划，表明美国政府开始发展工具以威慑经济利益驱动的网络犯罪。据估计，网络盗窃给美国企业造成了大量损失，每年达 4000 亿美元。虽然美国政府一直专注于遏制攻击关键基础设施、网络威慑的军事层面，但是基于经济动机的网络犯罪更为普遍。为了遏制削弱美国竞争力的各种数字化犯罪，奥巴马政府侧重于通过打击他们最看重的——他们的钱——来阻止基于经济目的的网络盗贼。

三是网络入侵的商业信息安全事件频发。商业信息安全事件是近年来因网络安全造成经济损失的频发问题。在 2014 年发生的很多改变网络威胁环境的重大安全事件中，针对性攻击和恶意攻击行动尤为突出。卡巴斯基实验室全球研究和分析团队（GReAT）在12个月内就发现了7起高级可持续性网络攻击行动（APT），其目标遍及全球至少55个国家的4400家企业。此外，2014年还发生了多起网络欺诈行动，已造成数百万美元的损失。卡巴斯基实验室的数据显示，2014年遭受针对性攻击的受害者数量是2013年的2.4倍，而遭受这类攻击的企业高达1800家，涉及至少20个行业，包括公共部门（政府和外交机构）、能源行业、研究组织、工业行业、制造业、医疗业、建筑业、电信行业、IT行业、民营企业、军事企业、航空企业、金融和媒体行业等。网络间谍攻击具有很多恶意功能，如窃取密码、文件和实时音频内容，截取屏幕，截获地理位置，控制网络摄像头，等等。并且多起攻击行动很可能得到了政府的支持和资助，而其他攻击行动很可能是由专业网络犯罪组织发动的“攻击服务”。在谈及针对性攻击的巨大危害时，卡巴斯基实验室全球研究和分析团队首席安全专家Alex Gostev表示：“针对性攻击可能会给受害者造成灾难性后果，包括敏感信息泄露（如知识产权信息）、入侵企业网络、中断企业运转以及清除重要数据等。”多达数十种攻击会带来相同的影响，即损害企业的影响力、信誉以及资金损失。卡巴斯基实验室专家预测，针对ATM机的攻击将进一步演化，网络罪犯会使用高级可持续性威胁手段获取ATM机“大脑”的访问权。攻击者下一步会入侵银行网络，使用这一级别的访问权限直接实时控制ATM机。

继支付宝大面积故障之后，携程官网2015年也“中招”了。5月28日，携程官网和客户端出现故障，导致全面瘫痪，搜索功能均无法使用，页面显示404报错。据悉，携程瘫痪一小时损失了106.48万美元。这些大型企业的网络信息安全事关千万乃至亿万用户，不容小觑。企业必须把网络信息安全放在第一位，才能保证企业健康和可持续发展。企业信息安全是重要的用户体验的一部分，企业应该在做好自身安全设施建设的同时，保持和用户的及时沟通，不回避用户的问题，让用户对企业的信息安全有信任感和可依赖感，让用户感觉到企业对自身权益的重视，才能获得用户的认可。一旦出现问题，用户不会选择抛弃企业而是会和企业共同承担，共同渡过难关。

值得警惕的是，随着中国互联网经济的不断发展，掌握大量民众个人信息的通信运营商如中国移动、中国电信、中国联通、淘宝、携程、腾讯以及众多保险、金融知名企业都成为信息泄露的“重灾区”。举例来说，如果某寿险公司某省系统出现漏洞，可导致近10万保单遭泄露的，涉及百万客户信息包括姓名、身份证、电话、住址、收入等，补天漏洞响应平台上目前已有4万多个有效漏洞，如果这些漏洞没有及时修补并被黑客恶意利用，将造成灾难性的后果。随着黑色产业日趋集团化、趋利化、跨境化，当网络越来越多承载个人和商业机构的信息时，商业信息泄露情况将会更加严重。

日益上升的网络依赖度使中国经济社会运行潜藏着重大安全风险。中国网络化水平不断提升，互联网、电信网、广电网加快融合，物联网迅速发展，云计算和新一代互联网技术取得重大突破。通信、广电、金融、能源、交通、海关、税务、商贸等重要行业部门，大中型城市的基础设施，以及大中型企业的生产经营，都高度依靠信息网络实施管理控制，信息网络已经成为支撑国家经济社会发展的新战略基石。但与此同时，信息网络安全建设却没有得到同步发展，信息网络安全监管缺乏有效手段，容灾备份和应急处置能力明显不足，留下了巨大安全隐患。

3. 网络空间造成的经济损失巨大

随着互联网的快速发展，对经济领域造成的影响越来越大，网络经济安全问题日益突出，因网络安全问题而造成的经济损失非常巨大。

一是网络安全事件带来的经济损失不容小觑。近年来，虽然安全软件逐渐普及、防范能力不断加强，但新的病毒、诈骗手段和骚扰手段不断涌现，安全软件防范难度加大，安全事件发生的概率仍然较高。2013年12月，中国互联网络信息中心发布了《2013年中国网民信息安全状况研究报告》，报告显示：有 74.1% 的网民在过去半年内遇到过安全事件，总人数达 4.38 亿。中国网民面临的安全问题主要体现在两方面：首先是计算机端和移动端都可能面临的问题，比如欺诈 / 诱骗信息、假冒 / 诈骗网站、中病毒或木马、个人信息泄露、账号或密码被盗等；其次是手机端面临的特殊问题，比如手机垃圾 / 诈骗短信、手机骚扰电话、以骗取钱财为目的的手机恶意软件等。

根据网民遇到上述安全问题和遭受损失的种类多少，把中国网民分成四类：一是安全人群，过去半年未遇到信息安全问题，而且也未因此遭受损失的网民；二是风险人群，过去半年遇到过信息安全问题，但未产生任何损失的网民；三是轻度受害人群，过去半年遇到 1~4 种安全问题，且遭受上述 1~2 种损失的网民；四是重度受害人群，过去半年遇到了 5 种及以上安全问题且遭受了损失的网民，或过去半年遭受了 3 种及以上损失的网民。根据上述划分标准，整体网民中，重度受害人群占 16.2%，轻度受害人群占 28.3%，共有 44.5% 因信息安全问题而受损；遇到安全问题但未发生损失的风险人群占 29.6%，这部分人群暂未受到危害，但仍不能掉以轻心；相对安全的人员仅占 25.9%，比例较小。据统计，在 2009 年，14.6% 拥有虚拟财产的网民曾因网络游戏、即时通信聊天工具等账号被盗造成虚拟财产损失。由此可见，网络安全事件造成的直接经济损失不容忽视，要进一步增强网民的网络安全防范意识，积极采取应对措施，保护网民网络活动安全和个人财产安全。

2016 年 4 月 13 日，俄罗斯商务咨询网站报道，俄罗斯互联网创意发展基金、微软公司和 IB 集团的联合研究结果表明，2015 年网络犯罪给俄罗斯经济所造成的损失超过 2000 亿卢布，占俄罗斯 GDP 的 0.25%。此项研究基于对 600 家俄罗斯公司的调查，包括金融、电信、零售、工业等大中小企业以及政府机构。在俄罗斯经济损失的 2033 亿卢布中，企业的直接损失就达 1235 亿卢布。近 800 亿卢布是企业用于消除网络犯罪及其后果的支出。在俄罗斯仅 DDoS 攻击每天便超过 1000 次。2000 亿卢布的损失，大约是 2015 年俄联邦预算公共卫生拨款的一半，或是超过国家用于媒体拨款的 200%。网络攻击所造成的损失相当于 2015 年俄罗斯科学研究和试验设计工作经费的 23%。可见，网络犯罪威胁的不仅是国家财政状况，还有俄罗斯的创新发展。

二是网络安全对经济安全影响重大。中国互联网受到的来自国外的威胁到底有多大？据报道，2013 年 1 月至 8 月，超过 2 万个中国网站遭到黑客攻击，800 多万服务器受到境外的僵尸和木马程序控制，僵尸和木马病毒攻击比 2012 年同期增长了 14%。网络攻击让中国经济每年损失数百亿美元。在 360 发布的《2015 年度安全热搜榜》中，360 根据用户搜索行为分析发现，超过 60% 的参与者对网络安全持“担忧”或者“不确定”态度，对网络安全保障有信心的，仅有两成左右。360 好搜数据专家称，相较于传统安全事件，网络攻击更加没有边际，难以把握，这显示了新时期安全概念的延伸和外界对信息安全的焦虑。随着移动互联网生活时代的到来，网民的信息安全形势更加严峻。而信息泄露导致的财产诈骗、核心信息窃取和信息骚扰应成为重点关注的领域。如何保护信息安全将成为迫切需要解决的问题。

钓鱼网站诱骗支付。随着互联网从娱乐向商务转变，网络支付发展空间巨大。近年来，随着“互联网 +”时代的到来，移动支付行业发展迅猛，越来越多的城市相继加入“无现金城市”计划，我国逐渐向移动支付的新支付方向迈进。2015 年 6 月 1 日，中国官方发布的首个《公众网络安全意识调查报告》显示，约 83% 的网民的网上支付行为存在安全隐患，网络安全意识亟须提升。这项研究共对全国逾 25 万网民进行了问卷调查。报告显示，中国网民网络安全意识不强，在网民网络应用和基础技能方面尤为突出。其中，密码安全意识薄弱也是一个突出问题。调查结果发现逾八成网民不注意定期更换密码，四分之三的网民多个账户使用同一密码，一半以上网民不设开机密码。这给个人重要信息、隐私及财产安全均埋下了隐患。截至 2020 年 6 月，我国网络零售用户规模达 7.49 亿，占网民整体的 79.7%。市场连续七年保持世界第一。我国网络支付用户规模达 8.05 亿，占网民整体的85.7%。移动支付市场规模连续三年全球第一。

中国网络防御体系十分脆弱，网络空间安全战略亟待制定，领导管理机构亟待健全。中国信息安全投入仅占整个IT支出的不到1%，而欧美国家的相关比例是8%~10%。据美国科技资讯网站最新网络防御能力国家排名，中国在上榜的23个国家中位列下游，远在欧美国家、澳大利亚和日本之后。网络防御能力的薄弱状况，实际上为对手提供了实施新型战略威慑、控制和打击的可乘之机。据国家有关部门监测，2019年6月，国家计算机网络应急技术处理协调中心（VCERT）发布《2018年我国互联网网络安全态势综述》显示，来自美国的网络攻击数量最多且呈愈演愈烈之势。木马和僵尸网络方面，2008年位于美国的1.4万余台木马或僵尸网络控制服务器、控制了中国境内334万余台主机，控制服务器数量较2017年增长90.8%。在危机时和战时可能对关键基础设施和重要行业发起大规模网络攻击，利用网络空间特有的叠加放大效应，引发灾难性联动，导致经济社会运行各个方面陷入混乱甚至瘫痪。因此，必须高度重视网络安全建设，加快提升国家网络防御能力。

三是网络空间的经济安全威胁无处不在。随着互联网的飞速发展，计算机网络的资源共享进一步加强，这是一件极好的事情。但是，资源共享和信息安全历来是一对矛盾体，随之而来的网络空间犯罪问题日益突出。如今，网络世界泥沙俱下、良莠不齐，既有积极的动力，也有消极的暴力，既有鲜花和赞扬，也有匕首和挟持。网上色情信息大肆传播、人肉搜索大掀波澜、网络炫富肆无忌惮，这些新奇、张扬、刺激的事件，离经叛道、怪异另类的现象，不断突破社会道德底线和公众心理承受能力。嘲弄经典的低俗恶搞流行，以调侃、解构、颠覆、闹剧式的手法宣泄情绪或者表达不满。少数人精神空虚、行为失范，道德意识、法律意识、社会责任意识淡化，有的甚至违法犯罪、为所欲为，不负责任的言行也大量存在。

随着网络时代的到来，人们在享受网络带来便利的同时，作为网络经济副产品的网络犯罪现象也在急剧增加，网络犯罪不仅给受害者造成巨大的经济损失，而且严重地扰乱了社会秩序，甚至危及国家安全，已经日益成为严重危害社会秩序的犯罪之一。利用电子邮件、聊天室、拍照手机、交友网站等网络手段，对他人进行侮辱、诽谤、骚扰等网络空间暴力事件频繁发生，直接影响到人类社会的安全稳定。金融领域的网络犯罪，被形容为“现代版的抢银行”。据统计，网络犯罪每年给全球经济带来 1 万亿美元的损失。1995 年 8 月 21 日，设防严密的美国花旗银行（citybank）系统网络，被苏联时期克格勃人员侵入，损失现金高达 1160 万美元。为了弄清原因并防患于未然，花旗银行不惜用 580 万美元的现金让入侵者讲述入侵的秘密和详细步骤。这个问题在中国也特别突出，据不完全统计，网络犯罪每年给中国网民造成的经济损失高达 2890 亿元。

对于民众而言，随着互联网与金融行业的深度融合，钓鱼攻击不但日益加剧，还开始呈现出跨平台的发展趋势。黑客可以结合移动互联网，利用仿冒移动应用、移动互联网恶意程序、伪基站等多种手段实施跨平台的钓鱼欺诈攻击，严重危害用户的经济利益。在 2009 年 3 月召开的万维网（WWW）诞生 20 周年纪念活动上，各国专家普遍认为，互联网给人类的工作、生活及娱乐等诸多方面带来了巨大变化。除了积极影响外，也给人类带来了不可避免的十大消极影响：虚假信息、网络欺诈、病毒和恶意软件、色情内容、网瘾泛滥、数据丢失、网络迷因（Internet meme，又称网络爆红，网络快速传播现象）、阴谋论（Conspiracy theories，个人或团体秘密策划）、过于暴露（人们在网上泄露太多信息）、过于商业化。2016 年网络犯罪对全球经济带来的损失高达 4500 亿美元；2021 年，这个数字将增加 1 万亿美元。

如今，越来越多的金融机构成了网络攻击的潜在目标。在经济全球化大背景下，金融系统利用网络在世界范围内转移资金，大多数公司把财务记录储存在计算机内；甚至国家的整个军用和民用基础设施都越来越依赖于网络。正如美国学者迈克尔·德图佐斯描绘的那样：互联网从两个方面会使政府担忧。一方面是其影响范围无所不在，趋于无国界；另一方面是隐秘性，新的加密体制使它极容易被罪犯和任何被视为“国家敌人”的人所利用。2016 年初，黑客入侵孟加拉国国家银行系统，最终导致 1.01 亿美元被盗，这是目前为止规模最大也最诡异的银行劫案。

2017 年 5 月 12 日，一次迄今为止最大规模的“WannaCry”勒索病毒网络攻击席卷全球，并在短短 3 天之内影响遍及全球 150 多个国家，包括英国医疗系统、快递公司 FedEx、俄罗斯电信公司 Megafon 都成为受害者，中国校园网和多家能源企业、政府机构也不幸中招。该病毒阻止用户访问计算机或文件，用户需要支付高额赎金才能解密恢复文件，全球约 20 万台设备被感染。勒索者来源不明，攻击具备兼容性、支持多国语言，影响众多行业。ATM 机、火车站、自助终端、邮政网络、医疗系统、政府办事终端、视频监控等都可能遭受其攻击，公共信息和私人信息都面临被加密勒索或外泄的风险。研究人员发现，该病毒正是利用美国国家安全局（NSA）黑客武器库泄露的黑客工具“永恒之蓝”（Eternal Blue）开发的。6 月 27 日，勒索病毒攻击了乌克兰，随后蔓延至欧洲、北美地区多个国家。乌克兰受此轮网络袭击影响最为严重。据西方媒体报道，乌克兰高级别政府部门、中央银行、国家电力公司、首都基辅的机场、切尔诺贝利核事故隔离区监测系统、乌克兰地铁、乌克兰电信公司、飞机制造商安东诺夫公司及一些商业银行、能源公司、自动提款机、加油站、大型超市均受影响。这次全球大范围内集中爆发的勒索软件 WannaCry 是不法分子利用“永恒之蓝”开发的蠕虫病毒，这是 NSA“网络军火”民用化的全球第一例。

（二）网络空间安全脆弱的经济领域

互联网已成为当今世界推动经济发展和社会进步不可或缺的信息基础设施，“互联网 +”则代表了一种全新的经济社会发展形态。尽管互联网的发展改变了一切，然而互联网也蕴含着重大的风险和挑战。网络攻击、窃密、病毒传播等安全事件和违法犯罪活动高发频发，使网络经济安全成为一个世界性难题，任何国家都难以置身其外，网络经济安全相对敏感脆弱，挑战无时无处不在。

1. 网络时代金融安全问题日益凸显

在传统条件下，金融是指货币的制造、流通和回笼，贷款的发放和收回，存款的存入和提取，汇兑的往来等经济活动。在这种条件下，金融活动的监管易于操作，金融安全的表现比较直观，并且通过审计跟踪等手段，也能很好地实现金融安全。随着知识经济时代的来临，在网络社会条件下，整个世界变为一个“地球村”。与此同时，传统的金融概念也发生了深刻变化，以电子货币、网络银行、电子商务为特征的新的金融营运体系的出现，给如何确保网络时代国家的金融安全提出了新的课题。

当前金融市场网络的整体结构基本采用广域网连接的多级网络，这些分散的多级网络主要通过专线或公共网络与中心网络相连接，跨区域的业务要通过全国交换中心实现连接，因而网络金融业务具有网络结构复杂、节点分布广泛、用户数目众多、数据实时传递且承载量大等特点。显而易见，这些业务特征客观上就造成了金融市场网络体系的脆弱性，网络一旦遭受攻击就很容易产生网络拥塞甚至数据传输中断，从而给金融市场带来意想不到的冲击。金融市场流动性与网络安全断网事件给各种商业活动都带来了不便或损失，而对金融市场的影响则尤其显著，这是与金融市场自身的交易特征密不可分的。在网络化交易成为主流的今天，网络安全已经成为金融市场中一个非常重要的系统性风险因素。

震撼加密世界的加密货币“挖矿攻击”。加密货币资产是许多人的一种现代投资形式，因为它们已从房地产和黄金等传统投资中转移出来。由于仅存在于网上，加密货币也很容易被黑客入侵，多年来已经发生了数种加密货币黑客攻击事件和加密骗局。近年来，发生了许多震撼加密世界的黑客攻击事件。如 2011 年至 2014 年，Mt.Gox 加密交易所遭黑客攻击，被盗的比特币当时价值 4.6 亿美元，这是有史以来被盗比特币的最大数额；2017 年 12 月斯洛文尼亚的比特币挖矿市场 NiceHash 遭到黑客攻击，约 6400 万美元被盗。如果说 2017 年是勒索软件元年，那么随着加密货币的使用和普及，2018 年最为显著的攻击方式就是加密货币挖掘恶意软件攻击（即“挖矿攻击”）。McAfee 数据显示，2018 年挖矿型网络攻击增加了 40 倍。挖矿攻击相比于勒索软件攻击来说更隐蔽、更有效，且相当一部分被盗货币流入黑市交易，给各国网络治理带来极大的挑战。2019 年 7 月，加密货币交易所 Bitpoint 遭黑客攻击，大约 55 000 名用户的 2790 万美元成为黑客攻击的目标而被盗。

随着网络经济的不断发展深化，在网络金融业务覆盖面和渗透力都不断加大的同时，金融系统对网络交易环境的安全性也提出了更高的要求：要求金融网络系统的硬件、软件及其系统中的数据受到保护，不受偶然的或者恶意的原因影响而遭到破坏、更改、泄露，系统连续、可靠、正常地运行，网络服务不中断。网络金融安全包括系统安全和信息安全两个部分，系统安全主要指网络设备的硬件、操作系统以及应用软件的安全，信息安全主要指各种信息的存储、传输和访问的安全。近年来，随着硬件设备处理能力的升级以及应用软件的不断发展更新，人们普遍感觉系统安全的隐患已经大大降低了，于是将更多的注意力放在了确保网络金融信息安全这个部分。同时，由于硬件设备购置成本、备份以及维护的成本较高。因此，在客观上也容易忽略相应的系统风险防范。

2. 国家基础设施和信息系统易遭攻击

近年来，网络安全入侵事件表现出以基础设施和信息系统为目标的典型特征，严重地威胁着国家的网络经济安全。关键基础设施是关系国家安全、社会稳定、民生经济的物理或虚拟资产和系统，一旦遭受破坏，就将对国家经济和社会生活造成严重影响。随着基础设施的网络化和信息化不断发展，其所面临的安全风险也不断加剧，遭受破坏所造成的后果也将难以估量。

网络和信息系统已经成为关键基础设施乃至整个经济社会的神经中枢，若遭受攻击破坏、发生重大安全事件，将导致能源、交通、通信、金融等基础设施瘫痪，这将造成灾难性后果，严重危害国家经济安全和公共利益。

最早记录的袭击国家基础设施的网络事件发生在“冷战”时期，即美国总统罗纳德·里根于 1982 年批准了攻击苏联西伯利亚管道系统的监督控制和数据采集计划（SCADA）。2004 年，曾任里根政府的空军部长托马斯·里德回忆这一事件时揭秘说：“苏联的水泵、发电机和阀门的管道软件出现了编程故障，经过一段时间之后，水泵的重置速度和阀门的设置都远远超过了管道结合点和焊缝的可承受压力。”一个最早的“逻辑炸弹”案例发生在美国更广泛地、间接地破坏苏联技术能力和军工基地的一次重要行动中。在紧张的“冷战”背景下，专门设计用以破坏苏联的天然气供应的管道攻击还损害了苏联的经济和对西方的天然气收入，从而削弱其实力。这个复杂的 SCADA 攻击向人们表明了未来网络攻击和网络战的潜力。2005 年 6 月，美国的最大信用卡公司之一的万事达公司众多用户的银行资料被黑客窃取，酿成美国最大规模信用卡用户信息泄密案。

近年来，全球范围针对关键信息基础设施的网络攻击事件持续攀升。2017 年 5 月以来，黑客持续攻击渗透至美国运营核电站和其他能源设备公司的计算机网络，美国伯灵顿附近的沃尔夫河（Wolf River）核运营公司的核电站等遭到攻击；由于工业管理内网和互联网隔绝独立运行，核设施运行暂未受到影响。2018 年初“熔断”（Meltdown）和“幽灵”（Spectre）暴露出的“英特尔芯片漏洞”影响全球众多 IT 厂商。这类漏洞风险性高、影响范围广，再加上 Windows/Intel 架构在全球的市场占有率，因而直接考验着当前的信息安全保障机制，给整个信息安全行业拉响了警报。5 月，网络安全提供商 Radware 公司发出警告称，新型恶意软件“Nigelthorn”通过谷歌浏览器插件感染全球 100 多个国家的 10 万多台设备，专门窃取 Facebook 登录凭证和 Cookie。自 2019 年以来，围绕关键业务网络系统的安全事件时有发生。5 月 29 日，新西兰财政部长马克鲁夫表示，该部门已经收集到足够的证据表明其已遭到蓄意的黑客攻击，预算信息可能泄露。7 月 23 日，委内瑞拉首都加拉加斯及 10 余个州发生大范围停电，地区供水和通信网络也因此受到极大影响。针对关键信息基础设施的网络攻击，已严重影响受攻击的电信、金融、电力、交通、军队等信息系统的正常运转，造成了巨大经济损失。

金融领域的关键信息基础设施是经济社会运行的神经中枢，金融业务高度依赖金融网络和信息系统。近年来，银行金融系统行业的关键信息基础设施屡遭攻击。2010年10月，美国的银行在一次黑客攻击中损失了超过1200万美元，黑客利用名为Zeus的木马记录下了用户敲击键盘的动作，从而盗取了取款密码。世界银行金融电讯协会（SWIFT）称，自2016年2月孟加拉国国家银行失窃8100万美元以来，针对全球银行系统的网络攻击活动持续增强并屡屡得手。12月，俄罗斯10大银行中有5家遭到攻击，严重破坏了俄金融系统的稳定。2017年2月，超过140家美国、南美、欧洲和非洲的银行、通信企业和政府机构感染了一种几乎无法被检测到的极为复杂的无文件恶意程序。

3. 物联网设备成为主要攻击目标

在全球智能制造的浪潮下，世界各国的物联网设备数量已超70亿台，并且还在呈指数级增加。由于经济发展越来越对互联网技术产生依赖，伴随着的网络攻击犯罪也不断增长。智能物联网设备的普及让网络犯罪分子更容易获取大量僵尸网络并发起攻击，使得网络安全威胁日益严峻，物联网成为网络犯罪分子的主要攻击目标。

随着物联网的快速发展，物联网设备由于较低的安全性，越来越频繁地被劫持，用于实施大规模网络攻击。2016年11月，利比亚遭遇了大型网络攻击，导致全国网络连接失效，此次攻击是利用了多种智能外设的漏洞。俄罗斯卡巴斯基实验室称，自2017年以来监测到的超过200万次的攻击中，超过63%的攻击来自数字视频录像机和IP摄像机，近20%攻击来自路由器和其他网络设备。2018年3月，英国政府通信总部发现家用新型智能电表存在安全漏洞，威胁着数百万物联网设备安全，甚至可能影响国家电网的正常运转。网络安全公司McAfee研究显示，2018年，针对物联网设备的恶意软件平均每分钟发出480次新威胁，同比增加73%。僵尸网络、DNS攻击、无线路由攻击等以物联网设备为目标和源头的攻击正成为新威胁。[①] 2020年2月15日，美国互联网公司“推特”表示，奥运会官方“推特”账户和国际奥委会（IOC）“推特”账户遭到黑客攻击，并已被暂时锁定。

新型技术及应用为网络犯罪提供了新的攻击载体和下一代攻击方式。随着人工智能的不断发展，网络犯罪分子得以开发出新的攻击手段，如机器生成型恶意软件、勒索软件以及“网络犯罪即服务”等，其涉及范围更广、危害程度更严重。目前，利用人工智能的攻击事件已经出现，如利用人工智能应用程序重构恶意软件以规避智能防病毒程序的监测、针对语音识别人工智能应用程序实施人耳无法感知的“海豚攻击”，表明“人工智能+黑客”模式已经逐步成熟，精准网络攻击将带动网络攻击技术的变革，网络安全模式逐步被改变。随着人工智能发展势头迅猛，人工智能被黑客利用已成蔓延之势，这将成为网络经济安全的新型威胁。

（三）造成网络经济安全问题的主要原因

网络经济突飞猛进的增长，在极大地推动经济社会发展、方便人们生产生活的同时，网络经济安全问题也随之产生并日趋严峻，同时也给政府各机构实施社会管理、维护国家安全带来了新的重大问题和挑战。

1. 网络信息安全问题带来的经济安全问题

随着网络经济的迅猛发展，利用网络经济信息来实施的网络犯罪和网络经济安全事件不断涌现，对个人、企业以及国家经济安全带来了巨大的威胁和困扰，网络信息安全问题在信息安全、经济安全甚至国家安全中的地位也在不断地提高。

一是计算机以及网络设施带来的经济安全隐患。计算机以及网络技术的发展使信息共享的范围有所扩大。相应地，也带来了很大威胁，正是这

① 桂畅旎：《2018年国际网络安全形势回顾》，《中国信息安全》2019年第1期。

些信息化的物质基础带来了经济安全的隐患。现代社会，信息的载体亦即存储媒介多是数字化形式，而这些设备数量通过网络的连接抑或复制的简易性，被泄露甚至篡取，大量的商业秘密或者经济信息被不法分子劫掠造成企业的动荡甚至毁灭。在目前的社会状态下，互联网、局域网等带来了信息的通畅，同时也是信息安全隐患的温床。以金融业为例，银行的系统一旦崩溃或遭受攻击，带来的经济损失将无法估量，由此引起的经济动荡更是让人不寒而栗。

二是网络信息安全产品带来的经济安全隐患。信息产业是朝阳产业，成为社会经济发展的巨大推动力，由此产生的信息安全产品也给经济安全带来了一些问题。防火墙技术、杀毒软件等信息安全产品本身也存在一定的滞后性。而且一些信息安全产品的制造商本身信誉很差，自己制作病毒再推出相关产品以取得利益。缘于此产生的经济行为如电子商务等，将遭遇很大的麻烦。网络认证、数字证书没有得到广泛的应用，造成网络经济的混乱，使社会对电子商务等产生不信任感。这是对社会经济的重大打击，使本不十分稳定的网络经济安全雪上加霜。再者网络信息安全产品的滞后性使竞争对手有机可乘，对商业信息进行窃取和泄露，从宏观上影响经济的整体安全性。

三是新风险蠢蠢欲动带来的经济安全隐患。除了最常见的 DDoS 攻击、漏洞攻击、钓鱼攻击等，很多新的网络安全风险正在蠢蠢欲动，传统的金融、游戏、电商、医疗行业是网络攻击的重灾区，酒店、航空公司和银行等也逐渐成为网络犯罪分子锁定的焦点。网络攻击除了造成在线业务中断、信息盗取、敲诈勒索等直接经济损失外，更大的损失是声誉受损、股票下跌等，所以企业必须重视网络威胁。建议互联网企业加强网络安全防御措施，预防网络安全风险。通过专业的网络安全公司接入网络安全高防，确保业务连续不中断，以应对全球数字格局中复杂的网络威胁场景。

2. 互联网金融安全引发的金融风险

互联网与金融相结合，满足了电子商务、小微企业融资等方面的广泛需要，体现出金融创新的趋势。互联网金融具有将多种传统金融形式优化融合的优势，增加了金融服务的灵活性，有效补充了传统金融的不足。然而，恰如一枚硬币总有正反两面一样，速度与质量永远是一对矛盾。部分企业单纯追求规模扩张，金融风险防控意识明显薄弱，少数安全漏洞成了犯罪侵蚀的创口。总体来看，互联网金融有着不同形态，造成安全问题的原因和风险也各异，至少包括以下几个方面。

一是第三方支付账户和资金的存管风险。在设立第三方支付账户时，无须本人出面核验，只需在网上录入身份信息，而第三方支付企业并没有联网人口核查的接口，这就给利用虚假身份注册账户、冒用他人名义注册账户等违法行为提供了可乘之机。其中，虚假身份注册的账户会给洗钱犯罪提供滋生的土壤，成为黑钱流通的渠道；而冒名账户由于被冒用人毫不知情，名下可以关联的银行卡内资金的安全将受到直接威胁。例如，在2013年12月上海发生的此类案件中，不法分子冒用受害人名义注册第三方支付账户后，经过多次尝试，操作受害人名下关联的多张银行卡，最终将受害人银行卡内资金划转到事先冒名开立的银行卡上，诈骗资金达数百万元。

二是点对点交易（P2P）网贷平台诚信环境风险。在P2P网贷的典型模式中，平台本身不参与借贷关系，主要为借贷双方提供信息交流和资金交易服务。若P2P公司对借款人背景的审核功能弱化，就会给虚假身份贷款人提供骗取借款的犯罪机会，容易造成平台公信力危机，令贷款损失风险蔓延。有的平台为提高信誉，挪用客户的备付金搞风险担保，如此一来，使用一部分客户的资金来弥补另一部分客户受到的风险损失，而非使用公司自有资金投入，实际上形成了庞氏骗局。更有甚者，有的所谓网贷公司，挂羊头卖狗肉，以高息借贷为诱饵骗取借款。如2013年4月，江苏省如皋市公安局侦破的P2P网络信贷大案即互联网广传的“优易网卷款2000万元事件”，就是一起不法分子利用网络借贷实施的骗取借款的典型案件。不法分子通过虚报巨额注册资本设立网络借贷平台“优易网”，以借款周期短、收益高、投资安全性高为诱饵，并承诺保证投资人“零风险”，若借款人还款逾期，网站将垫付全部本金。仅 4 个月时间，不法分子就向 50 余名群众骗取借款超过 2000 万元。资金被挪用于投资期货等投机活动，损失严重，加之个人挥霍娱乐，骗取的资金所剩无几。

三是众筹平台未获法律认可。众筹平台在我国处于发展初期，目前存在可能触及非法集资、传销和变相发行股份等法律底线的风险，这将直接影响到众筹模式能否生存。众筹的设计初衷是为艺术创意人或实业创业者提供一个项目展示平台，以吸引投资者为其投资，项目完成后，以实物、权利或资金等作为投资者的回报。在现实中，初衷往往会因融资和获利的需求而被扭曲，如宣传不实、高回报诱惑，甚至以传销商品为真实目的，或为成立公司、利用众筹募集大量出资人、以期突破股份公司法定人数限制，等等。

四是网销基金理财产品平台存在外在风险。网上代销基金和理财产品的平台面临遭受黑客技术、钓鱼网站欺诈等外在风险。2013 年 12 月，广东省江门市一名受害人在网上购物时，意外登录了钓鱼网站，被黑客在计算机中植入木马程序并远程操控，将受害人网购账号绑定的手机号进行了修改，致使受害人的手机无法再收到支付交易的短信校验码。随后，不法分子分多次盗取了受害人存在基金账户内的 6 万元钱。公开数据显示，在 2017 年用户举报的案情中，金融理财类是涉案金额最高、人均损失最大的类型。按照劫财方式分，在钓鱼网站支付的用户占比为 64.3%，涉案金额累计 2.2 亿元；主动转账的用户占 33.7%，累计 1.2 亿元；还包括木马软件、勒索转账等。

五是网销保险易受保险欺诈等损害。网络保险公司往往雄心勃勃，急于扩大承保范围，增加保单收入，这无疑给骗保者提供了利用机会。浙江省湖州市公安机关曾侦办了一起利用在某购物网站办理虚假退货、实施保险诈骗的案件。其作案手法虽然已在网上出现，但实际查获较为罕见。嫌疑人先在某购物网站设置虚假商铺，利用事先购买的他人账户，在虚假商铺点击购物，实则为自买自卖。同时购买以退货为理赔内容的网上保险产品，再编造商品问题，制造退货假象，骗取保险理赔。不法分子批量运作，积少成多。比如，0.5 元的保费，理赔金额为 10 元，回报率为 20 倍，利润相当惊人。

3. 由网络经济信息产生的安全问题

“互联网 +”是一个新的生态系统，这个系统的主体不仅有企业，还包括个人消费者以及政府等各级管理监管部门，因此，个人消费者、企业及监管三个层面在“互联网 +”时代分别面临网络信息安全风险及挑战。

一是个人消费者层面。“互联网 +”时代，个人信息泄露在个人消费时的风险增大。如今，每个人都是数据的贡献者，在个人贡献信息的同时，信息泄露等安全问题也变得更加严峻。2014 年，支付宝前员工非法贩卖超过 2G 的个人信息，以及携程网的“安全门”事件，都引起了广泛关注。个人信息泄露的后果主要包括三个方面：个人信息滥用的问题；信息泄露使得网络攻击目标更显著；基于这些敏感信息的网络欺诈将会有更好的针对性和欺骗性。另外，在线支付安全是个人消费者在“互联网 +”时代面临的另一个重大风险。2014 年 2 月，淘宝被爆出现重大安全漏洞，黑客通过搜索引擎，无须密码即可登录淘宝用户账号，直接获取用户的账户余额、交易记录等信息。“互联网 +”时代，随着越来越多的行业互联网化，对于个人用户来说，也会有越来越多的消费和支付转移至互联网，这将使用户的财产安全面临更加严峻的风险和挑战，尤其近年来移动支付得到快速发展和普及。

二是企业层面。“互联网 +”可以加入多个传统行业，包括金融、教育、旅游、交通、房地产、农业、制造业等，涉及社会经济的方方面面，每个传统行业都有其自身的业务特征，在与互联网结合的过程中，会产生各不相同的新技术、新业态，带来不同的信息安全问题，如“互联网 + 金融”，其产业链包括资金募集、理财、支付、网络货币、金融信息服务等多个环节，在这样庞大的金融全业务链中，互联网金融交易双方无法见面，无法面对面鉴别真实身份；如何保障在网络中传输的数据如电子合同等是可信的、未被篡改的；如果发生纠纷，如何通过电子证据证明用户的交易行为，这些电子证据是否可以作为可靠的法律证据来使用？这些问题是“互联网 + 金融”要解决的关键信息安全问题。而“互联网 + 制造业”产业链则包括消费者需求调研、生产管理、库存管理、批发、分销、配送等环节，与“互联网 + 金融”截然不同的业务流程，必然产生新的信息安全问题，不同行业技术标准、业务标准的多样化，会导致信息安全问题的复杂化，这也是“互联网 +”环境下企业信息安全面临的新挑战。另外，信息物理融合系统（Cyber Physical System，CPS）安全问题也越来越突出。“互联网 +”时代，互联网所连接的不再局限于“人”和“机”，物联网和信息物理融合系统作为下一代网络的核心技术，将人、机、物融合，除了传统互联网由人产生的数据外，还将产生并处理大量来自物理世界的传感数据，并与现有的数据及技术不断整合。与传统互联网类似，CPS 也面临传统的网络威胁，如现有的拒绝服务攻击、僵尸网络、身份欺骗、信息窃取等网络攻击手段。除此之外，由于 CPS 还涉及各种物理节点如传感器等，攻击者也可能会在物理节点进行攻击，使系统接收到虚假信息；同时异构网络之间的数据交换将带来全新的安全问题，如网间认证、安全协议的无缝衔接等，这些都使企业信息安全面临更严峻的挑战。

三是网络监管机制不健全。在网络经济迅速发展的时代，计算机网络监管却没能与时俱进、高速发展。现阶段网络监管仍存在监管力量薄弱，监管力度无法满足现实需要等问题。网络监管的工作重心在事后追踪和查封而不是提前预防，网络监管技术落后，更是缺乏对先进技术熟练操作的技术人员。网络监管的硬件设备不足、基础数据库不健全、网络监控设备未普及等，使得网络安全问题愈演愈烈。

三、积极应对网络时代的经济安全威胁

在网络时代，经济发展与互联网越来越紧密，互联网“双刃性”问题

给经济发展也带来了安全问题。因此，必须以积极的态度应对网络时代给经济发展带来的安全威胁。

（一）中国网络经济安全威胁严峻

如今，中国的经济发展与互联网紧密相连，互联网给经济发展带来机遇的同时，也带来了安全威胁。

1. 中国互联网经济名列世界前茅

在网络时代，互联网已经渗透到人们日常生活的方方面面。英国广播公司报道称，在互联网领域，目前中国已经远远领先于西方国家。《金融时报》报道称中国的数字经济已是“全球先驱”。中国互联网经济的迅速发展，离不开互联网的庞大用户数量。根据中国互联网络信息中心发布的报告显示，截至 2020 年 3 月，我国网民规模为 9.04 亿，较 2018 年底新增网民 7508 万，互联网普及率达 64.5%，规模呈稳定增长状态。[①] 用数据来说，中国互联网用户占比，甚至是世界上排名第二的美国和第三的印度两个国家的总和，这个数据很惊人。基于互联网趋势报告，中国互联网的用户数量有了很大的增长。不仅传统的计算机端用户在增长，还有移动端用户的增长。

数字经济已占中国 GDP 总量的三成。2017 年 4 月 20 日，在杭州举办的 2017 中国“互联网 +”数字经济峰会上，腾讯研究院发布了《中国“互联网 +”数字经济指数（2017）》报告。这份由腾讯公司联合滴滴出行、美团点评、京东、携程等企业，共享大数据汇聚而成的指数报告，是目前中国唯一的“互联网 +”应用于公共事业、经济活动的数字化报告，呈现了中国从沿海到内陆地区“互联网 +”发展现状。报告显示，2016 年全国数字经济总量占据全国 GDP 总量的 30.61%，已成为国民经济的重要组成部分。无论是对新增就业的带动，还是对 GDP 的拉升，数字经济都表现出

① 中国互联网络信息中心（CNNIC）：第 45 次《中国互联网络发展状况统计报告》，http://www.199it.com/archives/1042471.html。

强劲的活力。不同区域数字经济的发展差异，也重构了中国数字经济新版图。“互联网＋指数”为数字经济提供确实可参照标准，在政府、技术的推进下，未来数字经济将进一步发挥赋能作用，有效消弭地区经济鸿沟，助力精准扶贫。从2015年开始，中国首次提出“互联网＋”行动计划，鼓励互联网企业更加积极地与实体经济融合。推进“互联网＋”是经济转型的重大契机。以“互联网＋零售行业”为例，2018年中国网上零售额突破1.253万亿美元，对社会消费品零售总额增长的贡献率达到45.2%。依托于“互联网＋”，优质信息资源也迈入共享时代。从2016年到2019年，中国在线教育用户规模及使用率持续增长，使用率达到了27.2%。

中国经济的数字化发展水平迅速。报告显示，“互联网＋”数字经济指数每增长一个点，GDP就能增长1406.02亿元。截至2016年底，我国“互联网＋”数字经济指数增加了161.95点，据此估算，2016年全国数字经济总量达到了22.77万亿元，占据全国GDP总量的30.61%，对GDP的拉动效应明显。在带动就业增长上，数字经济表现更为突出，已然成为新的增长引擎。在促进各个相关产业发展、全方位拉动就业、降低地区整体失业率等方面，发展数字经济带来的正面效果明显。报告显示，“互联网＋”数字经济指数每增加一点，城镇登记失业率大概下降0.02%，由此可以估计数字经济发展使得全国城镇登记失业率平均下降大约0.10%。2016年全年带动280.17万新增就业人数，带来新增就业比例达到21.32%。互联网企业的发展，正是中国互联网经济发展的缩影。数据显示，中国在国际互联网经济规模指数方面位列世界第一。2018年中国数字经济规模达到4.36万亿美元，占GDP比重为34.8%。根据农业农村部发布的《2019全国县域数字农业农村电子商务发展报告》显示，过去一年832个国家级贫困县，电商市场规模达122.3亿美元。

随着地区数字经济差异化加深，重构了中国经济版图。从“互联网＋”数字经济四大分指数的聚类分析，全国351个城市可以按照数字经济发展水平被划分为5个层次。北京、上海、广州、深圳构成数字经济一线城市，四个一线城市在总指数中的占比为29.0%；成都、杭州、南京等14个城市构成数字经济二线城市，在总指数中的占比为19.17%；大连、宁波、青岛等19个城市构成数字经济三线城市，在总指数中的占比为12.80%；保定、唐山、扬州等65个城市构成数字经济四线城市，在总指数中的占比为16.83%；全国其他249个城市构成数字经济五线城市，在总指数中的占比为22.20%。报告还显示，大力发展数字经济，对精准扶贫发展方向也有参考性作用。报告指出，“互联网+”指数每增长一个点，内陆省份GDP上升幅度相较于东部沿海省份高1619.48亿元。这代表发展数字经济对于内陆地区经济体的提升和带动作用更为突出，能有效缩小与东部沿海地区经济发展水平的差距，有效消弭城市间的发展鸿沟。

中国在互联网的发展方面，有很多优势，就互联网普及率而言，可能实际使用互联网的人数或比例超过了60%，略高于全球平均水平。所以基于庞大的互联网用户，中国的互联网经济发展很快。事物发展都具有两面性，同样中国互联网经济也面临较严峻的安全威胁。

2. 中国互联网经济安全威胁日益凸显

数字经济已经上升为国家战略，并成为拉动我国经济增长的引擎以及产业转型升级的突破口，而信息安全已成为数字经济的神经系统。随着“互联网+”数字经济的深入发展，网络信息安全已经严重威胁到数字经济的发展。电信网络诈骗、网络黑产、规模攻击等问题的出现，意味着全球化、常态化的网络攻击已经成为数字经济时代的新形势。据腾讯安全统计，2017年上半年，计算机端和移动端共检测出恶意网址数量1.83亿个。2016年我国共发生1800起数据泄露事件，近14亿条记录外泄。

中国互联网协会于2016年6月23日发布的《2016中国网民权益保护调查报告》显示，从2015年下半年到2016年上半年的一年间，中国网民因垃圾信息、诈骗信息、个人信息泄露等遭受的经济损失高达915亿元。自2016年上半年以来，中国网民平均每周收到垃圾邮件18.9封、垃圾短信20.6条、骚扰电话21.3个，其中骚扰电话是网民最为反感的骚扰来源。

76% 的网民曾遇过“冒充银行、互联网公司、电视台等进行中奖诈骗的网站”，冒充公安、社保等部门进行诈骗和社交软件上进行诈骗的情况有增长趋势，37% 的网民因收到各类网络诈骗而遭受经济损失。近一年来，我国网民因垃圾、诈骗信息、个人信息泄露等遭受的经济损失为人均 133 元，同比增加 9 元，因此而消耗的时间人均达 3.6 小时。其中，9% 的网民经济损失在 1000 元以上。①

国民人身财产网络空间受损严重。网络空间犯罪直接导致国民个人的安全问题，迫使网民越来越注重个人信息安全，并意识到信息泄露可能带来的人身财产安全问题，希望政府加强监管、企业落实数据保护的呼声越来越高。近年来，针对个人的网络安全问题呈高发态势，引起国民的广泛关注。

一是数据泄露事件频发，网络黑产规模惊人。自 2015 年以来，数据泄露事件频频曝光，包括机锋网被曝泄露 2300 万名用户信息、网易邮箱过亿用户数据泄露、涉及数千万名用户信息的社保系统被发现大量高危漏洞，用户信息可能遭到泄露，徐玉玉因数据泄露遭电信诈骗事件引发了全社会的关注。2017 年 3 月，公安部公布破获一起盗卖我国公民信息的特大案件，该团伙涉嫌入侵社交、游戏、视频直播、医疗等各类公司的服务器，非法获取用户账号、密码、身份证号、电话号码、物流地址等重要信息 50 亿条。网络黑产已从半公开化的纯攻击模式转化为敛财工具和商业竞争手段，已经形成跨平台、跨行业的集团犯罪链条。

数据安全问题引起了前所未有的关注。2018 年 3 月，Facebook 公司被爆出大规模数据泄露，且这些泄露的数据被恶意利用，引起国内外普遍关注。2018 年，我国也发生了包括十几亿条快递公司的用户信息、2.4 亿条某连锁酒店入住信息、900 万条某网站用户数据信息、某求职网站用户个人求职简历等数据泄露事件，这些泄露数据包含大量的个人隐私信息，如

① 高亢:《我国网民去年因网络安全事件造成经济损失 915 亿元》，新华网，2016 年 6 月 24 日。

姓名、地址、银行卡号、身份证号、联系电话、家庭成员等，给我国网民人身安全、财产安全带来了安全隐患。

二是虚假和仿冒移动应用增多且成为网络诈骗新渠道。近年来，随着互联网与经济、生活的深度捆绑交织，通过互联网对网民实施远程非接触式诈骗手段不断翻新，先后出现了“网络投资”“网络交友”“网购返利”等新型网络诈骗手段。随着我国移动互联网技术的快速发展和应用普及，2018年通过移动应用实施网络诈骗的事件尤为突出，如大量的“贷款App”并无真实贷款业务，仅用于诈骗分子骗取用户的隐私信息和钱财。CNCERT抽样监测发现，在此类虚假的“贷款App”上提交姓名、身份证照片、个人资产证明、银行账户、地址等个人隐私信息的用户超过150万人，大量受害用户向诈骗分子支付了上万元的所谓“担保费”“手续费”，经济利益受到实质损害。此外，CNCERT还发现，具有与正版软件相似图标或名字的仿冒App数量呈上升趋势。2018年，CNCERT通过自主监测和投诉举报方式共捕获新增金融行业移动互联网仿冒App样本838个，同比增长了近3.5倍，达近年新高。这些仿冒App通常采用“蹭热度”的方式来传播和诱惑用户下载并安装，可能会造成用户通信录和短信内容等个人隐私信息泄露，或在未经用户允许的情况下私自下载恶意软件，造成恶意扣费等危害。

三是网络欺诈犯罪呈逐年上升态势。如今，遭受的网络安全威胁前五位依次是病毒、垃圾邮件、网络欺诈、网络攻击、勒索软件，其中网络欺诈呈逐年上升态势，诈骗方式主要有电话、短信、钓鱼网站、邮件、二维码、网络购物等。移动终端遭受的网络安全威胁来源途径，主要有垃圾短信、骚扰电话、欺诈信息、网页浏览、计算机链接等。中国网民面临的安全问题主要体现在两方面：首先是计算机端和移动端都可能面临的问题，比如欺诈 / 诱骗信息、假冒 / 诈骗网站、中病毒或木马、个人信息泄露、账号或密码被盗等；其次是手机端面临的特殊问题，比如手机垃圾 / 诈骗短信、手机骚扰电话、以骗取钱财为目的的手机恶意软件等。自2016年以来，在网络上出现的一些关于食品造假的谣言使市场恐慌情绪更加浓重，什么“塑料紫菜”“塑料大米”“棉花肉松”“假鸡蛋”“塑化剂面条”等有关食品的谣言屡屡出现在网络和手机上。这些因网络谣言引起的行业危机，导致企业破产、下岗失业人员增多等，使国民经济发展受到威胁，直接影响到经济安全。

3. 中国经济信息安全面临的主要威胁

一是信息技术强国可通过研发针对性网络间谍工具、实施针对性网络攻击等，窃取我国经济信息。近年来，全球出现了“火焰”和“高斯”等病毒，这些病毒被认为是针对性网络间谍工具，能够将被感染系统中的相关数据发给病毒操控者。尽管目前这些病毒主要针对中东国家，但表明信息技术强国已经具备了研发针对性网络间谍工具、窃取他国敏感数据和信息的能力，也给我国经济信息安全带来了潜在威胁。

二是国外厂商利用产品和设备预留后门、远程维护等机会，窃取经济信息。国外产品和设备在我国有较广泛的应用，国外产品和设备可能设置有后门，可被利用进行“系统监控、信息调阅”等操作，控制信息系统或窃取相关信息。

三是跨国公司在提供信息技术服务过程中，可能窃取大量经济信息并非法利用。我国金融、电信、交通等领域的大型企业很多都采用跨国公司提供的信息技术咨询、信息系统集成、数据处理和运营等服务。跨国公司在提供服务过程中不仅会掌握我国客户的大量信息，还可能利用该机会窃取敏感经济信息。此外，随着云计算等快速发展，国内客户在使用云计算服务过程中，会将大量数据存储到“云”端，这些数据可能被存储到海外并被非法利用。

四是外资企业通过对业务积累的商业数据进行分析等，获取我国大量的经济信息。目前外资企业已经渗透到我国多个行业和领域。外资企业通过主动收集等手段，积累了大量的商业数据，一些企业将商业数据传至国外，严重危害我国经济信息安全。

五是网络犯罪团伙或个人利用病毒植入等手段，窃取金融、大型商务网站等的客户信息和商业数据。当前针对我国金融、大型商务网站的网络犯罪行为日益猖獗，犯罪分子利用技术漏洞、病毒植入、网络钓鱼等手段，窃取网站客户信息和商业数据。例如，自 2012 年以来，京东商城、当当网等大型商务网站被入侵，致使用户账户余额被盗刷。近年来，黑客技术手段不断更新，网络犯罪行为呈现智能化趋势，金融、大型商务等领域的客户资料和商业数据面临的威胁更加严峻。

（二）综合施策化解网络经济安全威胁

针对互联网给经济发展带来的安全威胁，我们应该因势利导，积极化解网络经济安全威胁。

1. 积极化解网络经济安全风险

一是加大信息安全防范。网络信息安全的防范实质上是与不法分子在计算机技术方面的较量，保障计算机网络安全要从提高技术手段入手。各单位不仅要有先进的技术和硬件设备，技术人才也要不断地进行技术创新，只有在设备、人才、技术三个方面得到提升才能为信息安全提供保障。加强网络安全技术，如信息加密技术、网络加密、防病毒软件、防火墙全面覆盖、加强网络技术更新的理念、及时掌握最新科技成果，并运用到网络信息安全防治中来确保信息的安全。大力培养网络科技人才熟练掌握网络安全专业技术，为网络安全保驾护航规避信息被窃取的风险。

二是加强网络安全法律建设。单从技术手段只能防范或是紧急处理网络问题，却不能打击犯罪分子杜绝网络犯罪行为。因此，在加强技术的同时也要加强网络安全的法律建设，利用法律武器保障网络信息安全。根据网络信息安全问题的多元化、隐蔽性、破坏性大、信息传播的速度快等特点，制定出与之相应的法律，严厉打击网络违法犯罪行为，在网络经济时代下充分发挥法律体系对网络信息安全的保护。

三是做好网络安全宣传工作。在网络经济时代下，规避网络风险需要每一位互联网用户共同倡导网络健康，营造出文明的网络环境。网络信息安全的宣传，要借助网络这一平台的高效性、覆盖面广的特点，对互联网用户进行科学的网络安全防范指导，提高网民的网络安全意识和正确保护自己信息的能力。政府和有关部门要加大线下宣传力度，组织宣传活动或分发有关网络安全的文件，使广大互联网用户认识到网络安全风险，提高对不良网站的警惕，规范上网行为。做好网络安全宣传工作，让全民共同推动网络经济时代下的信息安全建设。

四是定期检查网络安全。定期对网络进行安全排检成为保障网络安全必不可少的一项工作。广大互联网用户要提高信息安全意识，定期对计算机进行检查排除安全隐患，在计算机上安装杀毒软件，定期清理计算机内的垃圾文件，确保网络环境的健康和计算机的正常运行。企业为确保信息安全，应聘请专业技术人才对企业网络进行定期安全检查。政府部门加强防火墙的排查工作，确保国内的网络安全。

2. 多管齐下化解互联网时代的金融风险

在未来网络时代，任何人都可以在网上自由漫游、查询、申请贷款，因此在实际交易中就有可能引来网络入侵者。不管是盗领还是更改电子资金资料，对于信用重于一切的银行是极大的风险，对于国家也是巨大的损失。网络一旦出现漏洞，事关国计民生的许多重要系统都将陷入瘫痪状态，国家安全也将受到威胁。因此，必须从以下几个方面化解“互联网+”时代下的金融风险。

一是打造防范金融犯罪互联网平台。从事互联网金融犯罪活动的不法分子，是一个具有共性技能的较大群体。与以往家族式、熟人间组成的相对稳定的犯罪团伙相比，互联网上新出现了按犯罪环节分工的不同群体。如有的专门出售木马程序，有的专门打字聊天行骗，有的专门利用银行卡提现、转移赃款。犯罪分子在平日互不相识，一旦有人发现犯罪机会后，就在网上临时勾连，按环节凑人，分工实施犯罪活动，赃款到手后即分散逃匿，似乎一个作案环节成为一个犯罪分子的职业。为了躲避侦查，少数幕后操控者、组织者藏身境外，或将犯罪的工具设在境外。由于公安机关办案警力和时间精力都十分有限，分头查人或走出国门都力不从心，给调查取证带来了一定难度。按照以职业警察打击职业犯罪的理念，应在打防互联网金融犯罪的工作中，与时俱进，建设应用打防金融犯罪的互联网平台，吸纳传统金融机构、互联网金融机构等多方的风险控制团队加入，扩大数据录入源。同时优化平台的比对功能，对职业犯罪分子设立包括照片、作案手段等具有多维度的数据标签的黑名单数据库。一次作案的犯罪分子可能侥幸逃脱，但留下了蛛丝马迹并已被记录在案的惯犯累犯一定难逃法网。

二是多部门携手破解法律适用问题。互联网金融相关的犯罪活动中出现较多新事物、新手段，按照罪刑法定原则，法无明文规定不为罪。目前对新型犯罪的认定，多依据已有的法条，抽象其活动表现，适用于具体案件。公安机关办案过程中，侦查和取证阶段工作完毕，进入移送起诉阶段，如果此时检察机关与公安机关的罪名适用意见不同，就面临退卷和补侦的大量工作。例如某地侦办的一起新型案件中，嫌疑人在使用某第三方支付平台时，发现其信用卡可以对外透支转账，且能突破信用额度，随后其在该平台从信用卡内转出资金数千万元。公安机关及时侦破案件并挽回了大部分损失。但在案件移送起诉时，办案单位与检察机关在适用罪名上出现了不同意见。一种意见认为宜适用信用卡诈骗罪，另一种意见认为宜适用盗窃罪。两种意见的分歧给案件诉讼带来了一定的困局。

三是提高维护移动金融安全能力。虽然移动互联网不但为金融行业的运营带来了极大的便捷、高效，而且还大大降低了运营成本，提供了全新的商业模式，带来了新的利润与业务。但是，移动金融的安全风险也随之而来，各种数据丢失、信息外泄、网络攻击等现象让企业防不胜防，为企业带来难以挽回的损失。为此，应从以下两方面维护移动金融安全：一方面，重新构建移动金融安全防护体系。移动金融的风险主要来源于移动终端，这些终端的移动性很高，常常以 BYOD 等形式存在，一旦出现，将造成难以估计的风险。另一方面，建立端到端的整体解决方案。要想有效确保移动金融的安全性，就必须构建端到端的解决方案，实现标准安全体系下的移动设备安全、移动安全接入、用户身份安全、集中管理安全、移动数据安全。

四是自律监管宣传防患于未然。破解公安机关办案难题，减少公安机关的办案压力，更需要对犯罪防患于未然。从目前来看，防范互联网金融犯罪，至少需要依靠三方面的力量。首先，依靠企业自律、完善技术措施，加强安全管理。为此，阿里巴巴宣布首批投入4000万元，主要投向反钓鱼联防、反木马联防、反洗钱、反恶意攻击、用户信息保护等领域，这种做法将会有效防范已有的犯罪手段再次得逞，值得其他互联网金融企业学习。其次，依靠监管部门的认真负责。如在第三方支付套现犯罪发生后，中国人民银行主动实施了监督管理，并对十家相关企业给予处罚，最为严厉的措施包括停止发展新商户等。新的监管职能部门和监管体系形成后，认真主动履行监管职能，将有助于发现和制止不良发展苗头，保障互联网金融在健康轨道上持续发展。最后，依靠有针对性的宣传教育。电视、广播等公益宣传手段不可或缺，而目前亟须推动的是改进宣传教育的针对性。例如，在用户注册网上账户时，平台网站应当根据个人信息开展分类教育。如对中老年人可采取视频教育的方式，侧重投资风险教育、网络知识普及和账户密码保护等；对年轻人则采用图片教育的方式，侧重钓鱼网站、木马中毒症状的识别技巧等。

（三）全面提高维护网络经济安全的能力

随着信息网络的飞速发展，网络经济安全保障已成为当前世界各国的重大课题。所以，建立和健全网络信息安全保障制度和网络经济安全体系的任务已刻不容缓。

1. 完善网络安全顶层设计，依法管网治网

在互联网时代，网络安全是经济社会稳定运行的前提和保障。互联网

没有国界，互联网信息和安全却是有国界的。在网络化时代，“没有网络安全就没有国家安全”“网络和信息安全牵涉到国家安全和社会稳定”。因此，必须完善网络安全顶层设计，依法管网治网。

一是全面提升关键信息基础设施领域的网络安全保障体系和应急处置能力。制定和实施全天候全方位感知和有效的防护规范、制度，通过立法积极塑造和推动外部安全环境，尤其是落实企业作为关键信息基础设施运营者承担的主体防护责任。同时要强化各行业在网络安全领域协同合作，引导企业协同一致共同维护网络空间安全。重点从网络安全管理制度和机制、网络数据保护、安全技术和产业、工业信息安全保障、网络安全技术能力建设等方面入手，制定协同一体化的网络安全检测预警和应急处置制度。

二是依法治理和打击侵犯公民个人信息的违法犯罪行为。当前，侵犯公民个人信息的违法犯罪仍处于高发态势，广大群众对此反应极为强烈。为此，有必要在全国范围内实施整治和打击侵犯公民个人信息违法犯罪的专项行动；加快个人信息保护立法的进程；严格治理互联网应用程序（App）过度收集用户信息、侵犯个人隐私的问题；建立全国统一的侵犯公民个人信息受理平台，负责举报的受理、调查以及查处工作；公安机关要继续加大对网络攻击、网络诈骗、网络有害信息等违法犯罪活动的打击力度，特别是要彻底切断网络犯罪利益链条。

三是严厉打击网络黑客确保工业控制系统信息网络安全。随着计算机和网络技术的发展，特别是信息化与工业化深度融合及物联网的快速发展，工业控制系统（ICS）网络正面临严重的网络黑客攻击威胁，ICS 网络安全问题日益突出。因此，应制定专门的 ICS 保护法规，集中力量打击 ICS 网络黑客，保障我国 ICS 网络体系的安全与稳定。

四是全面部署新时代全民网络法治普及专项计划。为了全面推进网络空间法治化，坚持依法治网、依法办网、依法上网，依法构建良好网络秩序，应实施全民网络法治普及专项活动。当前，应贯彻习近平总书记提出的“要深入开展网络安全知识技能宣传普及，提高广大人民群众网络安全意识和防护技能”，并围绕党的十九大报告提出的“加强互联网内容建设，建立网络综合治理体系，营造清朗的网络空间”的精神，实施以“营造清朗网络空间”为主题的网络法治宣传教育专项行动，并纳入各级政府的综合绩效考核。

五是积极参与联合国及相关国际组织的国际网络空间治理构建国际制度性话语权。习近平总书记强调，推进全球互联网治理体系变革是大势所趋、人心所向。国际网络空间治理应该坚持多边参与、多方参与，发挥政府、国际组织、互联网企业、技术社群、民间机构、公民个人等各种主体作用。笔者在参与联合国 ITU《国际电信规则》审议中深刻地体会到，各国针对网络安全的国际话语权展开的竞争，实质上是在国际规则制定中对国际制度性话语权的竞争。

为深入贯彻党的十九大报告提出的“推动构建人类命运共同体”和习近平总书记倡导的“构建网络空间命运共同体”的新型外交理念，要以“一带一路”倡议等为契机，加强同沿线国家特别是发展中国家在网络基础设施建设、数字经济、网络安全等方面的合作，尤其要抓住网络空间这一重点领域，制定基于“网络空间命运共同体”框架下的网络安全国际规则。同时要培养一批具有国际法律、网信技术、国际贸易“三位一体”的国际网络空间综合型人才，积极参与联合国和其他重要国际组织的网络空间国际立法和国际规则的制定。

2. 保障中国经济信息安全的对策措施

一是通过立法和标准等手段，规范经济信息的收集、处理和利用等行为。《全国人民代表大会常务委员会关于加强网络信息保护的决定》主要对公民个人信息进行保护，对经济信息保护并没有涉及。建议借鉴国外的经验，在国家安全的大框架下，尽快研究制定经济数据和信息保护的法律制度，明确经济数据和信息的范围，规范数据和信息的收集、处理和利用等行为，明确经济信息主体的信息保护责任，明确对经济间谍、利用网络窃取经济数据和信息的处罚措施。同时，要研究制定经济信息和数据保护相关标准规范，从信息的收集、处理和利用环节提出明确具体的要求。

二是建立经济信息安全保护的跨部门协调机构，形成系统性组织机构，保障经济安全。在国家信息安全协调小组框架下，建立经济信息安全保护协调机构，负责经济信息安全战略政策的制定，协调国家相关部门的经济信息安全保护工作。充分发挥工业和信息化部等部委在保障经济信息安全工作中的作用和国家安全部等部门对外国经济间谍活动的监督防范。

三是对国民经济关键行业和领域的经济信息采取多种措施予以重点保护。对金融、资源、能源、制造、高科技、商业零售、军工等国民经济关键行业和领域的企业，明确提出经济信息保护要求，在加强信息化建设的同时对重要敏感信息保护予以充分重视。要求上述领域企业建设信息安全监控基础设施，对信息系统的实时运行进行监控，同时强化各项技术保护措施，并落实重要信息系统风险评估、信息系统等级保护等制度。企业在采用国外技术、产品和服务的过程中，对产品的安全性、服务机构的资质和信用进行严格审查，明确商业伙伴的保密等义务。

四是对国民经济关键行业、领域应用的关键产品和设备实施信息安全审查。以重要领域工业控制系统、关键信息技术产品和设备为切入点，实施系统和产品设备的信息安全审查。在总结经验、完善审查程序的基础上，逐步将安全审查范围拓展到经济领域应用的所有关键产品和设备。以安全审查为契机，支持国产关键产品和设备的研发，推广国产关键产品和设备，鼓励各领域应用国产产品和设备，逐步实现经济领域应用的关键产品和设备的国产化替代。

第三章 网络安全与军事安全

信息技术的发展和进步改变了未来的战争形态和作战样式，虚拟的网络空间正在成为攸关国家安全的新战场。基于争夺和维护网络空间利益的需要，网络空间受到各国高度重视并被上升到国家战略层面，网络空间作为一个新的作战维域，成为继陆海空天之后军事角逐的第五维域，是直接影响军事安全的重要领域。

一、网络空间军事化愈演愈烈

军事安全作为保障国家不受外部军事入侵和战争威胁的能力和状况，属于传统安全领域。从国家的本质和国际关系体系的特点上看，军事安全始终是国家安全的核心内容，也是世界各国安全问题的关注焦点。从历史上看，任何国家特别是大国，其国家地位的确立和国家利益的发展，都离不开军事上的支撑和保障。自进入网络时代以来，军事因素延伸到网络空间，使网络空间军事化发展愈演愈烈，直接影响到军事安全。

（一）网络空间军事理论逐渐成熟

当计算机网络成为21世纪战争的工具和战场，一场没有硝烟的战争正悄然打响。近年来，网络战已从后台走向前台，从配角转向主角，以独立行动达成政治、军事目的或与常规军事行动结合，达成作战目的。面对还仅仅处于热身状态的网络战，各国政府和军队无不加紧研究网络空间作战理论，并用以牵引军队建设和网络战准备。

1. 制网权成为军事角逐新焦点

伴随着信息网络空间的形成，国家主权开始向网络延伸，由此产生了制网权问题。随着虚拟世界对现实世界的强烈冲击和影响，网络空间已毋庸置疑地成为国家的无形疆域，网络电磁技术迅猛发展正深刻地改变着战争的形态。在现代战争中，网络空间被誉为继陆海空天之后的“第五维域”的战争空间。争夺网络空间制权如同争夺陆海空天领域的制权一样，时刻关乎国家主权与安全，并且日趋成为兵家必争的战略制高点。因此，继制陆权、制海权、制空权和制天权之后，一个新概念——制网权越来越受世人瞩目。

所谓制网权，是指一个主权国家对广义上的计算机互联网世界的控制权与主导权，主要包括国家对国际互联网根域名的控制权、IP 地址的分配权、互联网标准的制定权和网上舆论的话语权等。在由网线、调制解调器、交换机和处理器构成的战场中，无数的二进制代码正在进行着渗透、阻塞和攻击等惨烈搏杀，目的就是确保网络运行良好、确保网络安全、确保军事信息不受侵害、确保掌握网络进一步发展完善的自主权，同时削弱或破坏敌方使用网络的能力。网络攻击行为已经成为引发国与国之间矛盾和对抗的新来源，而争夺制网权已是世界各国军队必争的战略制高点。正如未来学家托尔勒所预言，谁掌握了信息、控制了网络，谁就将拥有整个世界。在当今信息时代，谁控制了信息网络，谁就控制了政治、经济及军事较量的战略制高点。

制网权是继制陆权、制海权、制空权和制天权之后的一种新型国家权力形态，是网络空间发展后出现的新型国家权力构成要素。伴随着互联网的诞生而出现的国家对国际互联网根域名的控制权、IP 地址的分配权、互联网标准的制定权、网络舆论权等权力，是一个主权国家在网络空间生存的根本保障。从本质上讲，网络空间的权力来源于现实世界。现实世界中的各种政治、经济、文化等权力不仅可以在网络世界找到落点，同时它们也是网络权力得以生成的基础。随着互联网对现实世界的影响越来越大，现实世界中的权力主体日益重视对网络空间的争夺，制网权演变为一种新型国家权力。一个国家网络权力的大小决定其在当前及未来国际体系中的地位的高低。

网络赋予了现代战争信息化体系作战更高的制胜权。进入 21 世纪，信息网络技术已经成为现代军队 C^4ISR 系统的基础。信息网络如同人的神经系统一样延伸至军队各个级别的作战单位，这使得围绕制网权的网络对抗在军队作战行动中的重要性大大增加。一些国家和组织的网络作战力量部署已经凸显出你中有我、我中有你，超越地理国界的态势。平时“休眠”潜伏，在战时对他国军队网络指挥、管理、通信、情报系统实施可控范围的“破袭”，大量瘫痪其军事信息网络系统。如何有效防护、控制和构建有利于己方的网络空间，已经成为各国军队维护网络安全必须面对的严峻问题。由于网络技术的普及与不确定性，发动战争将不再是几个大国或强国的专利。在现代化战争中，网络战既可以作为传统战争的一种补充形式，也可以当作发动新型战争的一种利器，网络政变、网络煽动、网络渗透和网络攻击，这无疑为信息化战争增加了新的战法，所造成的破坏和损失可能不亚于一场核战争。

制网权是赢得信息战争胜利的“命门”，已成为大国激烈争夺的新型国家权力。进入 21 世纪，以信息技术为核心的科技革命，推动着网络空间全面拓展，贯穿于陆海空天等各个领域和行业，让整个地球村高速运行在瞬息万变的网络电磁世界之中，网电空间与人类社会越来越休戚相关。由于互联网对国际政治、经济、军事、科技、文化、外交等领域产生了广泛而深刻的影响，因此，制网权已经成为世界主要大国争夺的新焦点。当前，互联网已经深深地渗透到各国的政治、经济、军事和文化等各个领域，它虽可以助推国家发展，但也会导致国家军事、金融、通信系统等核心网络遭受严重攻击而产生严重后果。制网权直接关系到国家安全，如果大国之间爆发网络战争，其影响可能不亚于核战争。因此，西方国家纷纷推出网络空间战略加强对互联网的控制与主导，制网权已成为世界主要大国激烈争夺的新型国家权力。

2. 网络战为信息化作战增添新样式

进入信息时代，计算机网络正在以前所未有的速度向全球的各个角落辐射，其触角伸向了社会的各个领域，成为当今和未来信息社会的联结纽带。军事领域也不例外，以计算机为核心的信息网络已经成为现代军队的神经中枢。一旦信息网络遭到攻击并被摧毁，整个军队的战斗力就会大幅度降低甚至完全丧失，国家安全将受到严重威胁，国家机器将陷入瘫痪状态。与传统作战模式不同，网络空间作战的兵力部署、武器装备、战术战法都属于颠覆性的。

所谓网络战，是指敌对双方使用网络攻防技术和手段，针对国家安全特别是战争可利用的信息和网络环境，围绕制网权而进行的军事对抗活动。它是以计算机和网络为主要目标，为破坏或保障信息系统正常发挥效能而采取的综合性行动。网络战的根本目的在于，通过对计算机网络信息处理层的破坏和保护来降低敌方网络化信息系统的使用效能，保护己方网络化信息系统正常发挥效能，进而夺取和保持网络空间的控制权，也就是制网权。

网络战作为信息时代的战略战，已经成为一种破坏性极大、关系到国家安危与存亡的“顶级”作战形式。美国著名智库兰德公司提出了“战略战”的概念，认为战略战是一种破坏性极大的“顶级”作战形式，它实施的成败关系到国家的安危与存亡。兰德公司指出，工业时代的战略战是核战争，信息时代的战略战主要是网络战。网络战一旦全面展开，遭受攻击并被击败的一方就有可能遭受国民经济全面崩溃的危险。核武器通常可以产生巨大的心理震撼效果，网络战同样可以崩溃敌人的战斗精神和意志。核武器一旦使用后，战争后果具有不可控性，网络战也是如此，像病毒之类的作战武器，在释放之后将无法控制，可能具有“双刃剑”效应。而网络战与核战争最大的不同在于网络战的胜利不是以大量的生命为代价，战争的附带毁伤小。

网络战已经成为信息战的主要作战样式，而且是一种特殊的作战样式。信息战通常包括网络战、电子战、心理战等内容和作战模式。由于军队的信息化程度越来越高，网络在信息优势的夺取过程中不可或缺，网络战已经成为军队实施信息战最基本、最重要的作战模式，是信息战的核心内容。

从广义上说，网络战是敌对双方在政治、经济、军事、科技等领域运用网络技术和手段，为争夺信息优势而展开的斗争。从狭义上说，网络战则是敌对双方在作战指挥、武器控制、战斗保障、后勤支援、情报侦察、作战管理等方面运用网络技术所进行的一系列网络侦察、网络进攻、网络防御和网络支援等行动。

在未来信息化战场上，夺取制网权的网络战将是信息战的核心。网络战能确保信息及时获取、顺畅传递和快速处理，因此属于信息战范畴。网络战简便易行、隐蔽莫测的特点，使其得以凭借较低的成本来获得极高的军事价值。网络空间的虚拟性、瞬时性和异地性的特征，又赋予了网络战攻防兼备、全向渗透的优势，这使它所能达成的作战效果是传统军事手段所难以比拟的。近年来，网络战作为没有硝烟的战争，在世界范围内更是此起彼伏，有愈演愈烈的态势。

3. 网络战争是信息化战争的一种新形态

网络空间集现代信息科技之大成，广泛运用于军事领域，与之相适应的全新型的战争形态——网络战争，正在以一种全新的战争形态呈现在信息化战争之中。美国著名智库兰德公司的两名研究人员约翰·阿尔奎拉和戴维·伦费尔特在其发表的题为《网络战就要来了》的论文中认为，网络战争将成为“21世纪的闪电战”。随着互联网渗入人们生活的方方面面，世界各国以网络空间的争夺开启了信息化战争新领域，网络战争正在成为信息化战争中的一种战争新形态。

所谓网络战争，是指以计算机为主的辅以现代高科技产品为主要攻击设备，在战时对敌方计算机网络进行攻击、入侵等，以达到控制敌方网络从而对其基础设施，如通信、电路、航空、导航等进行干扰及破坏，从而达到不战而胜或削弱敌方战斗力的战争方式。网络战争的核心就是国家利用数字攻击来破坏另一个国家的计算机系统，目的是造成重大损失、死亡或破坏。与传统的战争形态相比，网络战争是一种特殊战争，胜利的天平始终向着网络技术发达的国家倾斜。网络战争虽然是一个新兴的概念，但人们担心它可能是未来任何冲突的重要组成部分。除了使用常规武器如枪支和导弹的部队，未来的战争也将由黑客利用计算机代码来攻击敌方的基础设施。伴随着网络战登上人类战争的舞台，以网络战为主体的网络战争已现端倪。

网络空间是现实社会的映射，网络战争是传统战争向网络空间的延伸。网络空间是现实世界在虚拟空间的自然延伸，是现实世界的数字化体现。虚拟世界并不虚拟，原本发生在现实世界的纷争，同样也会延伸至网络世界。网络空间的独特性，导致其他所有领域内的现代军事行动都要通过网络空间进行协同、同步和一体化，迫使人们在通过网络空间寻找目标或者规避影响时不得不认真考虑时间和空间因素。如今，随着国家政治、军事、经济的关键基础设施日益网络化，网络攻击将造成一个国家社会部分或者全部功能的瘫痪，其危害甚至不亚于核生化等大规模杀伤性武器。许多国家正在提高军事网络作战能力，既可以防御其他国家，又可以在必要时进行攻击。

国家重要基础设施成为网络战争实施攻击的主要目标。如今，各国政府和情报机构担心，针对重要基础设施（如银行系统或电网）的数字化攻击，将会让攻击者绕过一个国家的传统防御系统。美国前总统奥巴马甚至直言不讳地说，网络基础设施是美国经济繁荣、军事强大、政府高效的根本保证。没有网络基础设施，美国就无法应对 21 世纪面临的各种挑战。在计算机网络的支撑下，现代经济尤其容易受到此类攻击，特别是在这些系统的设计和保护能力较差的情况下。与标准的军事攻击不同，网络攻击可以从任何距离瞬间启动，在攻击过程中几乎没有明显的证据，通常很难将这种攻击追溯到发起者。如今，世界各主要国家都高度重视网络战争，美国、欧盟各国、俄罗斯、印度、日本等都在积极发展应对网络战争的网络空间作战力量。随着各国网络实战化进程不断加快，网络战争必将走向人类战争的舞台。

（二）网络空间军事竞赛日趋激烈

随着网络空间的军事价值越来越高，制网权已经成为战争制权必须争夺的新制权，世界各国纷纷加强网络军事的建设。以美国为代表的西方国家在网络空间秣马厉兵，率先加强网络军事力量建设。俄、欧盟，以及亚太地区国家也都加紧网军部队建设。为争夺未来战争制网权，目前全球已经有 100 多个国家成立了超过 200 多支网络战部队，都是军事级的技术和国家级的黑客力量。① 可见，网络空间军备竞赛已经在全球兴起。

1. 美国拥有全球最强大的网军力量

随着网络空间成为与陆海空天同等重要的第五作战维域，在这一战场空间的战略博弈日趋激烈。因此，美国在发展网络战能力上一马当先，将机械化战争时代以平台为中心的建军模式和作战形式，转向适应信息化战争的以网络为中心的网络空间力量建军模式和作战形式，在世界上率先建立了第 6 大军种——网军。

一是健全的网军力量指挥机构。美国网军力量是世界实力最强的力量，其网军力量的指挥机构也是世界上最完善和最成熟的指挥机构。作为美国国防部负责网络作战的机构，美网军司令部负责保卫国防部网络、系统和信息，以抵御网络攻击，防卫国土，并为军事行动和应急行动提供支持。2009 年 6 月 23 日，国防部长盖茨宣布，正式成立负责军事网络电磁空间行动的联合司令部——美军网络作战司令部（U.S.Cyber Command），隶属战略司令部（U.S.Strategic Command），使美军网络作战司令部成为其战略司令部下的一个次级联合司令部，与空军作战司令部、太空司令部为平级单位，地点设在与国家安全局同地的马里兰州米德堡陆军基地。2010 年 5 月 21 日，美军网络作战司令部正式启动并于 10 月全面开始运转。2017 年 8 月 18 日，根据美国总统特朗普的指示，美国国防部于当日启动了将美军

① 周鸿炜：《北约“锁盾 2019”演习背后：网络战已成战争首选》，消费日报网，2019 年 8 月 23 日。

网络作战司令部从战略司令部中独立出来的流程，升格为第 10 个美军一级联合作战司令部，地位与美国中央司令部、战略司令部等主要作战司令部相同。2018 年 5 月 4 日，美国网络司令部完成升级。此外，美军各军种也建有本军种的网络司令部。如美陆军网络作战司令部于 2010 年 5 月成立，美空军网络作战司令部于 2010 年 10 月 1 日正式运行，海军网络作战司令部于 2010 年 1 月 29 日成立，海军陆战队网络作战司令部于 2010 年 1 月组建。此外，美国海岸警卫队也于 2010 年 7 月成立了网络作战司令部。美国这些网络作战指挥机构的建立，使美军对网络电磁空间行动的统筹协调非常顺畅。

二是雄厚的网络空间作战力量。美军网军作战力量是一支知识密集型、技术密集型的高技术部队，主要由计算机、信息安全、密码学方面的专业技术人员组成。这些敲击键盘的“办公室军人”，虽然手中没有传统武器，但却成为美军力量建设的新宠。2008 年 5 月，美国政府启动“国家网络别动部队”（NCR）计划，声称将通过这一“电子曼哈顿工程”来发展“革命性”的新技术，赢得网上新的“太空竞赛”，确保“网上美国”的安全。2009 年 5 月，美军战略司令部宣布征召 4000 名士兵组建一支网络战“特种部队”。这支部队不仅要承担网络防御的任务，还将对他国的计算机网络和电子系统进行秘密攻击。2018 年 5 月，美国国防部网军司令部官员称，网军司令部下的 133 支网络任务部队已全部实现全面作战能力。133 支部队按任务类型可分为 13 支国家任务部队、27 支网络作战部队与 25 支网络支持部队、68 支网络保护部队。美军一系列动作表明，其网军突破了网络战的编制体制、装备设备、融入联合等一系列“瓶颈”问题，探索形成了网络攻防战斗力生成的有效模式。这些训练有素、全球部署的网络战部队，可能穿过“棱镜门”软件便道，翻越路由器“陈仓暗道”，进入智能手机“芯片天窗”，在全球互联互通的网络空间肆意行动，被美国智库兰德公司称为信息时代的“核武器”，事实上已经成为当前网络空间安全实实在在的最大威胁。

此外，美军各军种业已组建各自的网络部队。陆军建立了计算机应急反应分队；海军在“舰队信息战中心”成立了“海军计算机应急反应分队”；空军则建立专门负责实施网络进攻的航空队——第 8 航空队。按计划，整个美军的网络战部队将于 2030 年前后全面组建完毕，担负起网络攻防任务，确保美军在未来战争中拥有全面的信息优势。2017 年 6 月，美国空军第 24 联队指挥官兼美国空军网络作战司令部司令克里斯托弗·韦格曼将军介绍，美国空军下辖的 39 支网络任务部队全部实现初步作战能力，他们将分别负责新型网络作战手段、攻击技术以及安全规程等事务的制定与实施工作。2017 年 11 月，美国陆军网络作战司令部与美国海军网络作战司令部先后发表声明，41 支陆军网络任务部队与 40 支海军网络任务部队都已通过美国网络作战司令部的完全作战能力验证，这意味着他们已达到作为美国网络任务部队组成部分所必需的人员配备、能力和培训要求。美国网络作战司令部下属 133 支网络任务部队（陆军 41 支，海军 40 支，空军 39 支，海军陆战队 13 支），于 2018 年扩军至 6200 人，并具备完全作战能力。

三是美军网络空间作战武器名类繁多。为了抢占网络战场空间，美国不遗余力地开发新概念、新机理网络战武器，并拥有数千种网络空间作战武器。在网络战武器开发方面，美军“软硬兼施”走在世界前列。新概念武器也不断推陈出新，在软杀伤武器方面，美军攻击伊朗核设施的“震网”病毒和攻击叙利亚防空系统的“舒特”病毒，已经在实战中显示出巨大威力。目前，美国网络作战司令部储备的各类病毒武器已达数千种，除传统的计算机“木马”病毒、自动传播病毒、致瘫性病毒、逻辑炸弹、硬件能量攻击病毒、软件心理攻击病毒，还包括各类安全漏洞利用、黑客工具等，对各国关键基础设施安全构成极大威胁。依据功能划分，美国软杀伤网络战武器具体可分为：网络情报侦察类武器、网络心理作战类武器、网络阻塞致盲类武器、网络杀伤破坏类武器、网络设备控制类武器和网络保障类武器六大类。按网络空间军事行动分类，软杀伤网络战武器可分为，进攻性网络武器、防御性网络武器和保障性网络武器三大类。在硬杀伤网络战武器方面，美国正在发展或已开发出电磁脉冲弹、高功率微波武器等，旨在必要时对别国网络的物理载体进行攻击。电磁脉冲武器号称“第二原子弹”，世界军事强国电磁脉冲武器开始走向实用化，对电子信息系统、指挥控制系统及网络等构成极大威胁。微波炸弹是利用强波束能量杀伤目标的一种新武器。它由高功率发射机、大型发射天线和辅助设备组成。当超高功率微波聚集成一束很窄的电磁波时，它就像一把尖刀“刺”向目标，达到摧毁目标的目的。高功率微波武器可以摧毁敌人的电子装备或使其暂时失效，从而瓦解敌方武器的作战能力，破坏敌方的通信、指挥与控制系统，甚至造成人员的伤亡。这种武器分为单脉冲式微波弹和多脉冲重复发射装置两种类型。美国防部高级研究计划局还开发新概念网战武器。目前正在研究用来破坏电子电路的微米 / 纳米机器人、能嗜食硅集成电路芯片的微生物和“网络数字大炮”，以及计算机系统信息泄露侦测技术等。这些新概念和大胆设想一旦在技术上实现突破成为现实，其有效破坏力堪比原子弹。

2. 俄罗斯网军力量建设

面对美国不断增强的网络战能力，俄罗斯不甘居后，赋予了网络空间作战技术与空天及核技术同等重要的位置，特别是对爱沙尼亚和格鲁吉亚实施网络空间攻击行动以后，俄罗斯明显加快了网络空间作战力量建设步伐。“棱镜门”后，俄罗斯更加切实地感受到了来自网络安全领域的威胁，其网络空间力量建设的步伐明显加快。

一是初步建成网络空间军事力量指挥机构。俄罗斯在 20 世纪 90 年代就设立了信息安全委员会，专门负责网络信息安全，2002 年推出《俄联邦信息安全学说》，将网络信息战比作未来的“第六代战争”。2013 年 1 月普京签署总统令，责令俄联邦安全局建立国家计算机信息安全机制用来监测、防范和消除计算机信息隐患，具体内容包括评估国家信息安全形势、保障重要信息基础设施的安全、对计算机安全事故进行鉴定、建立计算机攻击资料库等。2013 年 3 月，俄国防部完成组建网络司令部的研究，并于 2013

年底正式组建。同时还建立了专门应对网络战争的兵种，不断吸纳优秀的地方编程人员。新建的俄网络司令部直接隶属国防部（级别相当于总局）。2016年，俄军举行了“高加索—2016”大规模演习。在演习框架内，首次演练了与假想敌的“信息对抗”，总参作战总局、军区“信息对抗中心”、信息战部队、无线电电子战部队和保护国家秘密勤务分队等参与遂行任务。据此可知，俄军网络作战指挥体制为“总参—军区—部队”三级网络作战指挥体制。

二是具有较强的网络空间作战力量。俄罗斯没有直接以网军命名的网络空间军事力量，而是将网络空间作战力量融入信息作战力量建设之中，该部队命名为“信息作战部队”。其“信息作战部队”包括专业网络空间部队，这是国家级的网络空间作战力量，重点担负国家政治、经济领域的网络空间安全防御任务，同时担负军队和国家强力部门网络空间信息领域的攻防任务。如今，俄军网络空间作战力量建设已初具规模，拥有一支网络安全部队，其主要任务是与网络威胁做斗争，包括“猎捕”有害的软件，反击黑客的攻击，同时寻找外国进口设备中敌人的“暗藏物”。俄军网络空间常备作战力量分为专业与非专业两类，并已具备了攻防一体的“软”“硬”网络空间打击能力。在专业性网络空间作战力量建设中，俄军总部组建了相应的职能机构，各军种、军区和俄军总参情报总局建立了网络空间作战部队。俄军的这些专业网络空间作战部队，是使用计算机病毒等网络空间作战武器开展信息作战，破坏敌指挥控制系统的主要力量。2019年8月8日，俄罗斯《消息报》称，俄军正在组建一支特种部队，将承担保护“军用互联网”的职责，主要任务包括搜索和消除网络威胁，是一支典型的网络空间安全部队。

三是积极研发网络空间作战武器。基于网络空间对俄罗斯的威胁越来越严峻，特别是在未来网络空间作战中夺取主动权，俄罗斯非常重视发展网络空间作战武器，以提高己方在网络空间的博弈实力。然而，由于俄罗斯的经济实力有限，俄军在研发网络空间武器时，便注意有选择地发展网络空间作战关键技术和武器。在进攻性网络战武器方面，俄军的网络进攻武器装备主要包括硬摧毁武器和软杀伤武器。硬摧毁武器，包括无线电波束炸弹等各类电子战压制武器，其中的微波武器能释放强烈的微波能脉冲，可以摧毁用于控制雷达和指挥自动化系统的固态神经系统。软杀伤武器，主要包括信息、安全分析与防御等级评估系统、信息质量与监控系统、多路数据备份系统等现代化信息防护工具。俄军软杀伤武器的研究重点是计算机病毒，种类主要有潜伏性毁灭病毒、强迫隔离病毒、过载病毒、传感器病毒等。在网络战防御武器方面，俄军的网络空间防御技术和相关产品已具有较高水平，主要包括信息泄露探测设备、射频监控设备、语音信息保护设备、有线线路保护设备、由泄露发射所产生的信息截获保护设备、防止未授权访问的个人计算机信息保护及网络空间信息保护技术。目前，俄军重点加强病毒探测技术、智能嗅探技术、网络空间加密技术、访问控制技术等网络空间安全技术的研究，并在多个方面有了一定突破。俄罗斯为了尽快形成网络空间作战能力，在涉及国家安全的国际冲突与对抗中积极将网战武器运用于实战，探索网络空间作战的手段和方法，以积累和丰富网战武器在实战中的经验。

四是创建“自主可控”的独立于西方世界的俄网。随着新技术的不断涌现，主动塑造互联网络新架构正在成为一种趋势。为此，俄罗斯开始创建“自主可控”独立于西方世界之外的安全互联网。早在 2014 年，普京在主持召开国家安全委员会会议时就讨论过断网问题，并曾多次表示要建立自己的网络。俄国防部等部门也曾进行过模拟“关闭”国际互联网服务的场景。因此，俄从 2016 年起就开始建设军事专用网。2016 年，俄罗斯效仿美国推出隔离军事专用网“封闭数据传输段”（Closed Data Transfer Segment）用于实现绝密通信。同年，俄罗斯国防部开始建设名为“数据传输闭环系统”（ZSPD）的军事专用网。2018 年 3 月 12 日，俄罗斯《消息报》网站发表的题为《俄军建立封闭网络》的报道称，俄罗斯国防部正在建设数字信息交换系统，该系统名为 MTSS。这是一个没有接入国际互联网的多业务通信传输网。它可以使俄罗斯的所有重要信息保存在俄国防部服务器中。同时，MTSS 有自己的搜索引擎，这些专用网络能在俄罗斯境内快速传输大容量信息。此外，MTSS 还可支援俄军作战，并用于后勤保障。从 2019 年起，俄军开始建设专属的“军用互联网”，并将这个封闭的数字信息交换系统取名为“多服务通信交换网”。3 月，俄军宣布将建设自己独立的封闭式网络，其所有重要信息都只保存在国防部服务器上。2019 年 8 月，俄中部军区动用 4500 余人和 1500 余件机动式现代化通信器材举行一场军事演习，测试了“军用互联网”，并进行了“断网”测试。

3. 欧盟主要国家网络军事力量建设

随着网络安全问题的日益严峻、网络攻防技术的逐步成熟、网络战实战的锻炼，欧盟诸国纷纷制定了本国的国家网络安全战略，以保护本国的关键设施和网络安全。加强网军力量建设，制定网络空间作战战略与规划，颁布和完善专门的法规制度甚至网络作战条令条例，规范网络攻防，为维护网络安全提供制度保障。

一是英国（原欧盟国家，2020 年 1 月 31 日正式“脱欧”）网络空间军事力量建设。英国国防部认为，在未来的冲突中，除了会有传统的海上、陆地和空中行动，还会同时伴随有“网络空间作战行动”，英国有必要加强网络空间军事力量建设。因此，英国军情六处早在 2001 年就秘密组建了一支由数百名民间计算机精英组成的黑客部队，主要将网络战应用于情报领域，以应对外国势力和恐怖分子的网络袭击。与此同时，英国积极与美国、加拿大合作，建立网络作战单位，加强如计算机病毒、“黑客”进攻等方面的研究。2009 年 6 月 25 日，英国政府宣布成立国家网络安全办公室和网络安全行动中心，分别负责协调政府各部门网络安全和协调政府与民间机构主要计算机系统安全保护工作。

英国网军部队主要有两支：一支是网络安全行动中心，隶属国家通信情报总局，负责监控互联网和通信系统、维护民用网络系统，以及为军方网络战行动提供情报支援。其主要负责实施保护政府部门、战略基础设施和工业行业的网络防御活动。另一支是网络作战集团，隶属英国国防部，主要负责英军网络战相关训练与行动规划，并协调军地技术专家对军事网络目标进行安全防护。英国情报机构主动披露其军事网络攻击能力的首次应用是对“伊斯兰国”实施网络打击。组建“国家网络部队”欲对敌国发动网络战。据英国《独立报》网站 2020 年 1 月 10 日报道，英国即将组建完成一支安全部队，负责发动进攻性网络战，打击对英国构成威胁的恐怖组织、敌对国家和有组织犯罪集团。因英国面临可能波及本国的网络冲突风险和美国暗杀伊朗将军卡西姆・苏莱曼尼带来的风险，这支特别部队的组建变得更加紧迫。

二是法国网络空间军事力量建设。作为欧盟三驾马车的重要一极，法国非常重视网络安全，积极加强网络空间军事力量建设，其网络军事力量建设别具特色。法国于 2009 年 7 月成立了国家级信息安全机构国家信息系统安全办公室。这是法国逐步加强信息系统保护能力的重要一步。2017 年 1 月，法国成立网络司令部。网络司令部下属三大中心：一是计算机防御控制分析中心（CALID），成立于 2006 年，总部位于巴黎和雷恩。2019 年 1 月成为网络司令部的下属机构，负责处理和响应网络攻击。二是网络防御储备和运营准备中心（CRPOC），成立于 2015 年，位于布列塔尼和巴黎。负责招募新人和管理预备役人员，同时还负责组织国内和国际网络防御演习以及内部培训。三是信息系统安全审计中心（CASSI），成立于 2008 年，2019 年 1 月隶属网络司令部，其审计任务涉及两个领域：信息系统安全（ISS）和危害、干扰信号（SPC）。2018 年颁布《2019—2025 年军事规划法案》，计划到 2025 年再增加 16 亿欧元用于网络行动以及 1500 名从事网络工作的人员，共计 4000 名网络军事人员。

三是德军网络空间军事力量建设。随着网络安全问题日益突出，德国也开始重视网络空间作战力量建设。2011 年出台了“德国网络安全战略”，以保护关键基础设施为核心，牵引相关机构和网络空间作战力量建设。2011 年，德国成立国家网络防御中心，由德国联邦信息技术安全局领导，联邦宪法保护局、联邦民众保护与灾害救助局、联邦刑事犯罪调查局、联邦警察、海关刑事侦查局、联邦情报局和联邦国防军共同参与。2017 年 4 月 1 日，德军宣布正式成立网络与信息空间司令部，将与陆军、海军、空军并列，共同构成德国联邦国防军体系。德国联邦国防军自 2006 年就开始组建黑客部队，他们主要由联邦国防军大学的信息专家组成。据德国《明镜周刊》报道，德国联邦国防军目前已组建了 6000 人的网络战部队，以应对网络突发情况。通过多年来加强网络空间力量建设，目前德国联邦国防军已经有能力攻击计算机网络和服务器。国防部说，德军网络战部队已于 2011 年底具备了攻击“敌方网络”的“初步能力”。

4. 亚太地区主要国家网络空间军事力量

除了美、俄和欧盟主要国家积极加强网络空间力量建设外，其他一些国家和地区也积极发展本国的网络军事力量。近年来，亚太地区复杂的安全形势，特别是网络空间安全威胁越来越大，该地区主要国家加速推进本国网军力量建设，用以提高本国维护网络安全和实施网络战能力。

一是日本网络空间防卫力量建设。随着军事安全、政府事务、经济和社会等领域的网络安全问题受到越来越广泛的关注，日本越来越重视自卫队网络空间力量建设，努力提高网络空间作战能力。2009 年，日本自卫队效仿美国五角大楼的做法，组建一支“网络特攻队”，专门从事网络攻击与防御，准备在未来信息战中，打响一场“网络瘫痪战”。近年来，日本高度重视网络空间作战力量建设，通过筹组网络防卫力量研发新型网络攻击系统等手段，加快推进自卫队网络攻防实战部署。日本防卫省于 2011 年建立“网络空间防卫队”，由防卫相直辖，负责全时监视防卫省和自卫队的网络，应对潜在网络攻击。2013 年 7 月，作为防卫省和民间企业强化合作的一大举措，防卫省成立了网络防御委员会（CDC）。网络防御委员会旨在提高日本防卫省和防卫企业应对网络攻击的能力，主要任务是以防卫省为中心促进各参会企业之间的情报共享。2014 年 3 月 26 日，日本防卫省正式启动专门应对网络攻击的自卫队专属部队——网络防卫队，主要担负情报收集共享、防护、技术支援、调查研究和训练等任务，同时还负责对防卫省与自卫队的网络进行监视和对有关事态进行处理。2015 年 1 月，日本政府设置了由“情报安全政策会议”升级而成的网络安全战略本部，并启用了承担网络安全战略本部事务局功能的内阁网络安全中心。日本拟于 2020 年新设“太空和网络司令部”，其地位将与日本陆上总队、日本航空总队和日本自卫舰队并列，旨在提升网络空间和太空的“攻势防御”能力。

二是印度网络空间军事力量建设。印度的软件研发技术在世界上屈指可数，过硬的技术使印度对网络安全有着独到见解。印度认为，网络战已成为国家安全的首要威胁，其计算机系统正面临数量越来越多、形势越来越复杂的网络袭击。因此，印度积极推进网络空间军事力量建设，以提高维护网络空间信息安全的能力。目前，印度建立了专门负责网络中心战的网络安全部门，在所有军区和重要军事部门的总部建立网络安全分部。2015 年斥资 30 亿美元建设印军网络战司令部，并设立了体系化的网络安全分部，组建了规模达 1.5 万人的网络战部队，以应对日益严重的网络威胁。2018 年底，印度新组建的国防网络局建成运行，主要担负军事网络空间防御、威慑和进攻职能，并对抗“非国家行为体”和恐怖分子的违法行动。经过多年建设，印度已经拥有一支不可轻视的网络作战力量，在维护印度网络安全方面发挥了重要作用。

三是韩国网络空间军事力量建设。面对不断增长的安全威胁，韩国国防部现已把网络战全面整合到了军事行动中。为了应对网络威胁，韩国国防部特别组建了网络战司令部，各军种的军以上单位组建“计算机应急反应小队”处理网络入侵事件。网络司令部在参谋长联席会议的控制之下，负责处置这个任务。韩军于 2010 年 1 月成立了国防部情报本部下属的网络司令部，主要任务是负责在战争时期及和平时期策划、执行网络战争或进行相关防御工作，并负责构筑与国家情报院、警察等相关机构之间进行信息共享及合作的系统。针对来自朝鲜的网络攻击，韩国开始研发破坏朝鲜核设施的网络战病毒。2014 年 3 月，韩国国防部突然高调宣布正在对朝鲜实施网络战，他们以成功攻击伊朗核设施的“超级工厂病毒”（Stuxnet 蠕虫病毒）为蓝本，正在研发一种类似的网络病毒，旨在对朝鲜核设施造成物理性破坏。2016 年，韩国国防部与未来创造科学部联合研发军民联合网络演练课程及演练目录研发产业，该项产业研发时间为 4 年，预计需要 40 亿韩元的资金，主要目的是针对网络威胁确立军民联合网络战应对态势，该产业具体负责部门即为韩国国防部下属的国军网络司令部和未来创造科学部下属的韩国互联网振兴院。

四是朝鲜网络空间军事力量建设。美国战略与国际问题研究中心朝鲜研究室研究员珍妮·居恩、斯考特·拉福伊与伊桑·索恩，2016 年 1 月发表一份名为《朝鲜网络战：战略与反应》的报告。认为，朝鲜正发展成为网络空间的重要行为体，其军事和情报组织正在获得实施网络战的能力。目前，朝鲜的网络战力量大多由国家侦察总局和人民军总参谋部管控。国家侦察总局是朝鲜主要的情报与间谍行动机构，全权负责组织实施和平时期的突击行动、渗透行动、破坏行动及其他秘密行动。总参谋部负责掌管朝鲜军事行动和部队，包括日益增强的常规网络战力量。在人民军内部，网络作战行动由总参谋部（GSD）指挥。总参谋部负责人民军的作战准备工作，在网络战方面的主要责任是将新兴工具和武器纳入朝鲜的作战战略。人民军没有设单一的网络司令部，而是将信息战、电子战、心理战和相关任务划分给作战局、通信局、电子战局和瓦解敌军局。总参谋部的指挥自动化局负责实施网络战行动。

五是以色列网络空间军事力量建设。早在 20 世纪 90 年代，以色列就意识到互联网将迅速成为另一战场，义务兵役制优先挑选网络人才。早在 1997 年，以色列政府就在世界范围内率先建立了网络安全机构 Tehila，负责保障政府办公场所和政府网站之间的通信安全。随着网络时代的到来，网络空间的攻防具有四两拨千斤之效，键盘上的操作能够让现实中的庞然大物瘫痪，因此以色列加强了网络空间军事力量建设。2002 年，以色列政府建立了国家信息安全局（NISA），保障其关键基础设施安全。2011 年，以色列建立了国家网络局。2015 年开始，以色列的国防军还整合内部力量，建立集中的网络司令部（Cyber Command）。2017 年 5 月，以色列国防军新网络司令部正式组建。该司令部与现有的指挥、控制、通信、计算机和情报部进行整合，并负责所有防御性网络作战和情报收集的工作。目前，以色列国防军 8200 部队是一支网络战部队，相当于美国的国安局，是以色列国防军中规模最大的独立军事单位，被普遍认为是世界上最先进的网络间谍部队。

（三）网络空间军事演练常态化

网络演练是提高网络空间实战能力的基本途径，也是外军网络空间军事训练的普遍做法。近年来，随着网络空间军备竞赛呈愈演愈烈之势，美国、北约和欧盟组织、俄罗斯、日本等国家和集团，纷纷举行过大规模网络空间演练，网络空间联合军事演习训练活动呈现常态化趋势。

1. 当今网络空间军事演习现状

在世界网络空间政治、经济、文化和军事领域力量与能力持续快速发展的背景下，世界主要国家网络领域军备竞赛继续保持增长态势。如何使网络安全人员合理地利用手中的各种工具和策略来提高网络安全对抗水平，是培养“高素质的网络安全和信息化人才队伍”亟须解决的问题。因此，网络攻防演练成为各国培养网络安全人才的创新型培养模式。

一是多边网络空间联合军演。随着围绕网络安全的攻防之战悄然兴起，网络空间业已成为大国博弈的焦点所在，是维护国家安全的战略新疆域。美国、北约、欧盟等国家和实体针对日渐严峻的网络安全问题，通过制定网络立法、展开网络演习和组建网军部队等措施，正在实施着对网络空间的绝对控制。近年来，以网络强国美国为主导的一系列多边网络空间联合军演在网络空间频繁举行。如美国的“网络风暴”演习，北约的“锁定盾牌”演习和欧盟的“网络欧洲”演习等。其中，以美国为主导的多边网络空间联合军演最多、最成熟。随着网络攻击威胁的不断加剧，美国不断加强网络空间演训活动，并组织国内军方和企业、机构实施联合网络安全对抗演练，演练规模由一国发展为多国甚至跨洲际联合，战法运用也由常规向概念性、前瞻性方向发展。在这些网络对抗演练中，尤以欧美国家在组织形式上更加成熟且最具代表性。其中较有代表性的两个系列演习即“网络风暴”系列演习和“施里弗”系列演习。“网络风暴”以两年一次的周期通过演习帮助各级联邦政府、州、国际组织以及私营组织开展协作，共同评估并强化网络筹备工作、检查事件响应流程并提升信息共享能力。至 2018 年已经先后举行了 6 次代号为“网络风暴”的大规模网络战演习。从 2009 年的“施里弗 V”演习开始，网络空间成为演习的重要行动空间。2018 年 10 月 11 日至 19 日，美军在亚拉巴马州麦克斯韦空间基地举行了“施里弗—2018”联合军演。基于担心网络空间安全威胁越来越严峻，北约于 2008 年批准在爱沙尼亚首都塔林设立北约合作网络防御卓越中心，并赋予其国际军事组织的地位。北约依托该中心举办“锁定盾牌”和“网络联盟”两个机制性年度网络演习。2019 年 4 月 8 日至 12 日，北约在爱沙尼亚首都塔林举行了世界最大规模的网络安全演习“锁盾—2019”（Locked Shields 2019）网络空间联合军演。2019 年 12 月 2 日至 6 日，北约在爱沙尼亚的“国防军事学院”基地举行了“网络联盟—2019”网络空间联合军演。此外，欧盟于 2010 年创办了每两年举办一次的“网络欧洲”网络空间联合军演，截至 2018 年已经是第五届。

二是双边网络空间军事演习。双边网络空间联合军演主要是美国主导的双边联合军演。美国与相对独立于北约的其他军事盟国建立网络攻防合作关系。2011 年 9 月 14 日至 16 日，美国与澳大利亚把网络空间防御纳入军事同盟协定，将网络战纳入两国签署的“共同防御条约”，以应对未来战争的需求。2013 年，日美进行了首次“网络对话”，发布了关于加强网络防御合作的联合声明，同年，日美“2+2”安保协议委员会会议，确认两国合作应对网络攻击。日美两国政府在 2019 年 4 月基于《日美安保条约》确认，美国对日本的防卫义务也适用于网络空间。日本发表了政府见解，即当美国等与日本关系密切的国家遭遇任何形式的网络攻击时，日本“可以行使集体自卫权”。2019 年 12 月 9 日至 16 日，美国陆军与日本自卫队在日本陆上自卫队朝霞基地举行大规模“山樱”联合军演，约有 6600 人参加演习。此次演习旨在加强双方在网络空间和其他涉及日本陆上自卫队的“新领域”的合作。与往年相比，本次演习内容不同于以往在海陆空领域进行合作，美日在网络攻击等新领域也展开了协同合作。此外，美韩每年举行的联合军演也加强了网络空间作战演练。美韩两国也在年度例行性演习“关键决心 · 鹞鹰”和“乙支 · 自由卫士”中增加了网络攻防演练的维度，保证战时同盟体系安全稳定运行。

三是单边网络空间军事演习。美军对网络空间和信息技术的依赖程度极高，且其指挥控制系统和后勤系统的绝大部分还依赖于民间网络运行，这要求其必须具备在网络空间自由运行的保障能力。因此，美军非常重视网络空间军事演练，重点加强网络运行、安全保障和作战能力的演训，以有效应对不断发展的网络空间威胁，确保网络空间优势。为了强化美军网络空间战部队的行动能力，美军每年进行一次被称作“网络空间防御”项目的演习，以研究美国网络空间安全可能存在的漏洞。2016—2018 年，美国国防部连续组织开展了“黑掉五角大楼”“黑掉陆军”多次军方实战演习。2019 年 7 月初，美国网络司令部在美国国防部协助下进行了一次“网络闪电”演习，测试作战司令部网络规划部门的能力，以帮助指挥官更好地进行网络作战部署。美方进行“网络闪电”演习，常态化演练为网络战敲响警钟。

2. 积极加强网络空间军事训练

为了提高网络作战能力，加强网络空间军事训练是不可或缺的重要环节。随着网络空间军备竞争越来越激烈，网络空间作战训练受到世界各国的重视，已成为日常军事训练的重要内容，并呈现常态化发展趋势。

一是拟制颁发网络空间作训条令和预案。众所周知，作战条令不同于一般法律文件，其条文更多是作战实力的标志，是网络攻防基本套路的规范。从“X 计划”到《塔林手册：适用于网络战的国际法》(简称《塔林手册》)，再到《网络空间联合作战条令》，美西方国家军队拟制了网络军事行动的基本规则。这在一定程度上可以说明，美国网络战争已经完成了最贴近实战的一道“工序”。2006 年制定的《网络空间作战国家军事战略》（NMS-CO），是美军第一份也是最重要的网络空间军事战略文件，确定了网络空间的军事法。此外，美军兵种也相继颁发《空军网络司令部战略构想》《2009—2013 海军网络战司令部战略计划》《陆军网络作战概念能力规划 2016—2028》三个战略文件。2012 年 9 月，美国防部国防高级研究计划局启动名为“X 计划”的网络战发展项目。“X 计划”就是美军加快网络战准备、推动网络战实战化进程的一项系统工程，涉及网络战作战和建设的方方面面。其实质性动作主要有 3 项，即拟制网络战作战预案、研制“网络地图”、开发网络战操作系统。2013 年 3 月 18 日，美国主导北约公布了耗时 3 年多、20 多位国际法专家和网络专家编写网络战争规则《塔林手册》，被誉为网络战领域的“日内瓦公约”。北约于 2017 年 2 月颁布第二版《塔林手册 2.0》。

二是打造网络空间作战训练环境。如何通过训练来让网络战人员特别是非网络专业作战人员适应一个高度信息化和网络化的战场，成为网络强国军队面临的紧迫课题。因此，美西方国家积极推进网络空间作战训练环境建设，努力打造拥有一个能真实模拟网络和信息对军事平台和系统造成影响的高仿真训练环境。随着网络在军事领域的广泛应用，网络空间已成为遂行战争的第五维域，网络攻防的仿真模拟已成为训练“网络战士”的重要方式。美军已从网络支撑型军队变成了网络依赖型军队，率先建立了专门实验室，由灰网、黄网、黑网、绿网四个子网络组成，通过各种攻防工具、攻防思路在虚拟实战环境的运用，使官兵灵活掌握网络实战能力。2008 年 1 月 8 日，美国启动了国家网络靶场项目建设。这是由总统布什签署的《国家网络安全综合计划》，最终目的是保护美国的网络安全，防止美国遭受敌对电子攻击，并能对敌方展开在线攻击。除了国家网络靶场外，美军各军种也建设有自己的网络战术靶场。战术网络靶场包括网络、通信、传感器、无人系统等技术。2019 年 7 月 22 日，美国陆军计划在肯塔基州诺克斯堡建造一个新的数字空地一体化靶场（DAGIR），这是继得克萨斯州布利斯堡 2012 年建设的 DAGIR 之后第二个此类靶场，旨在让地面机动部队和攻击航空兵部队在同一个战场空间内进行协同作战演习。

三是美军加强网军部队的网络练兵。多年前美国就开始打造世界上最强的网战军团，目前这支使用计算机键盘战斗的军团已经成型。随着美军网军建设的发展，开展网络空间作战演训就成为网军建设的重要内容。因此，美国十分注重通过在网络空间练兵来提高其网军作战能力。经过多年的研究和建设发展，美军建立起一套行之有效的网络训练体系，使其联合作战能力得到质的提升。从美军实施网络训练时，网络在其中所发挥的作用来看，可以将其网络训练分为以网络设备、网络技术为基础的，结合虚拟仿真技术、通信技术等信息技术的训练，也就是人们常说的“网上练”；还有将网络作为武器或载体，将其视为一种信息化新型战斗力，进行专门的训练，也就是人们常说的“练网络”。从美军网络化训练的类型来看，主要可以分为针对单个军人的远程分布式网上教育训练、美军各军种间以及美军与他国军队之间的多军兵种联合训练仿真系统训练、用于教育研讨以及军队指挥人员的兵棋推演、美军网络部队所进行的网络攻防训练。

二、网络空间面临网络战争威胁

在网络时代，网络更是成为与人类生存空间并列的虚拟空间，成为人类生存的第二空间，人类的争夺也开始在这个虚拟世界展开。从网络战的发展来看，是美军最先将网络战引入现代战争之中。如今，以网络空间为战场的角逐和厮杀已经在现代战争、武装冲突和地缘争端中激烈展开。

（一）近几场战争中的网络战

随着网络时代的到来，为赢得信息化战争的“制网权”，美国最先将网络战引入当代战争，使网络战登上人类战争的舞台。进入 21 世纪后，网络战更加频繁，网络攻击与传统军事行动同步进行。

1. 海湾战争中网络战初露锋芒

自从 1946 年世界上第一台电子计算机诞生的那一刻起，作为一项新的技术在军事领域的运用就注定了它将在未来战争中发挥重要而且是无可替代的作用。首次把网络攻击手段引入战争的，应该是 1991 年爆发的海湾战争。网络战在这次战争中初露锋芒。

在海湾战争中，美军对伊拉克使用了网络战手段，从而大大削弱了伊拉克国家防御系统，导致在整个战争中伊拉克军队都处于被动局面。在战争开战之前，美国获悉一个重要情报，伊拉克从法国购买了一种用于防空系统的新型计算机打印机，准备通过约旦首都安曼偷运回巴格达。美国中情局立即派出特工人员来到约旦，在安曼机场买通了守卫人员。当运送打印机的飞机一降落到安曼，特工人员就偷偷溜进机舱，用一套带有计算机病毒的同类芯片换下了计算机打印机中的原有芯片。伊拉克人在毫无察觉的情况下，将带有病毒芯片的计算机打印机安装到了防空系统中。在对伊实施空袭前，美国特工用遥控手段激活了这些芯片中的病毒，病毒侵入伊拉克防空系统的计算机网络中，致使伊拉克防空指挥中心主计算机系统程序错乱，导致伊军防空计算机控制系统失灵，从而使得伊拉克整个防空系统瘫痪，几乎丧失了防空作战能力，根本无法发挥其应有的防空作用，多国部队的空军如入无人之境。①

在海湾战争“沙漠盾牌”行动中，美军上千台个人计算机感染了“犹太人”“大麻”等病毒，并影响到作战指挥系统的正常工作，美国迅速从国内派出计算机安全专家小组，及时消除了病毒，才避免了灾难性的后果。这是世界上首次将计算机病毒用于实战并取得较好效果的战例，从而也使网络空间战初现端倪。当然，这时的网络战还不是现代模式的网络攻击，

① 木生:《网络战，未来战争的重要战场》，《解放军报》2009 年 8 月 10 日。

而只是通过病毒进行间接攻击的模式，只能将其看作网络战的雏形。但这次网络空间的作战行动让世人开了眼界，世界各国特别是网络强国也开始重视网络战的开发与利用。

2. 科索沃战争上演“第一场网络战”

如果说海湾战争中网络作用仅是初步显现的话，在 1999 年的科索沃战争中，网络战的规模和效果更是有增无减，以计算机病毒攻击为重要手段的计算机网络战则更为激烈。在此次战争中，网络攻防战已成为交战双方的另一个前线战场，网络战则是愈演愈烈，对此时任美国国防部副部长哈默称科索沃战争为全球“第一次网络战争”。

北约对南联盟实施“硬”“软”双重打击。在整个空袭期间，北约除了对南联盟实施空中“硬”打击外，还对南联盟军队自动化网络指挥控制系统进行“软”攻击，对达成空袭目的起到了极为重要的作用。北约空袭南联盟，首先便将打击目标指向南联盟军队的指挥控制网络。在前几轮空袭中，北约集中用“战斧”巡航导弹和能携带精确制导武器的轰炸机对南联盟军队的控制网络进行毁灭性的打击，使其指挥控制、通信系统遭受重创，难以组织有效的反空袭和反击。北约除了对南联盟实施空中硬打击外，同时还对南联盟军队的网络指挥控制系统进行软攻击。另外，美国、英国及北约国家官方网站、新闻媒体网站，大力渲染科索沃阿族难民遭到种族灭绝的悲剧，鼓吹“人权高于主权”及打击南联盟的必要性。

南联盟组织力量在网络空间实施猛烈反击。面对北约的种种打击，南联盟也不示弱，发动了相应的网络攻击。南联盟的网络攻击主要是侵入北约军事相关部门计算机系统，对其指挥通信系统进行大肆破坏。在北约开始轰炸的第三天，贝尔格莱德的“黑客”利用自己的计算机自动反复连接北约站点，轰炸北约站点，造成网络阻塞。南联盟黑客使用“爸爸”“梅利莎”“疯牛”等病毒进攻北约的指挥通信网络，致使北约通信网陷入瘫痪，美海军陆战队所有作战单元的电子邮件均被“梅利莎”病毒阻塞。北约在贝尔格莱德的 B-92 无线电广播网，以及在布鲁塞尔总部的网络服务器和电子邮件服务器，均连续受到计算机病毒的破坏。南联盟计算机专家还在俄罗斯黑客的帮助下，使用计算机病毒造成美海军“尼米兹”航母上的计算机系统瘫痪时间长达3个多小时。“黑客”高手对英国“天网”卫星系统中的一颗卫星进行了劫持，使其反应迟缓，基本丧失效能。

3. 阿富汗战争中的网络战

2001年10月，美国发动的阿富汗战争更是全面展示了网络战的强大威力。在这场战争中，美军充分发挥各种作战手段的系统效应，实现了信息获取系统与作战指挥系统的高度一体化和信息的实时传输，大大提高了作战效能，从发现一个机动目标到发动袭击仅需要10分钟，这在科索沃战争中需要一个小时，在海湾战争中则需要一天的时间。

在阿富汗战争中，美军在阿富汗运行的网络达30多个。这一数字随着每天的实际任务组织而波动。这些网络大多数属于美国各军事部门和情报机构，其他的则属于北约和各联军，其中较重要的有英国、加拿大和意大利的网络。但没有一个指挥官可以访问或控制所有的网络。解决问题的办法就是建立阿富汗任务网，该网具有处理秘密信息的能力。阿富汗任务网直接解决了把联军混成到连的军事作战需求，使指挥官在任务组织中拥有更大的灵活性并使联军真正联合起来，从而提升作战效能。这30多个网络为阿富汗任务网提供或从阿富汗任务网获取信息，使得地区指挥官可以更好地控制战场信息和更灵活地调用他所指挥的部队。以前的联军网络行为模式是提供美国和联军战场之间的通信，但是阿富汗任务网可以实现在真正意义的联盟战场上打一场名副其实的联盟战斗。可见，美军在阿富汗战争中实施的网络战除了具有传统游击战的组织结构扁平化、作战主体小型化，以及由此而来的灵活性与较强的应变能力之外，在现代信息网络和空中打击力量的支持下，也提高了作战指挥和相互协调能力。

4. 伊拉克战争中的网络战

2003年的伊拉克战争开辟了网络战新时代，在该次战争中所使用的信息技术之多是历史上从来没有过的。在战争中，美军更为广泛地使用网络战手段，虽看不见硝烟，却跌宕起伏，并对美军的快速取胜发挥了重要作用。

在伊拉克战争爆发前，美国就对伊拉克发动了无形的网络战。美军通过网络空间发送电子邮件给伊拉克军队高官，将大量揭露萨达姆家族弊端的邮件和“劝降信”发送到了许多伊政府官员、军队指挥官以及广大使用网络的普通民众电子信箱。数千名伊拉克军政要员在他们的电子邮件信箱中收到美军发来的“劝降信”，造成很大的心理影响。这些邮件引起了伊拉克高层及军队指挥人员的恐慌，还导致了民众对萨达姆家族的猜疑，极大地削弱了他们的抵抗意志，无形中动摇了伊拉克的抗美决心。在战争期间，美国陆军还建立了一个非常完善且非常分散的网络支援结构，各个作战单位的网络用户，有了问题可由这个支援机构去当场解决。美国军事专家、曾任五角大楼战略家的安德鲁·克莱皮纳维奇曾认为，这种先期展开的网络战对美英联军顺利推倒萨达姆政权产生了巨大的作用，其在促成伊拉克军队迅速瓦解方面的威力甚至超过了大规模的空袭。

在伊拉克战争中，美军首先采取的是网络战策略，攻击的是伊拉克网络硬件，但并非完全摧毁。原因在于伊军政相当级别的人才能访问互联网，而这些人正是美军实施网络心理战和舆论战的重点目标。譬如，美国情报系统不断地向伊拉克国内具有社会影响力的主流阶层发送电子邮件。这些邮件列数了伊拉克总统萨达姆执政20年来的种种“罪状”，并极力劝降这些社会主流人物。巴格达陷落半个月后，美国广播公司驻巴格达记者斯科特·彼得森和彼得·福特采访了3名伊军军官，这些军官承认，美军的舆论战和心理战的确动摇了伊军抵抗的信心，而美军向伊拉克指挥官发去的电子邮件，比数以千计的传单和专门开通的广播威力更大。

美国在伊拉克战争中实施的网络攻击行为，无疑为今后在各种国家间对峙中的网络攻击开了先河。随着网络的日益普及，如今不仅是国家，就是较小的“非国家行为体”，乃至个体都会成为网络安全的制约因素。因此，英国的某位科学家在描绘信息战时曾称：“每块芯片都是一个武器，就像插入敌人心脏的匕首。”

5. 利比亚战争中的网络战

在利比亚战争（2011 年 2 月 16 日—10 月 20 日）中，网络战作为一种极具威慑力和破坏力的全新作战方式，体现了网络战的新特点。网络战不仅活跃在利比亚战场，而且渗透其政治、经济、文化、科技等各个领域。

（1）网络空间助推利比亚内乱。在过去的几年中，互联网在利比亚的使用呈爆炸式增长，正如现居纽约的社会学家、心理学家马尔科姆·格莱德威尔预测的那样：互联网的影响像病毒一样迅速扩大蔓延，正在成为政治变革的工具。在利比亚发生内战的初期，示威者利用互联网和社交媒体平台作为传输介质，争取支持，呼吁为民主而战并与外界沟通。后来，反政府力量在线交流迅速增加，互联网成为反政府力量的重要工具，使其迅速把反政府个体召集在一起，并引起了全球民众关注卡扎菲政府对人权的侵犯。

（2）北约启动“网络黎明”项目。战争开始后，北约就对利比亚启动了“网络黎明”项目，主要任务是从公共领域收集原始及相关数据进行整理、分析和报告，为战争提供依据。在冲突加剧的时候，利比亚政府关闭了互联网，北约立即为起义者提供了网络支援，使得利比亚国内和境外的起义人员能实时相互沟通，找到可以把信息提供给外界的方法，并成为其重要通信联络方法。从 2 月 23 日开始，美籍电信公司高管阿布沙古（音译）和他的朋友领导的工程师团队，帮助反政府力量劫持了卡扎菲的蜂窝无线网络，建立了自己的通信系统，让反政府组织领导人更容易与外界交流或请求国际援助。他们在埃及、阿联酋和卡塔尔政府的支持下，创建了一个不受的黎波里控制的独立数据系统，并破解了卡扎菲政府的手机网络，获取了电话号码数据库。利用这些信息，他们建立了被称为“自由利比亚”的新通信系统。4 月 2 日，新通信系统开始测试并运行。随后，他们创建了由谷歌地图组成的战争进展战况图，以此追踪报道相关事件，该图在 12 天的时间里被用户浏览 31.4 万次，这些信息至少被 20 多家新闻媒体转载。

（3）卡扎菲实施网络反击战。一直以来，在卡扎菲身边藏着一支上百人的精英兵种“网络人军团”。这些网络精英不受军部管制，由卡扎菲直接掌控，其日常命令下达都是通过卡扎菲引进的远程控制技术——网络人远程控制。在联军大打网络战的同时，当时的卡扎菲政府也在根据国内局势，灵活利用控制网络策略，实现自己的企图。利比亚政府通过断开互联网连接，作为屏蔽国内事件的工具，隐瞒了针对平民的军事行动，减轻人们对于国内混乱局势的注意力，给政府军更多的调动时间，以借机镇压反政府势力。当政府驳斥叛军时，又开通互联网，对外实施有利于政府的宣传。这样，既避免了完全关闭互联网可能会引起的国际社会的不满，又使互联网在关键时刻服务于卡扎菲政府。

6. 叙利亚战争中的网络战

自 2012 年 5 月 25 日叙利亚中部霍姆斯省胡拉地区发生 108 人被屠杀惨案后，叙利亚国内局势持续恶化，爆炸、枪战、绑架与杀戮事件频频发生。6 月 4 日，叙利亚反对派武装“叙利亚自由军”发表声明说，该武装力量不再遵守安南提出的解决叙利亚危机的“六点计划”，将向政府军发起军事攻击。当暴力活动在叙利亚肆虐的时候，并不是所有的冲突都是发生在大街上的，也有一些冲突是在网络空间里发生的。

在叙利亚内乱中，政府与反对派在网络空间开辟第二战场，各方黑客在网上不断发布假信息，以欺骗或攻击对方。亲政府派涉嫌将计算机病毒携带至反对派，这个恶意软件的名字是 AntiHacker。它以“自动防护及自动检测，安全、快速地进行扫描和分析”作为幌子，一旦被安装在计算机中，就开始窥探用户资料。而反对派在网络战战场则必须依靠国际组织的支持来实施其战术。叙利亚政府军和反对派武装在网络上无数次上演没有硝烟的战争。双方以未经证实的传言为炮弹，试图“助攻”现实战场。在交战双方中，反对派武装最早在“脸书”上发布战争画面，以期通过发布“正在受害”的照片和画面，博得国际社会的同情和舆论支持。由此，政府军和反对派势力在硝烟弥漫的战场之外，又展开了一场网络社交大战，争夺舆论话语权，照片和画面成为战争的“武器”。

2013 年 3 月，叙利亚政府网军开展了若干成功的战役，大获全胜，包括夺取了多个具有国际影响力的新闻机构和非营利组织的社会化媒体账号。此后，政府网军越战越勇，拿下英国 BBC 的多个“推特”账号，包括 @BBCWeather，@BBCArabicOnline 和 @BBCRadioUlster。“叙利亚网军拿下 BBC 的多个‘推特’账户，作为对其谎言、伪造新闻以及充满血腥歧视的回应”，在一份叙利亚政府网军的公告中如是说。单在 2013 年，叙利亚政府网军已连克人权观察组织、卡塔尔基金会、法国电台、德国之声、法新社和天空新闻等多个机构 / 组织的系统，获得系统管理员账号或社会化媒体账号。

（二）地区冲突中的网络战

进入 21 世纪以来，地区武装冲突时有发生，冲突双方会使用网络攻击手段配合传统战场上的军事行动。而拥有制网权的一方往往让对手在虚拟空间失利，导致在现实空间失败。

1. 朝鲜半岛发生的网络战

朝鲜半岛作为“冷战”的“活化石”，不仅在物理空间进行“冷战”对抗，在网络空间也进行你死我活的较量。韩国受到的网络攻击让全球焦点对准朝鲜半岛，在那里，核威胁逐渐平息，而网络战却在悄悄掀起。

网络战成为朝鲜与美国、韩国博弈的重要手段。在 21 世纪之初，朝鲜就能够删除硬盘，传播恶意软件攻击，进行 DDoS 攻击。现在，朝鲜的能力显然已经超出大多数人的预估，演变为影响全球网络安全的重要力量之一。2004 年，朝鲜 121 部队就宣称已破解了韩国军队 80 个无线通信网络中的 33 个网络的进入权限。这些事件表明，攻击者能够在和平时期实施破坏性和毁灭性的网络攻击行动。近年来，朝鲜针对韩国、美国的网络攻击更加频繁。诸如 2010 年“7・7 网络大恐慌”和 2013 年“3・20 网络大恐慌”等严重网络攻击事件，都因其持续时间长、影响范围广，使高度依赖信息技术的韩国社会陷入了巨大混乱。2013 年 3 月 20 日，韩国 3 家主要广播公司和 3 家大银行遭到攻击，造成近 3.2 万台个人计算机瘫痪最为典型。2016 年 4 月，美国一家专业公司以 5 分为满分对全球 160 多个国家的网络战能力进行了评价。结果显示，美国和中国的平均分都为 4 分，并列第一；朝鲜、日本和以色列的平均分为 3.6 分；紧随其后的是韩国，平均分为 3.2 分。2013 年 3 月 20 日，韩国多家金融机构和电视台遭到网络袭击，造成 5 家银行和电视广播公司的 5 万台计算机和服务器宕机了数日。

在数十年的南北对峙中，朝鲜相对于韩国的常规军事能力优势不断削弱。深知其国家实力不足以支撑起常规军备竞赛的沉重负担，甚至可能被拖垮并陷入政治不稳定的不利局势，朝鲜转而寻求利用不对称优势维持对于韩国的战略威慑。朝鲜将网络战作为低成本、低风险的手段，对那些政治军事行动严重依赖网络空间的国家实施打击。破坏性或者毁灭性的网络攻击，可以针对远距离的对手实施力量投送，而无须进行直接渗透或者打击。网络作战能力还能够有效破坏或抵消对手网络化军事力量的优势。由于网络战难以定性，且缺乏严格界定的规范，使得防御方难以划定“红线”和威胁。

2. 俄爱冲突中的网络战

2007 年，苏联加盟共和国之一的爱沙尼亚因拆除一座苏军“二战”纪念碑，而遭到了来自俄罗斯的大规模网络攻击，大量的来自全世界的僵尸网络瘫痪了该国的互联网。此事被媒体称为“军事史上第一场国家层面的网络战争”。

（1）俄爱冲突在网络空间展开激烈较量。2007 年 4 月，爱沙尼亚爆发了移除第二次世界大战苏军纪念铜像事件，引发了两国之间严重的舆论和外交冲突。爱沙尼亚决定将位于首都塔林的苏军纪念铜像移到军人坟场，这一举动引起了居住在爱沙尼亚国内占全国人口 25% 的俄罗斯族人的不满和大规模骚乱，同时也招致了俄政府的强烈抗议，一场规模空前的黑客攻击重创了爱沙尼亚互联网系统。自 4 月 27 日拆除苏军雕像和纪念碑后，爱沙尼亚就开始遭受来自互联网的攻击。不仅是政府部门的网站，包括新闻、金融、企业甚至个人网站都遭受了猛烈攻击，导致很多网站瘫痪。拥有 140 万人口的爱沙尼亚，是欧洲电子化程度最高的国家之一，也是所谓“电子政府”的先驱，因此网络攻击使该国受到重创。大量网站被迫关闭，一些网站的首页被换上俄国宣传口号及伪造的道歉声明，该国总统的网站同样倒下。在连番攻击浪潮中，最先是报纸和电视台受袭，之后到学校，最后蔓延至银行。爱沙尼亚国防部特种作战部门分析认为，对爱沙尼亚网络发起攻击的主要力量来自俄罗斯。爱沙尼亚国防部长阿维科索透露，可能有超过 100 万台的计算机参与网络攻击。这是人类有史以来第一场国家层面上的网络大战。

（2）爱沙尼亚国家网络简直遭受灭顶之灾。爱沙尼亚面对的袭击手法，主要是换面攻击、分散式拒绝服务。为应付庞大攻击，爱沙尼亚立即成立了计算机紧急事件应对小组，他们追踪攻击者时，发现源头来自越南、美国等全球各地的计算机，怀疑黑客可能利用僵尸网络发动分散式拒绝服务攻击。爱沙尼亚曾大量关闭对外通信，抵抗外国黑客入侵；邻国瑞典亦将进入爱沙尼亚的异常流量预先封锁。这场大规模的网络攻击一直持续到 2007 年 5 月 18 日才结束，爱沙尼亚政府、银行、报社、电台、电视台、公司的网站因遭受大规模的进攻而瘫痪三周。这对网络依赖性极高的爱沙尼亚来说简直是灭顶之灾，爱沙尼亚整个国家的秩序陷入一片混乱，以至于爱沙尼亚外交部、国防部紧急向北约求助，希望它能够协助判定。

3. 俄格冲突中的网络战

在俄爱冲突的第二年，2008 年 8 月发生俄罗斯与格鲁吉亚发生武装冲突。俄格冲突中，类似的网络攻击则更为可怕，俄罗斯率先向格鲁吉亚发动强大的互联网攻击，格鲁吉亚由于无法利用网络发布有关战争的准确信息而在两国冲突中处于劣势。从军事角度看，格鲁吉亚遭遇的网络战，作为全球第一场与传统军事行动同步的网络攻击，不仅起到了一种心理上的恐吓和威慑作用，还为加速战争进程和打赢舆论战起到了推动作用。

俄罗斯与格鲁吉亚冲突提高了网络战的新等级。在发动实际攻击至少3周前，俄罗斯最初瞄准了格鲁吉亚全国范围内的大型媒体和政府网站，扰乱了格鲁吉亚应对入侵的准备工作。这些先期的黑客攻击，是为战斗后期集中网络攻击的一次预演。在黑客攻击国家网站之前，他们首先瘫痪了格鲁吉亚的黑客组织，有效地剥夺了格鲁吉亚的网络侦察能力。此后，格鲁吉亚无法预见或防范俄罗斯的网络攻击。以上这些都发生在战略和操作层面，而格鲁吉亚不具备战术层面的网络资源。8月5日，也就是格军攻入寻求独立的南奥塞梯自治州之前3天，两家俄罗斯新闻网站被劫持，登录后直接跳转到一家格鲁吉亚电视台“Alania TV”的网站。随后格鲁吉亚方面遭遇强力报复，其议会和外交部网站被攻陷，登录后页面变成一幅格鲁吉亚总统萨卡什维利和希特勒的表情对比图。同时该国以及邻国阿塞拜疆的其他计算机和网站纷纷遭遇“洪水攻击”。更有甚者，在网络攻击期间，俄罗斯网民可以从网站上下载黑客软件，安装之后点击“开始攻击”按钮即可参与作战行动，进行网络攻击。因此，媒体评论：俄罗斯打了一场名副其实的“网络人民战争”。

8月8日，俄罗斯与格鲁吉亚爆发了军事冲突。俄罗斯军队在越过格鲁吉亚边境的同时，对格鲁吉亚展开了全面的“群”式网络阻瘫攻击，对格鲁吉亚网络体系进行了大规模攻击，致使格方电视媒体、通信、金融和交通等重要系统纷纷瘫痪，政府机构运作陷于混乱，机场、物流等信息网络崩溃，格鲁吉亚几乎无法与外界沟通，急需的战争物资无法及时运达指定位置，战争潜力被严重削弱，直接影响了格鲁吉亚的社会秩序以及军队的作战指挥和调度。俄罗斯网络攻势与传统军事行动结合，巧妙地配合了军事行动计划，无疑对格鲁吉亚造成了更为沉重的打击。其是世界上第一次与传统军事行动同步的网络攻击。

俄格网络大战，最后以俄罗斯黑客的压倒性优势告终。俄罗斯在格鲁吉亚的行动表明，不管来源在哪里，黑客与俄罗斯的军事行动具有协同攻击的性质。尽管战术行动由军队层面掌控，但指挥决策权仍在战略层面和国家手里。俄方黑客在格鲁吉亚实施网络攻击的要点集中在袭扰地区。袭扰力量会打乱敌人的准备工作或行动，摧毁或欺骗敌人的侦察力量，起到降低敌战斗体系核心要素效能的作用。

4. 乌克兰危机的网络战

在乌克兰危机中，从操控乌社会舆论、瘫痪乌政府和军队网站、挑拨民众闹事，到为反对派提供网络技术支持等，西方没有动用一枪一弹，通过网络空间的政治威逼、经济引诱和文化渗透等战略手段，就颠覆了亲俄的亚努科维奇政权，使乌克兰政体从总统制变为议会制，并建立起亲西方政权，这是西方网络战首次成功实现国家政权更替。此后俄、乌等国网络战此起彼伏，双方最高国家机构、军事部门、金融机构、电视台甚至北约等军事组织均遭到网络攻击。

乌克兰政局危机越来越清晰地向世人表明，这是一场以美国为首的西方国家在现实世界和虚拟空间精心策划、蓄谋已久的战略行动。西方国家的这一战略图谋，既是美、俄之间的政治较量，也是美、俄、乌在网络空间的战略博弈。在持续的乌克兰危机中，除了看得见的暴力冲突和相互制裁外，另一场隐藏的战争也在进行着。西方的网络战在乌克兰政局危机中推波助澜，俄罗斯网络空间助力俄军行动，乌克兰网络部队也让人刮目相看。这次乌克兰剧变，欧美国家重视运用网络手段制造和传播政治谣言，采取了窃取、拦截和攻击等多种技术方式，使乌克兰主流网站舆论几乎一边倒，充满对政府的批评和攻击，使国民不满情绪迅速蔓延。欧美国家强化监控乌克兰政府和军队网站，进行了多次大规模病毒攻击。欧美国家还对乌克兰反对派提供了大量资金支持和相关网络信息，使反对派对当局的动向和软肋了如指掌，最终导致官方网站彻底瘫痪，为颠覆政权奠定了基础。

俄罗斯在格鲁吉亚战场上展示出其网络战能力，在 2014 年与乌克兰冲突的过程中也展示了其网络战能力，并将乌克兰作为新型战争的试验场，尝试了将网络攻击和非常规战争相结合的混合战争。俄特种部队占领克里米亚后，信息战部队致瘫了乌克兰政府官方网站，迅速切断克里米亚半岛与外界的网络联系，有力配合了俄在克里米亚的行动。克里米亚就脱离乌克兰举行全民公决的当天，一个俄罗斯黑客组织对北约国家的网站实施攻击，试图使网页断开连接。这些攻击通过僵尸网络进行，世界各地被病毒感染的计算机都有可能参与了攻击。2016 年 10 月至 12 月，乌克兰遭受了针对 36 个目标的超过 6500 起网络攻击。乌克兰各地都感受到了网络攻击的影响。2017 年 6 月 27 日，不少乌克兰的企业感染了新的勒索病毒，攻击源头是乌克兰知名的财务软件 M.E.Doc，黑客在源代码中植入了窃取数据的后门，随着软件更新，广泛使用该软件的企业纷纷中招。此外，在多次针对其他西方国家实施网络攻击之后，俄罗斯最近承认进行了大规模的网络和信息战。

（三）地缘政治争端中的网络战

当今，各国之间的民族矛盾、宗教矛盾、领土争端和资源争夺非常激烈，成为地缘争端的主要内容。虽然这些地缘争端暂时没有爆发大规模的常规战争，但在网络空间的斗争却一刻也没有停止，地缘争端成为网络战新武器的试验场。

1. 美伊网络空间大博弈

网络空间这个无形战场已经是美国针对敌国的主要攻击手段，而且大有愈演愈烈之势。美国与伊朗在网络空间展开的较量，如同好莱坞大片一样精彩纷呈，令人眼花缭乱。

“震网”病毒重创伊朗核设施。位于伊朗南部的布什尔核电站是伊朗首座核电站，设计装机容量为 1000 兆瓦。按照伊朗官方的计划，该核电站应于 2010 年 10 月并网发电。然而，在当年 7 月，中情局派间谍通过 U 盘传播的“震网”（Stuxnet）蠕虫病毒感染，成功地将“震网”病毒混进伊朗纳坦兹（Natanz）核电站的计算机系统。“震网”病毒侵入由德国西门子公司为伊朗核设施设计的计算机控制系统后，获得控制系统数据，进而指挥离心机高速运转，最终导致离心机瘫痪。在接下来数周内，伊朗纳坦兹核电站被一波又一波的“震网”病毒击中。在这次连环攻击的末期，至少有3万台计算机中招，“震网”病毒摧毁了大约1000台离心机。

“震网”病毒给全球互联网用户带来危害。与传统计算机病毒相比，“震网”病毒不通过窃取个人隐私信息牟利，它打击的是全球各地重要目标，且无须借助网络连接进行传播，因此被一些专家定性为全球首个投入实战的“网络武器”。美国中央情报局前任局长迈克尔·海登证实，“震网”病毒的运用是“第一次造成大规模硬件设施瘫痪的网络攻击”。在发现“震网”病毒攻击和它对伊朗的核设施产生的破坏后，伊朗开始投入巨资发展网络防御。2011年，伊朗成立了网络司令部以保护基础设施免受网络攻击，成立计算机紧急响应小组协调中心（MAHER）以便促进沟通、协调国家应对网络威胁的行动。在2012年8月和9月接连发生了对两个主要海湾能源公司和美国几大金融公司的网络攻击。2013年9月，黑客针对美国的金融部门发动了攻击，这次则是以“卡桑网络战士”之名。黑客攻击了美国的大型金融机构，包括美国银行、摩根大通、美国合众银行、匹兹堡金融服务集团、美国富国银行、美国第一资本投资国际集团、太阳信托银行公司和地区金融公司。

“火焰”病毒开启网络作战新阶段。2012年5月28日，一种名为“火焰”的计算机病毒作为“超级网络武器”攻击了伊朗等国的许多计算机。作为一种新型计算机病毒，“火焰”病毒入侵了伊朗、黎巴嫩、叙利亚等中东国家的大量计算机。“火焰”传播迅速，并现身美国网络空间，攻破了微软公司的安全系统。微软公司称，“火焰”病毒利用了微软一个较早的加密算法的漏洞，使用安全系统来伪造安全证书，绕过了病毒防火墙。据微软官方公告显示，“火焰”病毒主要被用于进行高度复杂且极具针对性的攻击。这是一种定向精确的高级病毒，针对“政府、军队、教育、科研”等机构的计算机系统收集情报。这是迄今为止最为强大的网络炸弹，威力胜过“震网”病毒20倍。最先发现“火焰”病毒的是俄罗斯知名反病毒机构“卡巴斯基实验室”。该实验室指出，“火焰”和“震网”的部分代码相同，它们堪称“21 世纪最危险的发明”，“火焰”则是“有史以来发现的最复杂、破坏力最强的攻击性软件”。

2. 以色列空袭叙利亚核设施中的网络战

2007 年，以色列对位于叙利亚核设施实施“果园行动”袭击，被业界评为将网络战与常规战完美结合的典范。以色列 F-15I 重型战斗轰炸机突破俄制“道尔 -M1”导弹防御系统，成功对位于叙利亚边境的疑似核武设施实施了精确轰炸，并成功从原路返回，整个过程完全未被叙利亚防空系统发现，让全世界都为之震惊。

这场代号为“果园行动”的闪电空袭非常成功，以色列战机投下的精确制导炸弹彻底摧毁了代尔祖尔附近沙漠地区的核设施建筑群。2007 年 9 月 6 日凌晨，7 架以色列空军 F-15I 重型战斗轰炸机在 1 架 G550 电子战飞机和地面特种部队的空地支援下，趁着夜幕闪电袭击了叙利亚东北部城市代尔祖尔附近沙漠地区的阿尔奇巴核反应堆建筑群，当时该核反应堆建筑已进入最后施工阶段。在此次行动中，以色列空军首先攻击了叙利亚靠近土耳其边境托尔・阿尔阿巴雅德的一个雷达站，继而叙利亚整个雷达系统就完全瘫痪，并持续了一段时间。以色列空军第 69 战斗机中队的 7 架以色列空军 F-15I 重型战斗轰炸机，乘势越过边界，沿着叙利亚的海岸线超低空飞行，扑向叙以边境以西约 100 千米、大马士革东北约 400 千米的一处大型建筑物，实施精确轰炸，并从原路返回，整个过程完全没有被叙军发现。“道尔 -M1”系统采用三坐标雷达控制，“具有先进雷达性能、抗干扰能力，以及目标识别能力的防空系统”，然而，在此次防空作战中居然没有发现来袭目标。以色列空军在这次偷袭行动中使用美军的网络秘密武器“舒特”，成功侵入叙利亚防空雷达网，并“接管”其指挥、控制、通信、情报网络控制权。

在这次作战行动中，以色列的 G550 电子战飞机启动了网络攻击系统，先后压制了叙利亚边境的防空系统和“神秘工厂”附近的防空导弹系统，使叙利亚防空系统的信息获取、传递和处理的功能彻底瘫痪，使其武器平台既毫发无损也发挥不出作用。以军在此次空袭行动中使用的 G550 电子战飞机上搭载了“舒特”网络攻击系统和网络瞄准技术（NCCT）系统。其中，“舒特”网络攻击系统可以入侵敌方通信网络、雷达网络以及计算机系统，尤其是与一体化防空系统有关的网络系统。这使得以色列的 G550 电子战飞机成功入侵敌方雷达网络，替代敌方雷达操作员控制雷达。于是，以方操作员就可以控制敌方雷达避开以方飞机，以方也就不必使用隐身飞机或采取更多的规避动作。这种控制即使被敌方操作员知道，其夺回控制权也非易事。在此次作战行动中，以色列使用的网络攻击的基本作战模式：首先，使用机载被动电子侦察设备和网络瞄准技术，搜索发现叙利亚防空情报系统关键节点的信号发射源，迅速确定该节点的位置，判定其性质；其次，使用机载被动电子侦察设备及“网络侦察软件”，通过叙利亚防空通信链路渗入其防空情报网络系统，查明其防空情报系统掌握的对空情报的实际情况；最后，结合己方空袭机群的具体行动，使用“网络攻击软件”和无线网络攻击设备向敌防空情报、指挥控制系统隐蔽注入误导算法（病毒软件）或数据，修改、破坏叙利亚防空情报系统传输的情报信息或指挥控制系统的指挥控制指令，从而达到在一段时间内误导或瘫痪叙利亚防空作战系统的目的。

“果园行动”是以色列对叙利亚战争中，针对叙核设施动用“舒特”网络攻击系统，以网电一体化的形式配合空军常规打击的一次成功战例，呈现了处于技术高端国家的绝对军事优势及作战效能，而处于技术低端的国家对这场行动却浑然不知。以色列空军通过对叙利亚防空系统实施网络空间攻击，成功控制了叙方雷达系统，保证了以军空袭计划的顺利实施。这一事件表明网络空间攻击虽不会像核打击一样直接产生毁灭性损害，但它却能通过信息控制手段实现对敌指控链、联合作战系统的控制，其效果完全可以同核打击一样产生强大的威慑力，甚至达成兵不血刃而实现战争和政治的目的。在发起“果园行动”十余年后的 2018 年，以色列才公开证实了 2007 年秘密轰炸叙利亚核设施的传闻，表明以色列有了更加先进的网络作战方式，同时此举也对处于技术低端的敌对国家形成了强大的威慑。该行动促使更多国家开始探索网络武器与常规武器、网络军队与常规军队的有效融合，生成新质战斗力，以最小的代价获取最大的作战效能。

3. 网络空间成为巴以冲突第二战场

中东巴以冲突由来已久，但以往冲突的战火都是在传统战场上，自2008年以来，巴以冲突又在网络空间开辟了第二战场，并且以黑客攻击、病毒和垃圾邮件取代了坦克、火炮和石块。

在2008年12月发生的巴以加沙冲突中，除传统战场上硝烟不断外，在网络新战场上巴以又掀起了一场新式网络宣传战。在冲突不断升级的局势下，巴以双方都开始动用网络这一武器，包括黑客、优图、即时信息传播工具——推特和博客等，发起了一场21世纪的新式网络宣传战。这些活跃在网络战场上的“士兵”不断地进攻敌方的计算机服务器、散布病毒、入侵网站、发动电子邮件炸弹攻击。这场网络战争残酷无比，无论是规模还是激烈程度都在不断升级。以色列2008年12月27日向加沙地带发动空袭后不久，黑客侵入以色列网站的数量出现了明显的提升。在接下来的48小时内，位于土耳其、伊朗等地的反以色列黑客攻占了超过300个网站，将这些网站原有的内容替换为了他们自己的文字和图片，数以千计的以色列和美国网站遭到了由激进分子组成的黑客团体的攻击。遭到袭击的网站范围十分广泛，包括小商业公司的网站，还有一个媒体机构和一个航空货运公司的网站。黑客们侵入这些网站后，在网站上大肆添加反对以色列和美国的信息。以色列人也不甘落后，同样动用网络的力量，不过是将草根方式换成了官方行为。12月29日，即对加沙发动空袭后的第三天，以色列国防部在优图网站上开辟了自己的频道，公开了许多以军空袭加沙地带的视频，试图借此宣传以军空袭哈马斯目标的精确性。以色列军方上传的第一批视频包括以空军轰炸加沙内部一处火箭弹发射装置的黑白视频，以及运送世界粮食计划署援助物资进入加沙的车队的彩色视频。

2012年，在以色列发动的代号为“防务支柱”大规模军事行动中，巴以更是首次在网络战场上出现正面交锋的场景。2012 年 11 月 14 日，以色列启动了“防务支柱”行动。除了在物理空间投入武器与军力之外，此次巴以冲突还呈现出鲜明的特点：冲突双方都在努力开辟第二战场，即网络战场。在现实武装冲突持续进行的同时，同步利用社交网络在全球网络空间展开积极而密集的行动。以色列国防军新闻发言人官方账号于 11 月 14 日在推特上分 3 次发文，详细介绍行动过程，随后在视频社交媒体网站上发布了行动的视频以及一条警告性的推文，要求哈马斯任何层级的领导人立刻消失，不要在“防务支柱”行动的过程中露面。哈马斯方面也不甘示弱，通过官方账号发出了施行报复的威胁。以色列国防军新闻发言人列伊博维奇中校表示，自从 4 年前以色列与哈马斯冲突之后，网络空间就已经成为巴以之间冲突的一个全新战场，以色列国防军的新闻办公室已经为此在包括优图、脸书、Flickr 相册、推特等主要社交媒体上开设了账号，同步发布信息。同时，此次冲突中新媒体已经不再是“媒体”，而是成为与火箭炮等常规武器一样的作战工具。

以色列国防军在“防务支柱”行动中展现出来的，是战术层次对网络空间的有效运用，凸显网络世界与现实世界之间彼此深刻嵌套、渗透以及相互影响的复杂关系，展示了在诸如加沙冲突这样的具体危机中，运用新媒体发布信息、塑造舆论、影响国际社会对国家形象认知所具有的重要战略价值。当然，这样一场新媒体战争的爆发，也意味着网络空间越来越无法成为相对独立于现实世界的乐土，各种现象、因素、事件之间的互动联系也因此变得更加密集、快速和立体。

三、中国网络空间面临的军事威胁严峻

随着信息化与工业化融合水平的不断提升，国民经济运转对信息系统的依赖日渐加深，新技术应用转化为新兴产业支撑经济增长势头愈加迅猛，中国网络安全暗涌不断。自特朗普政府执政以来，对中国发起了贸易战、科技战，并已外溢到网络空间，使中国网络空间安全面临新情况、新变化

和新挑战。中美贸易争端裂隙持续蔓延，信息化应用发展背后的深层次安全矛盾趋于显现，而威胁风险此消彼长，漏洞隐患普遍存在，产业发展步伐缓慢，我国网络安全总体形势依然严峻。

（一）新时代中国网络空间安全形势

2018 年 3 月，美国总统特朗普签署备忘录，宣布启动对华“301 条款”调查，中美在经贸领域展开了一场空前的战略博弈，其中美国对中国加征关税的领域就包括网络信息技术。在中美贸易战背景下，中美在网络空间也展开了激烈的竞争与博弈。

1. 中美网络空间领域竞争博弈新情况

人类以什么方式生产，就以什么方式博弈。在网络时代，网络空间成为事关国家主权、安全和发展利益的全新领域。从特朗普政府出台的各种网络安全相关政策举措来看，网络安全政策表现出更为明显的“美国第一”思维，使中美网络空间竞争博弈呈现许多新情况。

一是中美网络空间竞争博弈形势呈现“新常态”。在美国的视域里，中国被定位为网络空间的主要威胁来源、重要战略对手，炒作中国“限制网络自由”“中国黑客威胁论”。自布什政府第二任期以来，中美多次在网络安全自由方面发生摩擦事件，说明网络安全关系正在成为影响中美关系的重要变量。在奥巴马任期内，中美在网络空间经历了一系列重大事件，如 2010 年谷歌公司宣布撤离中国大陆市场、希拉里发布“互联网自由”的演讲，2013 年“曼迪昂特”信息安全公司发布关于解放军“网络偷窃”的报告、美多位高级政要出面表态。中美网络关系吃紧的一个关键时间点是 2014 年 5 月，当时美国司法部公开起诉 5 名中国军人，声称他们窃取美国企业的商业信息。这是美国政府首次针对国家行为体采取具体报复行动，中方被迫宣布中止战略安全对话框架下的“网络工作组”对话。中美关系不断趋紧，引发双方冲突对抗的可能性持续增加。在 2015 年 9 月习近平主席赴美访问期间，与奥巴马总统达成有关网络空间安全的 5 点共识，才使中美网络紧张关系有所趋缓。

特朗普上任后，继承了奥巴马对网络空间安全的重视程度，继续加强网络安全施策，延长了奥巴马政府针对关键基础设施的黑客入侵、大规模的经济黑客入侵、选举系统的黑客入侵等网络空间攻击制裁行政令。2017年5月11日，特朗普总统在延迟了3个多月之后终于签署了这份旨在改善美国网络安全状况的《增强联邦政府网络与关键性基础设施网络安全》总统行政令。这一行政指令可谓特朗普政府初期网络安全战略架构的一根支柱，旨在通过一整套组合动作来提升联邦政府的网络安全，保卫关键基础设施，阻止针对美国的网络威胁，从而将美国打造成一个安全、高效的网络帝国。8月18日，特朗普总统发表声明，宣布将网络作战司令部从战略司令部中独立出来升格为一个联合作战司令部，从而成为第10个美军最高级别的司令部，直接向国防部长汇报。12月18日，特朗普在就职不到11个月即高调发布了《美国国家安全战略报告》，在这份具有风向标意味的重要政策文件中明确强调了网络安全的重要地位，公开指出源自美国的因特网随其不断改变未来的进程中理应反映出美国的价值观念，并主张一个强劲有力的网络基础设施将有助于促进经济增长、保卫国民自由以及提升国家安全。

从美国当前网络安全基本生态来看，网络安全议题日益被纳入“高政治”的军事范畴，可以预见美国今后在应对处置来自外部的网络攻击特别是经济网络间谍活动时，立场态度将更趋强硬，而操作手法则有可能更加“简单粗暴”。这些在美国2018年版《国家网络空间战略》和国防部2018年版《国防部网络空间战略》报告中均有所体现，而这无疑都与美国拥有远超一般国家的网络空间战争实力密不可分。美国国防部2018年版《国防部网络空间战略》从大国竞争和自身发展利益出发，在网络空间倡导积极备战，并且延续了《美国国家安全战略报告》的思路，将中国、俄罗斯、伊朗和朝鲜作为主要威胁。要求将网络活动的重点放在应对中国和俄罗斯方面，运用网络能力，收集情报并为未来冲突做好准备。“美国优先”的理念加上美国先发制人的战略思想，正在网络空间加剧大国对立和国际矛盾。鉴于特朗普政府在网络空间推行的“美国第一”的新政策和新策略，中美两国在网络空间安全领域呈现竞争与博弈并存的“新常态”。

二是中美网络空间竞争博弈态势处于战略“不稳态”。中美同为当前仍处于国际无政府状态的网络空间中的重要一员，两国在网络安全相关问题上一直是龃龉不断。对此美国著名中国问题专家李侃如就曾指出：“或许没有哪个双边关系像中美关系一样攸关世界政治的未来。而在它们的双边关系中，又没有哪个议题像网络安全一样上升得这么快，且产生如此多的摩擦。对于彼此在网络领域里行动的不信任感正在增长，并对彼此的长期战略意图开始产生深度负面的评价。”特朗普政府出台的2018年版《国家网络空间战略》可能给中国国家利益带来的各种风险，将导致中美网络空间竞争博弈态势处于战略“不稳态”。我们有必要系统考察特朗普政府网络安全政策走向，并做出合理的预判，据此审慎思考中国的基本应对方略。

美国新的网络战略将中国列入主要的网络安全威胁，把加强知识产权保护、打击网络经济间谍与中国联系起来，针对中国的意味十分明显。正如美国学者所说：“网络安全矛盾已经相应成为中美双边关系中的一个重要因素。在中美双边关系中，从未有过任何矛盾像网络安全矛盾这样迅速出现，又迅速蔓延，引起了如此巨大的竞争与冲突。”

多年来，美国把溯源、起诉和制裁威胁视为对华有效的威慑手段，借助媒体、企业对华频繁试探和施压，抨击中国相关网络政策。在技术发展、市场准入、知识产权保护、政府监管、国家安全与国际治理等诸多涉及网络问题上，双方存在竞争、摩擦和冲突，并导致中美网络关系曾一度因网络间谍争端而跌至冰点。毋庸讳言，双方在网络主权、网络自由、网络审查等一些核心理念上的差异性认知始终难以消除，在某些外界条件的催化作用下这些分歧矛盾还可能被再次激化凸显出来，考验着双方的外交斗争智慧与危机处理能力。未来不排除美国将中美贸易摩擦从实体经济外溢到网络虚拟经济领域，利用其网络空间优势打压中国的互联网经济。

三是中美网络大国与强国在网络空间竞合关系“微妙态”。中美关系是当今世界最重要的双边关系之一，也是中国必须认真应对的重要国家间关系。网络空间不仅对传统中美关系形成了冲击，而且还引发了相应的博弈、竞争与合作。中美之间在网络空间的这种竞合关系是中美关系在网络空间领域的一个缩影，是中美构建新型大国关系的组成部分。

中美网络空间竞合关系对中美新型大国关系构建，对中国、美国及国际社会均产生了深远影响。特朗普上台后，签署《强化联邦网络和关键基础设施网络安全》总统行政令，其实力至上、实用主义突出的执政特点已经在网络空间政策领域有所体现，并更趋保守强硬。从发展的角度看，中美两国在网络空间不仅有冲突，还有合作，就像传统中美关系那样，由于缺乏战略互信，冲突难以避免，竞争也很正常。2017 年 11 月，特朗普总统对中国进行了为期 3 天的国事访问，这既是特朗普就任美国总统以来首次访华，也是中共十九大胜利闭幕以后中方接待的第 1 起国事访问。双方充分肯定了执法及网络安全等 4 个高级别对话机制对于拓展两国关系的重要支撑作用，并就网络反恐、打击网络犯罪等网络安全合作达成了相关共识。如今，中美之争首先表现为网络安全观差异，其次是中美两国在网络空间中的权力斗争，双方的网络安全战略以及互联网技术的发展也有很大的差别。因此，中美两国在网络安全领域合作与博弈并存。

由此可见，共处信息化时代的中美两个网络大国之间，既存在许多的新机遇与利益交汇点，也面临更多的新挑战与不确定性。对此，中国要高度警惕，一方面，牢牢掌握网络主权，提升捍卫网络安全的能力，尤其是关键基础设施网络安全，继续推动互联网经济发展；另一方面，推动网络空间国际合作，继续办好世界互联网大会等多边平台，提升包括中国在内的发展中国家在网络空间的规制权和话语权，与国际社会一道，共同抵制网络空间的霸权行径。

2. 中美网络空间领域竞争博弈新态势

由于网络空间的技术、产业、治理等先发优势依然在美欧等发达国家，我们这个网络大国向网络强国发展，面临着与美国在网络空间竞争博弈的新态势。

一是美国将中国列为网络空间六大攻击行为体之一。随着中美贸易摩擦升温，除了继续炒作中国网络黑客之外，美国的“301 调查”、网络安全审查都直接瞄准中国，在人工智能、机器人、5G 网络建设等新技术领域也将中国视为主要竞争对手和压制对象。

如今，美国某些专业智库处心积虑将中国渲染成美国在网络空间里的强劲对手。2017 年 2 月 23 日，美国防部国防科学委员会（DSB）发布了一份《关于网络威慑的工作组报告》，开篇就指出“美国的经济、社会和军事优势极大得益于网络空间，而这些优势的取得又高度依赖于极为脆弱的信息技术和工控系统，因而美国国家安全处于难以承受且与日俱增的危险之中”①，并将网络威慑战略视为未来美国网络安全政策的一条核心要义。报告历数了美国所面临的几大主要网络安全威胁源头，中国“不出意料”位列其间，文中还多处刻意将“中国”与“网络攻击”“数据窃密”“网络威胁”等负面意味浓烈的词汇并列出现，由此提出要使用包括网络攻击、外交抗议、司法打击、经济制裁、军事行动乃至核武恐吓等在内的综合威慑手段，给包括中国在内的“潜在对手”及其领导决策层制造各种威胁伤害。美国国家情报总监詹姆斯·克拉珀、国家安全局局长迈克尔·罗杰斯以及国防部负责情报的副部长马塞尔·莱特 3 人联名发布的《国外针对美国实施网络威胁的联合声明》，公然将俄罗斯、中国、伊朗、朝鲜、恐怖分子和犯罪分子列为对美国构成严重网络威胁的六大攻击行为体。2020 年 2 月 10 日，美国借口网络攻击再次起诉 4 名中国军人，理由是他们于 2017 年“入侵”美国信用报告机构易速传真（Equifax）数据库，影响近 1.5 亿名美国公民。这是美国对中国军人的第二次指控。2014 年，奥巴马政府曾指控 5 名中国

① The Defense Science Board. Task force on cyber deterrence [EB/OL].2017 [2018-08-10]. http://www.acq.osd.mil/dsb/reports/2010s/DSB-Cyber Deterrence Report_02-28-17_Final.pdf.

军人黑客侵入美国大公司的网络，窃取商业秘密。事实上，国家计算机网络应急技术处理协调中心（CNCERT）2019 年 6 月发布的《2018 年我国互联网网络安全态势综述》数据显示，来自美国的网络攻击数量最多，且呈愈演愈烈之势。由此可见，中美在网络安全问题上存在严重的分歧，面临着更多的新挑战与不确定性。

二是美国成立“应对中国当前危险委员会”。中美经贸摩擦以来，双方争端早已超出了贸易摩擦范畴，正在从贸易争端转向科技争端、网络战等战略层面。其背后的实质是美国认为中国作为世界第二大经济体可能撼动其世界霸主地位，因此想方设法遏制中国的发展，不择手段地阻止中国的赶超。所谓的盗窃知识产权、贸易不平衡、强制技术转让等谴责，其实都是实现其国家目的、维护国家利益的形式和借口而已。

2019 年 3 月，美国成立“应对中国当前危险委员会”（The Committee on the Present Danger：China），声称美国需立即警觉，就战胜威胁所需的政策和优先事项达成新共识。美国恢复这一曾于冷战时期成立的委员会，以应对所谓“来自中国的威胁”，是因为担心中国的不断崛起会令美国在军事、信息和技术领域的优势荡然无存。另外，作为 2019 年国防授权法案的一部分，特朗普政府已经授权网络司令部在其网络之外进行防御。网络司令部还通过名为 NSPM 13 的机密总统备忘录（National Security Memorandum 13）以及五角大楼的网络战略获得了新的授权，这两项战略都给予了国防部更灵活地采取攻击性网络措施的权力。作为这些最新授权的直接结果以及保护 2018 年美国中期选举行动的一部分，网络司令部将人员部署到乌克兰、马其顿等国收集有关俄罗斯活动的情报，并帮助当地官员保卫本国网络。中国应该警惕美国针对俄罗斯的网络措施或已经转而用于针对中国。

2018 年美国外交关系委员会的报告指出了美国在 2019 年内，必须重点预防的九大冲突。其中，冲突风险排在第一位的是网络攻击。报告认为：高度破坏性的网络攻击，可能会对美国至关重要的基础设施和网络带来威胁。2018年版《国家网络空间战略》进一步突出互联网对经济增长和创新的重要引擎作用，为此美国政府将进一步加强与私营部门的合作，促进5G的发展和安全，审查人工智能和量子计算等新兴技术的运用情况。同时，国防部将在捍卫关键基础设施和经济方面发挥更大的作用。

三是以防止经济目的的网络攻击为由而可对中国发动网络攻击。网络空间安全成为中美外交的核心因素，既有受上述因素影响的一面，但更是“中国‘网络能力’直追美国”“超与强”差距在缩小的实力变化使然。美国学者称，中国的战略、能力及提议的准则，证明其对网络领域有全面思考，已改变网络空间的走向。2019年6月，美国总统国家安全顾问约翰·博尔顿在《华尔街日报》首席财务官网络年会上发言时表示，美国正开始采取进攻性网络措施以应对商业间谍等经济攻击。上述表态属于带有威慑性质的放话，即在以防止经济目的的网络攻击为由对中国、俄罗斯等国采取积极防御措施的同时发动网络攻击，表明美国的网络战略将更加激进和富有进攻性。

在中美贸易摩擦等多领域博弈的背景下，美国将对中国采取更加强硬的态度，其进攻性网络措施已不限于为美国大选保驾护航，而会拓展到其他领域。其理由之一是中国频频通过网络手段“窃取”美国的知识产权，发动各种经济目的的网络攻击。事实上美国已经通过全面打压华为、拉帮结派签署《布拉格提案》等手段试图对中国展开5G技术封锁和战略包围。对我国处于世界领先的5G企业——华为公司进行制裁，扰乱公司的正常经营秩序，进而阻止我国网络技术的发展。

四是经济网络间谍问题成为中美网络空间安全博弈的重要内容。回顾近10年来中美在网络安全领域的利益交汇处与矛盾爆发点，经济网络间谍问题无疑是其中的焦点之一，而这一棘手问题在未来数年中将持续。奥巴马政府时期“美国积极挑起中美经济网络间谍争端有其深层考虑，既有维护美国企业利益的现实压力，也是为了把握中美关系主动权，还包含维持网络空间国际领导地位的战略意图。而作为一个具有重要影响力的网络大国，中国在应对相关指责时的坚定立场无疑也促使了冲突升级”[①]。在商界摸爬滚打多年的特朗普总统对经济事务自然有着更为真切的体悟，因此其对经济网络间谍问题或将更加敏感而倾向于采取强硬措施。

随着中国信息化程度进一步加深、中国企业海外拓展步伐进一步加快，中国同样也将不得不面对严重的经济网络间谍问题。客观来看，经济间谍问题本就不只局限于中美之间存在，而是日益演变成为一个全球性公共问题，需要国际社会共同来规制和防范。特朗普政府的未来网络安全政策调整可能会给中国带来一些潜在的风险，经济间谍问题在一定程度上折射出了美国对中国综合实力快速上升的焦虑和防范，类似矛盾纠葛有较大可能会继续在特朗普任期内反复发酵，诱发双边网络安全关系紧张。2018年，美司法部针对中国黑客发起了一系列起诉，指责其对美政府机构和国防承包商实施网络攻击。最新一轮指控发生于 12 月 18 日，相关法律程序在 2019 年进行。在这一轮指控中，美方指责中国违反协议，将网络攻击获取的资料用于商业目的。这些指控在中美贸易战的大背景下发生，贸易战可能加剧两国网络局势紧张。

3. 中美网络空间领域竞争博弈新问题

当前网络空间全球治理进程正处在方向摸索与规则碰撞的历史关头，需要包括中美两国在内的攸关各方努力寻获彼此重大利益关切的“最大公约数”。随着近年来网络安全问题在中美双边关系中的不断升温，构建中美新型国际关系的努力也越发不能忽视网络安全关系所承载的复合影响。作为网络空间最大的两个国家，良性竞合的中美网络安全关系建构面临一些新问题，并呈现出全局性、战略性、前瞻性和长期性等特征。

一是中美在网络空间中竞争博弈的不对称性更加明显。中美一个是发明互联网的国家，一个是拥有互联网用户最多的国家。这就决定了中美在

① 汪晓风：《中美经济网络间谍争端的冲突根源与调适路径》，《美国研究》2016 年第 5 期，第 85—110 页。

网络空间中竞争博弈的不对称性。发源于美国的互联网，支撑了30多年美国网络空间国际领导力，在全球形成了对美国网络空间的依赖，美国拥有网络空间的主导权。

构建起互联网体系的基础网络协议和框架都是由美国定义的，大部分基础硬件由美国制造或垄断技术。目前，国际互联网有1个主根服务器和12个辅根服务器。主根服务器放置在美国，控制着“互联网”全网的解析和有序运行。12个辅根服务器，放置在美国9个、欧洲2个（英国和瑞典）、亚洲1个（日本）。所有根服务器均由美国政府授权的互联网域名与号码分配机构（ICANN）统一管理，负责全球互联网域名根服务器、域名体系和IP地址等的管理。国际社会对美独揽互联网控制权多有不满，各国向美国夺权的斗争在2005年11月激化到了顶点，170多个国家都要求美国放弃对ICANN的独家监管，当时的联合国秘书长安南也向美国施压。面对紧张局面，美国国会以423票对0票通过了一项决议案，要求政府明确表明美国控制互联网的权力是神圣不可侵犯的。

美国在互联网上的这些优势使其在网络空间拥有“撒手锏”手段，可以让一个国家彻底从互联网上消失。因为如果美国中断了某些根服务器的服务，整个因特网的经由根服务器的IP地址将无法解析出来，这些域名所指向的网站就会从因特网中消失了。例如，在伊拉克战争期间，美国以伊拉克局势动荡为由，敦促“Internet名称与数字地址分配机构”终止其国家顶级域名的解析，伊拉克顶级域名“.iq”一度被封杀，因而使伊拉克一度从网络空间消失。在特朗普看来，是美国发明了互联网，因此在界定、塑造和监管网络空间方面必须保持领导者地位。这种地位包括美国主导新兴技术领域、制定网络空间负责任国家行为框架、塑造有利于美国的网络生态系统等。美国政府经常利用在网络空间的技术和话语权优势，指责中国实施网络攻击，煞有介事地编造一系列所谓“真相”，打击中国和俄罗斯等竞争对手，而选择性地遗忘“棱镜门”等渗透、干涉、监控别国的斑斑劣迹。

二是中国网络空间安全面临美国的威胁。目前面临的现实和潜在的网络空间安全威胁主要包括以下五个方面：

首先，机密情报被窃。尽管美国一直指责中国政府和军方进行有组织的“网络窃密”，但事实上，美国“窃取”网络信息的专业性和系统性，在全世界无国能及。美国家安全局和联邦调查局的“棱镜”秘密项目，更是直接接入包括微软、谷歌、雅虎、脸书以及苹果等在内的9家美国互联网公司中心服务器，以收集情报。而思科等公司产品深度嵌入我国核心枢纽，我国重要信息基础设施和关键业务网络的数据可能悉数进入美国情报库。美国“情报部门可对海外计算机进行远程分析，寻找针对美国境内的潜在网攻迹象”，这种远程分析将会利用“思科”等设置的秘密通道。

其次，网络资源被控。根据新华社报道，国家计算机网络应急技术处理协调中心（CNCERT）发布《2018年我国互联网网络安全态势综述》数据显示，在木马和僵尸网络方面，2018年位于美国的1.4万余台木马或僵尸网络控制服务器，控制了中国境内334万余台主机，控制服务器数量较2017年增长90.8%。在网站木马方面，2018年位于美国的3325个IP地址向中国境内3607个网站植入木马，向中国境内网站植入木马的美国IP地址数量较2017年增长43%。根据对控制中国境内主机数量及遭植入木马的网站数量统计，在境外攻击来源地排名中，美国“独占鳌头”。

再次，业务网络被瘫。使用思科互联网路由器的厦门电信和北京网通的宽带网络，曾同时突然出现大面积中断等情况。而且思科设备中隐藏了后门，甚至出现“明文密码”的低级安全错误，这些安全隐患不仅可以在平时被黑客以及恐怖分子所利用，在战时，更会造成大面积的关键业务网络瘫痪，其严峻情况正如美前国防部长帕内塔在2012年底所说的那样，“可破坏载客火车的运作、污染供水或关闭大部分的电力供应，使日常运作陷入瘫痪”。

复次，运行设施被毁。从军事角度来看，在战争状态中，美国政府极有可能利用思科在全球部署的产品，对我国信息基础设施和关键业务网络实施致命打击。美军认为，网络战不仅打在战时，更打在平时；不仅打在军用网络，更打在民用互联网。早在 2010 年，美国攻击伊朗核设施的“震网”病毒，就展示了其利用恶意代码摧毁实体设备的巨大能力，曾导致伊朗核设施 1000 多台离心机瘫痪。同时，美国一直在加紧网络战争准备，不仅成立了网络战指挥机构，研发了网络战武器，制定了网络空间国际战略和行动战略，而且大规模发展网络战力量。2017 年初，美网络空间司令部大幅扩编，由 900 人增至 4900 人，并宣布大规模成立 40 支全球攻击性网络战部队。可见，美国已处于发动网络战争的临战状态，对中国造成的重大网络威胁不言而喻。

最后，高级持续性威胁（APT）攻击发现难。在高级持续性威胁攻击方面，2017 年 360 威胁情报中心监测全球 46 个专业机构（含媒体）发布的各类 APT 研究报告 104 份，涉及相关 APT 组织 36 个。在 APT 研究领域，美国在全世界处于遥遥领先的地位。而我国在 APT 攻击检测和防御方面，技术实力较弱，不能及时发现 APT 攻击，无法对其分析取证，难以掌握整个攻击过程，并缺乏有效的反击手段。在 DDoS 攻击防护方面，国外安全服务提供商采用相应技术手段来分解攻击，保证每一个单点的处理能力和切换都是可控的，而我国只能靠单点的大带宽来承受攻击。

三是互信缺失导致中美陷入网络空间“安全困境”。中美在网络空间竞争的根本原因，是崛起中的互联网大国中国和互联网守成大国美国之间的权力对比变化。中美在网络空间内的利益冲突和战略互信缺失，导致陷入网络空间“安全困境”。

随着互联网广泛应用于政治、经济、军事等各个领域，网络权力已经成为国家权力的重要组成部分，网络空间也成为国家权力博弈的新高地。网络虚拟空间内中美的矛盾与冲突是中美现实中权力博弈在网络领域的映射，但不同于现实领域的是网络领域具有独特的权力结构和技术特点。当前的互联网权力结构是：美国在互联网中占据绝对的技术和制度优势，网络领域的权力天平处于绝对的失衡状态，天平的一端是美国，而另一端是其他所有国家。这种失衡的权力结构是造成中美在网络领域权力和利益冲突的根源。由于美国在互联网领域的绝对技术优势，网络权力的不平衡必将长期存在，于是以中俄为代表的一些国家便提出了新的“信息安全准则”，以期从国际制度角度制衡美国的网络权力，这自然触动了制度霸权国——美国的利益。而且美国一直忌惮于中国经济的崛起，所以力图从各个维度限制中国经济的进一步发展，其中一个重要方面就是网络领域，因此中美在网络领域出现冲突和“安全困境”是难以避免的。如今，中美网络空间“安全困境”主要表现在三个方面，即知识产权窃密与网络攻击、网络安全审查、内容审查与准入。

（二）中美网络空间治理理念的不同

中美作为网络空间最大的两个行为体，共同关切及利益契合点越来越多，正成为两国合作的增长点。为了防止双方在网络空间的分歧演变为冲突，以及适应全球网络空间治理的全面深化，中国提出了“网络主权”概念，而美国坚持网络空间“全球公域”理念。这两个不同的全球互联网治理理念，导致中美在网络空间的竞争博弈呈长期性。

一是中国强化“网络主权”这一核心维度的理念认知与实践操作。继陆海空天之后，网络空间已经成为人类生存的第五疆域。网络主权是国家主权在网络空间中的自然延伸，是一个国家在自己主权范围内独立自主地发展与监督和管理本国互联网空间事务，防止本国互联网受到外部入侵和攻击。网络空间不是一个如同传统的公海、极地、太空一样的全球公域，而是建立在各国主权之上的一个相对开放的信息领域。在互联网时代，国家主权的很多职能和权力必然表现在网络空间中，网络主权成为国家之间网络空间管理的重要疆域。

中国理直气壮维护网络空间主权，明确宣示自己的主张。网络空间里的国家利益竞争与国家实力较量，无不体现为网络主权上的某种竞合博弈，中美网络安全关系亦是如此。自 1994 年全面接入国际互联网以来，中国陆续颁布了一系列网络安全管理相关法律法规，网络主权的理念也反复得到强调固化，并由学理概念逐步上升为一种国家意志：2015 年 7 月 1 日全国人大通过的《中华人民共和国国家安全法》第二十五条强调“维护国家网络空间主权、安全和发展利益”[①]。12 月 16 日，习近平主席在第二届世界互联网大会开幕式讲话中，提出的“尊重网络主权”主张作为推进全球互联网治理体系变革应坚持的 4 项原则之首，受到了国际社会的高度关注[②]。2016 年 11 月 7 日，全国人大通过的《中华人民共和国网络安全法》第一条将“维护网络空间主权和国家安全”作为其立法宗旨[③]。12 月 17 日，国家网信办发布《国家网络空间安全战略》，指出“网络空间主权成为国家主权的重要组成部分”，系统阐明了中国关于网络空间发展与安全的重大立场，是中国当前网络空间安全工作的一个总指针[④]。

网络主权概念反映了包括中国在内的世界绝大多数国家在网络时代的合法权益诉求，为构建公正合理的网络空间全球治理秩序提供了稳固的支撑原点。在网络主权的问题上，中国主张维护国家网络主权的完整，禁止他国通过互联网干涉中国内政，主张对网络信息应加以审查隔离以保证国家和公民的利益不受侵害，因此中国建立了网络审查隔离制度，禁止传播和浏览不利于国家利益和安全的网络信息。美国以此举影响互联网言论自由为由，表示强烈反对，多次在公开场合抨击中国网络审查制度。美国的目的就在于试图通过互联网在中国扩散美国的政治价值观，对中国进行和平演变，威胁中国稳定、统一的政治格局。中美在网络主权问题上的巨大

---

① 《中华人民共和国国家安全法（主席令第二十九号）》，新华社，http：//www.gov.cn/zhengce/2015-07/01/content_2893902.htm。

② 《习近平在第二届世界互联网大会开幕式上的讲话》，新华社，http：//news.xinhuanet.com/politics/2015-12/16/c_1117481089.htm。

③ 全国人民代表大会常务委员会：《中华人民共和国网络安全法》，http：//www.npc.gov.cn/npc/xinwen/2016-11/07/content_2001605.htm。

④ 国家互联网信息办公室：《国家网络空间安全战略》，http：//www.cac.gov.cn/2016-12/27/c_1120195926.htm。

分歧决定了两国在互联网自由问题上的根本对立，这种对立还将长期存在。

二是美国极力推崇网络空间“全球公域”理念。美国作为互联网概念、关键技术与核心设备的发源地和最大的软硬件资源占有国，不仅是网络空间最具实力的国家，而且高度重视网络空间战略，试图将其打造为支撑其全球霸权的一个新的平台。在美国涉及网络空间的战略报告以及一些重要的讲话中，美国领导人和战略制定者多次使用“全球公域”这个词汇，借以消除美国推行网络自由价值观的障碍，建立自己的战略优势。在网络空间，虽然美国声称“网络无疆”“网络自由”，最推崇“网络自由”，但美国有最严格的网络审查制度，依据其《爱国者法案》，国家可以随意查看任何人的电子邮件、进入个人网址。若进入其“网络领土”，必须向其“申请护照”，遵循其“游戏规则”。

“全球公域”这一词汇在美国战略文件中的运用体现了美国的网络霸权，让许多主张网络管理属于各国主权的国家感到其主权和管辖权受到威胁。美国政府的网络战略力图通过国内和国际两个层面在网络空间中推行美国式的治理。在国内，美国政府要获得更大的网络管理权；在国际层面，要建立起一个网络世界的行为规范，在变化的国际秩序中继续保持美国的优势。美国政府一方面通过“网络安全全球公益说”来否认外国政府制定网络公共政策的权利，以此消除推销西方价值观的障碍，并为美军开展网络战争寻求合法性；另一方面，美国政府反对民间组织在网络空间中建立“自我组织的全球公域”。此外，值得注意的是，美国在强调网络空间无国界的同时，又拼命地利用掌握的科技优势来保护自己的“网络主权”，并自行界定“网络空间”“网络边疆”等规则，用以构建一个以保障美国国家利益、维护美国网络霸权为目的的网络主权概念。美国自恃为互联网络的创始国，反对国际社会关于在联合国框架下治理互联网的普遍要求。这种矛盾反映了美国网络霸权的傲慢和互联网自由说的虚伪，反映出美国政府要在全球建立网络规范，让网络继续为美国利益服务的目的。

三是网络空间治理观念的不同导致中美在网络空间的竞争博弈呈现长

期性。当前主要存在两种治理模式之争，其中以美国为首的西方发达国家主张“多利益攸关方”的治理模式，认为网络空间是全球公域，为了保证互联网的开放、繁荣和透明，非国家行为体应该和国家平等参与管理，同时，这一主张也是试图将其在网络空间资源占有和技术上的优势转化为霸权优势。而以中俄为代表的一方主张“政府主导型”模式，希望能在联合国的框架下政府主导治理，但听取非政府行为体的意见，认为政府应该是网络空间最重要的行为体，因为政府除了要打击网络犯罪，还要保证在网络空间的主权和安全，而且这也有利于网络空间全球治理的民主化和平等化。

中国对于治理主体的多元化并无异议，但希望国际组织获得更多的主导权，即将网络空间的资源分配和政策协调于一个或多个政府间机构之下，从而为国家在网络安全治理中谋求更大的作用。中国认为各国网络空间彼此相连，分属不同的主权管辖范围，没有一国可以独善其身，更不能靠一国之力确保本国的信息和网络空间安全，需要通过加强国际交流与合作共同应对。制定信息和网络空间国际规则，是当前维护各国信息和网络空间安全的紧迫课题，而“作为最具普遍性和权威性的国际组织，联合国是制定上述规则的最合适平台”。联合国也认为“互联网已发展成为一个全球性公共设施，互联网的国际管理应是多变、透明和民主的，由政府、私营部门、民间团体和国际组织全面参与”，并积极推动国际电信联盟获得互联网治理的主导权。但无论是联合国还是中国的主张，都遭到了美国政府的坚决反对。中美两国的网络关系，既具备大国博弈的已有特点，也具备虚实结合、人造可控的网络空间新特征。基于两国网络空间的共同利益和共同威胁，维护网络空间安全和发展利益应是中美网络安全对话的共同起点。

在网络时代，网络空间中美的竞争博弈是现实世界中美两国战略博弈关系的映射。如今，全球化程度进一步加深，经济上相互依赖更加深入，中美在网络领域爆发冲突的成本急剧增加。因此，在网络空间，中美合则两利，斗则俱伤，合作共赢才是中美两国今后在网络空间的共同主题。

（三）中国网络空间安全威胁新趋势

中美贸易战不断升级，特朗普及其内阁政要毫不隐讳地多次强调，中国就是美国最大的战略对手，而且是主要的敌人。在网络空间，美国同样也将中国视为最大的战略对手和主要的敌人。因此，未来中美在网络空间的竞争与博弈的发展趋势是长期复杂的，由此给我国网络安全带来的风险不断增加。

1. 中美网络竞争博弈的国际治理新趋势

在网络空间，中国支持政府在“其自己国家的范围内”控制互联网的“主权权利”，而美国则不承认“国家范围”的存在。无论在技术上、法律上，还是战略上，中美两国在网络空间的国际治理存在明显分歧，管控不好将严重影响中美之间的国家关系。

一是美国坚持网络空间“先占者主权”原则。按照美国的战略文化内在逻辑，网络空间就是一个新的竞技场和大国竞争的丛林，遵循“先占者主权”原则，以实力保安全，是美国在网络空间实现自身安全的必然选择，也是美国战略文化内在逻辑的自然延伸。

美国认为，全球网络空间处于积极的无政府状态，美国应该追求在此空间获得优势的支配地位。具体地说，美国这种以实力保安全的战略表现为对“先占者主权”这一从殖民地时代遗留下来的强权政治逻辑的天然偏好。在美国的网络安全战略中，“先占者主权”这一原则，通过如下 3 个方面的实践得到了比较充分的体现：首先，维持对网络空间关键资源的事实上的垄断控制，确保和巩固实践“先占者主权”原则的能力基础。其次，系统运用美国掌握的技术优势，通过已经存在的政府—公司之间的关系，大量开发符合美国网络空间战略目标的新型应用，这可以看作“先占者主权”的实际使用。最后，借助美国在政府、公司、非政府组织三者之间互动关系上的丰富经验，构建灵活多样的基于项目的灵活合作团队或者是跨国活动分子网络，将美国网络空间战略的指导理念和美国的战略目标植入互联网用户的观念，塑造国际网络空间的舆论氛围，也就是在整个国际网络空间实践“先占者主权”。

美国在网络空间的政策偏好不只是关乎美国一国网络安全的发展程度，同时也攸关网络空间全球治理的进展深度。2017 年 5 月 11 日，特朗普在延迟了 3 个多月之后终于签署了这份意在改善美国网络安全状况的总统行政令。这一行政指令可谓是特朗普政府初期网络安全战略架构的一根支柱，旨在通过一整套组合动作来提升联邦政府的网络安全，保护关键基础设施，阻止针对美国的网络威胁，从而将美国打造成一个安全、高效的网络帝国。

二是中国坚持网络空间“人类共同财产原则”。对中国来说，中国战略文化内在逻辑的自然展开，表现为在全球网络空间以治理求安全，即通过建立公正、合理的全球网络空间新秩序，来确保中国的国家安全。这同时意味着中国不能复制美国偏好的“先占者主权”原则，而必须选择“人类共同财产原则”，以治理谋安全，摸索并推广更加符合全人类利益，以及网络空间自身特性的网络空间安全新秩序。作为一个典型的发展中国家，一个综合力量持续上升的新兴大国，无论是中国的国家利益，还是中国的战略文化，已经明确表示中国不想重复传统大国恶性竞争的宿命，努力避免大国政治的悲剧。为此，中国从以下 3 个方面着手在网络空间落实和推进人类共同遗产原则：

首先，设定相容性的合作目标。使网络空间整体的安全以及保障尽可能多的国家从网络空间发展中获益，作为全球网络安全新秩序的目标，并以此为指导，制定和实施中国自身的国家网络安全战略。这里中国要做的是真正以一个新型大国，也就是跳出西方传统自我中心主义窠臼的大国，站在全球社会以及网络空间整体利益的立场上，确定自身的安全目标。全球各个国家的网络安全本质上是一个不可分割的整体，中国的国家网络安全与全球网络空间的安全密不可分。维持网络空间的基本运行秩序，确立网络空间共同遵守的行为准则，避免对优势技术力量的滥用，是中国国家网络安全追求的目标。

其次，探索并落实“人类共同财产原则”指导下的合作模式。从建立对全球网络安全共同的观念与判断标准入手，为人类共同财产原则在网络安全领域找到具体而实在的外部体现。只有这样，才能确保网络技术的发展、网络空间的活动包括信息的共同流动，才能促进各个国家的安全与福利，而不是成为国家安全的威胁，更不是沦为少数国家威胁其他国家安全的工具。

最后，在中短期内，逐步实践由更具可信度和可靠性的多边主义组织托管关键性的网络基础设施。比如，顶级地理域名服务器、具有战略意义的数据中心、云计算服务器等，为实践“人类共同财产原则”找到坚实的基础。

三是中美在网络空间的分歧与博弈直接影响着中美关系。中美网络空间关系是中美关系在网络空间的缩影。中美两国存在的结构性矛盾，包括崛起大国与守成大国之间的矛盾、地缘政治矛盾、政治制度矛盾与意识形态矛盾，渐渐地都映射在网络空间。对美国而言，网络问题涵盖政治、经济、军事、安全等诸多领域，牵涉美战略安全和公众“神经”。对中国而言，网络问题事关国家主权、社会稳定和经济发展。中美两国都需要维护网络空间安全有序运行，搭乘“网络快车”提升本国综合国力。美国在中美网络关系中的种种不和谐举动，从本意上来讲是要将中国纳入其主导的网络秩序。因此，中美在网络空间的博弈将表现出长期性和复杂性。

2. 中美网络空间呈现网络地缘政治竞争

如今，网络空间已经开辟了地缘政治的新时代。虽然网络空间博弈中出现了许多非国家行为体，但是民族国家仍然是全球层面上最重要的政治行为体。因此，与以前对陆地、海洋、太空的争夺一样，一场对于网络空间的地缘政治争夺正在上演，呈现网络地缘政治竞争新态势。如同各大力量在陆海空天四大疆域发生的冲突，围绕网络空间安全的攻防、国际话语权的争夺，以及针对基础设施与核心技术展开的较量，上升为大国竞争博弈的焦点，使网络空间安全问题出现了与政治、主权问题进一步交织的态势。美国等西方国家一方面从未放弃通过网络渗透实施意识形态颠覆的行动，另一方面亦在不断指责他国对其选举政治实施干扰。网络空间政治干预一方面成为常态，另一方面也成为各方肆意相互指责的借口。网络空间的政治化、情报化甚至进一步军事化成为发展趋势。

一是美国授权网络司令部支撑印太战略。中美博弈的性质绝不仅仅限于贸易战和科技战那么简单，目前已经向金融领域和网络空间博弈外溢。美国为了维持其全球霸权，为了让全球继续陷入分裂和被控制的状态，可能无所不用其极。如今，美国已经将维持其全球霸权行径渗透到网络空间，并逐渐将网络空间安全纳入地缘政治与安全范畴。2013 年，斯诺登披露的“棱镜门”震惊世界，俄罗斯披露的“美军方黑客侵入俄电力、通信及克里姆林宫指挥系统”，折射出美国乃“全球网络空间领域唯一具有进攻能力的国家”，正大力推进建设一支符合美国霸权地位的新质作战力量，网络空间或将成为美军未来作战的重要领域。如今，美国政府已经授权网络司令部在战场上展开行动，支撑印太战略，意图利用网络作战军事行动，显示其军事网络实力，对我国进行全面威慑。2017 年，美军高层曾直接炒作我军采取网络手段操控 GPS 信号，导致美海军驱逐舰在南海撞船。2018 年，美国媒体炒作罗斯福号航母舰载电子战飞机在南海遭受电子干扰、在吉布提海军保障基地以及在我国东海海域附近遭受激光干扰。种种迹象表明，中美两军如果有任何摩擦，必定首先在网络空间展开，如何既能有理、有利、有节地应对美国网络空间挑衅，又能控制网络摩擦升级风险，对此必须引起我国高度重视并制订有效的对应预案。

二是美国关切网络空间的危机处理与网络透明度。随着美国对制网权的高度重视，中国网络实力的快速发展，客观上两国网络安全困境仍在不断强化。美方认为，目前网络大国已有能力将网络攻击与硬打击结合在一起，但网络攻击具有不可预知性和无法控制性，网络攻击与报复的恶性循环将极大增加网络冲突升级的危险。美方多次提出与中国在平时建立直接的危机沟通渠道，促进危机时的紧急处理和协调，尤其希望两军在网络领域建立类似的交流机制，以防止误判。美方提出建立中美危机沟通热线，并且提出热线需要保持24小时畅通、不能束之高阁等具体要求。与之相关地，美方还希望就危机管理的具体问题做深入讨论，包括如何抑制危机升级的诱发因素、如何防止在决策过程中发生误判、如何提高决策部门对网络危机严重性的认识、如何将决策建议及时送达决策部门等。美方的提高透明度貌似有利于增强相互之间的安全感，而实际是借透明之名掌握对方核心力量现状，遏制对手发展，保持自身优势。美国高度关注中国成立中央网络安全和信息化委员会，但并不了解其常设机构——中央网信办的职责和作用。对于中国政府后续出台的一系列战略文件和政策措施，美方感到中国在网络安全上的顶层设计步伐加大，节奏加快。因此，美方提出与中方交流重大政策、网络安全关切、政府内部机构间的分工和职责、政府应对重大网络事件的响应计划、网络军力发展的要求。

三是以双边行为规则规制国家间的网络行为。客观上，网络技术更新快、进入门槛低，即使技术最先进的国家也难以控制网络。通过应对2016年美国总统大选干预事件，美国意识到制裁效果有限，切断域名解析服务等极端网络手段又不能轻易使用，现实困境使美国希望利用规则来约束国家间的网络行为。但国际规则制定离不开大国协调，因美俄网络关系紧张，故美国希望与中国在国际规则制定方面率先有所突破。美方希望以2015年联合国信息安全政府专家组方案为起点，中美整合出一套双方都能接受的负责任的国家网络行为规范，签署双边协议或发表联合声明。此外，美学界也在积极研究和推动“三不”原则——互不网络攻击核指控系统、互不破坏金融系统的数据完整性、互不在供应链中设置后门，进入中美网络空间国际规范制定的实质性讨论。现如今中国的金融、电力、制造、交通、医疗、各行各业都接入网络，未来一旦从网络发动攻击，对我们国家安全的破坏性将呈指数性提升，因此构建中美双边行为规则，用以规制国家间的网络行为十分必要。

四是中美网络空间关系正在变成具有网络地缘政治为导向的关系。如今，中美网络博弈开始超越“双边议题导向型”的关系，正在变成越来越具有网络地缘政治为导向的关系，地缘政治的传统逻辑基本都可以用于中美网络空间博弈。“斯诺登事件”正是中美网络博弈的地缘政治回归思维的催化剂。中美在网络空间的紧张关系主要集中在：互联网治理、大规模监控以及网络军事化发展。这几个方面与地缘政治思维都密不可分。基于对不对称性网络威胁的担忧、对竞争对手夺取优势的担心、对自身竞争能力的担忧，美国把中国当作网络空间安全的最大威胁，认为“对美国国家安全威胁最大的网络攻击来自中国”“中国的网络战能力对美军构成真正威胁”“中国军队是一系列高级持续性威胁黑客攻击的幕后操纵者”，等等。而长期以来，美国在网络空间当中占有基础资源和控制分配权，除了获得巨大的经济收益之外，还获得了广泛的安全收益。如今，在诸如互联网基础设施与产业竞争力、网络人才汇聚、储备及“极客”文化的浸淫、网战实力建制成军、秘密网战武器的开发、国际规则主导权等方面，美国皆居领先地位。

鉴于由美国主导的大国网络博弈的地缘政治趋势对全球网络安全形势形成了威胁，中国应与各国携手，超越地缘政治并推进“网络空间命运共同体”建设。在中美关系中，中美两国都无法单方面推动网络安全秩序朝着自身意愿的方向发展，无法按照自身的意志单独来塑造网络空间秩序。网络地缘政治博弈中的中美可以是战略竞争者但并非注定是敌人，中美在网络博弈中不应该互相为敌，而应寻求深化合作领域、拓展合作空间、建立合作机制、增进网络空间战略互信，从而为网络空间的中美新型大国关系和“网络空间命运共同体”建设打好基础。

3. 中美网络空间竞争博弈向军事化方向发展

在中美大国博弈时代背景下，网络空间具有军事化发展趋势，军事斗争形态也随之发生了显著变化，表现出“军事行动网络化”和“网络空间军事化”的特征。

一是美国是当今独一无二的网络军事强国。美军已经具有世界上最强大的网络战实力。得益于信息网络技术的领先优势，美国最早认识到网络空间的重要性，并确立了以核武器的威慑战略、太空的抢先战略、网络的控制战略为支撑的“三位一体”国家安全战略，将来自网络的威胁列为国家生存发展所面临的“第一层级”威胁和“核心挑战”。为此，美军最早成立网络战部队，最先提出网络空间为新的作战领域，最早成立网络空间司令部，最先推出网络空间行动战略。尤其是“网络总统”奥巴马 2012 年初进入第二个任期，美国大幅扩编网络空间司令部，并成立了 40 支全球作战的网络战部队。2014 年 3 月美国防部发布《四年防务评估报告》公开宣称到 2019 年建设 133 支网络任务部队（Cyber Mission Forces，CMF），[①] 特朗普政府又加速推进了网络空间军事化进程。具有“推特总统”之称的特朗普，自执政以来就明显加大了网络空间军事化进程，宣布网络空间司令部升格为一级司令部，《2018 财年国防授权法案》全额批准网络作战行动预算要求并增拨 17 亿美元，总额达 80 亿美元。2017 年 8 月 18 日，美国将网络司令部升格为联合作战司令部，特朗普同时强调，美国网络司令部将加速推进 2013 年已经开始建设的 133 支网络作战任务部队，能力形成的期限为 2018 年 9 月。2018 年 9 月 18 日、9 月 20 日，美国《2018 国防部网络空间战略》《国家网络空间战略》相继出台，按照新的战略，美国国防部将进一步深化网络空间能力与大规模军事行动的融合，明确建立更具杀伤力的网络力量。白宫还于 9 月 23 日宣布，特朗普总统已批准新的机密命令，让五角大楼网军能更自由频繁地向敌人发动攻击。10 月，特朗普总统宣布将该月确定为“国家网络安全月”，以提升美国公众对于国家网络安全的认知与重视。2018 年版《国家网络空间战略》是 15 年来美国公布的首项综合全面的网络战略。而在此之前美国国防部也发布了 2018 年版《国防部网络空间战略》。这两项战略强化了美国国土安全部与国防部在网络领域

---

① The U.S. Department of Defense. Quadrennial Defense Review 2014［EB/OL］.2014［2018-08-10］.http：//archive.defense.gov/pubs/2014_Quadrennial_Defense_Review.pdf.

开展合作的迫切需要。

美国在网络空间的攻防力量、安全战略、合作政策以及体制建设等方面，捷足先登，引领潮流。特别是五角大楼围绕“网络空间战”，一直在做万全准备，着眼于“在进攻侧加强实力以实现威慑”。美国网络司令部作战主任查尔斯·摩尔少将在2019年4月的一次吹风会中透露，现在的重点领域之一是更好地协调与武装部队的工作。“几年来，我们非常专注于建立133支队伍，组成网络任务部队，提供装备、配备人员，”摩尔称，“现在我们的中心问题是如何使用这些力量”。特朗普网络政策高度突出大国博弈中竞争的一面，在具体政策设计中强调“美国优先”，强化攻势色彩，有可能带动其他国家采取类似举措，由此开启网络军备竞赛的恶性循环。

二是美国频繁举行网络空间军事演习。美国作为全球IT及互联网技术最先进的国家，对网络安全实战演习青睐有加，自2006年开始，美国每两年举行一次“网络风暴”演习。演习分为攻、防两组进行模拟网络攻防战，攻方通过网络技术、社工手段、物理破坏手段，攻击能源、金融、交通等关键信息基础设施；守方负责收集攻击部门的信息，评估并强化网络筹备工作、检查事件响应流程并提升信息共享能力。2016年至2018年，美国国防部连续组织开展了“黑掉五角大楼”“黑掉陆军”“黑掉空军”“黑掉国防旅行系统”“黑掉海军陆战队”等多次军方实战演习。其中，“黑掉空军3.0”于2018年11月进行，是“黑掉空军”计划的第三次实施。在“网络风暴Ⅲ”演习中，美军联合英、法、德、意等12个伙伴国，由各国网络作战部队组成网络防御力量，保护网络不受由职业黑客扮演的敌对势力的攻击，整个演习模拟了1500起事件，涉及网络攻防的行业相当广。包括“网络风暴”“锁盾”“网络欧洲”等一系列西方大规模网络攻防演练，形成了跨域、跨国、跨部门的一体化模式，反映出各国强调组织协同、情报共享和安全协作等网络安全能力建设的新趋势。北约通过网络攻防演练锤炼出的网络实战能力，不仅可以用于对付俄罗斯，也完全可以用来对付包括中国在内的任何其他国家，因此我们应该加强防范。

美国准备在网络空间打一场混合战争。美国网络战的四项原则，即超越网络响应来应对网络攻击、具有网络优势的动能武器、超出对等比例进行反应、发展利用对手独特弱点的报复能力，都说明美国在准备一场传统和网络结合的战争。尤其是美陆海空 2019 年以来的网络备战动作，已经深入对常规武器遭受网络攻击的防御层面，其将网络攻防与常规战争结合起来的意图非常明确。这是进入混合战争和网空备战加速的一个不容忽视的信号。1 月 11 日，美国陆军第 7 步兵师成立了包括提供防御性和进攻性网络行动、太空能力和电子战能力的联合部队，是美陆军将太空、网络、电子战首次在一支部队聚集在一起。

三是网络军事化趋势增强地缘政治冲突风险。如今，网络空间这一新的地缘政治领域频频上演各种广义上的网络战形式，如信息情报战、舆论民意战、文化和意识形态战、网络攻防战等，网络已经发展为武器而应用到军事目的。网络军事化和武器化的加速发展加剧了地缘政治冲突风险。在这轮网络军事化潮流中，美国可以说是领头羊。美国网络司令部的诞生可以作为一个例证。美国将网络空间列为继海陆空天之后的第五大作战维域，并发展相应进攻性能力。特朗普把战略司令部旗下的网络司令部升级为与战略司令部同级的第十个联合作战司令部。这意味着今后它将无须通过各相关军种，可直接指挥麾下所属各个军种部队，美军网络部队也因此成为一个独立军种。美国 2015 年版的《国防部网络空间战略》则公开表示，美国军方将把网络战用作针对敌人的作战方式，当美军在与敌人发生冲突时，可以考虑实施网络战。

四是警惕美国在网络空间可能实施的攻击行动。中美两国对于双方在网络领域的动作密切关注、高度重视和时刻警惕。美国各部门紧密关注中国网络政策动向和最新举措，纷纷出台文件将斗争矛头直指中国，其担忧与防备跃然纸上。此外，美国对于中国国防预算等军事支出非常敏感。中国如今面临着来自世界头号强国的巨大压力，在此大背景下，两国在网络空间的博弈进一步加剧并在走向白热化。正如白宫前反恐事务主管理查德·克拉克2010年在他出版的《网络战》一书中提到的，全国停电、飞机失事、火车出轨、炼油厂着火、管道爆炸、有毒气体外泄以及卫星失去轨道等情形，这些都让2001年“9·11”恐怖袭击相形见绌。这些事件近年来在国际社会上已不鲜见。

随着中美贸易战、金融战进入深层次博弈阶段，不能排除美国在网络空间对我国采取以下一些攻击行动：以网络手段攻击我国家关键信息基础设施，发动网络电力战，制造类似委内瑞拉一样大范围断网事件；组织网络金融战，影响证券股票等金融市场交易秩序，造成重大经济损失；对核、航天、民航等国民经济重大领域采取隐秘网络袭扰，持续制造重大人员伤亡事件；甚至直接攻击我国互联网基础设施，展示网络实力，造成国家范围内的大规模网络中断，为中美贸易战、金融战增加筹码。

第四章　美国网络空间安全战略

随着对互联网依赖度的逐渐提高，网络空间已成为各国优先争夺的重要战略空间。网络空间作为继陆海空天之后的“第五维空间”，已经成为各国逐利的角力场。美国作为世界上综合国力、科技和军事实力最强的西方大国，世界第一网络强国，是世界上最早制定网络空间安全战略的国家，并利用网络空间技术优势和较完善的网络空间安全战略积极抢占网络空间制高点。

一、美国在国际互联网空间的态势

网络空间安全给国家安全带来了新挑战，网络空间安全可以辐射到国家安全的各个重要领域，因此世界各国在网络空间安全领域展开博弈，围绕网络空间管理权、主导权和控制权展开激烈争夺。美国在这场争夺中可谓“一权”独大。

（一）美国掌握互联网的管理权

随着互联网的普及，它对各国的政治、经济乃至军事都产生了重要影响。网络行为体的多样性，网络权力结构的单调不平衡，网络行为体利益诉求的多元化，都使得网络管理权成为一个备受关注的话题。随着互联网行业的高速发展和在社会各领域的广泛应用，美国利用其在技术、信息资源、国际制度（网络技术、人才培养、网络管理）等方面的优势掌握着互联网的管理权。

一是美国拥有互联网管理权的技术基础。互联网起源于美国，且又由美国长期监管。从互联网诞生至今，美国始终控制着 1 台主根服务器和 9 台辅根服务器，而根域名服务器是架构互联网所必需的基础设施。美国掌握着全球互联网13台根域名服务器中的10台，这些根域服务器的管理者都是由美国政府授权的互联网域名与地址分配机构（ICANN），该机构负责全球互联网各根域名服务器、域名体系和IP地址的管理。因此，自互联网诞生以来，网络域名与地址的监管便由美国掌控。1998年9月，互联网域名与地址管理机构成立，虽然ICANN自称是非营利性的私营公司，却是由美国商务部授权ICANN负责域名和互联网相关技术的国际管理。美国为维持其域名控制权，2005年11月，在突尼斯召开有关互联网问题的会议上，时任国务卿的赖斯专门写信给当时的欧洲轮值主席，要求他支持“互联网域名与地址管理公司”管理互联网。美国国会还以423票对0票通过决议，要求美国政府控制互联网。2012年12月，在阿联酋迪拜召开的国际电信世界大会上，东道国阿联酋提交了一份要求分离互联网管理权的文件，遭到美国代表克雷默的坚决反对，声称这次会议“要讨论的是电信问题，跟互联网不相关”。

作为计算机技术的发明国，美国是网络技术创新最早，也是最大受益者，并有足够的时间及实践率先进入下一轮的新技术研发。美国每年在技术上的投入位居世界第一，即使是在经济危机和财政赤字双重压力之下，美国2011年度在科研上的花费也仅受到微弱影响，大概只有1%的降幅。据世界知识产权组织（WIPO）的统计数据，2003—2007年美国在计算机技术领域以191 835项专利位居世界第一，而在2000—2009年的PCT体系中，美国同样保持了这一地位。2014年，美国互联网行业的总产值为9662亿美元，占全美GDP的6%，这个比例几乎是7年前的两倍。通过直接或间接的方式，互联网行业造福千百万的美国网民，同样也保证了经济的健康运行。在现有的互联网生态中，由于有足够的专利条款和现实的控制能力，美国的绝对收益并没有受到其他国家行为体的威胁。

二是美国拥有互联网管理权的资源优势。美国是互联网的发源地，不但拥有网络技术优势，而且还拥有网络资源优势，握有互联网的核心基础资源，并以此掌控全球互联网领域。这也是美国谋求互联网永久管理权的重要基础条件之一。作为全球网络信息技术的发源地，近半个世纪以来，美国的企业、政府、科研机构相互携手，主导着全球网络信息技术和产业的发展进程，包括英特尔、IBM、高通、思科、苹果、微软、甲骨文、谷歌等一批 IT 巨头，控制着全球网络信息产业链的主干，在半导体（集成电路）、通信网络、操作系统、办公系统、数据库、搜索引擎、云计算、大数据技术等关键技术领域占据明显的先发优势。因此，在互联网战略资源中，美国拥有众多世界第一的项目。目前，全球最大的搜索引擎（Google）、最大的门户网站（Yahoo）、最大的视频网站（You Tube）、最大的短信平台（Twitter）和最大的社交空间（Facebook）全部为美国所有。如今，所有互联网业务量 80% 与美国有关，访问量最多的 100 个网站中，85 个在美国，网上内容 80% 是英文。此外，当今全球 80% 以上的网络信息和 95% 以上的服务器信息由美国提供，超过 2/3 的全球互联网信息流量来自美国，另有 7% 来自日本，5% 来自德国。日本和德国都是美国的盟友，这就等于美国牢牢控制了全世界互联网信息流量的近 80%。另外，Intel 垄断世界计算机芯片，IBM 推行“智慧地球”，Microsoft 控制计算机操作系统，ICANN 掌控全球域名地址，苹果主导平板计算机。

美国利用其在网络软件、硬件制造能力和技术方面的绝对优势地位谋取政治利益。据相关机构的统计数据，全世界 18 个互联网软件公司中，有 10 个是美国公司。其中，微软公司（Microsoft）是世界上最大的软件公司，该公司生产的操作系统广泛应用于个人计算机和服务器上。思科公司（Cisco Systems）是网络硬件生产领域的龙头老大，该公司生产的路由器、交换机、中继器等在国际市场上占有重要地位。瞻博网络（Juniper Networks）和博科通信系统（Brocade Communications Systems）是世界上著名的网络设备制造商，其路由器技术和存储交换机技术领先全球。先进的网络软件、硬件制造技术和强大的生产能力是美国争夺网络电磁空间霸权的王牌之一，必要时可以威胁停止或实际终止向对手提供商品，陷对方于困境。此外，美国的主要软件商与美国政府均有密切关系。在政府的授意下，美国软件商往往在他们制造的软件上嵌有后门，以便在必要时服务于美国的政治、经济和国家安全目的。1999 年，轰动一时的微软“NSA 密钥”事件让美国窃取别国机密的企图大白于天下。

三是美国拥有互联网管理权的制度优势。谋求互联网的发展，从传统的技术优势到资源优势，再到制度优势，构成了谋求网络空间发展权的逻辑演进，互联网的发展权是从传统技术优势到制度优势的建构。在虚拟的网络空间，互联网的实际存在和正常运作中发挥重要作用的是大量的技术标准，如链接标准、通信标准、域名解析标准，等等。这些技术标准就是互联网规范，体现了标准制定者的理念。在互联网逐步向全球推广的过程中，美国互联网标准也被推向了全球，为互联网后来的使用者所接受。这些使用者主要由个人、国家、国际组织、跨国公司等各种国际行为体组成。但从客观上看，这对许多网络弱国来说并不公平。因此，随着互联网的普及，现在越来越多的国家提出了修改旧标准的要求，反映了对网络空间权力进行再分配的制度诉求。

在互联网发展过程中，美国拥有最重要的互联网监管权。1998 年之前，互联网号码分配局（IANA）行使着互联网的管理职能。1998 年之后，美国商务部成立 ICANN 统一管理根域名服务器。2011 年 5 月 17 日，曾在美国情报机构任职的英国国际安全问题专家鲍勃・艾叶思说，在网络世界中，西方发达国家已经看到了先入为主的重要性。他们深信只有控制住互联网领域的发展权和主导权，才能用更快更被信赖的信息赢得世界的支持。美国长期以来垄断互联网监管权，以“开放和自由的互联网”守护者自居，并以此作为反对放弃互联网控制的理由。然而，实际上美国的互联网监管权给它带来了太多利益，如规则制定的优势、信息垄断带来的好处、通过大数据进行“私货夹带”等，这才是其不愿放权的真正原因。2015 年 12 月，美国互联网协会发布的报告显示，92% 的美国人因各种需求而使用互联网。

通过掌控网络的域名与地址管理，再加上它超强的网络软件、硬件制造能力与先进技术，美国已经牢牢掌握着国际互联网的控制权。尽管如此，美国仍然具有强烈的忧患意识。美国国防部2006年出台的报告中称，“尽管美国目前在网络电磁空间领域享有优势，但这些优势正在受到侵蚀……与其他作战领域不同，美国在网络电磁空间领域有与对手平分秋色之虞”[①]。

综上所述，美国在互联网中的管理权力遍及国际互联网的所有领域，拥有互联网技术优势、资源优势和制度优势。美国主导构建的互联网国际制度进一步强化和巩固了其已有的技术、资源、制度等优势，并以这些传统优势谋求互联网永久霸权。

（二）美国掌握互联网的主导权

互联网作为信息革命的产物，给人类提供了一种全新的、以计算机技术为基础、以数字形式传递信息的网络传播方式。著名未来学家托夫勒曾预言，谁掌握了信息，控制了网络，谁就将拥有整个世界。近年来，随着斯诺登事件和欧洲政要手机被监听等事件的曝光，世界强国高度重视信息网络空间这一新兴全球公域，信息网络空间的主导权越来越成为世界争夺的焦点。

1. 以技术优势谋求网络空间主导权

利用在互联网上的技术优势谋求网络空间的主导权。美国在国际政治中一直以来都是以强者自居，自冷战结束后，美国成为唯一的超级大国，无论是在经济、军事、政治还是科技领域都是领先于其他国家的，所以美国希望利用自身的网络技术优势并结合美国在传统国际政治领域已经积聚的实力，同样掌握网络空间的主导权，确立网络空间的支配地位。美国是计算机和互联网的创造国，掌握着遍及国际互联网的所有领域。美国对互联网域名体系拥有绝对控制权，可以随时中断其他国家的网络。美国在互联网络中处于中心位置，已成为互联网的“交通中心”，大量数据都会经过美国。正是因为掌握着互联网上的大量数据，美国就掌握着互联网的主导权。目前来看，任何国家和集团都不可能颠覆美国这一权力。

---

① The Department of Defense，The National Military Strategy for Cyberspace Operations（2006），p.10.

互联网的主导权为美国推行其价值观提供了便利。现实世界的全部信息折射到网络虚拟世界，虚拟世界的“一颦一笑”，深刻地影响着现实世界。这种文化渗透将会从根本上触及受众国的传统文化、主流价值观及意识形态。当前互联网数据库主要集中于美国。据统计，全球80%以上的网络信息和95%以上的服务器信息由美国提供。在国际互联网的信息流量中，超过2/3来自美国，位居第二名的日本只有7%，排在第三名的德国有5%。而中国在整个互联网的信息输入流量中仅占0.1%，信息输出流量只占0.05%。由此可见，庞大的数字鸿沟已是不争的客观事实，进入国际互联网在一定程度上就意味着进入美国文化的汪洋大海。由此说明，美国互联网上的主导权掌控网络空间的话语权，而且主导与掌控互联网的国际话语权，进而利用这种优势，以自身利益为准绳，推行西方的价值观，并对事物的是非曲直作出判断。

2. 不断强化网络空间主导权

美国对互联网空间的垄断地位和“高位”优势，十分不利于互联网的全球利用和良性发展，因此遭到国际社会的强烈反对，各国围绕网络空间的主导权和控制权问题与美国展开了激烈的博弈。《西雅图时报》曾报道，2007年11月，在巴西里约热内卢举行的联合国互联网治理论坛第二次会议上，多国代表希望“终结美国对全球网络的控制”成为本次会议的核心议题。2000多位与会者展开激烈争论，美方官员表示，保持因特网功能在美国的控制之下是为了“保护信息的自由流动”，[①] 显露出美国力图把持互联网霸权的野心。美国政府2011年5月发布《网络空间国际战略》之后，白宫网站还陆续公布了“国家信息安全综合倡议”。12条具体倡议强调了如何强化对风险管理，在联邦政府信息基础设施内安置反情报收集的系统，定义和发展持续的威慑战略与项目，林林总总的倡议中，安全名义笼罩之下

① Admin, “The U. S. military has developed more than 2000 kinds of weapons, computer viruses (Figure)”, September 2, 2011, http: //www.9abc.net/index.php/archives/28951.

的强化管理取向，一览无余。

随着各国对网络战的重视，相应的网络空间主导权也就成为“兵家必争之地”。国际网络大会成为美、俄等大国激烈角逐网络安全主导权的舞台。美国、欧盟、俄罗斯等大国和集团争夺全球网络空间主导权的争论，也从政策争议的层面，逐渐提升并纳入国家战略的层面。全球网络空间的主导权，已成为大国政治的新竞技场。2011 年 11 月 1 日，国际网络大会在伦敦开幕，从 80 个国家的高级代表与会这一事实可以看出各国对这一问题的重视。会上，时任美国副总统拜登发表主旨演讲，称美国的立场是将现存的国际法同样适用于网络空间。美国国务卿希拉里也作了主旨发言，部分欧美国家首脑和互联网企业巨头悉数到场。在本次大会之前的 9 月，中国、俄罗斯、塔吉克斯坦、乌兹别克斯坦 4 国向联合国大会提交的“确保国际信息安全的行为准则”，折射出了进入这个新竞技场的主要成员，以及这些成员各自相关的主张。

2014 年 3 月，美国虽然宣布将“移交”互联网域名和数字地址分配机构监管权，但没有任何进展。5 月 21 日，欧盟委员会要求美国政府加速兑现自己的诺言，减少对全球互联网的掌控。欧盟委员会副主席、数字和电信政策专员内莉・克勒斯在联合国总部对媒体表示：“现在是结束美国对网络垄断的时候了！”其实，美国根本就不会放弃互联网的监管权，所谓“放弃”之说只是难以承受“棱镜门”的巨大压力，而在国际社会面前虚晃一枪。在自己受损的国家形象得到修补之后，在盟国领导人受伤的心灵得到安抚之后，美国政府就会变本加厉，更加肆无忌惮地监控整个地球。因此，美国对网络空间的战略定位直接牵动了全球各国的相应行动。

3. 以主导权把持网络空间话语权

“话语权”，即说话权、发言权，是国际行为体，尤其是主权国家参与国际事务中自我认同并予以利益表达的重要手段及方式。话语权的大小不仅是一个国家政治、经济、科技、军事等硬实力的综合反映，也是其软实力在世界舞台上的直接体现，它承载着话语权国的国家利益之所在。如果从政治文化视角透析其互联网战略，其战略目标就是掌控全球网络空间话语权、在网络空间推行西方的主流价值观。网络话语权已成为美国实施网络霸权的重要工具。

作为全新领域，网络空间话语权的争夺从未间断，涵盖4个方面的内容：网络军控、网络公约、网络技术标准和网络作战规则。在网络军控方面，2009年11月28日，美俄核裁军谈判期间，美国首次同意与俄罗斯进行网络军控谈判，12月12日，美俄日内瓦核裁军谈判期间，两国就网络军控问题进行了磋商。在网络公约方面，2011年9月12日，俄罗斯、中国、塔吉克斯坦和乌兹别克斯坦4国在第66届联大上提出“信息安全国际行为准则”。美国则坚持支持2001年26个欧盟成员国以及美国、加拿大、日本和南非等共同签署的《打击网络犯罪公约》。在网络技术标准方面，美国作为互联网技术的发明者，其技术标准基本上成为世界标准，这一现实背后的巨大安全隐患不容小视。比如，美国“Wi-Fi”联盟以一个符号绑架一个产业，将不具有商标属性的“无线局域网”通用名称变为自身品牌“Wi-Fi”，其他国家自己的无线局域网标准却被束之高阁。而在网络作战规则制定上，美国则是占有绝对先机，其完善性和成熟度与其他国家根本就不能相比。

互联网上美国文化的传播是其主流价值观念的国际传播。多年来，美国一直标榜“不受限制的互联网”是它的“国家商标”，互联网只有“公海”没有“领海”。然而，“棱镜门”事件却使美国政府在国际社会陷入前所未有的尴尬境地，也引起了包括其欧洲盟国在内的全球震惊和反思。在虚拟的互联网平台，传播者相当复杂，主权国家、政府与非政府组织、个人等都是多元传播行为主体。但真正起支配作用的是信息多而快、全而准、技术雄厚的大型网站。美国是国际新闻机构和大众文化产业最发达的强国，利用其在信息技术上的绝对优势，处于全球垄断地位的美国新闻业和位居全球商业文化统治地位的大众文化产业相继登上互联网。如NBC网站、CBS网站、ABC的网络新闻、CNN网络版及《今日美国报》《纽约时报》网络版等。它们不仅有自己的网址，很多公司如《华尔街日报》、《纽约时报》、CNN还拥有多个网站。美国传媒已经充分发挥了互联网的即时性、全天候、交互性等天然特质优势，利用网络的开放性，占领了国际互联网传媒的制高点并拥有实际控制权，在当前及未来的互联网竞争中处于领先优势。

西方主流价值观充斥互联网。借助网络空间的主导权，获取网络空间软权力，输出意识形态或政治价值观念，塑造国际规则和决定政治议题，成为大国建立国际新秩序的重要方法和途径。目前，互联网已经成为西方价值观出口到全世界的终端工具。互联网平台可以打破地域限制，突破传统的思想宣传权力格局，动摇国家机关对意识形态宣传的主导地位。在一些国家变革中，互联网、手机媒体、推特、优图、脸书等发挥了举足轻重的作用。在互联网上，信息实现了在全球范围内的流动，而这种流动本质上就是价值观及意识形态的输出与传播。今天的网络空间相较以往，功能已经大大拓展，特别是电视、电话、数据三网合一，手机、博客、播客（视频分享）相互融合，构成了强大的新传媒阵容。互联网已经成为西方社会传播西方主流价值观的传播源，成为舆论交锋的主战场、多元文化的角力场、“颜色革命”的试验场。美国式的“民主、自由、人权”“互联网自由”等理念以新闻、影视、游戏等形式，全天候、全方位地在互联网上进行着价值观引导及行为指导，潜移默化地影响受众国民众尤其是青少年的思想和价值观念。互联网信息源的存在有两种方式：信息来源，指各种门户网站给我们提供多方面的海量信息；搜索引擎，决定了我们在网络空间可以得到什么样的信息。美国通过两者引导网络舆论、传播美国的主流价值观，影响着网络空间文化和价值观走向。

互联网广泛应用于政治、经济、社会、文化等各个领域，以及人们生产生活的各个方面，正在发挥着越来越重要的作用。然而，面对西方国家把持着网络空间的话语权，发展中国家从互联网诞生之后就面临巨大威胁：一方面，发达国家推行信息霸权主义，将控制信息权作为新的战略制高点；

另一方面，发达国家利用互联网这一具有战略优势的新工具，以带有本国价值观影响力的信息辐射来夺取更多新的疆域。

（三）美国掌握网络空间的控制权

“控制”是国际政治权力的核心体现。未来学家阿尔文·托夫勒曾预言：计算机网络的建立与普及将彻底改变人类生存及生活的模式。谁掌握了信息，控制了网络，谁就将拥有整个世界。[①] 互联网赋予现代国际关系和国家利益许多新特点，对国家经济、政治、安全和外交政策产生了重大影响，对传统意义上的国家主权、政府权威、文化意识、地域分界等都造成巨大冲击。因此，网络空间控制权正在成为国际政治权力博弈的新形态。

1. 通过互联网控制世界

互联网起源于美国，在互联网发展初期，美国投入了大量研发资金，但同时美国也成为互联网领域最大的既得利益者，除了占有绝大多数互联网资源，美国还把持着对互联网的控制权，其核心就是对互联网根域名服务器的管理权。此外，美国在互联网核心产品和技术领域居于垄断地位，其他国家不得不依赖其产品和知识产权。美国几大互联网巨头每天收集处理海量的全球信息数据，甚至比其他国家或地区还了解他们自己。

自互联网诞生以来，网络域名与地址的监管便由美国掌控。1998 年 9 月，互联网域名与地址管理机构成立，虽然 ICANN 自称是非营利性的私营公司，却是由美国商务部授权 ICANN 负责域名和互联网相关技术的国际管理，这也就意味着美国商务部有权随时否决 ICANN 的管理权。与此同时，美国还掌握着互联网的主动脉。不仅各个国家和地区的通信支干线都要经过美国主干线，只要在根域名服务器上屏蔽国家域名，就可以让一个国家在网络上瞬间“消失”。

目前，美国利用自己在互联网的“高位”优势，在相当大程度上决定

① Chen Baoguo, “U. S. Strategy: Control the World by Controlling The Internet”, Global Research, August 24, 2010, http: //www.globalresearch.ca/index.php? context=va & aid=20758.

着互联网信息的内容、流动方向以及传输速度，也可以把收集到的全球信息进行有利于自己利益的二次加工和处理，左右国际舆论的走向。有了这种强大的技术基础，美国组建“第五纵队”的规模和效率也大大提升。“阿拉伯之春”就是在美国2003年成立的全球舆论办公室的直接指挥下，美国国家安全局和网络司令部联合运作的信息思想战的第一次全面实践。在这场大范围波及中东、北非的“政治地震”中，美国通过“推特”“脸书”等网络平台，实时、高效地指挥了现实世界中的街头政治暴乱和“颜色革命”。先是“维基解密”网站于2010年12月公布了一封密码电报，内容是美国前驻突尼斯大使罗伯特·戈德兹披露了本·阿里总统家庭成员贪污腐化的事实，并警告：“对于遭遇日渐增长的赤字和失业现象的突尼斯人来说，展示总统家庭财富和时常听到总统家人叛国的传闻无异于火上浇油。”该文件在网络上出现后，突尼斯国内爆发了罢工和街头示威活动。在此过程中，所有的反政府宣传和集会号召都是通过“推特”“脸书”等进行的。

通过控制互联网来控制世界已成为美国的主导战略。互联网的广泛应用，不仅可以对一个国家产生影响，甚至可以左右整个国际关系体系的运行，引起整个国际格局的巨大变革。美国声称在网络和信息领域“掌握了销售主导权，就等于掌握了打开门户秘密之门的钥匙”。在具体实践中，美国通过对根服务器控制权的使用，有效达到了自身的政治目的。2009年，微软公司依美国政府禁令，切断古巴、叙利亚、伊朗、苏丹和朝鲜5国的微软网络服务（MSN），导致这5个国家的计算机用户不能正常登录Windows即时通信系统（via Live-Side），通过MSN进行信息交流。[①]“信息制裁”由此成为一种新的国际制裁手段。

网络空间天然地对民主、扁平化、信息流动、透明化等属性有亲和力，因此美国把它作为推行“民主”的工具。2010年，突尼斯因一商贩自焚爆

---

① Jack Chang, “Internet control by U. S. promises to be hot topic at U.N. forum”, The Seattle Times, November 11, 2007, http: //seattletimes.nwsource.comhtmlnationworld/2004007171_internet11.html.

发了“茉莉花革命”，随即在网上被迅速炒作发酵，从而引发了20余个西亚北非国家连锁发生骚乱，导致突尼斯总统逃亡、埃及总统下台、利比亚陷入战乱，使西亚北非地区陷入大动荡之中。也门、叙利亚等国政局也受到了很大影响，叙利亚内战延续至今不断。美国和以色列针对伊朗核设施的工业控制系统研发出“震网”病毒，通过移动存储介质，利用微软操作系统和西门子工业控制系统漏洞进行传播与攻击，突破了伊朗核电站物理隔离的安全防护，篡改了工业控制系统中控制铀浓缩离心机转速的代码，使离心机不能正常工作，导致伊朗核电计划被延缓，堪称突破国界隐蔽的侵略。2015年4月1日，美国总统奥巴马发布行政命令，宣布设立针对网络攻击的制裁制度。根据这一命令，美国政府相关部门将有权对通过恶意网络行为威胁美国利益的个人和实体实施制裁措施，包括冻结资产和限制入境等。

2. 利用网络空间控制权实施网络威慑

网络在国家安全中的作用日益凸显之后，网络空间威慑开始进入大国政治家和军事家的战略视野。网络空间威慑，是指在网络空间采取各种行动，展示瘫痪控制敌方网络空间，并通过网络空间跨域控制敌方实体空间的决心和实力，从而达到慑敌、止敌、阻敌、遏敌目的的一种战略威慑形式。当敌对双方都具有确保侵入破坏对方网络的能力时，就可以带来双向网络遏制，使得双方不得不在一定条件下，遵守互不攻击对方网络的游戏规则，形成一个无形的安全阀，甚至国际上也会形成互不攻击对方网络的惯例协议或公约，网络空间由此成为可以产生巨大威慑效应的战略领域。

在网络空间，国家冲突的历史清楚地说明，威慑不仅在理论上是可行的，而且实际上为网络敌对行动设置了一个上限阈值。在2012年对“数字珍珠港事件”的讨论中，看不见的威慑是最明显的，时任美国国防部长莱昂·帕内塔说，他担忧这样的突然攻击可能会削弱美国及其军队。虽然他的评论使网络专家难以置信，但是大家都同意：美国在战略上是脆弱的，而且潜在的对手具备进行战略攻击的手段和这样做的意愿。因此，网络能力最强大的国家在很大程度上依赖于相同的互联网基础设施和全球标准（尽管使用当地的基础设施），所以超过一定阈值发动攻击显然不符合任何国家的自身利益。此外，拒止性威慑和惩罚性威慑这两种威慑仍然有效。目前，世界上对这一模式运用得最为娴熟的国家是美国。互联网是一个激烈对抗的领域，在网络空间里，国与国之间的冲突是普遍的。近年来，美国等西方国家利用新兴网络技术，在影响其他国家选举、促成社会动乱方面连连出击、频频得手。在 2011 年西亚北非政治动荡中，“推特”“脸书”等新兴网络起到了煽风点火、勾连聚众、推波助澜的重要作用，成为导致动荡在短时间内大范围蔓延升级的重要因素。凭借着强大的军事实力和网络攻防能力，美国能对他国的网络攻击行为进行快速还击和报复，从而对敌国形成有效震慑。

如今，网络空间威慑成为霸权主义、强权政治的一个新内容。美国着力打造慑战一体的网络空间作战力量，拥有着世界上最为强大的网络部队，具有无与伦比的网络作战能力。2011 年 7 月，美国国防部发表的《网络空间行动战略》指出，国防部已经采取积极的网络防御来阻止和打击敌人针对国防部网络和系统的入侵活动。这种积极的网络防御建立在传统途径的基础之上。这意味着美国政府将对恶意的网络攻击行为采取常规军事打击和报复，它标志着美国“网络威慑”战略的正式出台。

3. 利用网络空间控制权干涉他国内政

传统干涉，是指影响其他主权国家内部事务的外部行为。它可能仅仅表现为一次讲话、一次广播，也可以是经济援助、派遣军事顾问、支持反对派、封锁、有限军事行动及军事入侵。而信息时代的网络空间干涉，是指通过和利用网络空间影响其他主权国家内部事务的外部行为。这是当今网络强国或者网络霸权国家直接或间接干涉他国的重要行为和模式。

如今，网络空间在一定程度上导致政治权力分散，为网络干涉提供了有利条件。网络空间的不断扩展和网络社会的日趋壮大，强制性地增强了跨国公司、超国家行为体、次国家行为体和个人在社会政治生活中的分量，对工业时代以来形成的政治权力结构造成冲击，促使部分权力等级森严的官僚体系转移到社会群体乃至个人手中。与之相适应，国际体系中民族国家虽然还是基本单元，但以国家为中心的国际政治特性有所减弱，非国家行为体不仅数量在增长，而且影响力和话语权也在上升。从长远看，未来国内政治权力配置将会在政府、社会组织和个人之间寻求新的平衡，国际政治权力配置也将在国家和非国家行为体之间寻求新的平衡。特别是“推特”“脸书”等新兴网络媒介的指数级增长，极大地改变了政治动员的游戏规则，空前增加了无数个普通人的政治活动能量，培育了去中心化的政治活动组织模式。据统计，“脸书”的活跃用户人数就已达 8 亿之多，超过世界总人口的 10%。这种网络化所带来的政治权力分散和传统权威消退趋势，虽然会促进国内国际政治改革，带来新的政治民主，但给网络干涉创造了有利的条件。

对他国互联网政策进行指责，是一种典型的网络干涉行为。美国哥伦比亚大学国际事务副教授罗斯科普夫在美国《外交政策》上撰文指出，美国信息时代外交政策的核心目标应当是取得世界信息战的胜利主导整个媒体，如同英国当年控制海洋一样。为达到美国政府所谓“网络自由”的目的，2010 年 3 月，作为全球最大的搜索引擎，谷歌公司借黑客攻击问题对中国进行指责，抨击中国的互联网审查制度，并将搜索服务由中国内地转至香港。2011 年 2 月，美国国务卿希拉里在乔治·华盛顿大学发表题为《网络正确与错误：互联网世界的选择与挑战》的演讲中，大谈“网络自由”，并对中国进行谴责：“在中国，因特网继续被以大量方式限制着”“中国的互联网审查十分严格，但同时经济增长强劲，这貌似一个例外凸显出来”。[①] 近年来，西方媒体提出的“中国网络威胁论”使中国互联网发展面临不利的国际环境。国外网络媒体曾报道，“根据一项关于世界恶意软件的

① Alexandru Catalin Cosoi，“China and Russia produce 50 percent of Internet threats”，June 17，2011，http：//www.businesscomputingworld.co.uk/china-and-russiaproduce-50-percent-of-internet-threats/.

综合研究，2011 年 1 月至 6 月，在生产、投寄垃圾邮件和网络钓鱼软件方面，中国位居榜首。这些邮件和软件有 31% 以上来自中国，将近 22% 来自俄罗斯，另有 8% 以上来自巴西”[①]。这样一来，通过网络、广播等媒介舆论传播不实信息，煽风点火，大造舆论攻势，传递负面信息，影响他国对外政策的制定，从而间接达到干涉他国内政的目的。

“棱镜门”折射的美国网络威胁让人毛骨悚然。由于网络空间利益涉及个人、团体、跨国公司、各国政府及非政府组织等，通过网络空间获取利益已经成为某些网络强国的国家行为。2013 年曝光的“棱镜门”事件中，斯诺登揭露的是美国长期利用网络优势对全球主要国家实施攻击、窃密的现实，为各国敲响了信息安全的警钟。美国通过自身在网络科技和数据筛选的优势，监控全世界，上至大大小小的国家，下至普普通通的百姓。据斯诺登披露，自 2007 年以来，美国国家安全局和联邦调查局（FBI）要求微软、雅虎、谷歌、脸书、苹果、PalTalk、美国在线、Skype 等九大网络巨头，提供用户的网络活动信息，试图直接进入一些互联网大公司的服务器，获得有关视频、声音、图像、电子邮件和网络浏览记录的信息，甚至是信用卡记录。尤为令人不安的是，到目前为止，在互联网络领域，美国安全部门已经搭建了一套基础系统，能截获几乎任何通信数据，大部分通信数据都被无目标地自动保存。如果当局希望查看任何一个人的电子邮件或手机信息，所要做的就是使用截获的数据，来获得电子邮件、密码、通话记录和信用卡信息；甚至可以在机器中植入漏洞，无论采用什么样的保护措施，都不可能安全。

“棱镜门”事件，让人们清楚看到美国的网络“双重标准”：它一边宣扬网络自由，反对别国对网络的监管；一边却在全球范围内进行网络监控，展开秘密网络攻击。这应了中国的一句老话：“只许州官放火，不许百

① ［美］罗伯特 · 基欧汉、约瑟夫 · 奈：《权力与相互依赖》，门洪华译，北京大学出版社 2002 年版，第 263 页。

姓点灯。”显然，美国所谓的“网络自由”，是在美国统治下的自由，是美国根据自身利益需要滥用网络优势的自由，是美国在政治、经济、军事和文化霸权之外寻求的新霸权——网络霸权。美国通过互联网进行哲学、宗教、文化、艺术、道德等意识形态传播，大肆散布其政治主张与价值观念，把西方文化渗透到世界每个角落，诋毁和损害广大发展中国家形象，肆意干涉别国内政，以维持其掌握的网络霸权。英国《金融时报》网站文章说，“棱镜门”事件“让人们重新谈论起世界被一个不值得信任的超级大国所主宰的危险”。

如何消除网络霸权，避免网络被美国私用及滥用？“棱镜门”折射出亟待改善和解决的网络空间国际治理问题。当今网络空间意识形态斗争的实践表明，传统意识形态斗争借助于互联网获得了全新的空间和机遇，日益表现出新特点、新趋向。

（四）美国在网络空间“一超独大”

如今，美国已经牢牢掌握着互联网控制权，其在互联网上的决定性权力，远远超出了它在世界政治、经济中的权力。美国也正是通过互联网这种优势，向其他国家传播着自己的思想文化、政治制度，增强着自己的软实力。目前，美国在互联网空间占据“一超独大”的网络霸权地位。

1. 网络空间“一超独大”是不争事实

网络空间作为地缘政治的第五维时空不仅承载着传统国家政治、经济、军事和文化发展与安全的重荷，也是全球化时代国际权势竞争的新空间。随着网络技术日新月异的发展，全球网络空间的技术竞争和资源争夺日趋激烈，国际政治权力与利益的争夺也必然进入全球网络政治空间，网络空间力量分布没有逃出传统地缘政治格局。美国在全球网络空间凭借网络综合实力、网络空间话语权、网络空间国际机制建构的主动权，雄踞网络唯一“超级大国”地位。

一是美国在互联网软件、硬件技术领域实力超群，这是美国争夺网络空间权力的根本保证。互联网软件是信息网络系统得以正常运行的“灵魂”，在软件技术上，美国较其他国家具有得天独厚的优势。

二是美国是网络世界最大的信息生产国，掌控着国际互联网的话语权，引领着国际政治舆论的总体方向。诞生于美国的社交网站脸书和推特是当今世界信息传输速度最快的两大虚拟社区，它们增强了人际交流，提高了网民的自我表达能力，但同时也成为美国政府推行所谓“政治民主化”的工具，具有鲜明的政治化倾向。在2010年底至2011年的中东、北非政局动荡中，美国政府凭借这两大社交平台揭露贪腐、扩散舆论、组织游行、搅乱局势，为其插手该地区内政铺平道路。因此，中东、北非政局动荡又被称为“脸书革命”或“推特革命”。通过强大的信息控制力，美国在网络空间话语权的争夺中占尽优势。

三是美国在网络空间国际机制的建构方面占得先机。基于强大的网络综合实力，主宰网络空间国际秩序是美国维系全球霸主地位的重要支柱。目前，美国掌握着网络空间国际机制制定的主动权。2005年11月，美国在突尼斯举行的信息社会世界峰会上支持互联网端对端的互操作性，倡导信息的自由流动，得到了与会174个国家的共同认可。美国“已经在子午线会议等论坛中占据主导地位，以促进重要信息基础设施保护问题上的合作”①。2011年5月的《网络空间国际战略》向我们传递了一个信息：在网络空间国际规则的制定方面，美国正积极寻求合作，争夺“游戏规则”的主导权，以实现国家利益的最大化。

2. 网络空间呈现“一超多强”战略态势

借助技术的力量在第五维地缘政治新时空展开争夺，实现信息化时代国家的战略目标，网络权力竞争也随之展开。在网络技术迅猛发展的背景下，各国政府对信息网络的战略地位日益重视、投资力度不断加大，使其

① 《中俄等国向联合国提交“信息安全国际行为准则”》，中华人民共和国中央政府门户网，2011年9月13日，http：//www.gov.cnjrzg2011-09/13/content_1945825.htm。

网络实力与日俱增，网络空间出现了多个强国“群雄并起”的态势，并形成了“一超多强”的国际网络空间战略格局。

俄罗斯是继美国之后第二个将网络战与常规战争相结合并取得政治实效的国家。在 2008 年 8 月的俄罗斯与格鲁吉亚冲突中，俄罗斯运用了大规模“蜂群”式网络攻击方式，致使包括格鲁吉亚外交部网站在内的众多重要网站陷入瘫痪。网络攻击犹如手术刀一般割断了格鲁吉亚的“作战神经”，俄罗斯仅仅用时 5 天就迫使格鲁吉亚向其屈服。近年来，俄罗斯还积极倡导网络安全国际规则的制定。2011 年 9 月，俄罗斯联手中国、塔吉克斯坦等国向联合国提交了“信息安全国际行为准则”，这是目前国际上就信息和网络安全国际规则提出的首份较全面、系统的文件。①

欧盟作为一个整体，在网络空间的国际政治地位不断攀升。从世界互联网管理与控制能力上看，欧盟实力凸显。目前，全世界用来管理互联网主目录的根域名服务器共 13 台，欧盟掌握着其中的 2 台辅根域名服务器（分别在英国和瑞典）。从互联网软件实力上看，欧盟紧随美国之后。在“Maps of World”统计的当今世界 18 个主要互联网软件公司中，美国占 10 席，欧盟占 3 席。此外，欧盟在互联网国际机制建构方面地位突出。早在 1865 年，现欧盟主要成员国法、德、意、奥等国在法国巴黎签订了《国际电报公约》，成立了国际电报联盟，1934 年正式改称为“国际电信联盟”，时至今日，国际电信联盟已成为主管信息通信技术事务的联合国机构。

在亚洲，日本的互联网综合实力与信息管控能力已经具备了“网络强国”的特质。近年来，日本在互联网技术发展方面成效显著，软银公司（Soft Bank）在网络出版业、网络媒体及电子商务等方面业绩斐然。在互联网信息管理与控制能力上，日本是互联网主目录根域名服务器的四大掌控者之一。不仅如此，日本国内的互联网发达程度惊人，根据

① Internet World Stats，“Top 58 Countries with the Highest Internet Penetration Rate”，March 30，2011，http：//www.internetworldstats.com/top25.htm.

"Internet World Stats" 2011 年 12 月的统计，其互联网普及率达到 80%，[①] 已经进入光纤时代。印度是典型的软件大国，网络技术精英层出不穷，但 2010 年印度的互联网普及率只有 6.9%，[②] 这种缺乏大量网民支持的国度无法达到网络强国的标准。

3. 美国的网络霸权地位很难撼动

网络技术的产生和发展不仅改变了人类的生存方式，同时也震荡着原有世界的秩序。网络带来的信息全球化使文化的交流和对抗日益频繁，新的文化霸权形式——网络霸权已悄然形成。作为一种霸权主义的软力量，网络霸权不但破坏民族文化传承与发展，同时还对国家安全与利益构成严重威胁，是不可回避的问题。

技术强势者的技术优势是网络霸权的生成基础。如果说美国是"冷战"后唯一的超级大国，那么在网络世界它也是绝对的"超级大国"。美国曾在战争的特殊时间段里清除过伊拉克、利比亚的国家根域名。伊拉克战争期间，在美国政府的授意下，".iq"（伊拉克顶级域名，相当于中文网址后缀的 .cn）的申请和解析工作被终止，所有网址以".iq"为后缀的网站全部从互联网蒸发，伊拉克这个国家竟然在虚拟世界里被美国给来了个"网间蒸发"。这种令人恐怖的网络垄断能力使世界各国倍感压力。在信息时代，拥有信息技术优势的美国，一直掌控着网络的核心技术，这是其谋求网络霸权的技术基础。

首先，技术强势者在网络文化传播载体上拥有优势。拥有强大综合国力的西方国家，将其物质生产力的优势转化为信息技术物质载体优势，为网络文化的输出提供了诸如高性能计算机、移动终端、卫星、光纤、服务基站等更有效的传播设备。这些传播设备作为传播网络文化的物质基础，

① Yogesh Mankani, "Internet Usage Statistics of India-A 2010 Report", January 26, 2011, http://www.goospoos.com/2011/01/india-internet-broadband-users-gender-age-statistics-2010/.

② Pascal Emmanuel Gobry, "The Internet Is 20% of Economic Growth", May 24, 2011, http://www.businessinsider.com/mckinsey-report-internet-economy-2011-5.

为技术强势者的优势确立提供了物质保障。

其次，技术强势者在网络文化传播方式上拥有优势。与传统文化传播方式不同，网络文化的传播方式取决于计算机的软件，计算机中所安装的系统程序、应用程序，网民上网浏览的网站、社区，以及移动终端搭载的客户端等都是网络文化的传播方式。技术强势者通过对计算机软体的控制来建立网络文化传播方式的优势。

最后，技术强势者在网络文化传播内容上拥有优势。技术强势者利用技术的手段掌控着网络文化传播的内容，在用各种方式丰富本国、本民族文化内容的同时，也限制和压抑着其他国家和民族的文化。通过对内容进行民主化、自由化的包装，与此同时将与自己存在不同意见的文化扭曲并对立，从内容上将自己的文化置于人类主流文化的地位。

美国网络霸权地位目前无可撼动。美国政府掌握着信息领域的核心技术，操作系统、数据库、网络交换机的核心技术基本掌握在美国企业的手中。微软操作系统、思科交换机的交换软件，甚至打印机软件中嵌入美国中央情报局的后门软件已经不是秘密，美国在信息技术研发和信息产品的制造过程中就事先做好了日后对全球进行信息制裁的准备。美国凭借其掌握的关键技术与标准，高调宣扬“先占者主权”原则下的网络自由行动，为其信息战、网络战提供法理依据；在国际战略上已经建立起了一整套涵盖网络空间战略、法律、军事和技术保障的网络防控体系，不断巩固并改善其自身对全球网络空间事实上的强势控制。现代社会对信息的依赖性越来越高，信息除了关系到一个国家的政治、经济等方面，还直接影响到该国普通民众的日常生活，对民众的心理和意志影响重大。

二、美国网络空间安全战略发展演变

在全球已颁布网络安全战略的数十个国家中，以美国的网络空间安全战略最为完备。美国是世界上互联网建设最早、最发达的国家，美国网络空间安全战略带有凭借着技术、信息优势争夺制网权的战略意图。美国网络空间安全战略经历了一个逐步发展、健全、完善的过程，也是美国民主党、共和党两党政府在网络安全事务上轮流接力、相互衔接、不断充实的产物。在近30年的网络空间安全战略发展演变上，从克林顿政府到特朗普政府，美国的网络安全战略经历了从被动防御到主动进攻、从国内到全球的转变。这显示了美国网络安全策略逐渐完善和成熟，也体现了其争夺网络空间主导权的深层次战略意图。

（一）克林顿政府的网络空间安全战略

美国网络空间安全战略思想源于20世纪中后期的比尔·克林顿总统执政时期。克林顿政府将网络安全列入国家计划开始规划，将建设信息保护作为根本政策，实施国家信息基础设施计划（NII）、倡导建设全球信息基础设施（GII）和构建全美网络与信息系统安全保障体系。

1. 大力推动互联网高速发展

美国的信息网络安全战略一直跟随重大技术或安全事件的出现不断调整。1991年，为了完成国家从工业时代向信息时代的过渡、复苏美国经济，美国政府提出建设“信息高速公路”计划，这是计算机技术和通信技术发展并融合的产物，是信息时代的主干线，大力推动了国际互联网的发展。

把网络安全战略纳入国家安全战略范畴，提升网络安全战略的地位和民众的网络安全意识。克林顿政府将信息产业作为新兴支柱产业大力扶持，推动了互联网的高速发展，也使美国对于网络的依赖上升到了前所未有的程度，信息产业成为美国最大的产业，1995—1998年，对美国经济增长的实际贡献率达35%以上。1998年5月，克林顿发布确保美国信息系统免遭攻击的“第63号总统令”（PDD63）:《关键基础设施保护》，是克林顿政府对关键基础设施保护的政策，要求保护重要的计算机系统和资产等关键基础设施，成为直至现在美国政府建设网络空间安全的指导性文件。报告指出，美国虽然是世界上最强大的国家，但越来越依赖“那些对国家十分重要的物理性的以及基于计算机的系统和资产，它们一旦受损或遭到破坏，将会对国家安全、国家经济安全和国家公众健康及保健产生破坏性的冲击”[①]。1999 年底公布的《美国国家安全战略报告》，首次界定了美国网络空间安全利益构成，认为网络安全威胁对美国国家安全构成挑战，提出了通过国际合作等方式防范网络空间安全风险的初步设想。

2000 年 1 月出台《保卫美国的网络空间——保护信息系统的国家计划》，提出了美国政府在 21 世纪之初若干年的网络空间安全发展规划，成为美国维护网络空间安全的第一份纲领性文件。推出这份文件的另一个重要动因是美国政府试图通过制定新的游戏规则，确保美国在网络空间中分配财富的权力，建立强大的、不断增长的创新型美国经济。12 月，克林顿又签署《全球时代的国家安全战略》文件，首次将信息安全 / 网络安全列入国家安全战略，成为国家安全战略的重要组成部分。这标志着网络安全正式进入国家安全战略框架，并具有独立地位。

2. 利用网络赋能推进国防建设转型

在因特网构建形成之初，美国相关部门和智库就敏锐地意识到因特网的巨大军事意义，认识到美国未来的军事战略必须适应信息技术的发展。1995 年 8 月 1 日，美国陆军训练与条令司令部颁发了题为《信息战概念》的《525-69 手册》，提出将所有维度的作战空间和战场系统（指挥控制系统、机动系统、火力支援系统）用数据链连接起来，建立态势感知共享加上具有连续作战能力的“21 世纪部队”，使之能够比敌人更迅速、更精准地实施侦察、制定决策、展开行动。[②]1998 年 10 月，美军发布了《信息作战联合条令》，称信息战就是影响敌方的信息和信息系统，并保护己方的信息和信息系统……信息优势就是使用信息并阻止敌人使用信息的能力。[③]

---

① White House，National Plan for Information Systems Protection Version 1.0：An Invitation to a Dialogue，2000，http：//fas.org/irp/offdocs/pdd/CIP-plan.pdf.

② Thomas Rid and Marc Hecker，War 2.0：Irregular War in the Information Age，p.37.

③ Thomas Rid and Marc Hecker，War 2.0：Irregular War in the Information Age，p.57.

美国国防转型的目标是利用网络赋能，使目前已达到物理技术极限的武器装备打击效果倍增。美国空军组织的 F-15C 飞机执行空中对抗任务的演习表明，使用数据链的 F-15C 飞机的杀伤率提高了一倍以上。原因是“战术数据链的使用使飞行员极大地提高了对作战空间的感知，最终导致了战斗力的增强”①。利用网络赋能的前提是加强国防信息基础设施建设。如发达的交通离不开四通八达的高速公路一样，要取得信息优势，也离不开无所不至的宽带网络。1993 年 1 月，克林顿政府出台《国家信息基础设施：行动计划》文件，提出在美国建立高速光纤通信网，即“信息高速公路”，把每一个办公室和家庭都用网络连接起来，形成四通八达的信息高速公路。在启动“信息高速公路”后不久，美国军方也开始着手设计国防信息基础设施（DII）建设。1995 年，美军提出 C^4I 概念，启动国防信息基础设施公共操作环境（DII-COE）建设，意在为军事行动提供及时、准确的安全信息。1996 年，美国军方进一步提出对各类侦察、监视传感器进行整合，打破军种之间“烟囱”林立的状况，建设指挥、控制、通信、计算机、情报、监视和侦察系统（C^4ISR），真正实现“从传感器到射手”的作战能力。美国国防部在推进军用网络宽带建设的同时，还在大力发展信息网格（Grid）技术。1999 年，美国国防部提出建设“全球信息网格”（Global Information Grid，GIG）。

（二）布什政府的网络空间安全战略

在乔治·布什总统执政时期，美国网络空间安全战略得到进一步充实和发展。鉴于“9·11”恐怖袭击事件的发生，布什政府将网络空间发展战略从“发展优先”调整为“安全优先”，将“网络化国家”与网络安全提升到国家安全战略中的重要地位，并在《网络空间国家安全战略》中将网络

① David S.Alberts，John J.Garstka，Frederich P.Stein，Network Centric Warfare：Developing and Leveraging Information Superiority，CCRP Publication Series，2000，p.100.

安全纳入国家安全战略，从而将网络空间安全由“政策”“计划”提升到国家战略。

1. 强化网络电磁空间领域立法，理顺网络空间安全管理机构

美国作为互联网诞生地，先后出台130多项涉及网络空间安全的法律法规，法律涉及领域相对全面而广泛。美国加大了网络监控立法力度，仅“9·11”事件之后，联邦法律当中超过50个法律直接或间接涉及网络空间安全问题。

为防止发生“电子9·11”事件（e-9/11 event），布什总统发布了13231号行政命令——《保护信息时代的关键基础设施》。此后，美国先后出台了《美国爱国者法》《网络研发法》《关键性基础设施信息法》《网络安全加强法》《电子政府法》《联邦信息安全管理法》《国土安全法》等多部法律。其中，2002年出台的《关键性基础设施信息法》规定关键性基础设施信息不受《信息自由法》限制，不向公众披露。同年出台允许政府大规模监控民众电话记录，并禁止服务商对外透露。2003年2月，颁发的《关键基础设施和重要资产物理保护的国家战略》，把通信、信息技术、国防工业基础等18个基础设施部门列为关键性基础设施，把核电厂、政府设施等5大项界定为重要资产。同月，美国又颁布了首份有关网络电磁空间安全的国家战略——《确保网络电磁空间安全国家战略》。该份文件长达76页，为美国保护网络电磁空间安全确立了指导性框架和优先目标。2015年6月2日，美国会通过《美国自由法案》，取代原《爱国者法案》，规定国家安全机构只有得到法院批准或者紧急情况下，才能向电话公司索要保管的民众电话记录。法案仍批准美情报机构继续开展用于追踪“独狼”式恐怖分子的监控，允许情报机构对特定嫌疑人进行不间断的监控项目，从事国家安全调查时收集酒店、旅行、信用卡、银行和其他商业记录的做法不受限。

着力顶层设计，理顺管理网络电磁空间安全的组织机构。早在克林顿政府时期，美国便设立了一个跨部门的协调机构——总统关键基础设施保护委员会。从实施效果来看，这个机构作用有限。“9·11”事件后，小布

什政府首次设立由该委员会主席担任的“总统网络安全顾问”，但其职权比较小。2002 年，美国政府组建了“互联网外交研究小组”，该小组后被并入美国国务院的“互联网外交办公室”。2003 年国土安全部成立后，美国政府把负责美国网络电磁空间安全的职责移交给该部。该部于当年就公布了《全球信息网格体系结构》(2.0 版)，规划以国防信息系统网 (DISN) 为骨干整合美军各军种的军事信息系统，建成符合“全球信息网格”要求的“系统之系统”式公共操作环境 (GIG SOS-COE)。2006 年 2 月，国务卿赖斯成立了“全球互联网自由工作组”，主要研究有关互联网自由的对外政策。2008 年，布什政府推出的《国家网络安全全面倡议计划》预算高达 300 亿美元。同时，美军将国防信息基础设施从狭义信息域扩展到广义认知域，实现从信息域到网络电磁域 (Cyber) 的跨越。

2. 将网络安全列入国家安全战略

美国网络空间战略起步较早。自“9・11”事件后，布什政府改变了美国的安全观，将网络空间发展战略从“发展优先”调整为“安全优先”。2003 年 2 月 14 日，布什政府颁布了《确保网络空间安全国家战略》报告，正式将网络安全提升至国家安全的战略高度，从国家战略全局上对网络的正常运行进行谋划，以保证国家和社会生活的安全与稳定。11 月，出台《网络空间安全战略》，确定了网络空间安全保护的基本方针。在此基础上，美国政府不断调整战略，布局网络空间。

《确保网络空间安全国家战略》是保卫美国网络空间安全的总方案。《确保网络空间安全的国家战略》首次把网络安全提升为美国国家安全战略重要组成部分，明确网络攻击就是战争，美国保留付诸武力的权力，确定国土安全部负责网络安全，确定网络安全战略目标与任务。布什政府指出，《确保网络空间安全国家战略》是保卫美国网络空间安全的总方案，并将其列为《国土安全国家战略》的一个实施部分。该战略明确了网络空间安全的战略地位，将网络空间安全定义为“确保国家关键基础设施正常运转的‘神经系统’和国家控制系统”，对网络空间安全形势做出了新的判断，认为新形势下恐怖敌对势力与信息技术的结合对美国国家安全构成严峻威胁，明确将网络空间安全提升到国家安全的战略高度。《确保网络空间安全国家战略》强调，确保美国网络安全的关键在于美国公共与私营部门的共同参与，以便有效地完成网络预警、培训、技术改进、脆弱补救等工作。该战略报告与2002年颁布的《美国国家安全战略》《美国国土安全国家战略》等报告，构成了“9·11”事件后美国新的国家安全战略体系。

将网络空间安全视为美国面临的最大安全挑战之一。2005年3月，美国国防部公布的《国防战略报告》，明确将网络空间与陆海空天定义为同等重要的、需要美国维持决定性优势的五大空间之一，并首次具体定义网络战。2006年，美国国防部公布《网络空间行动军事战略》，这是美军第一份也是最重要的网络空间军事战略文件，明确提出把谋求网络空间优势作为行动目标。2007年，美国国防部公布的《四年一度防务评审》报告中，非常关注网络空间安全，报告指出，“网络不仅是一种企业资产，还应作为一种武装系统加以保护，如同国家其他的关键基础设施那样受到保护”。在任期即将结束之时，布什总统希望下一届总统在信息网络安全上解决好这个问题，于是成立了“第44届总统网络空间安全委员会”。该委员会经过一年半的工作，于2008年4月发布了《提交第44届总统的保护网络空间安全的报告》，建议美国下一届政府如何加强网络空间安全。报告以“二战”时期“阿尔法和英格码”事件为警示，提出：网络空间安全是美国在一个竞争更加激烈的新国际环境中面临的最大安全挑战之一。报告提出了12项、25条建议，分别从制定战略、设立部门、制定法律法规、身份管理、技术研发等方面进行了阐述。尤其是第一条，建议设定一条基本原则，即网络空间是国家一项关键资产，美国将动用国家力量的所有工具对其施以保护，以确保国家和公众安全、经济繁荣以及关键服务对美国公众的顺畅提供。网络空间安全不能靠自觉行为来解决，应进行风险评估，按照风险等级不同分别进行。

3. 利用网络赋能拓展美军的作战实力

基于网络在军事领域的广泛应用，美国推动其军队建设从“以平台为中心”向“以网络为中心”转型。美军将信息技术作为军队转型的支撑，也就意味着将网络作为军队转型的核心，实现从“以平台为中心”向“以网络为中心”转型。网络中心战概念最早由美国人阿瑟·切布罗夫斯基和约翰·加斯特卡提出。他们在《网络中心战：起源与未来》一文中认为，在20世纪末人类进入了一个新的战争时代，“社会业已变化，潜在的经济和技术业已改变，美国的商业也发生了变化，如果美国的军事不发生变化，我们就应该诧异和震惊了”[①]。

“网络中心战”概念便被美国军方迅速采纳。2002年，美国国防部向国会提交《网络中心战》（*Network-Centric Warfare*）报告，提出将网络中心战作为国防转型的指南。该报告称，“以网络为中心的部队是一支能够创造并利用信息优势，从而大幅度提高战斗力的部队，它能够提高国防部维护全球和平的能力，并在需要其担负恢复稳定的任务时在所有各种类型的军事行动中占据优势地位”。网络中心战的核心是将战争中的物理域、信息域和认知域“网络化”。其中，物理域是部队企图影响态势存在的领域；信息域是创造、处理并共享信息的领域，是争取信息优势关键斗争的焦点；认知域是知觉、感知、理解、信仰和价值观存在的领域，是通过推理做出决策的领域。

与平台中心战相比，网络中心战具有无可比拟的优点。首先，网络中心战使战场透明化。战争的胜负并非取决于谁把最多的资金、人力和技术投放到战场上，而在于谁拥有有关战场的最佳信息。其次，网络中心战能够极大地提高火力打击效果。以平台为中心的打击过程，探测和打击能力同归于一个平台，而一个平台基于从其他平台获得信息进而进行打击任务的能力非常有限。而以网络为中心的作战中，战斗力提高的动力源自网络之间信息流的容量、质量和实时性的提高。再次，网络中心战大大提高了指挥效率。以平

① Arthur K.Cebrowski and John J.Garstka，“Network-Centric Warfare：Its Origin and Future”，Proceedings，January 1998.

台为中心的武器系统，各武器系统之间的联系靠话音来实现，不能直接指挥武器进行交战；而在网络中心战中，感知、指挥、控制以及交战等各项能力通过“鲁棒”的数字数据链路连接成网络，网络节点之间信息流的容量、质量和实时性极大地提高了武器系统的战斗力。最后，网络中心战可以节省资源。信息化时代的网络中心战强调在军事网格的框架下把各军兵种软硬件打击武器、传感器、通信设备和保障装备等融合为一个整体，组合成一台超级规模的精密武器，实施体系与体系、系统与系统的整体对抗。

美军不断加大获取网络电磁空间信息的力度。如在 20 世纪 90 年代末提出 C^4ISR 时，美军的要求是网络电磁空间能为作战提供四个“任意”，即任意时间、任意信息、任意地点、任意人。而 2003 年启动全球信息网格时建设则旨在让网络电磁空间提供五个“恰当”——恰当时间、恰当地点、恰当信息、恰当形式、恰当人。2008 年，美军又提出通过建立网络电磁空间环境，实现“三个全球能力”，即全球警戒能力、全球到达能力和全球作战能力，达成全谱优势。由此可见，美国将会竭尽全力利用网络赋能来拓展美军的作战实力，维护美国的军事霸权。

（三）奥巴马政府的网络空间安全战略

2009 年，奥巴马入主白宫之后，基本上继承了原有的网络安全战略。奥巴马政府着力打造美国网络空间安全立体战略体系，积极谋求更高程度的网络空间世界霸权，确保美国政府在网络空间所确定的繁荣、安全、价值观三大核心利益。

1. 建立完善的网络安全专职机构

奥巴马总统执政时期，先后发布了一系列战略文件，提出“国际网络空间”和“网络外交”战略与政策概念，从网络基础建设到网络安全再扩展到网络空间，为美国建构了一个立体的网络安全战略体系。

2009 年 1 月，奥巴马出任美国总统后不久，便根据美国战略与国际问题研究中心提交的《确保新总统任内网络电磁空间安全》专题报告，提出要像1957年10月苏联发射第一颗人造地球卫星那样，举行类似的全民大讨论，提高美国民众网络电磁空间安全意识。报告称“网络电磁空间安全问题是美国国家安全所面临的严重挑战之一。网络电磁空间安全工作不仅仅是信息技术办公室首席信息官的任务，它也不只是国土安全和反恐问题……它是与防止大规模杀伤性武器扩散以及打击全球‘圣战’同等重要的战略大事。联邦政府要担负主要职责”[①]。在专家学者的反复呼吁下，白宫认识到，“如果没有一个中央协调机制、没有更新国家战略、没有各行政部门制订和协调的行动计划，以及没有国会的支持，靠单打独斗的工作方式不足以应付这一挑战”[②]。为此，组建了“白宫网络安全办公室”，并设立了能与总统密切联系的“白宫网络安全协调员”。

奥巴马上任伊始，就启动了为期60天的网络空间安全评估，并于2009年5月，发布了《网络空间政策评估》。在该报告的发布式上，奥巴马发表了题为《保护美国网络基础设施》的重要讲话，指定由国家安全委员会牵头制定新的国家网络空间安全战略，综合运用外交、军事、经济、情报与执法“四位一体”的手段确保网络空间安全，从而使奥巴马政府的网络空间安全战略构想初露端倪。该报告称，要“针对下一代网络的国家安全与应急准备通信的能力，制定一个协调计划”[③]。2009年10月，执行“爱因斯坦计划”的“新国家网络空间安全和通信集成中心”（NCCIC）在弗吉尼亚州的阿林顿启用。该中心24小时全天候监控涉及基础网络架构和国家安全的网络威胁，成为保护美国网络安全的中枢。经过奥巴马政府的整合，美国联邦政府目前设有六大网络安全专职机构：隶属国土安全部的“美国计算机应急响应小组”，隶属国防部的“联合作战部队全球网络行动

① 中国国际战略学会军控与裁军研究中心：《美国网络空间安全战略文件汇编》，2015年，第99页。

② 中国国际战略学会军控与裁军研究中心：《美国网络空间安全战略文件汇编》，2015年，第188页。

③ 同上。

中心”和“国防网络犯罪中心”，隶属联邦调查局的“国家网络调查联合任务小组”，隶属国家情报总监办公室的“情报界网络事故响应中心”，以及隶属国家安全局的“网络空间安全威胁行动中心”。奥巴马政府对网络安全管理体制的调整主要是为了提高网络安全组织领导效率，形成一体化的综合性国家网络电磁空间安全领导和协调体制。

2. 建立网络空间安全法律体系

奥巴马总统执政时期，又相继提出大量法律议案。先后颁布《网络空间政策评估》《网络空间国际战略》《网络空间行动战略》等一系列政策性文件，从技术层面、资源层面、信息层面到法理层面抢占全球网络空间制网权和制高点，加快构建网络空间安全的战略体系。

经过充分酝酿后，美国政府集中出台了多项有关网络电磁空间安全的报告。第 111 届国会（2009—2010）提出《保护网络资产法》《网络安全法》等 60 多个议案，如 2009 年 5 月和 2010 年 6 月发布了《网络空间国家安全评估报告》和《网络空间可信身份标识国家战略》。第 112 届国会（2011—2012）提出《信息安全与互联网自由法》《网络安全法》等 40 多个议案，其中，比较重要的如 2011 年 3 月发布的《网络空间可信身份认证国家战略》、2011 年 5 月发布的《网络空间国际战略》、2011 年 7 月发布的《国防部网络空间行动战略》和 2011 年 11 月发布的《国防部网络空间政策报告》。这些报告无不涉及网络电磁空间安全战略问题。第 113 届国会（2013—2014）提出《国家网络安全和关键基础设施保护法》等 12 个议案，已形成较为成熟而系统的法律体系。2013 年 2 月 14 日发布了《国家网络安全战略》、2015 年 4 月美国防部公布了 2015 年版《国防部网络空间战略》和 2016 年 2 月颁布了《网络安全国家行动计划》，以及 2016 年 7 月发布关于应对网络攻击的“总统政策指令”——授权美国联邦政府部门对向美国关键基础设施等发动网络攻击的个人或实体实施制裁。

由美国白宫、国务院、国防部、国土安全部、司法部、商务部联合发布的《网络空间国际战略》成为美国处理网络问题的“指南针”和“路线图”，是美国国家网络安全战略的集大成者，也是第一份明确表达主权国家在国际网络空间中的行动准则的战略文件。其战略意图明显，即确立霸主、制定规则、谋求优势、控制世界。这份由总统奥巴马撰写前言的最高层次战略文件，宣称要建立一个“开放、互通、安全和可靠”的网络空间，首次清晰制定了美国针对网络空间的政策，将网络安全提升到与经济安全和军事安全同等重要的位置。美国此举意味着正式将网络空间纳入国家安全体系中，这份战略文件的提出奠定了美国网络安全的政策基础。未来，美国可能会率先利用网络空间对敌对一方进行打击。该战略文件的出台标志着美国国家网络安全战略的整体定型。这也是美国网络安全战略经历长期变化、发展、转型之后的阶段性成果。

《国防部网络空间行动战略》指出，网络空间是陆地、海洋、天空、太空之后的第五大作战领域，网络空间与陆海空天一样成为美军未来作战的一个重要领域。这是美国国防部首个关于网络军事战略的指导性政策纲领，是落实《网络空间国际战略》的具体军事部署。新战略的突出特点是将美国网络空间安全的防御方式由“被动防御”转向“主动防御”，更加重视提升对网络空间的威慑和攻击能力。《国家网络安全战略》报告，正式将网络安全提升至国家安全的战略高度，从国家战略全局上对网络的正常运行进行谋划，以保证国家和社会生活的安全与稳定。

奥巴马时期是美国出台网络安全政策指令、网络空间战略文件最多的时期，体现了美国决策者对于网络空间战略价值、威胁来源以及应对策略的新看法，表明了美国对网络空间这一“虚拟国土”争夺与掌控的步伐正在加快，反映了美国政府对网络空间事务与网络空间安全问题的极端重视与安全保障措施的实施力度，战略与政策方向也从国内转向国际。美国接连推出的这些新战略中，详细阐述了其对未来国际互联网的战略构想，明确将国家利益拓展到全球网络空间，把网络空间列为与陆海空天相并列的“作战领域”，强调对网络空间的进攻行为保留使用常规军事手段回击的权利，并提出扩大国内合作和战略同盟以打造“集体防御战略”，其目标是

“建立开放、互通、安全、可靠的信息和通信基础设施”“加强国际安全，促进言论自由和技术创新”。

3. 积极发展网络空间军事优势

美国是计算机和互联网的发源地，也一直是通信与信息技术最发达、应用最广泛的国家。奥巴马时期的美军十分重视网络空间的战略地位，把网络确定为继陆海空天之后的新的作战领域，不断加强战略规划、指挥体系、作战力量、技术研发、人才培养等各方面的建设，谋求长期保持网络空间的领先优势。从2015年版《国防部网络空间战略》可以看出，美军积极谋求网络空间军事优势。

一是夸大美国网络空间面临的威胁，不断扩散网络空间遭受破坏的恐惧，恣意塑造网络空间国家层级的敌人。2015年版《国防部网络空间战略》用较大篇幅描述战略背景，反复强调美国网络空间环境蕴含的风险，蓄意夸大网络空间活动面临的威胁，不断寻找新威胁、塑造新敌人是美国思维定式和决策逻辑的传统使然。在公开发布的战略文件中，“风险”和“威胁”两词分别出现高达31次和46次，2015年版《国防部网络空间战略》声称这些风险和威胁既源于互联网基本架构防范风险能力的先天不足，也源于觊觎美国利益的敌人对美国网络、系统和数据的恶意入侵和破坏。新版《网络空间战略》将主要目标确定由此前以防范网络技术与极端主义结合为重点调整为国家层级的对手。预设这些国家层级的对手，既是为了显示推出新版《网络空间战略》的必要性，也是在公共舆论中扩散对网络攻击威胁的恐惧，进而消除因“斯诺登”事件与私营企业之间产生的隔阂，淡化新版《网络空间战略》对社会利益和个人隐私的侵害，更进一步巩固公众对美国国防部和政府政策的支持。这种判断带有主观随意性和意识形态偏见，是一种霸道和非常危险的行径。事实上，美国在网络空间安全领域遥遥领先。

二是明确国防部网络空间战略任务和目标，公开把网络空间作战作为今后军事冲突的战术选项，凸显了美军在网络空间的威慑和进攻态势。

2015年版《国防部网络空间战略》明确了国防部“三大任务”和“五项战略目标”，首次提出美国国家利益受到威胁时可发动网络攻击，并要求美国国防部“开发可行的网络选项，融入国防部各项规划”，为美国总统或者国防部长提供“全频谱”的选择方案，以便其在涉及国家利益的时候能够做出各种决策。与2011年首次发布版本相比，网络空间行动由主要强调防御性的网络安全行动向“采取进攻性网络行动”转变，并且2015年版《国防部网络空间战略》中频繁出现“威慑”一词，共出现29次，表明美国已经逐渐将“用精确制导的物理毁伤来应对网络攻击的不对称应对手段”，纳入威慑对美国网络攻击、保障美国国家网络安全战略、挤压美国主要战略竞争对手的网络空间行动自由的策略选择之中。同时，新版《网络空间战略》第一次提出将保持网络空间行动作为战术选项，运用网络行动选项控制冲突升级、塑造冲突环境。可见，2015年版《国防部网络空间战略》已将传统的物理空间作战手段与虚拟的网络空间作战手段相融合，向世界清晰地传递了美国进行网络报复的决心和实施报复的足够能力，远远超出了主动防御的范畴，凸显了美国将网络空间的保护、攻击和对抗融为一体的威慑和进攻态势。

三是加强与传统作战力量融合，构建全方位联合作战体系，具备了发动网络战争的力量体系。2015年版《国防部网络空间战略》要求把网络空间行动选项融入国防部计划中，确保军事行动的所有领域中网络空间行动与物理空间行动协调一致。新版《网络空间战略》提出要动员各方力量，构建全方位的联合作战体系，包括由国防部主导政府部门间、政企间和国际间的协同行动。2015年版《国防部网络空间战略》突破了网络空间战略“军民分隔”的态势，将网络空间司令部、国家安全局、中央安全署有机融合，由国防部负责网络部队的作战训练和指导，从而将网络情报职能与网络作战职能进行区分，由国防部主导网络作战部队。新版《网络空间战略》的重要目标之一是至2018年建成一支攻防兼备、形式灵活的网络空间部队，包括由6200名国防部和军事部门的军人、文职人员和合同员工等组成的 133 支小组。这些动作表明，美军已经解决了网络空间战的编制体制、装备设备、融入联合等一系列瓶颈问题，探索形成了网络攻防战斗力生成的有效模式，具备了发动网络战争的力量体系。

四是继续加强应用研究和基础研究，巩固美在网络信息领域的世界领先优势，为其称霸网络空间提供技术支撑。长期以来，美军一直将科学技术优势作为国家安全战略的重要组成部分，始终将科技创新作为维持美军作战优势能力的关键。作为网络信息技术的发源地和引领者，美国国防部为保持和扩大技术领域的领先优势，将继续加强应用研究和基础研究，不断提升网络空间的技术威慑和进攻能力。新版《网络空间战略》提出，美国国防部必须在人员培训、有效组织构建和指挥控制系统方面加大投入，继续加速网络空间领域的技术创新，大力开展具有重大优势的跨越性技术的研发，聚焦提高网络空间行动能力所需的基础研究和应用研究，全面发展国防部所需的网络空间作战能力。近年来，美国着眼塑造可应对各类威胁的全频谱网络空间作战能力，在成功研发“舒特”“火焰”和“震网”等 2000 多种网络战武器的基础上，不断加大网络空间作战前沿技术投入，积极研发虚拟战场技术和新一代网络攻击性武器，并将网络战武器与传统武器进行整合，以实现在战场环境中的灵活多种打击方式。新版《网络空间战略》发布会选择在硅谷发源地的斯坦福大学进行，美国国防部长卡特亲自前往，表明国防部将寻求与私营部门和研究机构间技术、人员和信息联系与合作的新机制，广泛拓展与工业部门合作研发的渠道，大力提升网络空间行动能力，为美国拓展网络空间利益、维护网络空间霸权提供坚实的技术支撑。

（四）特朗普政府的网络空间安全战略

在 2016 年美国总统竞选过程中，网络空间推波助澜。2016 年度美国大选期间，由于遭受网络攻击，导致选举过程跌宕起伏，即使在大选结果出炉后，关于网络攻击的调查和争论仍持续不断。特朗普上任后继承了奥巴马对网络安全的重视程度，继续加强网络安全施策，延长了奥巴马政府针对关键基础设施的黑客入侵、大规模的经济黑客入侵、选举系统的黑客入侵等网络攻击制裁行政令。

1. 美国网络空间安全战略进入深度调整阶段

因希拉里的“电邮门”事件、“维基解密”创办人阿桑奇大曝涉及对希拉里竞选不利的密档，以及美国媒体渲染黑客恶意入侵数个州的投票系统，使得特朗普在竞选期间声称，“要让美国真正安全起来，我们必须把网络安全放到首要位置”①。2016年度美国大选期间，网络安全问题是特朗普和希拉里首场竞选辩论中的一个话题。特朗普声称，要应对黑客攻击与窃取知识产权的问题。希拉里则表示，网络安全将是下任总统所面临的最大的挑战之一。这些事件对美国乃至整个世界政治走向的影响都是深远的，这也进一步增强了美国政府加强网络安全举措的决心。

特朗普就任美国总统之后，美国网络空间安全战略进入了一个深度调整的发展阶段。在2017年，特朗普政府相继发布的法规有《政府技术现代化法案》《电子邮件隐私法案》《网络安全框架》等。2月23日，美国国防部国防科学委员会发布《关于网络威慑的工作组报告》，建议制订“网络威慑”计划，提高网络威慑能力。5月，特朗普签署了《加强联邦政府网络与关键性基础设施网络安全》第13800号总统行政令，要求以更大力度全面推进政府网络安全现代化转型。12月18日，特朗普发布了任期内首份《国家安全战略》报告。在这份战略文件中，特朗普政府数十次提及网络安全，称美国将遏制、防范并在必要的时候打击使用网络空间能力攻击美国的黑客。特朗普版首份《国家安全战略》强调“美国对网络时代机遇和挑战的应对将决定国家未来的繁荣与安全”，提出美国需要拥有一套“防治结合、具有弹性”的应对体系，让网络“反映美国的价值观，促进经济增长，

① 陈婷：《追求网络空间绝对优势——透析美国网络空间安全战略》，《解放军报》，2017年4月13日。

捍卫自由，保障美国国家安全”。进一步强调了网络空间的竞争性和在国家安全中的重要性，提出了网络安全更为明确的目标，宣称美国将考虑动用各种手段以威慑和击败所有针对美国的网络攻击，并“根据需求”对敌对方实施网络行动，凸显出特朗普政府更加务实、重视网络安全的特点。

2. 发布新版《国防部网络空间战略》

2018 年 9 月 18 日、20 日，美国分别发布了 2018 年版《国防部网络空间战略》和《国家网络空间战略》，全面展现了特朗普政府的治网思想。特朗普政府在奥巴马政府已发布的“评估报告”“国家战略”“行政命令”“行动计划”和《网络空间国际战略》的基础上，进一步强化、完善美国国内关键基础设施网络安全，并在国际层面有步骤地推进美国网络空间国际战略的实施。

2018 年版《国防部网络空间战略》是美国国防部继 2011 年 7 月发布首部《国防部网络空间行动战略》、2015 年 4 月发布《国防部网络空间战略》以来，再次发布同类文件。该战略最大的变化就是凸显“大国竞争”，突出点名中俄等国是能够给美国制造“战略威胁”的国家。2015 年版《国防部网络空间战略》则点名批评俄罗斯、中国、伊朗、朝鲜 4 个国家，以及“伊斯兰国”等非国家行为体和犯罪集团，认为不同类别的威胁相互交织，加大了溯源难度和误判风险。到 2018 年版《国防部网络空间战略》，对美国构成网络威胁的国家排序，则变成了中国、俄罗斯、朝鲜、伊朗，其他非国家行为体则从名单中消失。特朗普发布的《国家网络空间战略》，被白宫称作“15 年来首份完整清晰的美国国家网络战略”，体现的特点与前几届政府存有很大不同，再加上之前透露的 2018 年版《国防部网络空间战略》摘要，强调“大国战略竞争、向前防御、备战”等关键词，特朗普治网理念渐趋清晰，将对全球网络空间产生重要影响。

3. 发布新版《国家网络战略》

2018 年 9 月 20 日，特朗普发布公众期待已久的《国家网络战略》，这是其上任后的首份国家网络战略，概述了美国网络安全的 4 项支柱，10 项目标与42项优先行动，体现了特朗普政府治网特点与思路，既在优化网络风险防御能力、威慑并打击恶意网络行为体等方面继承了美国以往的国家安全政策，同时凸显了特朗普所崇尚的美国利益至上理念。

《国家网络战略》的建立以2017年5月特朗普签署的《加强联邦网络和关键基础设施的网络安全》第13800号总统令为基础，与2017年底颁布的美国《国家安全战略》相呼应，被称为15年来首份完整清晰的美国国家网络战略，凸显了网络安全在美国国家安全的重要地位。客观层面，对国家安全利益的维护是促动网络安全战略转型的外部驱动。主观层面，夺取网络空间的绝对领导权和“网络战”中的绝对主动权是美国制定网络安全战略的内在动力。

特朗普《国家网络战略》内容主要包括保护美国人民、国土及美国人的生活方式，促进美国的繁荣，以实力求和平，扩大美国影响力等四大部分。“保护美国人民、国土及美国人的生活方式”，充分体现在网络空间中“美国优先”的利益诉求，其目标是管控网络安全风险，提升国家信息与信息系统的安全与韧性。主要包括保护联邦网络与信息，保护关键基础设施，打击网络犯罪，完善事故报告制。“促进美国的繁荣”，力求抓住互联网提供的机遇“使美国再次强大”，其目标是维护美国在科技生态系统和网络空间发展中的影响力，主要包括培育一个充满活力和弹性的数字经济，培育和保护美国的创造力。“以实力求和平”，强化威慑维护网络空间的秩序，其目标是识别、反击、破坏、降级和制止网络空间中破坏稳定和违背国家利益的行为，同时保持美国在网络空间中的优势。主要包括通过负责任的国家行为规范增强网络稳定性，对网络空间中的不可接受的行为进行归因和威慑。“扩大美国影响力”，固化美国在国际网络治理中的全球领导力，其目标是保持互联网的长期开放性、互操作性、安全性和可靠性，主要包括促进开放、互操作、可靠和安全的互联网，建设国际网络能力。

4. 政府研究机构提出“分层网络威慑”战略

2020年3月美国研究机构提出“分层网络威慑”战略。为应对日益严峻的网络威胁，根据《2019 年国防授权法案》，美国成立了一个跨参众两院、跨两党的政府间机构——“网络空间日光浴室委员会”（Cyberspace Solarium Commission，CSC），该委员会以艾森豪威尔时代的“日光浴项目”（因为参与者在白宫的日光浴室里开会）为蓝本，旨在评估美国在网络空间面临的威胁，并就如何防范网络威胁提供战略指导和政策建议。该机构由 14 名既具有网络安全背景又了解国家安全的官员组成，分别是国家情报总监首席副总监、国土安全部副部长、国防部副部长、联邦调查局局长，参议院多数党任命的三名成员、参议院少数党领袖任命的两名成员、众议院院长任命的三名成员、众议院少数党领袖任命的两名成员。委员会的目的旨在联合美国各部门形成一个具有共识的战略路径，以防御重大网络攻击。

经过一年多的广泛调研，该委员会于 2020 年 3 月 11 日，提出了一个应对网络安全的新的战略路径：分层网络威慑（Layered cyber deterrence）。分层网络威慑主要包括三种战略手段（三项威慑层）：第一层，塑造行为（Shape bebavior）。通过强化制度规范和非军事手段来塑造负责任的网络行为并鼓励网络空间的约束行为。美国需要建立由伙伴国和盟国组成的联盟，以保护网络空间的共同利益和价值。第二层，获益拒止（Deny benefits）。即通过增强国家适应力、重塑网络生态系统以及发展政府与私营部门的关系，来强化对网络态势感知的共同认识及合作水平，从而拒止对手获得利益。美国需要采取全国性措施来维护其在网络空间的利益和网络机制。第三层，施加成本（Impose costs）。通过施加成本来制止未来的恶意行为，并通过运用所有网络防御手段来减少武装冲突阈值下的敌对活动。施加成本的一个关键但并非唯一因素是军事胁迫。因此，从竞争、危机和冲突的整个交战频谱中，美国必须保持使用网络及非网络作战力量的能力、弹性和意愿。美国需要具备可随机应变的能力，以挫败和应对对手的行动。3 种战略手段由 6 项政策支柱以及超过 75 条政策建议支撑，主要通过调整对手攻击美国的成本收益预期，保护美国公共和私营部门安全。

报告指出，分层网络威慑区别于以往威慑战略的两大关键因素是：第一，该战略主要是实施拒止式威慑（deterrence by denial），特别是通过加强韧性和公私合作的方式来提高网络空间的防御和安全，并减少对手可以利用的漏洞，来阻止它们在网络空间攻击美国利益。第二，该战略融合了“向前防御”（defend forward）的概念，以减少那些不会触发全面报复行动（包括军事行动）的网络攻击行为的频率和严重性。虽然“向前防御”最早源于美国国防部，但是委员会将其整合进国家战略中，以“集所有力量”来保护网络空间。“向前防御”理念要求美国必须主动发现、追求和反制对手的低于武装冲突阈值下的行动，并施加代价。

报告主要聚焦于美国内改革。认为分层网络威慑主要基于一个共同的基础：改革美国政府保护网络空间、应对网络攻击的组织。美国政府目前并未按照网络空间国家防御所需的速度和敏捷度来设计，既有的政府结构和司法管辖边界影响到网络政策制定进程，限制了政府行动的机会，阻碍了网络行动。对此，报告认为所有级别的政府均需要迅速和全面的改革。此外，报告也重申了奥巴马时期的网络外交，要求在国务院网络空间安全和新兴技术局下设立助理国务卿，声称“美国领导之下才能产生有效的规则”，并要求美国联合合作伙伴和盟友建立一个联盟保护其在网络空间共同的利益和价值观。

总体来看，这是特朗普上台以来，美国政府提出的最具综合性和系统性的跨部门提议，反映了美国内网络安全工作的现状和转型趋势，其中，关于“向前防御”“拒止式威慑”等战略举措已在实施，必将对全球网络空间带来重大改变。

（五）拜登政府的网络空间安全战略

2021 年 1 月 20 日，拜登宣誓就任美国第 46 任总统，随着权力过渡的完成，顶级网络安全人才的空缺也被快速填补，拜登政府在网络空间安全问题上将拥有更多大胆的动作以及试图索取更大的话语权。目前看来，拜登政府已经组建了颇具专业性的网络空间安全团队，其中很多重要职位都由奥巴马政府时期的旧员担任。可见，拜登政府网络空间安全战略将沿袭民主党政府的传统思路，但又不乏拜登政府的新思维。

1. 拜登政府在网络空间战略的举措

拜登对于网络安全行业的关注已经长达十几年，在几年前就提出过相关的建议。2009 年，当时任职副总统的拜登敦促要在网络安全方面进行合作，他对美国的欧洲盟友说，北约应将重点放在网络安全上。2015 年，他拨款 2500 万美元支持网络安全教育，促进该领域的职业发展。长年的关注以及不断的提议，可以看出拜登对于网络安全有自己的看法并且认为网络安全问题刻不容缓。"太阳风"（SolarWinds）[①] 供应链攻击事件是拜登政府一上台就需要面对的首要网络安全挑战。拜登政府执政以来，持续发布国家安全战略指南、网络空间安全行政命令，着力加强网络建设顶层规划，谋求在全球网络空间激烈竞争格局中占据优势。

一是签署网络安全法令，强化基础设施网络安全。拜登政府延续特朗普政府的网络战略与政策，把网络安全提升为政府的头等大事，着重强化基础设施网络安全和供应链安全。

拜登政府于 2021 年 3 月 3 日发布了上台后的第一个联邦层级战略文件——《国家安全临时战略指南》。该指南提出将网络安全列为国家安全首位，增强美国在网络空间中的能力、准备和弹性，通过鼓励公私合作、加大资金投资、加强国际合作、制定网络空间全球规范、追求网络攻击责任、增加网络攻击成本等方式保护美国网络安全，同时特别强调国家网络人才库多样化的重要性。

---

① "太阳风"（SolarWinds）供应链攻击事件。自 2020 年 12 月以来，"太阳风" 供应链攻击事件逐渐曝光，成为拜登政府需要面对的首要网络安全挑战。12 月 8 日，网络安全公司 "火眼"（FireEye）宣布，黑客入侵该公司网络，窃取公司开发的模拟真实攻击者和测试客户安全的工具。随后事件的 "盖头" 逐渐被揭开，攻击者已渗入 250 个美国联邦机构和企业，包括国防部、能源部、司法部、商务部和国务院等。拜登政府对此高度重视，承诺将网络安全作为首要任务，把应对此事件作为 "头等大事"。

2021年5月12日，拜登签署《关于加强国家网络安全的行政命令》，旨在通过保护联邦网络、改善美国政府与私营部门间在网络问题上的信息共享及增强美国对事件发生的响应能力，从而提高国家网络安全的防御能力。行政命令强调政府部门向云技术的迁移，应在可行的情况下采用零信任架构。当前，零信任架构已经成为美国政府首选的网络安全战略，美国国家安全局于2021年2月发布《拥抱零信任安全模型》，展示了遵循零信任安全原则，确保关键联邦机构内的关键网络和敏感数据的安全。2021年5月，美国防信息系统局发布《初始国防部零信任参考架构》，为国防部大规模采用零信任设定了战略目的、原则、标准及其他技术细节，旨在增强国防部网络安全并在数字战场上保持信息优势。2021年上半年，美国陆续发布零信任部署文件，加速零信任实施，促进网络安全转型。

二是优化机构机制，强化关键领域的管理水平。拜登政府执政以来，在网络政策、机构调整、人事安排、资金支持等方面进行了布局，实施了一系列举措。

美国务院成立网络安全和新兴技术局。美国务院认为，有必要建立“网络空间安全和新兴技术局（CSET）”，对美国在网络空间和新兴技术安全方面的外交工作进行重组和资源协调。该局将牵头负责美国政府在以下问题上的外交努力：保护网络空间和关键技术，减少网络冲突的可能性，维护美国在战略网络竞争中的优势，其他涉及美国外交政策和国家安全的网络空间安全及新兴技术相关问题。

随着拜登政府权力过渡的逐步完成，美国正在进行相应的机构调整和机制改革，顶级网络安全人才的空缺将逐渐被填补。2021年1月，美国务院成立网络空间安全和新兴技术局，重点推动开展网络空间安全和新兴技术的相关工作，并在日益严峻的国家安全问题上与盟友和伙伴国开展合作。拜登上任后实施的一项具体政策，就是恢复两个重要职位：国土安全顾问、网络安全顾问。同时还任命了许多其他国家安全官员，包括前国家安全局高级官员、摩根士丹利（Morgan Stanley）应变能力负责人以及其他高级安全官员。拜登打算打造一支“世界级”的网络安全团队，这些调整可以说是给美国国家安全局注入了强大的力量。2021 年 4 月，拜登政府提名美国国家安全局（NSA）前副局长克里斯 · 英格利斯（Chris Inglis）担任首任国家网络总监，负责协调整个联邦政府机构的攻防行动。

同时，美军设立科研加速机构，提高自身“造血”能力。2021 年 3 月，美国防部启动一个研究中心，专注将计算和通信整合到军队大型网络系统，旨在研究用于快速态势感知的网络化可配置指挥、控制和通信，其首要任务就是研究下一代计算和通信的大规模网络化系统。2021 年 4 月，美国防部最高信息技术办公室正在考虑成立一个综合管理办公室，负责加速采用零信任网络安全架构，为国防部的零信任网络实现制定战略路线图，并在国防部、任务伙伴、国防工业基地和盟友内部分享最佳实践。

拜登政府的国家网络安全“梦之队”已初具规模。在“太阳风”软件更新打包服务器遭遇黑客攻击，并且对政企客户造成了巨大的威胁之后，拜登政府也终于下定决心组建一支网络安全领域的专业队伍。2021 年 4 月，拜登总统已任命两位特朗普执政时期的国家安全局资深人员，担任美国政府的高级网络安全职务，其中还包括首位国家网络总监 (National Cyber Director)。在人事任命中，包括了奥巴马执政时期的国家安全局前官员、美国网络司令部发起者之一的简 · 伊斯特利 (Jen Easterly)，他已被提名为国土安全部旗下的网络安全和基础架构安全局（网络安全和基础架构安全局）的新负责人。此外拜登任命克里斯 · 英格利斯为国家网络总监，这个新职务由国会在 2020 年底设立，旨在监督和负责民政与国防机构的网络安全和相关预算。

三是完善太空网军力量，提升网络攻防力量体系。2021 年上半年，为适应网络空间安全新需求，美国建立太空网络空间作战力量，不断调整部队架构和体系，强化战术层次梯队力量的建设，谋求联合全域作战优势，推动网络部队建设全面和深度发展。

2021 年 7 月，美国网络司令部调整了工作重点和资源分配，明确将工作重心从反恐转向具有“持续对抗”性质的大国竞争，并将关注对象从恐怖组织转向其认为的对手国家。同时，美国网络司令部将进一步扩充、融合网络作战部队人员数量，进一步提升新形势下的网络作战能力。

面对未来太空竞争，美国太空部队和太空司令部也加速发展网络战力量，致力于夺取太空主导权。美国太空部队于 2021 年 7 月招募第一批网络战士，将网络人员从空军转移到其队伍中，以保护信息系统和任务；2 月，总部位于施里弗空军基地的“太空三角洲 6”部队正式将 40 名士兵转移至太空部队，负责执行空军卫星控制网络、网络作战，以保护太空作战、网络和通信。同时，美军正在建立太空司令部联合网络中心，旨在与网络司令部加强联系，促进网络行动整合。

四是强化网络装备研发，提高基于网络信息体系的作战能力。持续拓展开发基于太空的 5G 全球网络，打造网络安全引擎。2021 年上半年，美国在加速 5G 技术的大规模军事应用测试和部署的同时，积极探索基于太空的 5G 全球网络，以确保 5G 技术的鲁棒性、安全性及弹性，减少作战中的系统漏洞。2021 年 2 月，美空军太空及导弹系统中心发布了“5G 太空数据传输（SDT）”项目征求书，寻求使 5G 网络、射频与微波接入和移动支持以及相关大数据功能适用于太空系统，实现军队与指挥机构间快速且安全的数据传输。2021 年 4 月，美空军与磷网络安全公司签订小企业创新研究（SBIR）合同，为美国空军开发适用于 5G 装备的网络安全解决方案，将公司的企业平台调整得适合于美国国防部的 5G 环境，并通过其技术解决方案来自动保障物联网设备的网络安全。

搭建虚拟网络靶场环境，强化安全防护装备研发。当前，美国积极建设网络靶场平台，旨在构建精确复制真实场景的虚拟网络环境，为军方网络作战培训和网络安全测试提供支持。2021 年 4 月，美陆军宣布正在为城市构建一种定制的便携式网络攻击演习平台，以保护电信或供水服务系统等关键基础设施，使其免受网络攻击。该平台具备场景构建能力，能为军方提供数据库制定决策，其他城市也可根据自身需求对其进行调整。首个测试版平台预计于 2023 年第三季度推出，预计于 2023 年第四季度提供全面运行。为了强化安全防护装备研发，美网络司令部于 4 月寻求承包商支持，扩展现有的文件共享安全工具（WOLFDOOR）的基础架构，并满足不断增长的任务需求和对数据流请求的增加。承包商将维护、复制和扩展数据共享基础架构，改善系统的安全性，减少支持人员在多个地点的冗余，同时为各个站点提供可伸缩性和增强的安全性支持。

打造增强战场态势感知管理系统。当前，美军正在从技术层面进行体系研发，构建在大规模动态网络环境中实时网络空间战场态势感知系统。2021 年 4 月，作为美国网络作战关键系统的因特网密钥交换（IKE）项目正式移交美国网络司令部。项目可为美网络任务部队提供网络指挥控制和态势感知能力，利用人工智能和机器学习技术帮助指挥官理解网络战场、支持制定网络战略、建模并评估网络作战毁伤情况。项目可视为美国网络司令部联合网络指挥控制的试点项目，并将成为未来网络指挥控制的核心及基础。

探索前沿项目研究，维护网络空间壁垒。2021 年上半年，以美国国防高级研究计划局 (Defense Advanced Research Projects Agency，简称 DARPA) 为代表的国防科技研发机构，持续加大网络空间安全尖端技术投入，围绕通信网络、信息系统、供应链安全等领域开展项目，寻求军事应用和大幅提升作战能力的技术途径。3 月，美国国防高级研究计划局授予产品协作网（CACI）国际公司和豆瓣公司的实验室合同，要求为“宽带安全和受保护发射机与接收机（WiSPER）”项目开发安全射频发射机和接收机技术，以实现下一代安全军用战术无线电系统。

五是举行各种形式的网络空间联合军演，以提升多域联合作战能力。举行专项技术演习和网络攻防竞赛，发展联合作战概念和培养人才。2021 年 3 月，美国陆军举行“网络探索 2021”演习活动，旨在测试连级以下多域作战的新概念。与往年不同，本次演习活动与陆军“远征战士实验”活动合并开展，从而达到强化协同的效果，更好地推动多域作战。本次演习中，共有 14 家供应商带来了 15 种技术，涉及网络态势感知、电子战、战术无线电等。立足攻防实践升级安全、提升军事基础能力的需求，美军积极举办网络攻防竞赛活动，组织人员在仿真场景中开展攻防演练，以达到发现安全漏洞、培养网络人才、提升实战经验的目的。2021 年 5 月，美空军与网络安全社区合作，宣布启动第二版黑客事件“太空安全挑战：黑掉卫星（Hack-A-Sat）”。此次比赛中，安全研究人员将解决应用于太空系统的各种网络安全挑战，并展示开发针对这些系统的保护机制的最佳方法。

举行国际联盟演习，增强网络行动协同。美欧将联盟关系从现实世界推动到网络空间，通过加强网络空间的合作，在新兴作战领域建立集体作战优势，力图掌握未来作战的主导权。当前，美欧等国积极举行联合网络演习活动，促进盟国之间在网络空间的练兵协作。2021 年 4 月，北约举行年度“锁定盾牌”演习。此次演习号称全球规模最大的网络防御实战演习，涉及 30 个国家、2000 多名网络安全专家和决策者。本次演习旨在考验相关国家保护重要服务和关键基础设施的能力，强调网络防御者和战略决策者需要了解各国 IT 系统之间的相互依赖关系。2021 年 6 月，来自美国、英国、加拿大的 17 个团队约 430 名人员参加“网络旗帜 21-2”演习。此次演习使用了持久网络训练环境（PCTE），模拟了印太地区常见威胁，同时也纳入了勒索软件等常见场景，旨在重新确定网络防御团队的成功要素，以改进现实世界的网络防御。

2. 拜登政府网络空间安全战略的基本指向

在美国，网络安全是一个无党派议题，在不同政府之间延续性较强，即使是“改天换地”的特朗普政府，网络安全举措也多是建立在奥巴马政府政策基础上的。虽然美国历届政府都对维持网络空间“霸权”优势的战略目标不变，但是每届政府的战术手段都会微调。目前，拜登政府虽然还没有出台正式的网络空间安全战略，但是不等于没有战略。从已经出台的《国家安全临时战略指南》和许多网络空间安全重要政策和发展目标，可以看出拜登政府的网络空间安全战略的基本指向。

一是将网络空间安全列为国家安全首位。美国的核心网络空间安全利益可以分为 4 个方面：以应对关键基础设施的系统性风险为主的美国本土安全，以维护商业技术机密为核心的经济和数据安全，以提升网络攻防能力为核心的竞争优势，通过拓展网络空间行动自由提升美国的影响力。拜登政府的网络空间安全策略也必然围绕于此，并且又有了进一步的延展。尽管《国家安全临时战略指南》是临时性文件，但该指南反映了最终指导文件的总体方向和立场。与特朗普政府 2018 年发表的《网络安全战略》相比，拜登政府与特朗普政府在网络政策和战略方面具有极大的连续性。历史情况表明，在过去的十年中甚至更长的时间内，各届政府在网络政策方面的延续性要大于变革性。

拜登政府把网络安全提升为政府的当务之急。拜登政府延续特朗普政府的网络空间安全战略与政策，把网络空间安全提升为政府的头等大事，着重强化基础设施网络空间安全和供应链安全。拜登政府发布的《国家安全临时战略指南》中关于网络空间安全的部分指出："随着我们加强科学技术基础，我们将把网络空间安全放在首位，增强我们在网络空间中的能力、准备和弹性。我们将在整个政府将网络空间安全提升为当务之急。我们将共同努力来管理和分担风险，我们将鼓励私营部门与政府之间的合作，以便为所有美国人建立一个安全的在线环境。我们将扩大基础设施和人员方面的投资，从而有效保护国家免受恶意网络活动侵害，在我们建立无与伦比的人才库的同时，为不同背景的美国人提供机会。我们将重新致力于网络问题上的国际参与，与我们的盟友和合作伙伴一起努力维护现有的网络空间全球规范并塑造新的规范。我们将追究破坏性、干扰性或破坏稳定性的恶意网络行为者的责任，并采用网络和非网络手段施加重大成本，从而对网络攻击做出迅速和相称的反应。"但在具体内容上，拜登政府在网络攻防、意识形态、维持经济优势等方面的具体战术相比前任都有所调整。目的就在于降低美国遭受网络攻击的可能性并减轻影响力。"太阳风"攻击事件提示联邦政府部门和机构必须加强其能力，提升网络安全防御力并及时在事件发生时识别、检测和有效应对。关于拜登政府如何进一步推进网络安全工作应对网络威胁，网络空间日光浴委员会（CSC）于 2021 年 1 月 16 日发布的第五份白皮书《对拜登政府的网络安全建议》中已经给出了最佳的答案。

二是提高国家网络空间安全综合防御能力。美国的网络安全现状一直不容乐观。近年来美国政府与企业一直承受着高频的网络攻击，“太阳风”攻击事件更是将这个问题暴露无遗，激起了美国对于网络空间安全问题的重新审视。2021 年 5 月 7 日，美国最大燃油运输管道商科洛尼尔公司遭网络攻击，5500 英里长的输油管道被迫暂停输送业务。作为美国东海岸供油“大动脉”，科洛尼尔公司输油管道负责东海岸 45% 的燃料供应，断网使美国南部和东部的 14 个州受到严重影响。随后，相关政府部门宣布美国 17 个州和华盛顿特区进入紧急状态。这是美国首次因网络攻击导致多州进入国家紧急状态。美国联邦调查局（FBI）5 月 10 日发布声明，称“黑暗面”（Darkside）黑客组织对这一事件负责。受到网络空间攻击一周后，美国总统拜登于 5 月 12 日签署名为《促进国家网络安全行政令》，用以加强网络空间安全和保护联邦政府网络。该行政令旨在通过保护联邦网络、改善美国政府与私营部门之间在网络问题上的信息共享及增强美国对事件发生的响应能力，从而提高国家网络空间安全防御能力。

拜登的总统令选择了一个“绝佳”的时间点，事件给全世界网络安全都敲响了警钟，也凸显了连接互联网的老化基础设施的脆弱性。《促进国家网络安全行政令》强调联邦政府必须加强其识别、威慑、防范、发现和应对恶意网络行动及其发起者的能力，并从加强公私合作、提升联邦政府网络现代化水平、确保供应链安全和建立网络审查机制四个方面重点推进。美国的网络安全政策一直围绕网络防御能力、网络威慑策略和网络空间规则展开，“太阳风”攻击事件将促使美国网络行动部门加强威慑能力的建设，同时通过在溯源能力上的优势打压地缘政治对手，并以此为契机推动各方制定符合美国利益的网络空间行为规范。该行政命令要求所有联邦机构使用基本的网络空间安全措施，例如多重身份验证，要求与联邦政府签约的软件制造商制定新的安全标准。官员们希望利用联邦政府的庞大支出能力来改善所有类型软件的安全性。该行政命令的重点集中在以下七个方面：消除政府与私营部门之间威胁信息共享的障碍，包括解除供应商合同义务约束以及强制其提供网络威胁信息等；在联邦政府中实现现代化和实施更严格的网络安全标准，增加对最佳安全实践的采用，包括推动联邦政府迈向安全云服务和零信任架构以及强制部署多因素身份验证和加密等；改善软件供应链安全，包括设立软件开发基线安全标准、创建软件安全标签试点计划、利用联邦购买力激励市场等；建立网络空间安全事务安全审查委员会，在重大网络事件发生后召集会议，以分析事件情况并提出改善网络空间安全的具体建议；创建用于应对网络空间事件的标准手册，确保政府内部应对计划的成熟度，并为私营部门提供应对工作的模板；改进对联邦政府网络空间安全事件的检测，包括启用整个政府范围内的终端检测和响应系统以及改善联邦政府内部的信息共享；提高调查和补救能力，向联邦部门和机构提出创建网络空间安全事件日志要求。拜登的命令还要求与联邦政府签约的 IT 服务提供商共享有关网络空间违规的信息，官员们说这是一项信息共享计划，将从整体上改善网络空间安全性。

事实上，在网络空间日光浴委员会发布的《拜登政府过渡时期指南》中已提出，新的国家网络战略应建立在一种新的行动架构之上，通过分层网络威慑成功地瓦解和阻止对手进行重大网络攻击，并提出以下方法和手段：构建对手行为，抵消对手优势，增加对手成本。此举既强调通过国际规则来限制、约束和引导竞争对手的行为，也提到通过自身实力的加强消磨对手与美国竞争的意愿和能力。

三是实现网络空间安全现代化的目标。实现网络空间安全现代化的目标是拜登政府在网络空间建设方面的重要追求。拜登政府将通过使用零信任架构、加快安全云服务的发展、数据采用多因素认证和加密、发布加强软件供应链指南、成立网络安全审查委员会等措施，实现网络空间安全现代化的目标。

《促进国家网络安全行政令》非常重视和强调联邦政府网络安全现代化的关键举措及最佳安全实践：首先，迈向零信任架构。（政府部门）向云技术的迁移应在可行的情况下采用零信任架构。网络安全和基础架构安全局应对其当前的网络安全计划、服务和功能进行现代化升级，使其能够在具有零信任架构的云计算环境中完全发挥作用。其次，云服务中静态和传输中的多因素身份验证和数据加密。再次，加快向安全云服务的转移，这些云服务包括软件即服务（SaaS）、基础架构即服务（IaaS）和平台即服务（PaaS）。复次，集中和简化对网络安全数据的访问，以加强分析、识别和管理网络安全风险的能力。最后，在技术和人员方面进行投资以实现上述现代化的目标。为了实现网络空间安全现代化的目标，拜登上任后加大了网络空间调入的力度。无论是投入总量，还是投入占比，相比其他国家，拜登政府网络安全投入遥遥领先。2021 年 4 月 11 日，拜登政府签署 1.9 万亿美元的美国救援计划。对网络安全和基础架构安全局（CISA）及美国总务管理局（GSA）进行 90 亿美元投资，以推出一系列新的 IT 和网络安全共享服务，以及在其他联邦机构进行全面的网络安全升级。其中，技术现代化基金（Technology Modernization Fund）将使用 10 亿美元进行战略投资，加强联邦政府的网络安全态势。对于未来短期内的规划，拜登建议投资 3 亿美元在总务管理局建立新的安全技术计划；美国行政管理和预算局则可以收到拨款 2 亿美元，用于增加新网络安全技术和工程专业人才的招聘；网络安全和基础架构安全局则可以收到 6.9 亿美元，用于改善政府的安全监控和事件响应，以提高整个联邦网络的安全，并试行“新的共享安全和云计算服务”。

拜登政府对网络安全和基础架构安全局的重视表明，未来网络安全和基础架构安全局将发挥更大作用。美国国防部的网络安全预算大大高于所有民用部门的网络安全预算之和，仅网络司令部的花费每年就超过 10 亿美元，而在国务院网络外交上的花费仅为 4 亿美元，网络安全和基础架构安全局的所有预算总计仅占国防部用于进攻性网络行动费用的一半。“太阳风”事件清楚地表明，网络安全和基础架构安全局以及联邦机构将需要更多的资金发展必要的能力，以发现和遏制对手；迫切需要额外的资金扩大与私营部门的协调力度，为市场不支持的研究提供资金，增强关键基础设施的安全性。因此，拜登团队也希望为网络安全和基础架构安全局获得更多资源，并让该机构在网络防御方面发挥更大作用。当然，在有资金支撑的前提下，执行资金与预算资金能否一致、各项资金分配是否合理、资金使用的绩效比如何，也都是影响政策效果的基础因素。

四是进一步推进美国网络空间国际战略。美国的网络安全外交是基于控制、威慑、干涉和合作四种模式。拜登政府对所谓“威胁美国安全”的国家实行“大棒”策略，在网络空间上施以多种制裁手段与国际舆论引导。而对美国盟友实行“胡萝卜”策略，强调合作。在网络安全外交上，寻求网络空间盟友和伙伴，通过利益迅速凝结“盟友外交”，增强其话语权。拜登政府的一系列政策举措表明，美国已抛弃特朗普政府时期相对孤立的状态，转而依靠自身实力和盟友体系推进美国的网络空间国际战略。

虽然美国国内普遍认为特朗普政府任内在网络安全方面成效乏善可陈，但特朗普政府在网络空间安全领域还是取得了两个突破，给拜登政府时期的网络政策走向带来重要影响。一是将安全问题、意识形态问题带入网络空间，突破了网络空间问题的传统边界。特朗普政府将网络空间安全与经济、贸易、科技甚至意识形态等各种问题捆绑在一起，作为其发起贸易战、科技战的主要抓手，使网络安全议题出现了前所未有的泛化和政治化趋势。二是突破了国家在网络空间采取军事行动的制度约束。2017 年 8 月，特朗普将网络司令部升级为美军第十个联合作战司令部。2018 年初，美国网军推出愿景文件，明确提出“持续交手”的理念。2018 年 9 月出台的《国防部网络战略》重申“前置防御”和“持续交手”的理念，推动美军网络空间作战和战略思维的重大变革。根据这一理念，美国网络空间行动范围超越了本国网络设施、信息系统和数据的范围，使美军得以借维护国家安全为由，对全球任意目标进行网络空间渗透和网络攻击。

从拜登政府的一系列政策看，其对网络空间安全与利益的重视程度远超前任，在对待网络空间安全的国际威胁时依旧采取的是“以牙还牙”的方式。同时，在处理特朗普政府网络空间政策的问题时也没有选择彻底否定，而是在原有政策基础上进一步强化美国网络空间战略的国际化程度，即在强调美国自身网络实力的同时，更注重通过美国在国际体系中的盟友和结构性权力来推进其网络空间国际战略。在国内外因素的综合作用下，拜登政府的网络空间战略形成了四个并驾齐驱的重点方向：重启网络空间民主化进程，防御和阻止来自地缘政治对手的网络威胁，确保美国的全球技术领先优势，重振美国在国际社会的影响力。其网络空间国际战略正是从意识形态、地缘政治、技术和国际规则四个方面展开。强调以“民主”对抗所谓“数字威权主义”，突出意识形态的分野与对立；以地缘政治对手造成的威胁为由增强自身的网络威慑能力，同时引领国际规则制定；继续谋求美国在全球信息通信技术（ICT）生态中的霸权地位；依靠与“志同道合”的国家合作，维护和加强在国际社会、国际组织中的领导力。

五是强调并重视网络空间关键基础设施的安全。如果把奥巴马和特朗普时期的美国政府网络安全战略归纳为“在‘以攻为守’的网络安全战略思想的主导下，冷战思维、重攻轻守、军进民退、预算和决策权大幅向军方倾斜。”那么，拜登的新战略中，私营部门显然将获得更多的预算和话语权。

基于维护选举安全，特朗普政府于 2018 年成立的网络安全和基础架构安全局，在保护关键基础设施安全、协调各部门、促进公私合作、提供预警等方面取得了重要进展。特别是在 2018 年中期选举和 2020 年大选中，网络安全和基础架构安全局在提高联邦和地方的选举安全上获得两党普遍认可。除保障选举安全外，其工作已覆盖美国 16 个关键基础设施部门中的 8 个，包括提供威胁信息和基础网络安全服务，如渗透测试、工业控制评估和事件响应培训，成为美国关键基础设施保护的首要职能部门。基于网络安全和基础架构安全局工作的重要性，将其发展成为一个独立监管机构的声音也越来越多。这也使特朗普在大选结果公布后，以政治原因解雇网络安全和基础架构安全局局长克里斯·克雷布斯的行为引发“众怒”。

作为拥有最复杂的信息网络的国家之一，美国在防护、检测、响应、恢复上都有着完整的组织架构。由于网络空间安全发展较早，美国在网络概念和网络架构及建设上是领先的，但拜登政府并不满足于此。2021 年 7 月 28 日，美国总统拜登签署了一份国家安全备忘录，要求联邦机构制定关键基础设施的网络空间安全性能目标。备忘录指出，保护美国的关键基础设施是政府在联邦、州、地方、部落和领土层面的责任，也是基础设施所有者和运营商的责任。对控制和运营国家所依赖的关键基础设施的系统构成的网络空间安全威胁，是美国面临的最重要和日益严重的问题之一。控制这一基础设施的系统的退化、破坏或故障可能会对美国的国家和经济安全造成重大损害。这一指令，旨在让关键行业参与改善可能影响国家安全和经济的网络空间安全领域。美国国土安全部的网络空间安全和基础设施安全局以及商务部的国家标准技术协会将牵头实施这一举措。该计划将进一步推进政府实现美国网络防御现代化的目标。

强调私营企业在关键基础设施安全中的作用。2021 年 1 月 7 日，美国国务院成立新的网络空间安全和新兴技术局，其重点在于应对美国网络空间和新兴技术安全的外交工作。而在拜登政府上台前就被两党盟友联合要求恢复“网络沙皇”的提议，也在《2021 年国防授权法案》中得到实现，在网络安全日光浴委员会的提议下，该法案规定白宫新增国家网络安全主管职位，以帮助协调国家网络安全战略，这也将为美国联邦网络安全提供一个强有力的中央协调力量。拜登政府延续了相应“应对关键基础设施的系统性风险”的举措，并且在 2021 年 4 月 20 日，敲定了美国电网百日安全计划的最终细节，鼓励美国电力公司在网络攻击日益加剧的情况下，在未来 100 天内加强针对黑客的网络安全保护，这是美国就应对“太阳风”事件带来关键基础设施及机构风险的重要举措之一。这意味着，私营公司将在风险应对上发挥更大的作用。不管是电网基础设施还是供应链安全，都是目前全球各政府甚至各个企业面临的重要安全问题。美国的法规举措有着当下现实意义。此外，这也是作为美国对“太阳风”供应链攻击事件的回应，使得美国在网络空间中展示拜登政府的表态以及传递出其对于网络安全重视的明显讯号。

3. 拜登政府网络空间安全战略的主要特点

无论是迫于改革特朗普时期网络安全政策不到位的压力，还是遵循从政的职业惯性和经验路径，拜登都在极力推进本届政府的网络空间安全政策。从执政以来的一系列战略举措来看，其网络空间战略都表现出不同于以往的自身特点。

一是强化网络安全建设，依靠技术优势维护网络空间领先地位和主导能力。从“太阳风”供应链攻击事件到克罗尼尔（Colonial Pipeline）网络勒索攻击事件，都使拜登政府以网络安全事件调查与处置为牵引，逐步健全相关安全机构，出台一系列安全政策。2021 年 5 月 12 日，拜登签署的《改善国家网络安全的行政命令》，以美国政府前所未有的极具安全举措操作细节关注的方式，确保网络安全政策落实，标志着拜登政府网络安全政策的初步成熟与体系化，从中我们可以看出拜登政府强化网络安全建设，依靠技术优势维护网络空间领先地位和主导能力。

首先，加强顶层设计，统领国内外网络安全事务。由于特朗普任期内“轻视”网络安全的做法致各界人士不满，加之“太阳风”供应链攻击事件的发生，促使美国各界集体反思前任政府的网络安全政策，并在一定程度上向拜登政府施压，要求作出改变。特朗普政府于 2018 年取消白宫网络安全事务协调员一职后，遭到包括国会两党和网络专家的一致批评，被称为“网络安全政策的一大倒退”。各界要求增强网络安全在国家安全事务中的比重，恢复网络安全事务协调员的呼声贯穿特朗普任期始终。为此，拜登政府在特朗普时期网络安全战略基础上不断完善网络安全机构设置，并新设负责网络和新兴技术的国家安全副顾问一职。根据美国《2021 财年国防授权法案》，将新设国家网络总监一职及国家网络总监办公室。4 月 12 日，拜登宣布任命国家安全局前副局长克里斯 · 英格利斯为第一任总统行政办公室国家网络总监。2021 年 5 月 12 日，美国总统拜登签发了业界期待已久的行政令，旨在采用“大胆的举措”提升美国政府网络安全现代化、软件供应链安全、事件检测和响应以及对威胁的整体抵御能力。拜登在行政令中提出效仿美国国家运输安全委员会设立网络安全审查委员会，以分析网络攻击事件并提出建议；提出重点优先解决“关键软件”（与执行信任授权等功能相关的软件）供应链安全问题，并推动由美国国家标准与技术研究院（NIST）牵头开发的软件供应链安全保护准则，并基于此加强以安全性、完整性以及漏洞检查为特征的软件开发环境建设。

其次，完善国家网络安全岗位机构设置。拜登上台后，美国政府对管理网络安全的关键岗位和重要机构进行了相应调整与改革。设立负责网络和新兴技术的副国家安全顾问，代表总统负责统筹协调联邦政府各机构和部门的网络安全事务。设立国家网络总监，作为总统在网络安全政策和战略方面的首席顾问，负责所有联邦机构的网络安全和相关预算。通过行政令设立由国土安全部部长牵头负责且涵盖相关联邦政府官员与私营企业代表的网络安全审查委员会，负责审查和评估影响联邦信息系统或非联邦系统的重大网络事件、威胁活动、漏洞、应对活动和机构响应。任命美国数字服务部门的资深人士克莱尔 · 马托拉纳为政府首席信息官（CIO），负责实现 IT 系统的现代化，全面监管相关基础设施的升级工作。此外，2021 年 4 月，拜登还提名奥巴马时代的网络安全政策助理秘书罗伯 · 西尔弗斯担任国土安全部的战略、政策和计划副部长。

最后，加大对网络基础设施和人才培养的投资。这是加强网络能力建设的务实举措，具有实质性意义。虽然资金投入与网络能力不能简单地画等号，但是若无充足的资金投入，要搞好网络能力建设将非常困难。拜登政府认为，在网络安全方面，美国依然具有明显的技术优势和发展潜力。在特朗普政府任内，美国的研发投入降至历史最低点，仅占 GDP 的 0.7%，而在“冷战”时期，这一数字为 2%。拜登政府认为，有必要大幅提升在科技研发尤其是网络安全方面的投入，提高美国在网络安全规则和技术方面的领先地位和主导能力，发展美国自身的网络金融科技巨头，进一步与中国拉开差距，以实力确保美国的网络安全。目前来看，拜登有意加大在网络基础设施建设和人才培养方面的投入，可进一步夯实美国网络空间力量建设的实力。

二是整合国内资源，强化政府主导下“公私协作”政策路径。2018 年成立的网络安全与基础设施局，在保护关键基础设施安全、协调各部门、促进公私合作、提供预警等方面发挥了重要作用，是特朗普政府对“公私协作”这一政策路径的实践。不同于特朗普政府对网络安全顶层统筹的轻视与弱化，拜登政府通过健全国家网络安全岗位机构以及签发网络安全的相关行政令，不仅强化了“公私协作”的水平，而且突出了联邦政府在网络安全事务方面的主导性作用。

首先，加强各部门之间的合作，用以提高美国遏制网络威胁的能力。在政府内部，要加强各部门之间的协调，国土安全部、国家情报局、联邦调查局等机构需要加强合作，加快信息共享，让白宫在协调网络安全政策方面发挥更大的作用。拜登提名艾薇儿 · 海恩斯为国家情报总监，主要也是考虑到她具有丰富的网络安全经验。此外，还应该加强政府主管部门与私营企业的合作，提高美国遏制网络威胁的能力，加快新一代网络规则和协议的制定，提升先进技术研发和应用的速度，努力保护好个人数据，捍卫包括全球金融系统在内的关键基础设施安全。

其次，加强与私营部门、学术界和公民社会的伙伴关系。美国往届政府都强调在网络安全领域建立公私伙伴关系（PPP），注重发挥“多利益攸关方”的作用，拜登政府也是如此。这表明新政府愿意与包括市场力量和社会力量等政府之外的力量合作的态度。由于美国的电信网络多由私营企业经营，因此，私营部门在维护网络安全方面发挥着重要作用。当然，美国历届政府致力于构建的公私伙伴关系也不是没有问题，比如在共享威胁信息方面就存在各种矛盾。不过，拜登仍将延续往届政府重视非政府力量的传统。

最后，加大“公私合作”的步伐，重塑美国公私联盟。2020 年民主党政策纲领中强调“与私营部门合作，保护个人数据和关键基础设施”。拜登也提出将利用民主党与科技企业亲近的天然优势，扭转特朗普政府时期私营企业对于政府的回避和远离，拉拢科技巨头，加强公私网络安全合作，包括强化关键基础设施保护、加强威胁情报共享、投资高新技术甚至是制衡对手，重塑美国公私联盟。拜登政府的国内网络政策将回归“主流”，在美国互联网企业的发展利益与国家安全战略利益之间寻求最大公约数。

三是变被动防守为主动出击，保持美国在网络空间强有力的攻击性。拜登认可特朗普时代的一些网络安全决策，其中包括一项指令，赋予军队更大的权力来入侵美国的对手。拜登政府相信，单纯依靠被动防守将无法在未来的网络安全竞争中获胜。美国应该通过新的立法，允许相关机构和个人在面临外部网络威胁或潜在威胁时，提前做出主动应对。一方面，要有能力阻止对方发动攻击。另一方面，要在需要时主动出击，对对方发起网络攻击，将美国可能面临的风险防患于未然。当然，所有这些行为要在法律框架内实施，对其使用范围也应有所限制，努力避免与他国的网络对抗无限升级。

拜登政府与特朗普政府最明显的不同，在于网络空间安全战略中心的转移。拜登实施的网络空间安全战略以阻止恶意网络活动和保护经济免受网络攻击为中心，并且比特朗普更加重视网络空间安全问题。中心的转移必然会带来政策的转变，虽然对特朗普政府的网络空间安全政策进行了批评，但拜登并没有对其全盘否决。2018 年 8 月，特朗普签署了一项机密指令，使军方可以更自由地进行进攻性网络行动。在奥巴马时期，网络攻击需要总统的个人授权，但特朗普的命令将该权力授予了军队指挥官，拜登曾表明过自己支持这个决定。显然，他也认为有必要保留目前的进攻性。

创建管理流程，对军事和民用网络人才进行管理，优化司令部和作战机构的人员轮换，最大化利用预备役部队。通过军人、文职、合同工等组合的方式来满足国防部的要求。增强国家网络人才储备，与其他联邦部门和机构协作，推动科学、技术、工程、数学等网络空间相关学科教育的发展。与业界和学术界合作，建立培训、教育等方面的标准规范，促进美国网络人才成长。将硬件和嵌入式软件专业知识作为国防部的核心能力，国防部将为计算机科学相关的专业人才创建职业发展环境，通过工作轮换、技术挑战、专业培训和薪酬激励等方式吸引相关人才。

此外，还有其他一些进攻性重要举措。拜登政府可能采取的举措还包括推动国会为联邦、州和地区的网络安全建设提供更多经费支持；继续起诉一些潜在的网络犯罪活动，以展现美国情报机构的数字取证能力，并对外部网络攻击者施加心理压力；重新审查重要芯片产业和网络安全设施的出口管制情况，在确保美国自身安全的基础上，尽量保证国际民用市场供应的充足。

四是推进多边主义，重新掌握网络空间国际治理领导权。拜登在竞选期间曾公开表态，“将促进各国就负责任地使用新型数字工具达成国际协议共识”，而且会“重新振作起来建立全面的网络规范，保护民用基础设施，推动美国成为鼓励其他国家在网络空间采用负责任的国家行为原则的领导者”。拜登领导下的美国政府将陆续回归国际机制和国际组织，并通过各种多边手段重塑其领导力，例如通过世界贸易组织、经合组织解决争端，并通过制定规则来对竞争者施压。

首先，继续致力于网络空间国际规则的制定。2020 年初，拜登在《外交》杂志发表了题为《为何美国必须再次发挥领导作用——拯救特朗普之后的美国外交政策》的文章，阐述了其外交政策的基本思路。拜登认为，在 5G 和人工智能等未来技术方面，美国需做更多工作，“拜登政府将与美国的民主盟友一道开发安全的、私营部门主导的 5G 网络，而不把任何群体——无论是农村或低收入群体抛在后面”。而且“在新技术重塑我们的经济和社会之时，我们必须确保这些进步之引擎受到法律和道德的约束，正如我们在以前的技术转折点上所做的那样，并避免逐底竞争，避免由中国和俄罗斯制定数字时代的规则”。可见，在网络空间国际规则制定方面的大国博弈仍将继续。

其次，加强与盟友合作，强化网络空间伙伴关系建设。特朗普政府在“美国优先”理念指导下的外交政策，使美国在“二战”后建立的盟友体系遭受重创。而身为传统政治精英的拜登具有丰富的外交经验，在竞选期间就多次提出要修复盟友关系，将联合盟友作为其外交的重中之重，网络外交更是其重要抓手。在此背景下，拜登将加强与欧盟和北约国家在具体网络议题的立场协商，并通过更为平等和互利的方式要求盟友采取一致行动。国务卿安东尼 · 布林肯也公开表示，互联网议题将成为重振美国外交的重要核心，在数字贸易、网络空间使用武力、网络犯罪国际规则制定等方面加大与盟友的协调。

最后，以俄罗斯、中国为主要威慑对象，推进“接触 + 遏制”的“网络外交”政策。就俄罗斯而言，美国拜登政府一方面在网络议题上以俄罗斯“干预美国大选”、参与“太阳风”事件、纵容“克罗尼尔网络勒索攻击事件发生”为由，表示将严惩俄罗斯的网络攻击行为；另一方面，拜登在 2021 年 6 月 17 日的美俄领导人峰会中，与普京围绕网络空间间谍活动、冲突管控及行为规范进行了磋商。就中国而言，美国拜登政府在《国家安全临时战略指南》中视中国为“唯一竞争对手”，并从“合作、竞争、对抗”三个维度界定对华政策。在外交实践上，拜登政府主要聚焦对华“竞争”“对抗”层面，积极利用双边（日美峰会）、多边（美日印澳“四方安全对话”、G7 峰会）、多方（美国组织的半导体供应链 CEO 峰会）等外交活动，以“知识产权网络窃取”为由，对中国实施污名化、对中国高科技发展进行打压。

三、美国网络空间安全战略内涵与特点

经过约 30 年的规划与努力，如今美国已经率先形成相对完整的网络空

间安全战略体系。纵观美国五任总统的网络安全战略，从克林顿到小布什，到奥巴马政府，到特朗普政府，再到拜登政府，经过提出、细化、体系化，再到国际化的逐步发展成熟过程，明显体现出美国网络空间安全战略的内涵、特点。特别是特朗普“美国优先”的行事风格已根深蒂固，维护网络空间美国利益的决心暴露无遗，美国在网络空间采取“主动强硬型”策略趋势将成为事实，全球网络安全局势恶化将不断加重，网络空间成为国家利益博弈的新竞技场。

（一）网络空间安全战略的基本内涵

随着对网络空间的依存度不断提高，美国将网络空间安全纳入国家安全战略范畴。在已颁布网络安全战略的 40 多个国家中，以美国最为完备，先后颁布一系列网络空间政策性文件，加快构建网络空间安全的战略体系，全面丰富了网络空间安全战略内容，以维持其对网络空间控制的优势地位。

1. 维护美国在网络空间的主导地位

在美国出台的一系列网络空间安全战略文件中，都强调指出美国应当“树立引领世界的榜样”“寻求制定鼓励创新的国际网络政策”“打击网络恐怖主义”“确保美国在信息网络空间的优势地位”等。

维持和巩固美国在网络空间的绝对主导优势。美国在网络空间的最大优势之一，就是它对全球网络空间的关键基础设施具有实际的主导管理权。这种关键基础设施的代表之一，就是域名解析系统 DNS。一个基本的事实是，仅仅依据美国的国内法和美国政府、公司掌控的巨大的软硬件资源，美国就可以在某种程度上对全球网络空间进行有效的管理与控制。2012 年 12 月，大约 150 个国家和地区聚集在阿联酋的迪拜，就国际电信联盟管理国际网络空间的条约进行多边会谈。12 月 13 日，美国代表团团长克拉玛在会上明确表示，美国不会同意签署一份改变互联网管理结构的新条约。为此，2015 年 4 月美国国防部公布的 2015 年版《国防部网络空间战略》，指出了美国建设网络安全设施的三个要点：捍卫国防部网络、系统、信息；

捍卫美国国家利益，防御网络攻击，避免重大后果；提供网络安全综合能力，支持军事行动和紧急计划。该战略为国防部未来五年提出了五点具体的战略和建设目标：建设并维护网络安全力量，为网络行动做好准备；捍卫国防部信息网络、数据，降低国防部军事行动风险；时刻准备保卫美国本土及国家利益，防御干扰性或破坏性的网络攻击，避免造成重大后果；建立并维护可行的网络方案及行动计划，使用方案来控制冲突升级，保持冲突各个阶段在可控范围内；建立并维护良好的国际联盟和合作伙伴关系，阻止共同威胁，加强国际安全与稳定。

2018 年版《国防部网络空间战略》提出的三大重点之一，维护美国在网络空间的全球主导地位。美国网络安全空间战略有一个稳定的信念，对美国和世界而言，网络技术拥有无限潜力。在特朗普看来，美国发明了互联网，因此，在界定、塑造和监管网络空间方面必须保持领导者地位。这种地位包括美国主导新兴技术领域、制定网络空间负责任国家行为框架、塑造有利于美国的网络生态系统等。美国政府经常利用在网络空间的技术和话语权优势，指责他国实施网络攻击，煞有介事地编造一系列所谓“真相”，打击对手，而选择性地遗忘“棱镜门”等渗透、干涉、监控别国的斑斑劣迹。为此，2018 年版《国防部网络空间战略》提出努力夯实四根战略支柱之一，就是将网络战略纳入国家权力的方方面面，制定并主导网络空间国家行为准则，保持美国在网络空间中的优势。

2. 将网络威慑纳入国家整体战略威慑体系

美国是世界上第一个引入网络威慑概念的国家，也是第一个将其应用于战争的国家。奥巴马时期的网络战原则是“攻击为主、网络威慑”，体现的一个思路是从实体战场逐步转向网络战场，进而实现从“实体消灭”到“实体瘫痪”的目标。奥巴马政府的意图很明显，希望通过网络安全战略，实现网络威慑，谋求制网权。

在美国网络空间战略中频繁出现“威慑”一词。自 2003 年《确保网络空间安全国家战略》和 2006 年美国国防部公布《网络空间行动军事战略》首次迭代以来，网络威慑就是美国网络战略的组成部分。威慑的主要手段是使用起诉和刑事处罚来威慑恶意行为人，同时增加网络防御和恢复力。直到现在，美国仍然依靠制裁、国际联盟、起诉和刑事处罚来阻止恶意网络活动。然而，这种做法在一定程度上回避了军事和外交手段。之后的15年里，网络空间的威慑范围甚至还超过了法律惩罚的范围。2009年，《网络空间政策评估保障可信和强健的信息和通信基础设施》强调威慑是网络安全主要战略手段，强化网络安全顶层领导，允许先发制人的网络战。2010年奥巴马政府公布的《国家安全战略》、2011年公布的《国家军事战略》《网络空间国际战略》、2012年公布的《维持美国的全球地位：21世纪的防务重点》，始终贯穿着网络威慑理论。2011年版的《国际网络空间战略》和2018年版的《国家网络空间战略》不仅保留了2003年《确保网络空间安全国家战略》对增强弹性和网络防御的关注，还进一步扩大了威慑工具的范围，包括经济、外交和法律措施。《网络空间国际战略》中与防御相关的部分首次将原先局限于国防战略的“威慑”战略引入网络安全领域，提出将综合运用网络空间的技术手段和实体世界的物理杀伤手段，来应对虚拟数字世界的信息攻击。2015年版《国防部网络空间战略》声称，为阻止网络攻击，必须制定实施全面的网络威慑战略，“在网络恶意行为发生前威慑此类行为”，并在战略报告中频繁出现“威慑”一词，共出现29次。

构建威慑态势是美网络空间安全战略的关键目标。2017年2月28日，美国防部国防科学委员会发布《关于网络威慑的工作组报告》，建议制订“网络威慑”计划，提高网络威慑能力。为有效实施威慑，美国应具备以下能力：一是通过政策宣示展现反击态度；二是形成强大的防御能力，保护国防部和整个国家免受复杂网络攻击，实现“拒止”威慑；三是提高网络系统的恢复能力，确保国防部网络即使遭受攻击后也能继续运转，以降低对手网络攻击的成功概率。这与美国之前几届政府的网络战略重心形成了鲜明对比。在2018年版《国家网络空间战略》中，正式将网络空间威慑纳入国家整体威慑战略。过去十年来，网络在美国战略威慑战略中发挥了更大的作用，如今的趋势则倾向于：将网络元素直接纳入整体的战略威慑之中。

2018 年版《国家网络空间战略》将网络威慑置于美国整体威慑战略的背景下。基于这种思想，2018 年版《国防部网络空间战略》的三大重点之一就是强化美国的网络进攻和威慑能力。早在 2008 年至 2012 年版的作战计划（oplan-8010）以及美国战略司令部的威慑主要作战计划中，网络要素早已成为战略威慑的重要组成部分。2018 年版《国防部网络空间战略》的网络战略目标是提高领导人及其工作人员的网络流畅性，提高对战略决策的网络安全影响的认识，并利用网络空间中战略、作战和战术优势的机会。反映出网络空间对所有战略计划的重要性日益增强。2020 年 3 月，美国研究机构提出"分层网络威慑"战略，反映了美国网络安全工作的现状和转型趋势，其中已经实施的"向前防御""拒止式威慑"等战略举措将对全球网络空间带来重大改变。

3. 以保护关键基础设施为中心

随着社会各个领域和政府对网络信息系统的逐渐依赖以及阻止恐怖主义的需要，美国政府从 20 世纪 90 年代后期开始关注关键基础设施来自网络空间的威胁，并把网络基础设施上升为国家战略资产，制定了一系列战略规划，不惜一切手段保护网络空间安全。

重点加强国家重要信息网络基础设施的防护。网络关键基础设施日益自动化、相互联结，这种先进性导致网络系统的脆弱性。因此，美国从国家战略高度非常注重保护包括网络在内的基础设施。在克林顿政府时期，美国就十分重视网络安全基础设施建设，致力于维护信息的保密性、完整性、可控性与安全性的信息网络安全战略。1993 年，克林顿政府首次提出建立"国家信息基础设施"。1998 年，克林顿签发《关键基础设施保护》总统令（PDD-63），首次明确信息网络安全战略的概念、意义和长期短期目标。2000 年初出台的《保卫美国的网络空间——保护信息系统的国家计划》，成为美国维护网络空间安全的第一份纲领性文件。推出这份文件的一个重要动因是美国政府试图通过制定新的游戏规则，确保美国在网络空间中分配财富的权力，建立所谓强大的、不断增长的创新型美国经济。

“9·11”恐怖袭击事件加速了美国政府对关键基础设施的保护，强化了美国对网络安全战略的实行。2001年美国发生“9·11”恐怖袭击事件之后，布什政府意识到信息安全的严峻性，遂于10月16日发布了第13231号行政令《信息时代的关键基础设施保护》，宣布成立“总统关键基础设施保护委员会”（PCIPB），代表政府全面负责国家的网络空间安全工作。并于2002年9月18日发布了《保护网络空间的国家战略》。《保护网络空间的国家战略》从系统角度提出五级分辨保护，即家庭用户与小型商业、大型企业、关键部门、国家的优先任务和全球五级。2003年2月14日发布的《确保网络空间安全国家战略》提出了三大战略目标：一是预防美国的关键基础设施遭到信息网络攻击，二是减少国家对信息网络攻击的脆弱性，三是减少国家在信息网络攻击中遭受的破坏，将损害及恢复时间降至最低。2006年4月，美国信息安全研究委员会发布的《联邦网络空间安全及信息保障研究与发展计划（CSIA）》确定了14个技术优先研究领域、13个重要投入领域。为改变无穷无尽打补丁的封堵防御策略，从体系整体上解决问题，提出了10个优先研究项目，包括认证、协议、安全软件、整体系统、监控监测、恢复、网络执法、模型和测试、评价标准及非技术原因。

实施网络基地设施保护的全面防御战略。在奥巴马政府期间，更为明确强调网络基础设施是国家战略资源，是国家安全与经济的命脉，必须大力加强联邦政府对网络安全的领导，并采取一系列战略举措加强网络空间关键基础设施建设。2009年2月，奥巴马政府经过全面论证后，公布了《网络空间政策评估——保障可信和强健的信息和通信基础设施》报告，将网络空间安全威胁定位为“举国面临的最严重的国家经济和国家安全挑战之一”，并宣布“数字基础设施将被视为国家战略资产，保护这一基础设施将成为国家安全的优先事项”，全面规划了保卫网络空间的战略措施。美国先后颁布《关键基础设施保护法》《关键性基础设施信息法》和《促进关键基础设施之网络安全的行政令》等。2013年2月，奥巴马还发布第13636号行政命令《增强关键基础设施网络安全》，明确指出该政策作用为提升国家关键基础设施并维护环境安全与恢复能力。2014年2月，美国国家标准与技术研究所针对《增强关键基础设施网络安全》提出《美国增强关键基础设施网络安全框架》（V1.0），强调利用业务驱动指导网络安全行动。2015年7月美国发布的《网络空间安全国家战略》，号召美国全民参与到他们所拥有、使用、控制和交流的网络空间安全保护中来，以实现“保护美国关键信息基础设施免遭网络攻击、降低网络的脆弱性、缩短网络攻击发生后的破坏和恢复时间”保护网络安全的三大战略目标。2016年7月，美国发布关于应对网络攻击的“总统政策指令”——授权美国联邦政府部门对向美国关键基础设施等发动网络攻击的个人或实体实施制裁。

2017年1月31日，特朗普上任后的第10天，他在白宫召集的网络安全会议上便明确表示，美国将迅速采取行动保护关键基础设施和网络，并使信息技术系统现代化。5月11日，特朗普在延迟了3个多月之后终于签署了这份意在改善美国网络安全状况的总统行政令。这一行政指令可谓是特朗普政府初期网络安全战略架构的一根支柱，旨在通过一整套组合动作来提升联邦政府的网络安全，保卫关键基础设施，阻止针对美国的网络威胁，从而将美国打造成一个安全、高效的网络帝国。2018年版《国防部网络空间战略》提出努力夯实四根战略支柱之一，就是通过保护美国网络、信息和关键基础设施，打击网络犯罪和改进事故报告，管控网络安全风险，保护美国人民、家园和美国生活方式。2018年4月16日，美国发布《提升关键基础设施网络安全的框架》，新框架根据组织机构的业务需求、风险承受能力及资源对功能、类别和子类别进行调整，帮助各组织机构建立降低网络安全风险的路线图，确保既能兼顾整体与部门目标，考虑法律法规要求和行业最佳实践，又能反映风险管理的轻重缓急。拜登政府的网络空间新政策与特朗普政府相比，有所保留，有所革新。2021年7月28日，美国总统拜登签署了一份国家安全备忘录，要求联邦机构制定关键基础设施的网络安全性能目标。

整体而言，比较这五任美国总统，特朗普政府初期出台的各种网络安全相关政策举措更显审慎、务实、凌厉风格，这些均在一定程度上折射出特朗普及其网络安全团队对于网络空间安全现状复杂性、任务艰巨性、手段多元性的初步认知。纵观小布什政府到拜登政府的网络空间安全战略的演进可以发现，美国的网络安全战略始终以网络空间内关键基础设施的保护为中心，着力于与其有关的三个重点方面，即政府部门和私营部门之间的公私合作、网络安全信息的共享以及个人隐私和公民自由的保护。

4. 积极抢占网络空间国际规则制定权

自 2010 年以来，国际社会在运用国际法规范网络空间秩序方面逐步形成共识。2012 年 9 月，美国国务院法律顾问高洪柱在网络空间司令部发表关于“网络空间的国际法”的演讲，强调武装冲突法在网络空间适用的必要性和重要性，并就适用原则进行了具体阐释。2013 年，北约网络防御合作卓越中心推出“塔林手册 1.0 版”，主要对武装冲突法适用于网络空间进行了具体解释和讨论。2015 年，美国国防部进一步推出“《战争法手册》网络作战篇”。

从目前情况看，美欧等西方国家已基本实现当初所提的目标：一是虽然现有国际法在网络空间适用存在很多问题，但其在网络空间适用已在国际社会形成共识；二是虽然如何界定“网络战”还存在很多技术上的难题，但“动网”可以“动武”已在不少国家之间达成默契，这在近两年其中一些国家新出台的网络安全战略中有较为充分的体现。2016 年 11 月，美国国务院法律顾问布莱恩 · 依根在伯克利大学发表了关于“国际法与网络空间的稳定”的演讲，就和平时期现有国际法在网络空间的适用原则进行了阐述。2017 年 2 月，北约网络防御合作卓越中心又推出“塔林手册 2.0 版”。与此同时，西方国际法学界也相应推出“反措施”“国家责任”等国际规则在网络空间适用的议题。其核心意图在于，一旦恶意攻击代码流经一国领土，不管该国政府是否知情，都应承担相应的责任。如此一来，技术能力强的国家，能够发现攻击的源头，确定打击目标，并依据国际法对攻击方实施反击；技术能力弱的国家即使遭到攻击，也没有任何反击的手段，同时还要承担更多网络安全的责任。这使美国在网络空间不仅占据技术上的优势，还将占据道德上的优势。

特朗普政府就网络空间国际规则问题也做了明确的表态和说明。抢夺“游戏规则”制定的话语权是美国政府的一贯做法，并被认为是确保美国世界领导地位“性价比”较高的做法。因此，特朗普政府更为积极地争夺网络空间的国际话语权和规则制定权。例如，2018 年版《国防部网络空间战略》提出努力夯实四根战略支柱之一，就是将网络战略纳入国家权力的方方面面，制定并主导网络空间国家行为准则，保持美国在网络空间中的优势。

5. 全面提高维护网络空间安全的软实力

加快信息安全人才培养，增强民众的信息安全意识。美国在网络安全人才队伍建设方面设计了清晰的战略，社会各界基本形成了人才队伍培养、管理和使用的体系化合作，充分弥补了网络信息安全人才供给不足等问题。

系统培养网络空间专业人才。2011 年 8 月，美国国家标准技术研究所牵头发布了《网络空间安全人才队伍框架（草案）》，对网络安全人才的能力、知识、岗位职责提出了具体要求。随后几年该框架数度更新，充分体现了美国对网络安全人才的重视程度及对网络安全问题认识的不断转变。通过制订一系列计算机与信息科学研究计划，该计划通过对新兴技术的研究、鉴定，针对硕士、博士研究生的夏季操作研究技术计划，以及针对本科生的网络运行暑期项目中的学术卓越中心、网络夏季计划等专门面向在校生的网络空间安全教育计划，培养网络空间专业人才。

加大公众网络安全意识的培育力度。近年来，美国网络安全事件频发。“大选中的邮件门事件”“大规模互联网瘫痪事件”等给美国政治、经济、社会安全带来严重影响。一些事件的起因源于网络使用者不良的上网习惯和网络安全意识的淡薄。2016 年 2 月，奥巴马政府发布的《网络安全国家行动计划》指出，美国公民在网络上的隐私和安全，与国家安全和经济状况紧密相关，甚至由总统“呼吁当登录在线账户时，不要仅仅使用密码，要利用多重身份验证”。同年 12 月，美国国家网络安全促进委员会在对美国网络安全状况进行全面评估的基础上，发布了《加强国家网络安全——促进数字经济的安全与发展》报告。该报告提出的九大网络挑战中，有两项涉及网络安全意识问题，即在强大市场压力下，科技公司忙于快速创新及上市，网络安全常常被忽略；大部分企业以及个人仍未遵循网络安全保障的基本要求，未采取基本的防护措施。上述政策报告反映了美国精英阶层对网络威胁的判断。其具体举措未必为特朗普政府所采纳，但从客观需要和长远发展看，加强公众网络安全意识与教育是维护国家网络安全的重要方面。特朗普政府发布的 2018 年版《国防部网络空间战略》，则将“促进网络开放，提升全球网络协调能力，扩大美国的全球影响力”作为努力夯实的四根战略支柱之一。

加强网络安全立法工作，逐步提升信息网络安全的保障能力。在网络安全立法方面，美国走得最早也走得最远。美国国会的网络安全立法是一项系统工程，内容复杂、覆盖面广，但是条理清晰、进程不断加速。美国通过各项立法，较为清晰地厘清了政府各个机构在网络安全领域的角色与职能。法律法规覆盖的领域也从早期的规范网络色情开始，不断发展到网络知识产权保护、关键基础设施保护、数据保护和打击网络恐怖主义等各个方面，已形成了一整套较为完善的法律法规体系。

6. 强化网络空间安全领域军民深度融合

网络空间安全领域是军民融合的关键领域和战略制高点。美国构建的网络安全体系明确提出企业是国家网络安全保障的主体之一，负责国家网络攻防的具体实施，协调配合美军共同保障国家网络安全。美国企业作为美国网络空间安全的重要力量，有责任和义务配合美军的网络军事行动。为了有效维系其网络空间优势地位和加强对外合作，美国出台了一系列强有力的政策和管理机制，积极推动网络空间安全领域的军民一体化发展和深度融合。

一是积极响应政企合作政策。美国希望政府部门和私营企业共同努力来设计更加安全、可靠的技术，来保护关键的政府、军队和工业系统及网络，并提高其恢复能力。2011 年，美国国防部颁布首份《网络空间行动战略》，列举了美国防部在网络空间的五大战略举措，其中之一就是要与其他政府部门、机构和私营企业合作，打造全政府网络空间安全战略。2015 年 4 月，美国防部发布新版《网络空间战略》，同样提出要加强与美国政府民事机构的协调，以实现最大限度信息共享、协调网络行动、分享经验教训。

二是优化机构配置政策。美军在发布战略政策引导的同时，还会由其下属机构制订一些具体的计划，将美国各界（企业、高校和研究机构）的科研力量和资源集聚起来，共同进行产学研科技创新研究。例如，国家安全局（NSA）下设的计算机与信息科学研究组（C&ISRG）和信息保障署（IAD）负责美军网络空间领域的研究。计算机与信息科学研究组（C&ISRG）负责领导和管理的一项先进技术计划——熟悉、开发和使用，将原始数据转换成可操作的信息。

三是鼓励实施产业化技术转让政策。对于科研成果的产业化，美国国会颁布了一系列技术转让法律，如《史蒂文森威德勒技术创新法案》《联邦技术转让法案》《美国的技术政策》等，对其技术转让进行了明确的规定，其多数科研机构都专门设有技术转让部门，负责整个部门科研成果的技术转让工作，如国家安全局的技术转让计划办公室（TTP）等。拜登政府延续了相应“应对关键基础设施的系统性风险”的举措，并且在 2021 年 4 月 20 日，敲定了美国电网百日安全计划的最终细节，鼓励美国电力公司在网络攻击日益加剧的情况下，在未来 100 天内加强针对黑客的网络安全保护，这是美国就应对 Solar Winds 供应链攻击事件带来关键基础设施及机构风险的重要举措之一。

四是完善军民整合转换机制。为加强美国政府、军队、私营企业之间的合作，规范合作关系，通过规范合作流程和审核机制，让网络安全审查制度贯穿整个合作过程，通过旋转门和安全许可制度来合理构建网络空间安全人才建设，形成信息共享的良好机制和采办管理新体制，为形成良好、稳定的网络空间安全产业秩序打下坚实基础。

如今，美国企业是美军网络安全战略框架的重要组成部分，在美军的网络安全建设与保障中发挥着重要作用。美国企业作为美军网络空间安全领域的骨干力量，如美国安全承包商、大型 IT 公司、网络运营商在美国的网络空间安全产业中扮演着重要角色，是美军网络空间安全的主体。当前 90% 的网络空间基础设施归私营部门所有和控制，核心网络技术与设备主要由一些核心网络私企掌控，美国国防部 70% 的科研和 90% 以上的武器装备生产由私营企业承担完成。美国企业在网络空间安全保障中的具体作用表现在如下几方面：一是美国安全承包商为美军网络空间安全提供装备保障。安全承包商是美军重大网络项目的技术支撑者和装备保障提供者，美国军方和民间网络基础设施的技术与装备几乎全由安全承包商提供。二是美国大型 IT 公司为美军网络空间安全提供网络基础支撑。美国大型 IT 公司是美军网络空间安全不可或缺的力量，其主要为大型系统集成商、专用系统集成商等提供通用设备、元器件、开发系统等。三是美国网络运营商为美军网络空间安全提供全球信息与数据。与美国大型 IT 公司类似，以美国电话电报公司（AT&T）、威瑞森电信（Verizon）等为代表的美国网络运营商占据全球网络空间安全市场，控制全球的视频语音、互联网通信安全等服务。四是中小企业为美军网络空间安全提供技术创新源泉。在国内外网络空间安全事件日益增多的背景下，美军完全依靠大型军工企业的战略开始转变，更多新兴中小企业参与网络空间安全技术的研究与开发，他们成为网络空间安全领域技术创新源泉。

7. 打造以自我为核心的国际网络联盟

打造国际网络联盟是美国控制网络世界的关键手段。美国认为，在现代安全局势下，联盟作战是政治上最易被接受、经济上最可持续的方法。因此，在其网络空间安全战略明确指出，美国要在关键地区建立强大的同盟体系和伙伴关系。

一是努力打造网络空间国际合作联盟。美国认为，长期单独主导网络空间是不现实的，网络安全不是一个国家单独努力就可以做到的，打造国际网络联盟是美控制网络世界的关键手段。因此，美国政府非常重视与盟友合作共同应对网络威胁。自 2009 年在《网络政策评估报告》中提出“加强与国际伙伴关系”倡议以来，美国就不断发力，拉拢传统盟国打造国际网络联盟。在欧洲，美国加强了同关系密切的盟国合作，将与盟友和国际伙伴建立关系以促成信息共享并强化共同的网络空间安全能力作为美国网络司令部最高战略计划之一，以借助盟友在技术和情报方面的一些优势，增强应对威胁的能力。2015 年版《国防部网络空间战略》指出，美国要在关键地区建立强大的同盟体系和伙伴关系，“优先”合作对象包括中东、亚太和欧洲，意味着美国将在打造国际网络联盟的问题上寻找更多发力点。2016 年 8 月，美国与新加坡签署网络安全合作协议。另外，美国还争取网络空间国际地位，通过完善网络空间标准、技术、法规、应急反应机制，推动国际网络空间立法进程，主动对网络空间国际法律法规的制定进程施加影响，谋求提高在网络空间的话语权和主导权。未来，构建不同层次的网络盟友和伙伴圈，将是美国网络安全战略的重要发展方向。

二是将外交政策目标与网络空间战略相结合。2011 年的《网络空间国际战略》，首次将其外交政策目标与网络空间战略结合在一起，标志着其关注重点已公开由自身扩展到全球范围，同时网络空间也成为其输出美式政治模式和价值观的重要平台。美国时任国防部长盖茨曾公开宣称，网络是“美国巨大的战略资产，有利于帮助其他国家推进民主”。奥巴马政府之所以一改美国多年来的抵制态度，高调宣传网络空间国际合作，一方面是因为它认识到，即使是美国这样的超级大国，也不可能凭一己之力解决网络空间存在的种种问题，更重要的是，美国希望利用自己雄厚的网络资源，通过在网络空间的国际行动掌控全球网络空间发展领导权，改变和影响其他国家的政治体系和价值观念，巩固自身在网络空间的霸权地位。2013 年与日本举行首次网络安全综合对话，就共享网络威胁情报、开展网络培训等达成共识。《网络空间的国际战略》的出台，也意味着美国将在打造国际网络同盟的问题上寻找更多发力点。2018 年版《国家网络空间战略》提出努力夯实四根战略支柱之一，就是促进网络开放，提升全球网络协调能力，扩大美国的全球影响力。

三是在网络空间延续实体空间的军事结盟。美国认为，联盟本身就是一种威慑，攻击联盟中的任何一个国家，就意味着攻击了整个联盟，这对对手有很强的慑止作用。为此，美国延续了其实体空间军事结盟的一贯理念，与盟国（地区）持续开展网络空间军事合作，用以提高网络空间整体安全。美国主要通过共享信息、能力构建、联合训练等方式加强与盟友的合作。因此，美先后主导北约发布新版网络防御政策，召开网络安全国防部长会议，修订了北约网络政策和相关行动计划，频繁举行“网络联盟”“锁定盾牌”“坚定爵士”等演习。

除了与北约盟友的合作，美国还不断拓展合作对象。美军将中东、亚太作为推进伙伴能力建设的重要地区。美国国防部通过深化与日本、韩国的同盟关系，提升网络作战能力，阻止在网络空间针对美国的攻击行为。网络战已成为美韩军事演习的常态化课目，在 2010 年 8 月举行的美韩联合军演中，就已经增加了网络战防御课目。美军与日本自卫队于 2013 年举行首次网络安全综合对话，就如何应对黑客攻击展开磋商，共寻具体应对措施，就共享网络威胁情报、开展网络培训等达成共识，摸索双方合作领域。当年在“山樱”联合演习中首次演练网络战课目，两国在新版《美日防卫合作指针》中加入网络安全合作内容。2011 年 9 月 15 日，美国与澳大利亚在双边共同防御协定中增加了网络共同防御条例。此后出台的国防部《网络空间行动战略》更是引入“集体防御”理念，展现了美国要努力打造网络空间军事合作联盟的意图。美英网络空间安全合作更加密切。2015 年 1 月 16 日，美国白宫公布了一系列措施，以加强美国和英国之间在打击网络威胁方面的合作。目前，通过计算机应急响应小组计划，美国和英国之间加强了网络安全方面的合作和协作；而且英、美还计划成立一个跨大西洋联合网络机构，在网络安全方面的努力就会得到提升。这个机构由英国的政府通讯总部（GCHQ）、“军情五处”（MI5）和美国的国家安全局（NSA）、联邦调查局（FBI）的网络防御专家组成。

（二）网络空间安全战略的主要特点

美国是互联网技术最主要的发源地，也是互联网应用最为普及、对网络依赖性很高的国家，网络空间安全问题成为美国的主要现实隐患之一。为维护网络空间安全，美国积极打造网络空间安全保障体系，形成较完善的网络空间安全战略体系。美国网络空间安全战略具有以下突出特点。

1. 以威胁牵引网络空间安全战略制定

美国政府认为，计算机网络已经渗透到美国政治、经济、军事、文化、生活等各个领域，美国的整个社会运转已经与网络密不可分。网络威胁和脆弱性信息技术已悄悄地改变了美国企业和政府的运行方式。美国经济和国家安全对信息技术和信息基础设施依赖性越来越强，其中最重要的是互联网，网络直接支撑了各个经济领域。因此，美国一直以来都是以网络空间安全威胁为国家重大安全威胁牵引网络空间安全战略制定。

美国网络空间战略文件中，威胁是出现频率最高的词汇。美国认为，自己在网络空间中正面临着一场新的看不见硝烟的战争，且已处于劣势，担心未来可能爆发“网络珍珠港”或是“网上‘9・11’”事件。因此，1999 年底，美国政府公布《美国国家安全战略报告》，首次界定了美国网络空间安全利益构成，认为网络安全威胁对美国国家安全构成挑战，提出了通过国际合作等方式防范网络空间安全风险的初步设想。奥巴马上台后不断强调，应把网络安全作为国家安全战略的一部分，将网络基础设施上升为国家战略资产加以保护。2009 年 3 月，美国战略与国际问题研究中心提交的《确保新总统任内网络空间安全》报告提出的第一条建议就是，网络是国家的重要财富，美国将不惜动用一切国家力量与手段确保网络空间安全。

奥巴马政府定义“网络威胁是美国面临的最严重的国家安全危险之一”。2009 年 5 月 29 日，美国公布了《网络空间政策评估——保障可信和强健的信息和通信基础设施》。当日美国总统奥巴马发表讲话称，美国 21 世纪的经济繁荣将依赖于网络空间安全，来自网络空间的威胁已经成为美国面临的最严重的经济和军事威胁之一。他将网络空间安全威胁定位为“举国面临的最严重的国家经济和国家安全挑战之一”，并宣布“从现在起，我们的数字基础设施将被视为国家战略资产。保护这一基础设施将成为国家安全的优先事项”。2010 年 5 月 27 日，奥巴马总统在《国家安全战略》报告中专门用一节的篇幅来阐述网络安全问题，强调“网络空间安全威胁是当前国家安全、公共安全和经济领域中所面临的最为严重的挑战之一”。并要求美国政府开展全面的国家行动，以提高公众的网络安全意识。

2017 年 2 月 23 日，美国防部国防科学委员会（Defense Science Board，DSB）发布了一份《关于网络威慑的工作组报告》，开篇就指出“美国的经济、社会和军事优势极大得益于网络空间，而这些优势的取得又高度依赖于极为脆弱的信息技术和工控系统，因而美国国家安全处于难以承受且与日俱增的危险之中”，并将网络威慑战略视为未来美国网络安全政策的一条核心要义[①]。2018 年版《国家安全战略》报告中最大的增量就是网络安全，并将中国、俄罗斯、伊朗和朝鲜并列为其在网络空间的主要对手，直接威胁美国网络安全，并以此为由在 2021 财年（FY）拟议预算请求中大幅增加对网络威慑和防御能力的预算投入。2020 年 2 月 10 日，美国总统特朗普向国会提交了 2021 财年（FY）拟议预算请求，拟将 7405 亿美元用于保障美国国家安全，其中的 7054 亿美元将划拨国防部（DoD）。计划在新的财年为网络安全设立 188 亿美元（约合人民币 1310 亿元）预算。其中，约

① The Defense Science Board. Task force on cyber deterrence [EB/OL]. 2017 [2018-08-10]. http：//www.acq.osd.mil/dsb/reports/2010s/DSB-Cyber Deterrence Report_02-28-17_Final.pdf.

90 亿美元将用于民用机构的网络安全、保护关键基础设施等优先事项。划拨国防部网络空间预算 98 亿美元，其中网络安全 54 亿美元，网络空间业务 38 亿美元，网络空间科技研发 5.56 亿美元。

2. 网络安全战略具有明显的进攻性

从美国网络空间安全战略发展过程来看，美国网络安全战略经历了从防御到主动进攻、从国内到全球的转变，是一个不断强化网络空间进攻性的过程，并以网络空间国际战略提出国际理念谋求网络空间霸权。从阶段性特点来看，美国四任总统实施的网络空间安全战略，历经保护关键基础设施，扩展先发制人的网络打击，到谋取全球制网权的演变，凸显其扩张性本性。

由防御到进攻的网络安全战略发展演变。在克林顿时期，主要是注重网络空间关键基础设施的保护。1998 年，《关键基础设施保护》要求保护重要的计算机系统和资产等关键基础设施。2000 年，《全球时代的国家安全战略》首次将网络安全列入国家安全战略。布什政府时期美军扮演着“以攻验防”的角色，网络空间安全战略就明显增强了进攻性。2003 年，《确保网络空间安全的国家战略》首次把网络安全提升至国家安全的战略高度，强化了网络安全建设，明确网络攻击就是战争，美国保留付诸武力的权力，确定国土安全部负责网络安全，确定网络安全战略目标与任务，网络空间安全战略体现出攻防兼备的特点。除了保护基础设施外，布什政府主张对敌进行先发制人的网络攻击。为此，布什政府非常重视美军网络战的进攻能力建设，大力开发计算机网络战武器。三军成立各自的网络部队，研发、利用新网络技术，实施先发制人的网络打击。

奥巴马时期，美国的网络空间安全战略更具进攻性。2011 年 7 月发布了《国防部网络空间行动战略》，2015 年 4 月发布了《美国国防部网络空间战略》。两份重要的战略报告都明确提出，美国的网络空间安全战略，首要的是时刻准备保卫美国本土及美国重要利益免遭可造成严重后果的破坏性、毁灭性的网络攻击。总体而言，美国的网络空间安全战略具有极大的攻击性，尽管其强调美国网络也面临着种种安全威胁，但其所提出的“互联网自由倡议”“网络反导”“网络战”等概念，都显示出其在网络空间谋求和延伸霸权的思维逻辑。认为国防部必须能够支持军事行动和紧急计划，提供综合的网络安全能力。2015 年 4 月，美国防部又发布《国防部网络空间战略》概要，首次公开表示将网络空间行动作为今后军事冲突的战术选项之一，表明美国已突破了网络空间作战的编制体制、武器装备、融入联合等一系列瓶颈问题，形成了网络攻防的有效模式，具备了发动网络战争的全部能力。

特朗普时期，美国网络空间安全战略更加强调进攻性。对于奥巴马在网络空间军事化方面采取的行动，特朗普政府仍然觉得不够强硬，批评其“自缚手脚”。2017 年 8 月 18 日，美国将美军网络司令部升级为一级联合作战司令部。2018 年版《国家网络空间战略》，概述了美国网络安全的 4 项支柱，10 项目标与 42 项优先行动。提出主动出击的网络安全防御模式，强调政府应采取更具攻击性的姿态，充分运用国家权力工具，来预防、应对并阻止针对美国的恶意网络活动。从而进一步凸显美国网络空间战略的进攻性。特别需要关注的是，新版报告提出了名为“防御前置”的新理念，即“在源头扰乱或阻滞网络威胁，包括那些未达到武装冲突层级的行为”，从而“将我们的关注焦点外移，在威胁行为抵达目标前将其阻止”。

纵观美国网络安全战略发展演进过程，从“防御为主”到“攻防兼备”，再到特朗普时代的“攻势毕露”，美国以“先发制人”“向前威慑”“主动进攻”为主要特征的治网理念逐步成型。

3. 围绕国家核心利益制定网络安全战略

目前，美国社会的运转对计算机网络的依赖性日益加重，计算机网络已经渗透到美国政治、经济、军事、文化、生活等各个领域。网络信息系统的安全是美国经济得以繁荣和可持续增长的基石，一旦网络信息系统受到破坏，美国的经济将受到重创。因此，美国网络安全战略围绕国家核心利益全面展开，进行了丰富而复杂的实践。

一是确保在网络空间促进美国繁荣。2000 年初出台《保卫美国的网络空间——保护信息系统的国家计划》，成为美国维护网络空间安全的第一份纲领性文件。推出这份文件的一个重要动因是美国政府试图通过制定新的游戏规则，确保美国在网络空间中分配财富的权力，建立所谓强大的、不断增长的创新型美国经济。2018 年版《国家网络空间战略》提出努力夯实四根战略支柱之一，是通过培育充满活力的数字经济，促进和保护美国的技术优势，培养优秀的美国劳动力，促进美国繁荣。该战略提出三大重点之一：更加重视数字经济及其安全性。美国新的网络战略进一步突出互联网对经济增长和创新的重要引擎作用，为此美国政府将进一步加强与私营部门的合作，促进 5G 的发展和安全，审查人工智能和量子计算等新兴技术的运用情况。同时，国防部将在捍卫关键基础设施和经济方面发挥更大作用。

二是防范非国家行为体从网络空间威胁国家安全。国家安全是美国网络安全战略追求的核心目标，不容任何形式的威胁与挑战。当任何非国家行为体试图以任何方式实施任何被认为危及美国国家安全的行动时，都会遭到美国政府迅速而有效的打击。《网络空间国际战略》指出，网络防护的威胁对象涵盖一切“恐怖分子、罪犯、国家及其代理人”，对网络空间的敌对行为，“与其他威胁一样，将基于自卫权加以应对”。《网络空间国际战略》明确提出了要综合运用 3D 手段（外交、防御和发展），确保美国战略目标的实现。

三是支持跨国活动分子利用网络颠覆他国政权。从 20 世纪 90 年代中期开始，美国国防部等系统就已经认识到，互联网的战略价值之一在于提供一种低成本的有效工具，帮助美国政府去挑战乃至颠覆那些不符合美国国家利益的所谓威权政体。原来达到这一目的需要采取隐秘的行动，或派遣美国的特种部队冒被抓获的风险渗透到别国境内，或由美国政府直接介入，从而面临巨大的政治风险，而今只要简单地培训非政府组织或者构建跨国活动分子网络就可以了。

四是遏制潜在竞争对手的网络安全行为。从克林顿政府任期开始，美国总统发布的国家安全战略报告就明确提出，美国真正面临的战略威胁是在全球范围内出现一个势均力敌的竞争者。当然，美国认为最有可能占据这个竞争者位置的候选国家当数中国和俄罗斯。除此之外，还有大量地区强国进入了待选名单，伊朗算得上是个中翘楚。关于如何应对这类挑战，美国军事记者詹姆斯·亚当斯在其撰写的《下一场世界大战》一书中提出了与遏制苏联的冷战思维有所不同的新思路，即通过网络空间，采取不对称的行动，继续维持美国的优势地位。

4. 突出政府在网络空间事务主导作用

美国把网络安全定义为一种非传统意义的战争进行重视。首先，制定了政府相关部门如何协作预防可能面对的各种网络攻击类型，并提出了经过研究的对策。对政府主导的网络安全战略，由整体调控组件转变为由专门机构进行独立研究，并且建立的机制对全球网络空间安全的整体防御提升是一个很好的示范作用。

对网络空间基础设施的防护是美国网络安全战略的重要内容。在美国，90% 的网络空间基础设施归私营部门所有和控制。为此，美国政府强调与私营企业加强合作，共同维护关键基础设施的安全。从近年美国出台的有关网络安全的政策文件看，政府在其中的主导作用不断加强。一方面，建立统一的安全标准。2015 年 12 月，美国白宫发布《网络威慑政策》。该政策指出，政府的政策和资源将向关键基础设施“倾斜”，确保它们不断提高网络防御的能力。同时规定，相关企业要执行由美国标准和技术研究院牵头开发的网络安全标准，以便于各方对网络风险进行管控。另一方面，加强危机的综合应对。为避免令出多门，提高政府应对重大网络事件的能力，奥巴马于 2016 年 8 月发布第 41 号总统令《网络事件协调》。该总统令明确了涉及安全领域的各政府部门、机构在应对重大网络事件时的职责。

2017 年 1 月，特朗普上台后即提出将建立由军方、执法机构和私营部门组成的网络审查小组。该小组将审查包括关键基础设施在内的美国网络防御的状况。为保护重要的关键基础设施，政府将公开所有网络漏洞，并建立先进的网络攻防系统。2020年3月10日，马克·华纳等4名美国参议员提出了2020年《贸易谈判中的网络安全要点法案》，作为对2015年《贸易促进授权法案》的修订。法案新增一项与网络安全相关的谈判目标，以确保将美国的通信基础设施安全纳入贸易谈判内容。该法案将通过在未来的贸易协议中解决通信网络和供应链安全方面的障碍，以及国有通信设备供应商的不公平贸易做法来实现这一目标。参议员马克·华纳表示将以此法案持续敦促外国合作伙伴不使用华为设备。2020年3月，特朗普签署《安全可信通信网络法案》(*Secure and Trusted Communications Networks Act*)禁止联邦资金用于采购这些公司生产的设备，正式禁止美国企业界使用联邦资金向华为和中兴等被认为对美国国家构成安全威胁的公司采购设备。

5. 发挥军队维护网络空间安全特殊作用

美军认为，网络战不仅打在战时，更打在平时；不仅打在军用网络，更打在民用互联网。近年来，美军在网络空间频频发力，不断走向前台。2015年版《国防部网络空间战略》首次公开表示将网络空间行动作为今后军事冲突的战术选项之一，明确提出要提高网络空间的威慑和进攻能力，摆出积极防御和主动威慑的姿态。该战略表明美国已突破了网络空间作战的编制体制、武器装备、融入联合等一系列瓶颈问题，形成了网络攻防的有效模式，具备了发动网络战争的全部能力。

与2011年发布的首份《网络空间行动战略》相比，2015年版《国防部网络空间战略》的主动性、进攻性明显增强。首先，拓展军队的职能任务。最突出的表现是，美军将“保卫美国国土与美国国家利益免予遭受具有严重后果的网络空间攻击”作为职责使命和战略目标，并提出“以创新的方式保卫美国关键基础设施”。其次，发展进攻性网络力量。2015年，美国网络空间司令部司令罗杰斯曾放言，网络空间司令部将集中力量研究并执行网络攻击战略，进一步提高美军网络全谱作战的能力。2016年10月，网络空间司令部宣布下属133支网络任务部队已全部具备初始作战能力，可随时遂行初始性网络任务。此外，融入国家网络安全的各个层面。军队将与政府各部门、企业，以及其他国家与国际组织进行紧密合作。在这些合作中，美军对其发挥作用的定位已由“支持协调”转向“主动塑造”。

奥巴马政府曾经规定，美国军方要对外采取重大网络行动，必须经过一系列跨机构协调程序和总统的批准。通过制定新的网络战略，特朗普政府打破了这一限制，为更多的网络空间“进攻”行动铺平了道路。2018 年版《国防部网络空间战略》提出，要建设更具致命性的联合力量，强化网络空间联盟，培养网络人才等。美国总统国家安全事务前助理博尔顿表示：“现在我们的手不再像奥巴马政府时期那样被绑住，我们要采取很多主动行动。”

6. 以技术研发驱动网络战略防御领先能力

美国十分重视网络技术的增长对国家安全所带来的挑战，指出这些挑战有多种形式，其中包括能够破坏美国本土及海外光缆、服务器和无线网络的自然灾害和事故。技术性挑战也同样存在，如一国采取封锁信息的措施，将导致更大规模的国际网络的中断。由于美国社会及军事系统高度依赖信息网络，因此美国网络空间安全战略特别强调，网络空间所具有的低成本进入和匿名的特征，使其成为犯罪分子和恐怖分子的“安全天堂”，这极大地威胁到美国的国家安全。为此，美军重点研发网络化新一代核武器系统，以应对核武器联网后被攻击的问题；美国空军研究实验室拨款 75 万美元用于开发网络欺骗系统——Prattle 系统，以有效降低攻击者渗透网络的能力；美国国防部还利用人工智能方法和相关技术应对网络攻击，提高网络安全智能化水平。

第五章 俄罗斯网络空间安全战略

俄罗斯到目前为止并没有出台专门的国家网络安全战略，相关的政策主要集中在信息安全和网络犯罪两个方面。近年来，因东乌克兰动乱、克里米亚问题、叙利亚冲突，特别是2016年以来几件事使得美俄关系恶化到“冷战”结束后的最低点。因此，俄罗斯特别重视包括网络空间安全在内的信息安全，积极制定信息安全战略，用以维护其信息网络空间安全。

一、积极参与网络空间的竞争博弈

如今，互联网空间正日益成为国际竞争的新焦点。美国独享互联网管理权，导致网络控制能力在各个主权国家之间十分不平衡，加剧了世界各国对网络控制权的争夺。鉴于维护信息安全特别是网络安全的需要，俄罗斯积极参与国际网络空间的竞争与博弈，并制定以网络安全为主要内容的信息安全战略，用于维护其国家的信息安全特别是网络安全。

（一）俄罗斯信息安全与网络安全概念

一直以来，俄罗斯非常重视维护国家网络空间安全，积极参与国际网络空间的竞争与博弈。但俄罗斯官方文件很少使用“网络空间”“网络安全”等概念，其中出现较多的是“信息空间”“信息安全”等。俄罗斯认为，“信息空间”是有关信息形成、传递、运用、保护的领域，主要包括信息基础设施、信息系统、互联网网站、通信网络、信息技术、相应社会关系的调节机制等。简而言之，俄罗斯将“信息空间”做了三个层面的划分：物理层面（硬件）、应用层面（软件）、人文层面（制度）。

与此同时，俄罗斯通常将“网络空间”理解为互联网的通信网站、其他远程通信网站、保障这些网站发挥功能的技术设施，以及通过这些网站激发人类积极性的方法的总和。很显然，俄罗斯认为，“网络空间”概念小于“信息空间”，只涉及物理层面和应用层面的问题。

俄罗斯将这两个概念进行区分，旨在强调人文层面在互联网时代的重要意义。俄认为，“信息空间”是对个体和公共认知（意识）产生影响的领域；“信息安全”中的人文层面将影响一个国家的文化和意识形态安全，进而威胁国家稳定；美国使用的“网络安全”概念，意在将网络安全问题局限于软硬件的安全，使人们对网络空间中的意识形态斗争疏于防范，为美国发动“颜色革命”制造可乘之机。

长期以来，俄罗斯的信息安全专家都按照自己的意愿来定义信息安全。俄罗斯至今并没有出台专门的国家网络空间安全战略，并不是俄罗斯不重视网络空间安全，而是俄罗斯对信息安全与网络安全概念界定与世界其他国家有所不同。在俄罗斯的信息空间与信息安全概念中包含着网络空间和网络安全，因此，虽然在俄联邦公布的各类安全战略中没有网络空间和网络安全的概念和称谓，但在其信息空间和信息安全中都包括了网络空间和网络安全。俄罗斯认为，信息安全涵盖网络安全，在相关政策制定时，信息领域主要强调安全，网络领域主要集中在犯罪层面。2000 年 6 月，俄罗斯总统普京上任后签发的《俄联邦信息安全学说》是俄罗斯第一部正式颁布的有关国家信息安全方面的重要文件。根据这份文件，打击非法窃取信息资源，保护政府、金融、军事等机构的通信以及信息网络安全被列入国家利益的重要组成部分。这个文件表明俄罗斯已经将信息安全提升到国家战略高度，为俄罗斯“构建未来国家信息政策大厦”奠定了基础，被视作加强信息安全的重要举措。

“信息安全”是俄罗斯外交部门坚持使用的概念。俄罗斯外交部门之所以坚持使用“信息安全”概念，是与俄美外交斗争的历史分不开的。俄罗斯外交部从 20 世纪 80 年代末就开始在国际舞台上维护俄罗斯在信息空间的利益，并且持续不断地坚持使用“信息安全”这一术语。

俄罗斯领导人首次使用“网络安全”概念是在 2008 年 4 月，俄国家杜马安全委员会主席符拉基米尔·瓦西里耶夫在解释普京总统的《俄罗斯联邦信息发展战略》时多次使用了这个词。2011 年 4 月，俄罗斯莫斯科大学信息安全研究所和美国东西方研究所就 20 个网络空间关键术语达成一致。而同一年，美国相继发布《网络空间可信标识国家战略》《网络空间国际战略》《网络空间行动战略》，引起世界各国包括俄罗斯的高度关注，俄罗斯官方和媒体越来越多地使用网络空间和网络安全术语。11 月，俄罗斯国防部发布《俄联邦武装力量全球信息空间活动构想》，被外界解读为俄军网络空间战略。该构想对武装力量信息安全的定义是保护武装力量信息资源免遭信息武器影响的状态。

美国认为“信息安全”这一术语本身颇具争议。有专家评论，俄罗斯用“信息安全”替代美国等大多数国家所使用的“网络安全”，背后有着深层次考量和意识形态因素。美国认为，“网络安全”仅与硬件（网络和系统）、软件及储存和传输于这些系统中的数据（无论是何内容）技术层面上的安全相关。“信息安全国际行为准则”使用“信息安全”一词，旨在强调储存于上述系统中的“内容”明确隶属于“信息安全国际行为准则”规范范畴。因此，该文件从整体上可以理解为“规范言论和通信内容、服务于政府利益的准则”，这是美国不能支持的。美国强调保障互联网自由，在联合国坚决反对俄罗斯使用“信息安全”概念，坚持使用“网络安全”或“网络空间安全”。正因为这个原因，俄、美双方经过多次讨论和协商，达成了一项折中方案：在俄美双边关系中使用“信息通信技术安全”这一术语，并将其限制在信息安全领域，集中于技术层面，但这一复合词只出现在俄美关系方面。如今，全世界都在使用“网络安全”一词。尽管俄外交部明确抵制使用“网络”这一词头，但这词已深深扎根于俄罗斯的常用词汇，包括俄总统使用的词汇中，因为他在谈到网络空间及其军事化时经常引用。

2012 年 2 月 20 日，普京在其发表的《强大是俄罗斯国家安全的保障》一文中首次使用了“网络空间”一词。普京指出：“各国在太空领域、信息对抗领域，首先是网络空间领域拥有的军事能力，对武装斗争的性质即便没有决定意义，也有重大意义。”12 月 28 日，普京总统在克里姆林宫为高级将领任职和授衔仪式上发表讲话时称：“必须进一步系统地和积极主动地采取行动，与包括反间谍、保护战略基础设施以及与经济领域和网络空间领域里的犯罪行为作斗争。”这是我们已知的俄总统在公开场合第二次使用“网络空间”一词，而不是过去常用的“信息空间”。

2013 年 6 月，俄罗斯总统普京与美国总统奥巴马在爱尔兰“八国峰会”期间达成协议，两国在俄美总统发展合作委员会设立一个正式的机构，全称叫“信息通信技术领域威胁问题和国际安全领域信息通信技术问题工作组”，简称“网络空间安全工作组”。俄方工作组主席由安全会议副秘书克利马申担任，而美方工作组主席由总统特别助理兼白宫网络安全协调员丹尼尔负责。双方经过多轮谈判，准备在 2013 年底前正式完成《俄罗斯与美国保障网络空间安全和预防网络事件协议》。这一名称反映出俄美双方在网络空间安全问题上的相互妥协，即小组名称按照俄罗斯的说法，简称依从美国的叫法，而协议的名称用世界通用的网络空间安全。当年 9 月，俄罗斯外交部网站发布《2020 年前俄罗斯联邦国际信息安全国家基本政策》，作为应对未来信息安全威胁的主要战略性文件。俄罗斯外交部明白，仅靠信息安全不能涵盖网络空间领域出现的新威胁，包括网络武器、网络恐怖活动、网络暴力、网络犯罪、网络宣传等，因而使用了“信息通信技术”一词，将出现新威胁的原因全部纳入信息通信技术范畴，拒绝使用网络空间一词。

后来一些国家发生“颜色革命”后，俄罗斯当局十分担忧“颜色革命”扩散，不希望美国通过互联网、社交网络和其他信息来源来控制俄罗斯人的意识，影响普通民众的情绪，进而引发社会动荡。因此，俄罗斯外交部人为地将信息安全所涵盖的领域扩大了，将网络空间出现的新问题尤其是意识形态和国家安全问题纳入信息安全范围内。由此可以看出，俄外交部坚持使用信息安全以及信息通信技术安全是出于对美外交斗争的需要，是与美争夺网络空间主导权的抓手，是冷战思维延续下来的产物。

2014 年 1 月，俄罗斯联邦委员会网站正式公布《俄罗斯联邦网络安全战略构想》，才对“信息安全”与“网络安全”有了明确的定义。但该构想指出：“分析表明，在俄罗斯有关信息安全的正式文件中，‘网络安全’这一术语没有从‘信息安全’概念的范畴中分离出来，没有单独使用。与此同时，大多数国家已经将它作为一个单独的定义来使用。必须考虑到，由于网络空间的跨国性，仅在国家层面上对网络空间进行规范是不可能的。因此，必须在俄罗斯有关信息安全的文件中对‘网络安全’这一术语予以明确，这样才能确定俄罗斯和其他国家标准文件之间的关系，为参与网络空间安全领域的国际法律规范制定工作创造条件。”因此，该战略对信息安全的定义：信息安全是指国家、组织和个人及其利益免遭信息空间各种破坏和其他不良影响威胁的受保护状态。而网络安全是指网络空间所有组成部分免遭极大威胁以及不良后果影响的条件总和。不过，这个草案却因为在“信息安全”和“网络安全”概念上的分歧严重而胎死腹中。

2016 年 12 月生效的新版《俄联邦信息安全学说》中专门对“信息安全”一词下了定义——俄联邦信息安全是指个人、社会和国家不受国内外信息威胁的防护状况，这与以前的定义差别不大。由此可以看出，俄罗斯官方文件对这一定义的理解仍然是“信息保护”或者是“信息系统和信息资源保护”，但按照外交部的说法，信息安全涵盖广泛的任务和方向，从信息访问、信息保护到抵制负面信息和数字主权无所不包。一些俄罗斯专家认为，网络安全更侧重于网络的管理，而信息安全则更关注信息的状态，不完全是一回事。可见，俄罗斯对信息安全与网络安全的概念还存在模糊认识，缺乏国家层面的统一调节和权威部门的认定。但可以肯定的是，俄罗斯所定义的信息安全不能等同于网络安全，更不能替代网络空间安全。

（二）积极谋求网络空间控制权

“冷战”结束后，俄罗斯仍被美国视为主要对手，国际互联网也成了美国制裁俄罗斯的战略新疆域。一旦互联网遭到攻击，俄罗斯国内政治、金融、军事等领域将遭受严重影响。因此，争取网络发展权是对美国在网络空间中的主导地位发起的挑战，是维护俄罗斯网络空间安全的必然要求。

俄罗斯发布长期科技发展战略，聚焦提升其在网络空间等新领域的管理权。2015 年 5 月俄罗斯和中国签署了关于在保障国际信息安全领域合作协定以来，俄罗斯与中国在网络空间安全方面的合作越来越默契，达成许多网络协议和共识，这些协议的关键特征包括：相互保证网络空间的非侵略性和倡导网络主权的语言。中俄网络空间合作协议都是“非侵略”性协议——中国和俄罗斯均明确支持“网络主权”概念，并对彼此的网络主权诉求相互呼应。2017 年 9 月 4 日，俄罗斯联邦颁布了《俄罗斯联邦长期科技发展战略》，确立了科技创新中长期发展目标，部署了科技发展优先方向和重点工作，用以指导未来一段时期俄罗斯联邦的科技发展。俄罗斯联邦确定的科技发展优先方向集中在 10 个方面，其中重要的内容包括抵御网络空间威胁，建立智能化运输和远程通信系统，在网络空间和国际体系中获取相对独立的管理权。

俄罗斯应对网络威胁“壮士断腕”。由于网络与数据治理路径、平台的竞争将不断加剧，美俄“拉锯”非常明显，双方在网络空间的国家责任等议题上仍存在严重的“理念分歧”。美国加大了国际贸易中对网络安全技术出口与投资的管控并形成了数据治理的“长臂管辖”，加剧了数据资源的全球化竞争态势，国际上网络空间政治化与军事化日益明显，俄罗斯被西方国家孤立、制裁甚至引发网络战的国际形势日益严峻。因此，继俄罗斯国家杜马批准通过“断网”相关内容法案后，总统普京再次公开表示，俄罗斯有必要建立不依赖任何人的互联网。俄罗斯切断本国与全球互联网连接的演练试验，也被视为专门用于检验自身应对外部互联网威胁能力的一次“壮士断腕”般的测试。俄罗斯“断网”操作的本意，是检验其主权网络在遭到外部攻击的紧急状态下，俄罗斯的应急响应能力。此次“断网”之举，也是其“主权互联网”法案的一部分，该法案考虑创建一个国家网络系统，在遭到外部断网时，保证国内网络稳定运行。俄国家杜马主席沃洛金强调称，“主权互联网”法案的任务“不是关闭，也不是切断互联网，而是要确保互联网安全”。

网络空间争锋的急剧升温，表面上看是网络空间重要性日益凸显和网络威胁不断加剧所造成的，而其深层原因则是背后巨大的利益所驱动。主要体现在三个方面：可借助网络跨越传统国家主权界限，兜售价值理念，进行政治渗透，推行“和平演变”；利用互联网全球开放性和领先技术，扩大网络贸易，拓展经济利益；依赖全球信息技术基础设施以及对信息流动的控制，拓宽情报收集渠道，实施间谍活动和心理战威慑。

（三）打造网络安全有效防护体系

一直以来，俄罗斯把网络空间视为继陆海空天之后的“第五空间”，俄罗斯曾经强化了网络管控，冻结了900家极端主义网站，俄罗斯国家杜马曾建议过政府机构禁止使用Windows10操作系统，并封锁俄语版的维基百科。近年来，为了确保俄罗斯在国家与军事领域的网络安全，俄罗斯强化顶层设计、完善法规体系、构建保障系统、谋求技术支撑，打造网络安全有效防护机制。

2014年3月，克里米亚回归俄罗斯，美国于3月20日宣布对俄部分官员、企业界人士和银行进行经济制裁后，国际上最大的两家信用卡支付平台维萨和万事达对俄罗斯银行和北海航线银行终止服务，造成50多万张信用卡无法使用，俄罗斯多家银行几近瘫痪。事件发生后，俄罗斯总统普京多次强调尽快建立国家支付系统。目前，俄正在建立自主的银行支付系统，以求减少对欧美同类金融服务的依赖，应对美欧未来可能的制裁，进一步确保网络安全。

为有效应对网络威胁，俄罗斯一直致力于打造安全防护有形力量。目前，俄罗斯在各强力部门都设有网络威胁应对机构，如在内务部设有专门机构负责调查境内网络犯罪活动；在安全局设有信息安全中心负责对抗危害俄国家和经济安全的外国情报机构、极端组织和犯罪组织，而在国防部的网络司令部将负责遏制其他国家在网络空间对俄国家利益的侵犯。围绕某一重大任务，各部门之间往往会展开密切协作，以应对网络安全威胁。例如，2014 年索契冬奥会期间，俄联邦安全局和内务部联合对冬奥会项目的互联网、电话和其他通信享有充分的、畅通无阻的访问权限，同时还部署无人机执行监控任务。部门协同网络安全防控十分高效，以至冬奥会期间，美国国务院曾建议公众前往索契观看冬奥会时，把智能手机或者笔记本计算机放在家里，以免遭到数据拦截。

加强网络空间军事力量建设。科技的发展以及互联网的广泛应用，已经使通过网络攻击导致政府、交通、金融、军事等系统全面瘫痪成为可能。因此，一些国家积极利用互联网技术破坏他国重要战略目标，达到军事、政治目的。俄罗斯作为世界第二军事强国拥有坚实的网络战基础，早在苏联时期就拥有世界上最强大的情报机器。俄军把防止和对抗网络信息侵略提升到国家战略高度，成立了直接向总统负责的总统国家信息政策委员会。为确保信息对抗中的主动地位，俄罗斯在军事部门建立相应机构，负责利用互联网实施军事政治行动。为确保在网络信息对抗中占据主动，俄军建立了网络战部队（特种信息部队），专门负责实施网络信息战攻防行动。值得一提的是，俄罗斯的网络战部队也在世界上具有极高的“声誉”，掌握的“远距离病毒武器”和“微波武器”威力巨大。如今，网络信息战已经被俄军赋予了极高的地位——“第六代战争”。

二、网络空间安全战略发展演变

20 世纪 90 年代，苏联解体引发的政治和经济结构急剧变化，使得俄原本完整和庞大的信息安全体系遭到破坏，加上西方发达国家对俄掌握先进信息技术的阻挠，导致俄信息技术和信息产业发展明显落后于西方发达国家，其国内信息设备主要依赖于国外产品。与此同时，西方发达国家以信息化为核心的世界军事变革加速发展，使俄逐渐认识到，信息优势是未来政治、经济和军事斗争的核心和重要支柱。在世界各网络大国纷纷出台网络空间安全战略的背景下，俄罗斯通过制定一系列国家战略规划文件和法律法规，初步形成了具有俄特色的网络空间安全战略。总体来说，俄网络空间安全战略的形成经历了初步发展、逐渐形成和基本成型三个发展阶段。

（一）网络空间安全战略的初步发展

俄罗斯网络空间安全战略初步发展于20世纪90年代。随着俄罗斯社会信息化建设的推进，信息成为维护国家安全的重要战略资源，“成为全俄罗斯民族的财富”。虽然俄罗斯在20世纪90年代颁布的战略文件和法律法规并没有美国那么多，但反映了俄罗斯在网络空间领域早期的关注重点和传统理念，同时反映了俄罗斯网络空间安全战略的演进过程。

1. 将信息安全纳入国家安全管理范畴

鉴于网络信息在国家安全中的地位越来越重要，俄罗斯将网络信息安全建设纳入国家安全战略和相关计划，并在其国家战略中也包括了网络安全内容。1995年俄罗斯联邦宪法将信息安全正式纳入国家安全管理范畴之中。1997年出台的《俄罗斯国家安全构想》明确规定信息安全是经济安全的重中之重，从经济层面上确定了信息安全的战略地位，明确提出俄在信息领域的国家利益是“集中社会和国家的力量保护宪法赋予公民获取和使用信息的权利和自由”①。1998年，《国家信息政策纲要》形成了以建立信息社会为核心的、统一的国家信息政策和具体实施措施。1999年，《俄罗斯联邦信息安全法律保障完善构想》把信息安全提到信息环境下国家利益与安全的保护高度，阐述了俄信息安全法律保障现状、目标、原则和构想。通过这些法律文件，俄将信息安全纳入国家安全的管理范围，从法理上确定了国家在保护信息资源安全方面的权利和责任，为日后网络空间安全战略的形成奠定了基础。

① 杨淑珩:《〈联邦国家安全构想〉述评》,《和平与发展》1998年第2期，第25-28页。

2. 积极推进网络信息法规建设

发布专门的网络信息安全法规法令。俄罗斯自20世纪90年代独立以来，就十分重视信息安全领域建设，主要是以法律形式加强网络空间安全建设。1995年2月，俄罗斯颁布了《联邦信息化和信息保护法》，将信息资源的独立和具体项目列为国家财产予以保护。同年4月，俄罗斯着眼于对密码的研制、生产、销售、使用、进出口进行严格控制，又颁布了《禁止生产和使用未经批准许可的密码设备》的第334号总统令，规定将国家权力机关专用信息远程通信系统列为总统计划；同时禁止国家机关和企业使用未经许可的密码设备、加密设备、信息存储、处理和传输设备，还禁止向使用未经许可加密设备的企业和机构进行政府采购。

加快推进俄罗斯《俄联邦信息安全学说》的制订进程。1997年，俄联邦安全会议开始着手起草《俄联邦信息安全学说》。1999年，美军利用信息优势主导科索沃战争的进程和结局，以及2000年上半年“爱虫”病毒对包括俄在内的全球计算机系统的侵袭，加剧了俄发展信息优势、维护国家安全的紧迫感，也加快了俄制订《俄联邦信息安全学说》的进程。2000年9月，俄罗斯联邦总统普京签署命令发布《信息安全学说》，确定了俄罗斯的信息安全发展战略。正式把信息安全作为战略问题来考虑，从理论和实践上加紧准备和建设，认真探讨进行信息战的各种措施。

2016年12月5日，俄罗斯联邦总统普京颁布646号总统令，批准俄罗斯联邦新版《信息安全学说》，即日生效。同时宣布，2000年9月颁布的俄罗斯《信息安全学说》（1895号总统令）失效。此新版学说是对2000年版《信息安全学说》的更新升级，内容更加丰富，任务更加明确。新版学说在继承以往国家信息安全战略的基础上，根据新时期信息技术的发展以及信息安全环境的变化，提出了今后一段时期俄罗斯在信息领域的国家战略规划。通过与前版对比，新版学说对信息领域国家利益的认定、信息威胁的判断进行了补充和扩展。确定了发展具有竞争力的本国信息技术产业、提高俄军信息对抗能力、构建国际信息安全体系等保障信息安全的战略目标，反映俄罗斯旨在通过新版学说的实施维护国家信息安全，并从战略层面防止和遏制与信息技术相关的军事冲突。

（二）网络空间安全战略的逐渐形成

俄罗斯网络空间安全战略逐渐形成于2000年至2009年这段时间。进入21世纪，信息技术在国家、社会和个人各个活动领域的普遍应用给俄罗斯的安全环境带来了重大变化。为此，俄在21世纪前十年迅速出台了一系列重要战略规划文件，勾勒出新时期俄国家安全战略的基本思路，为网络空间安全战略的形成奠定了基础。

1. 将信息安全上升为国家战略高度

俄罗斯是地跨欧亚大陆的世界大国，因受美苏两极冷战等历史因素影响，其在实现信息化方面，包括信息基础设施建设进程、信息产业发展起步、信息技术发展水平等，都明显落后于西方发达国家。因此，俄对信息安全高度重视。

2000年，俄联邦政府正式颁布首份国家信息安全战略文件——《俄联邦信息安全学说》，将信息安全作为战略问题进行考虑，并就信息安全建设做出顶层设计和战略部署，将打击非法窃取信息资源，保护政府、金融、军事等机构的通信以及信息网络安全列入国家利益的重要组成部分。这表明俄罗斯已经将信息安全提升到国家战略高度。《俄联邦信息安全学说》全面阐述了国家信息网络空间安全面临的问题以及网络空间武器装备现状、发展前景和防御方法等，从军事层面上确立了网络空间安全的战略地位。《俄联邦信息安全学说》将国家信息安全保护作为国家重要战略任务，将网络信息战称为“第六代战争”，首次明确网络信息领域的利益、威胁、措施和重点技术，是第一部正式颁布的网络信息安全国家战略，为俄网络空间安全战略的形成提供了政策导向。

2000年6月，俄罗斯国家安全会议讨论并通过了《国家信息安全条令》，并于9月由普京总统批准正式公布。条令明确了俄罗斯在信息对抗领域的国家政策，为俄罗斯制定了许多确保国家安全和公民权利的具体措施，如加强国有信息基础建设和信息防卫工作、建立网络空间监控系统、加强网络空间安全防范等。

2. 进一步扩展网络空间安全战略

近年来，随着信息领域国家利益的不断拓展，俄对信息技术的依赖性逐渐升高，所面临的信息安全威胁也日益复杂。为提升应对国内外信息安全环境复杂化演变的能力，有效维护国家利益，俄对国家信息安全战略亦进行了扩展。2008 年 2 月，俄总统普京批准《俄联邦信息社会发展战略》（2008—2015 年），部署了到 2015 年信息建设的基本任务和原则、实施措施，以及预期目标，这是俄首份确立信息社会发展目标、原则和主要方向的战略文件。同年 3 月，俄联邦安全会议批准《俄联邦保障信息安全领域科研工作的主要方向》，明确了国家在信息领域的前沿科学技术研究重点，以及在开展应用和理论研究、试验设计工作中提供支持的原则。俄政府对信息产业发展的高度关注使俄信息产业进入发展的快车道，为俄维护网络空间安全奠定了技术基础。

关注网络空间的军事安全并进行初步尝试。从这一时期俄颁布的一系列战略规划文件来看，俄已经意识到网络空间对抗加强的趋势对其安全构成了严重的威胁。2000 年颁布的《俄联邦军事学说》指出，俄面对的军事和政治环境的特点之一就是信息对抗的加剧。在 2009 年颁布的《2020 年前俄联邦国家安全战略》中，俄再次强调当前世界的现状和发展趋势之一是“全球信息对抗加强”“网络领域对抗活动样式的完善对保障俄国家安全利益产生消极影响”[①]。可以看出，这一时期俄对信息领域安全威胁的关注开始向网络空间聚焦。

在 2008 年俄格战争中，俄军就尝试了这种全新的作战方式。战争爆发

---

① 张晶：《〈2020 年前俄罗斯国家安全战略〉及其内外政策走向》，《俄罗斯中亚东欧市场》2010 年第 1 期。

后，俄军对格鲁吉亚展开了强大的网络攻击，致使格媒体、金融、通信和运输系统陷入瘫痪，机场、物流和通信等信息网络崩溃，直接影响了格鲁吉亚的社会秩序以及军队的作战指挥和调度。

（三）网络空间安全战略的基本成型

俄罗斯网络空间安全战略的基本成型是从 2010 年开始直到现在。随着社会各领域对网络技术的依赖度越来越高，俄罗斯面对的网络空间安全压力也越来越大。除了遭受网络攻击的水平连年居高不下外，诸如“颜色革命”、恐怖主义活动等其他安全威胁因素也利用网络空间增强了现实威胁性。针对安全形势的新特点，俄从行政、外交、军事等多个角度加强对网络空间的管控，巩固了俄政府在维护网络空间安全中的主导作用。

1. 将网络空间安全纳入国家安全战略

针对美国等西方国家大力推行的军队信息化建设以及计算机网络化全面建设，俄军认识到计算机网络攻击所造成的危害仅次于核战争，要求必须把防止和对抗信息侵略提高到保卫俄罗斯国家利益的高度。俄罗斯将网络安全提升至国家战略高度，体现出强化俄罗斯国家安全、实现国家复兴整体战略目标的鲜明特点。

针对 2010 年“震网”病毒攻击伊朗核设施自动化控制系统，为提高维护网络空间能力，俄罗斯逐渐将网络空间安全上升到国家安全战略层面，采取了一系列措施以提升网络空间作战能力，这为俄罗斯建成网络强国奠定了坚实基础。2011 年 11 月，俄罗斯国防部发布《俄联邦武装力量全球信息空间活动构想》，被外界解读为俄军网络空间战略。该构想对武装力量信息安全的定义是保护武装力量信息资源免遭信息武器影响的状态。2013 年 1 月，普京签署总统令建立国家计算机信息安全机制，用来监测、防范和消除计算机信息隐患。确定从战略层面评估国家信息安全形势、保障重要信息基础设施的安全、对计算机安全事故进行鉴定、建立计算机攻击资料库等统筹事项和顶层设计。同年 8 月，俄罗斯联邦政府公布了《2020 年前俄罗斯联邦国际信息安全领域国家政策框架》，细化了《2020年前俄罗斯联邦国家安全战略》《俄罗斯联邦信息安全学说》《俄罗斯联邦外交政策构想》以及俄罗斯联邦其他战略计划文件中的某些条款，列举了国际信息安全领域的主要威胁，明确了国际信息安全领域国家政策的目标、任务、优先方向及其实现机制，成为俄参与国际信息安全事务的战略计划文件。

2014年1月10日，俄罗斯公布的《俄罗斯联邦网络安全战略构想（草案）》明确规定了网络安全保障方向：采取全面系统的措施保障网络安全。具体包括：对国家重要信息通信网络定期进行风险评估，推行网络安全标准，完善对计算机攻击的监测预警和消除，建立网络安全事故案件响应中心等。针对美国等西方国家大力推行的军队信息化建设以及计算机网络化全面建设，俄军认识到计算机网络攻击所造成的危害仅次于核战争，要求必须把防止和对抗信息侵略提升到保卫俄罗斯国家利益的高度。

网络空间安全思想逐渐清晰。随着信息网络安全威胁日趋复杂严峻，以及信息网络领域的国家利益不断扩大，俄罗斯隐藏在信息安全中的网络空间安全思想逐渐清晰。在俄罗斯“网络安全”一直没有从“信息安全”的概念中独立出来，网络空间安全问题依托在《信息安全学说》《国家安全战略》等战略文件的框架下，然而这些战略文件在很大程度上没有涵盖网络空间的体系问题。在网络空间作用日益重要的情况下，俄开始把网络空间安全问题提升到国家安全的高度加以考虑，认为有必要针对网络空间这一领域制定专门的安全战略。《俄联邦委员会网络安全战略构想（草案）》进一步完善了国家网络安全战略架构。该草案对网络安全战略的原则、行动方向和优先事项进行了明确。该文件重点阐述了制定网络空间安全战略的必要性和适时性，明确了网络空间安全战略的原则，提出了维护俄网络空间安全的几个主要行动方向：采取全面系统的措施保障网络安全，完善保障网络安全的标准法规文件和法律措施，开展网络安全领域的科学研究工作，为研发、生产和使用网络安全设备提供条件，完善网络安全骨干培养工作和组织措施，组织国内外相关各方在网络安全方面开展协同行动，构建和完善网络空间安全行为和安全使用网络空间服务的文化。虽然俄罗斯还没有颁布正式的网络空间安全战略，但从这份草案可以看出，对于网络空间的战略价值、威胁来源以及应对策略的新看法，俄网络空间安全思想逐渐清晰。

2. 提出维护信息安全国家主权

2015 年 4 月，俄启动《俄联邦信息安全学说》的修订编制工作。2016 年 12 月 6 日，俄总统普京批准了新版《俄联邦信息安全学说》。这是自 2000 年以来俄罗斯对国家信息领域战略指导的首次更新升级，分析了俄罗斯面临的信息安全威胁，明确了新时期保障信息安全的战略目标，制定了全新的保障信息安全行动方向。

新版《俄联邦信息安全学说》提出维护信息安全国家主权，明确了俄在信息领域的国家利益是促进国际信息安全体系的建立、抵御以信息技术破坏战略稳定的威胁、加强信息安全领域平等的战略伙伴关系、维护信息领域的国家主权。保证俄在“信息领域的国家安全”，加强俄罗斯防御国外网络攻击的能力，并从战略层面防止和遏制与信息科技相关的军事冲突。致力于维护俄罗斯网络空间权益、保障公民信息权利和自由及关键信息基础设施安全，继续发展信息技术和信息安全产业，捍卫国家网络空间的舆论话语权，推动建立国际信息安全体系，维护信息安全国家主权。根据新版《俄联邦信息安全学说》的内容，保障俄罗斯国防领域信息安全的战略目的是保护社会、国家利益和重要的个人，不受来自国内外信息技术的威胁，这些威胁与违反国际法的军事政治目的有关，包括以实施损害主权、损害国家领土完整的敌对行为和侵略威胁。

新版《俄联邦信息安全学说》明确提出的战略目标，是捍卫国家主权和领土完整，维护政治和社会稳定。行动方向包括保持战略威慑和防止因信息技术使用而可能引发的军事冲突，完善俄武装力量的信息安全保障系统，以及提升俄武装力量的预警、发现和评估信息威胁的能力等。为强化俄罗斯防御国外网络攻击的能力，提出要从战略层面防止和遏制与信息科技相关的军事冲突，以保证俄罗斯在信息领域的国家安全。

3. 网络空间安全战略基本成型

为了进一步提升网络空间位置，2019 年 4 月 22 日，俄罗斯联邦委员会批准《〈俄罗斯联邦通信法〉及〈俄罗斯联邦关于信息、信息技术和信息保护法〉修正案》(在确保俄罗斯联邦境内互联网的安全和可持续运行方面)。该修正案允许俄罗斯创建自主互联网，旨在确保互联网在受到境外威胁，如与根域名服务器断开连接时仍能够稳定运行，因此该修正案又被称为《稳定俄网法案》或《主权互联网法》。该法案于 2019 年 11 月 3 日正式生效，标志着其网络空间战略发展基本成型。要求所有本地网络服务供应商必须通过由电信监管机构管理的特殊服务器来传输流量，并将在“紧急情况”下断开俄罗斯与境外的网络连接，同时在俄罗斯境内重新建立一处大型局域网。

2019 年 12 月 2 日，俄罗斯总统普京签署了一项法案，要求所有在俄罗斯销售的智能手机、计算机和智能电视都必须预装俄罗斯软件。力图在立法层面确保俄网及关键性基础设施的法律地位，其目的在于对抗“美国国家网络安全战略的侵略特性”。

三、网络空间安全战略的内容与特点

俄罗斯网络空间安全战略的发展和成型，是随着其网络信息安全环境发展变化而形成的。因此，其网络空间安全战略具有与其他国家所不同的内容和特点。

（一）网络空间安全战略的基本内容

在经历了酝酿、发展和趋于成熟的三个阶段后，俄罗斯于 2016 年 12 月发布由普京总统批准的新版《俄联邦信息安全学说》。新版《俄联邦信息安全学说》体现了俄罗斯网络空间安全战略的基本内容，即在信息领域的国家利益由 5 个方面组成：一是保障公民获取和使用信息的权利与自由、使用信息技术时的隐私安全，为国家与公民社会等的互动机制提供信息支持，以及使用信息技术保护俄联邦各族人民的历史、文化和精神财富；二是确保信息基础设施遭受威胁时（无论平时、战时）的稳定和不间断运行，重点保障关键信息基础设施和电信网络的安全；三是发展信息技术和电子产业，扶持信息安全产业发展；四是向国内外舆论准确传达俄的国家政策及对国内外重要事件的官方立场，运用信息技术保障文化领域的国家安全；五是促进国际信息安全体系的建立，抵御以信息技术破坏战略稳定的威胁，加强信息安全领域平等的战略伙伴关系，维护信息领域的国家主权。由此形成了具有自身特色的内容丰富的网络空间安全战略体系。

1. 明确宣示网络空间作战的战略目标

战略目标作为国家利益的概括性表述，其综合性和可操作性的特点使得它一般呈现为一个相对完整的目标体系。俄罗斯为了降低网络安全风险并指导网络空间战建设，先后颁布了一系列网络空间安全战略规划文件。如《俄联邦武装力量在信息空间活动的构想观点》（2012 年）、《2020 年前俄联邦国际信息安全领域国家政策框架》（2013 年）、《俄罗斯联邦网络安全战略构想（草案）》（2014 年）、新版《俄联邦信息安全学说》（2016 年）和《俄联邦关键信息基础设施法》（2017 年）等，这些文件从不同层面对俄罗斯网络空间作战的战略目标做了具体阐释。俄罗斯的网络空间战战略目标体系按照主体不同，可以划分为两个层面：政府层面和军队层面。

政府层面的战略目标包含国际和国内两个领域。在国际上，俄政府总的战略目标是降低使用网络武器实施损害国家主权、破坏国家领土完整，以及威胁国际和平、安全和战略稳定的敌对行为和侵略行动的风险。为此，政府需要完成以下 5 项任务：一是与各国就应对网络武器泛滥的威胁进行对话；二是建立双边或多边信任机制以合作对抗网络武器威胁；三是建立地区和国际信息安全体系；四是以联合国为主导制定适用于网络空间战的国际法；五是为签订国际网络军备控制条约创造条件。在俄国内，政府总的战略目标是确保关键信息基础设施的安全和功能的稳定。为此，政府需要完成以下5项任务：一是建立国家网络攻击防御和网络威胁预警系统；二是提高关键信息基础设施的安全标准；三是改进网络空间内国家信息资源的安全保障措施；四是建立国家、私营企业和民众在网络安全领域的合作机制；五是提高民众的网络安全意识和能力。

军队层面的战略目标是遏制、预防和解决网络空间军事冲突。为此，俄军需要完成4项任务：一是发展俄联邦武装力量网络空间安全保障体系；二是网络空间作战力量维持在随时应对网络空间军事威胁的状态；三是对网络空间潜在军事冲突进行预警和监控；四是当网络空间军事冲突升级或进入危机状态时以回击的方式行使单独和集体自卫权。

2. 捍卫“自主可控”的俄罗斯网络主权

《主权互联网法》强调网络空间的国家主权范畴。从5个方面立法确立了俄网的“自主可控”网络主权。一是“域名自主”。规定了俄罗斯必须建立可接收域名信息的全国系统和自主地址解析系统，以在紧急时刻取代现有域名服务系统，与本国重大利益相关的网络全部应使用这一系统。这在一定程度上是创建了本国自主互联网。二是“定期演习”。规定了俄联邦电信、信息技术和大众传媒监督局将负责确定这一域名系统的设计要求、建设流程和使用规则。同时，强调政府、电信运营商和技术网络所有者定期演习的必要性，以识别威胁并制定应对措施。三是“平台管控”。规范了互联网流量管理。规定俄罗斯的互联网服务提供商有义务向监管部门展示，如何将网络数据流引导至受俄政府控制的路由节点，使国内网络数据传输不经过境外服务器，最大限度减少俄罗斯用户数据向国外传输。电信运营商有义务确保在发生威胁时集中管理流量的可能性，如应当在确定传输流量来源的通信网络上安装技术设备。四是“主动断网”。规定俄联邦的电信、信息技术和大众传媒监督局负责维持俄网的稳定性。一旦认定俄网受到威胁，监督局可主动切断与外部的互联网连接，在确保本国网络仍能稳定运行的同时，集中控制大众使用的沟通网络；监督局有权决定是否构成威胁以及采取何种消除措施。五是“技术统筹”。定义了路由选择的原则，提出了用于追踪监控的方法，并要求俄联邦的电信、信息技术和大众传媒监督局下设公共通信网络监测和管理中心。该中心将对国内通信运营商的通话信息、国家数据传输系统的信息传递内容进行分析，以确保俄罗斯互联网的安全。

可见，俄罗斯《主权互联网法》在传统的关键信息基础设施领域树立了自主可控的网络主权，特别是以“主动断网”为特色的新规则。

3. 全方位确保网络信息基础设施安全

2016 年新版《俄联邦信息安全学说》明确了俄在信息领域的国家利益是确保信息基础设施遭受威胁时（无论平时、战时）的稳定和不间断运行，重点保障关键信息基础设施和电信网络的安全。

一是确保重要信息基础设施安全。重要信息基础设施安全直接关系到国家安全、经济发展和社会稳定。2013 年 8 月 20 日，俄联邦安全局公布了《俄联邦关键网络基础设施安全》草案及相关修正案，并于 2015 年 1 月 1 日由俄联邦总统签署后开始实施。《俄联邦关键网络基础设施安全》草案提出：建立国家网络安全防护系统，以发现网络病毒和网络入侵行为，提出预警或采取措施消除网络入侵带来的后果；建立联邦级计算机事故协调中心，以对俄境内的网络攻击进行预警和处理；加大对相关责任人和违法者的处罚力度，例如，对玩忽职守或违反操作规章导致系统被入侵的信息管理人员可判 7 年监禁，入侵交通、市政等国家关键部门信息系统的黑客最高可处 10 年监禁。2015 年，俄罗斯建立了国家网络攻击监控系统。旨在检测、预防网络攻击并消除其影响，强化对关键信息基础设施的保护。新版《俄联邦信息安全学说》明确，将“提高关键信息基础设施防护能力和运行的稳定性与安全性”作为重要的战略目标。根据这一要求，2017 年 1 月，俄国家杜马一致通过了《关键信息基础设施安全保障法案》并于 2018 年 1 月 1 日生效。该法案确立了关键信息基础设施安全保障的基本原则，当信息和电信网络、运输管理自动化系统、通信、能源、银行、燃料和能源综合体、核电、国防、火箭与太空、冶金等领域的计算机遭遇网络攻击时，能更好起到法律保护作用。此外，法案针对破坏重要信息基础设施的行为规定了严格的处罚措施。

二是积极发展网络信息技术和电子产业。2014年，俄罗斯发布的《2030年前科技发展前景预测》对俄罗斯网络发展进行了战略规划，明确了各阶段的建设目标，内容包括：借助信息和通信技术完善国家管理体系、促进本国信息技术的开发、培养信息技术领域专业人才、借助信息技术应用发展经济和金融、增加信息技术研发投入等。2016年发布的第2版《俄联邦信息安全学说》明确提出发展信息技术和电子产业，扶持信息安全产业发展。确定了未来一段时期的重点战略目标是支持信息安全保障系统、信息技术和电子产业的创新及加速发展，将信息技术和电子产业发展水平不足导致的不利因素降至最低，消除对外国信息技术和设备的依赖。主要行动方向包括推动信息技术和电子产业的创新发展，扶持俄信息安全产业进行竞争性技术研发和产品生产等。

三是采取多种手段大力扶持本国信息产业发展。自21世纪以来，凭借能源带来的经济快速增长，俄政府通过出台信息产业发展战略规划、给予信息产业资金支持、制定税收优惠政策、鼓励创新发展等措施，大力扶持本国信息产业发展。2014年6月，普京总统表示，在实施政府采购时俄罗斯国产软件产品定价可高于外国产品的15%。截至2020年，俄罗斯计划每年投资100亿卢布发展信息产业。同时在2018年前完成了50个信息技术领域创新研发中心建设。根据《2030年前科技发展前景预测》文件，2020年前俄政府的信息技术开发费用支出在GDP中的比重由1.5%增长到3%。出台信息网络产业税收优惠政策。目前，俄罗斯规定从事软件研发的公司所缴纳的退休金、医疗保险和社会保险的费率，由34%降到14%。俄罗斯国家杜马还通过对创新科技园区入驻企业实施税收优惠的修改法案，规定入驻创新中心的企业在10年之内免缴增值税，社会统一税缴纳比例降至14%。

四是在立法层面确保关键信息基础设施和电信网络的安全。俄罗斯出台了一系列法案确保俄网及关键性基础设施。2017 年 7 月，俄罗斯联邦政府批准第 1632 号文件《俄罗斯联邦数字经济规划》，首次提出要通过立法手段提升网络关键基础设施的自主可控水平，做好在网络空间被西方国家孤立和制裁的应对措施。①2018 年 9 月，美国国防部出台《国家网络安全战略》指责俄罗斯等国利用网络损害其民主和经济，并表示将对此做出强有力回应。②

4. 打造并形成网络安全整体技术优势

为了确保网络空间安全，努力打造形成网络空间安全整体技术优势，俄罗斯确立了自主研发的发展思路，并将其贯穿于各项技术发展规划。

一是自主研发处理器与操作系统。多年来，俄罗斯一直试图摆脱使用微软操作系统，通过自主研发操作系统减少对 Windows 的依赖。2010 年底，时任俄罗斯政府总理的普京签署命令，开发一款基于 Linux 的国产操作系统，以减少对微软 Windows 系统的依赖，更好地监控计算机安全。2011 年，俄政府还批准了俄罗斯版视窗系统的计划。2012 年 9 月，为了防止本国敏感机密信息外泄，俄罗斯推出了一款特制的平板计算机，配备给国防工作人员使用。该平板计算机安装了由俄罗斯自主研发的“俄罗斯移动操作系统”，不但可以防止黑客攻击，还能有效避免用户在使用过程中泄露个人信息，并加入了防震防水功能。2014 年 6 月，俄罗斯宣布政府机构和国有企业，将不再采购以 Intel 或 AMD 为处理器的计算机，而采用俄罗斯本国生产的为芯片处理器的计算机。采购的计算机也不安装微软的 Windows 系统或苹果的 Mac 操作系统，而是安装俄罗斯专门开发的 Linux 操作系统。7 月，俄罗斯推出了一款名叫“Rupad”的超级平板计算机，配备了自主研发操作系统。“Rupad”平板计算机分为军用和民用两个版本。

① 穆琳、李维杰:《俄罗斯应对国家断网威胁的启示》,《中国信息安全》2017 年第 11 期。

② 佘晓琼:《美国防部公布〈2018 国防部网络战略〉摘要》，2019 年 4 月 26 日，http：//www.sohu.com/a/255185490_635792。

军用版本配有抗震外壳，可保护计算机从两米高的地方安全落地，防尘防水在深度不超过 1 米的水下可以正常工作 1 小时；为保证网络安全，设备设置有一个特殊的保护按键，可帮助使用者及时切断麦克风、摄像头、GPS、蓝牙、Wi-Fi 等模块传递的信号；对传出的所有信息都进行了加密，并对收取的信息解密。俄罗斯的国防部、内务部和联邦安全局等部门已开始试用。2018 年 1 月，俄军宣布将使用由俄罗斯公司开发的操作系统取代原来使用的 Windows 操作系统，以大幅降低网络安全风险。

二是建立公共电子邮件服务系统和国家支付系统。为了确保本国公民的个人信息安全，摆脱类似美国“棱镜门”计划的监控，俄罗斯于 2013 年 2 月开始建立具有自主知识产权的公共电子邮件服务系统。

三是创建独立的域名系统（DNS）。2014 年，俄罗斯提出解决全球域名系统的过度依赖问题。俄罗斯通信部于 2014 年举行了一次大型演习，模拟全球互联网服务瘫痪的场景，并使用俄罗斯备份域名系统成功支持国内的网络运营。2017 年 10 月，俄联邦安全会议要求政府创建独立的域名系统根域名服务器，以应对西方国家对俄日益增强的网络空间安全威胁。

四是研制新型的反间谍智能手机 Taiga Phone。2017 年 9 月 25 日，《消息报》报道了俄罗斯安全公司 Info Watch 发布新型的反间谍智能手机 Taiga Phone。该手机面向企业用户，主要功能是防止企业和组织信息泄露。研发人员在 Android 系统基础上研发了自己特有的固件，该固件与数据泄露防护系统（DLP）完全兼容。Info Watch 公司认为，俄罗斯的数据丢失问题有一半是发生在移动设备上，他们希望能通过 Taiga Phone 来解决这个问题。Taiga Phone 可以保护用户机密，防止用户的信息泄露。

5. 构建网络信息安全法律法规体系

俄联邦政府相继制定和颁布了一系列纲领性文件和政策法规，基本形成了多层次的信息安全法律体系，体现了俄罗斯网络信息安全法律法规体系建设的大体脉络。

俄罗斯网络安全法律法规体系建设从 20 世纪末就已经展开了。仅在 20

世纪 90 年代，俄罗斯就相继出台了《俄罗斯网络立法构想》《俄罗斯联邦信息和信息化领域立法发展构想》《俄联邦信息安全学说》等一系列文件，修订了《俄罗斯联邦因特网发展和利用国家政策法》《信息权法》等 20 余部法律，通过政令明确，制度牵引，俄罗斯网络空间的法律法规条款逐步趋于完善。

1995 年颁布的《俄罗斯联邦通信法》《俄罗斯联邦关于信息、信息技术和信息保护法》，将信息资源的独立和具体项目列为国家财产予以保护，并规定“当信息被认为涉及国家机密时，国家有权从自然人和法人处收购该文件信息”“含有涉及国家机密的信息资源，其所有者仅在取得相应的国家政权机关的许可时，方能行使所有权”。4 月，着眼于对密码的研制、生产、销售、使用、进出口进行严格控制，俄罗斯又颁布了《禁止生产和使用未经批准许可的密码设备》的第 334 号总统令。该总统令规定将国家权力机关专用信息远程通信系统列为总统计划；同时禁止国家机关和企业使用未经许可的密码设备、加密设备、信息存储、处理和传输设备，还禁止向使用未经许可加密设备的企业和机构进行政府采购。1997 年颁布的《俄罗斯国家安全构想》明确，信息安全是保障国家安全的重中之重。1999 年颁布《俄罗斯联邦邮政通信法》。

此后，俄罗斯相继出台了 20 余部法律。2001 年，《俄联邦信息和信息化领域立法发展构想》分析了俄联邦信息和信息化领域立法的现状和发展趋势。2013 年 8 月，俄罗斯联邦政府公布《2020 年前俄罗斯联邦国际信息安全领域国家政策框架》，细化了《2020 年前俄罗斯联邦国家安全战略》等俄罗斯联邦其他战略计划文件中的某些条款。同月，俄联邦安全局公布的《俄联邦关键网络基础设施安全》草案及相关修正案，强化了对关键部门信息系统强化安全保护的最新举措。先后公布《政府信息公开法》《产品和服务认证法》《信息保护设备认证法》《信息技术保护活动许可》《信息安全标准体系和测评认证制度》等，增加《刑法典》中关于计算机系统犯罪内容。此外，俄罗斯还先后制定了《电子数字签名法》《商业秘密法》《电子文件法》《电子合同法》《电子商务法》等。

通过政令明确，制度牵引，俄罗斯网络空间的法律法规条款逐步趋于完善，为确保网络安全提供了法规依据与制度基础。2012 年 7 月 11 日，俄国家杜马通过的《互联网黑名单法》规定，传播对儿童有害内容的网站、网页的网址和域名将被列入“黑名单”，其他还包括鼓动战争或制造民族纠纷的内容。依据 2013 年 1 月普京总统签署的《关于建立查明、预防和消除对俄罗斯信息资源计算机攻击后果的国家系统》总统令，要求能够有效应对黑客入侵和对信息系统及电信网络的攻击。为此，俄罗斯安全局建立了国家网络安全系统，其主要目的是对俄罗斯联邦信息安全领域的态势进行预测分析，在受到网络极端攻击的情况下对俄罗斯联邦信息设施的防护程度进行监控，同时负责协调信息资源的拥有者、通信运营商及信息防护领域经授权许可的其他主体之间的工作。

2014 年 1 月 10 日，俄罗斯联邦委员会公布了《俄罗斯联邦网络安全战略构想》。5 月 5 日，普京总统签署了《知名博主管理法案》，就规范网络空间秩序采取了新措施。围绕信息安全保护，俄先后公布了《政府信息公开法》《产品和服务认证法》《信息保护设备认证法》《信息技术保护活动许可》《信息安全标准体系和测评认证制度》等。7 月 4 日，俄罗斯国家杜马批准了一项法律规定，禁止公民数据存储于国外服务器，规定所有收集俄罗斯公民信息的互联网公司都应将这些数据存储在俄罗斯国内。为加强网络监管和反恐，俄联邦政府颁布法令，从 8 月 13 日开始在俄罗斯的公共场所使用 Wi-Fi 上网时，必须进行身份认证。2015 年和 2016 年分别颁布的《俄联邦国家安全战略》和第 2 版《俄罗斯联邦信息安全学说》，正是俄信息安全战略的延续。

围绕 2016 年发布的第 2 版《俄罗斯联邦信息安全学说》，俄罗斯 2017 年出台了《关键数据基础设施法》《VPN 法》《即时通讯服务法》等，构成了俄罗斯网络电信领域的主要法律体系。近年来，俄罗斯立法进一步强化网络主权，由跨党派议员在 2018 年 12 月联合推出名为《〈俄罗斯联邦通信法〉及〈俄罗斯联邦关于信息、信息技术和信息保护法〉修正案》，突破了此类立法的传统背景，在俄罗斯的10余部网络主权类的立法中重塑了俄罗斯的网信法治。

6. 推进军民融合深度发展

网络空间是一个军民共建共用的领域，网络技术及装备的研发离不开科研和商业机构的参与，政府机构和军事部门的网络系统在一定程度上也要依托于民用信息基础设施。

按照俄罗斯网络空间领域的官方文件所述，俄罗斯政府的相关战略目标是降低使用网络武器实施损害国家主权、破坏国家领土完整以及威胁国际和平、安全和战略稳定的敌对行为的风险。为此，俄罗斯政府重点关注建立国家网络攻击防御和网络威胁预警系统，提高关键信息基础设施的安全标准，改进网络空间国家信息资源的安全保障措施，建立国家、私营企业和民众在网络安全领域的合作机制，提高民众的网络安全意识和能力。俄罗斯正逐步建立起由政府主导、科研以及商业机构广泛参与的网络安全保护体系。在发展网络安全技术上，坚持自主创新自成体系，政府鼓励国内私营企业参与网络核心技术研发，确保关键芯片、操作系统等自主可控，加快军民融合科技创新。2014年，俄罗斯“莫斯科星火科技中心”自主研发的四核微处理器，其性能已经可与国外先进产品相媲美，并首要应用于军事领域。俄罗斯著名的网络安全公司卡巴斯基实验室与俄军保持着紧密关系，通过广泛深入合作为军队提供强有力的智力和技术支持。其核心部门——全球研究与分析团队，能够发现网络间谍活动、恶意软件和网络罪犯的发展趋势，在信息安全技术研究和创新方面保持领先位置，可以为俄政府、军队的重要基础设施保驾护航。

《俄联邦网络安全战略构想》对于发展国内网络的扶持政策也进行了说明，如向国内网络安全设备生产商提供国家支持，减免税费，支持产品推向国际市场，放宽软件的推行，制定系统措施推广使用国产软硬件，包括网络安全保障设备，更换国家行政信息网、信息通信网、至关重要的基础设施项目信息网及保障他们相互协调的信息通信网中的外国产品，等等。

7. 推动建立全球互联网治理新秩序

新版《俄联邦信息安全学说》明确，在战略稳定性和平等战略合作方面“建立国际信息空间的平等国际关系体制是信息安全保障的战略目的”。主要行动方向是推动国际法律机制的建立，防止和解决信息领域的国家间冲突，以及向国际组织宣传俄方立场，促进信息领域利益攸关方的平等互利合作等。

一是主权原则应适用于信息空间。俄罗斯认为，当前互联网是由美国主导的，这不利于互联网的发展，可能会使互联网出现分裂。为此，各国在信息空间应遵守《联合国宪章》和公认的国际关系基本原则与准则，包括尊重各国主权、领土完整和政治独立，尊重人权和基本自由，尊重各国历史、文化、社会制度的多样性等。

二是互联网治理应实现国际化。早在 1998 年，俄罗斯呼吁联合国成员国应从多边层面关注信息安全领域的潜在威胁，要求联合国秘书长收集各方看法并向联大报告。在俄的积极推动下，1999 年 8 月，联合国秘书处与联合国裁军研究所共同在日内瓦举行有关信息通信领域发展的国际专家会议。这是联合国信息安全政府专家组会议的最早雏形，该会议是联合国框架下处理信息空间和平与安全问题的最重要机制。2017 年 2 月，新一届联合国信息安全政府专家组在日内瓦召开第三次会议，来自中国、俄罗斯、美国、巴西等 25 个国家的代表参加了会议，各方就信息安全领域问题进行了广泛深入探讨。

三是各方应尽快制定确保信息空间战略稳定的国际规则。2011 年，俄罗斯联合中国、塔吉克斯坦、乌兹别克斯坦等国向联合国大会提交了“信息安全国际行为准则”。2015 年，俄罗斯又联合中国、塔吉克斯坦、乌兹别克斯坦、哈萨克斯坦、吉尔吉斯斯坦向联合国大会提交了该准则的更新版。该草案倡导以和平方式解决信息领域争端，不得使用武力或以武力相威胁，在国际社会引起广泛反响。此后，俄罗斯与中国、哈萨克斯坦等国家，积极推动确保信息空间战略稳定的国际规则的制定。2017 年 1 月，俄联邦安全会议秘书尼古拉·帕特鲁舍夫宣称，俄正在打造一个基于共同规则指导下规范网络空间责任的国际体系。

（二）网络空间安全战略的主要特点

近年来，俄罗斯在网络空间面临的威胁，与现实社会一样盘根错节、错综复杂。为了维护信息安全，俄罗斯制定了一系列信息安全战略，其突出特点主要表现在如下几个方面。

1. 将网络安全提升至国家战略高度

俄罗斯将网络安全提升至国家战略高度，同时其网络安全战略有许多区别于西方发达国家的不同之处，并体现出强化俄罗斯国家安全、实现国家复兴整体战略目标的鲜明特点。

2000 年 9 月，普京签署命令发布《俄联邦信息安全学说》，确定了俄罗斯的信息安全发展战略。2013 年 1 月，普京签署总统令建立国家计算机信息安全机制，用来监测、防范和消除计算机信息隐患。确定从战略层面评估国家信息安全形势、保障重要信息基础设施的安全、对计算机安全事故进行鉴定、建立计算机攻击资料库等统筹事项和顶层设计。8 月，俄罗斯颁布了《2020 年前俄罗斯联邦国际信息安全领域国家政策框架》，细化了《2020 年前俄罗斯联邦国家安全战略》《俄联邦信息安全学说》《俄联邦外交政策构想》以及俄罗斯联邦其他战略计划文件中的某些条款，明确了国际信息安全领域所面临的主要威胁，在国际信息安全领域国家政策的目标、任务及优先发展方向以及实现机制。

2014 年 1 月，俄罗斯公布了《俄联邦网络安全战略构想》草案，该草案对网络安全战略的原则、行动方向和优先事项进行了明确。战略构想阐述了制定国家网络安全战略的必要性和迫切性，明确了国家网络安全战略的基本原则和行动方向，以及该战略构想在现行法律体系中的地位。

在战略构想的牵引下，一系列信息技术、网络安全的政策得以出台。

2014 年，俄罗斯出台了《2030 年前科技发展前景预测》，对本国网络发展进行战略规划，明确了各阶段的建设目标，其内容包括借助信息和通信技术完善国家管理体系、促进本国信息技术的开发、培养信息技术领域专业人才、借助信息技术应用发展经济和金融、增加信息技术研发投入等。同时政策为网络发展提供强有力的资金支持，也使得网络安全得以同步发展。

2. 旗帜鲜明反对美国的网络霸权

一直以来，俄罗斯认为其信息安全面临的最大威胁是来自美国的网络霸权威胁。根据俄联邦安全局的统计数据，俄罗斯总统办公厅、国家杜马、联邦委员会网站每天遭受黑客攻击就达 1 万余次，已成为全球网络安全风险最高的国家之一。

2011 年，俄罗斯曾组织 52 国情报部门负责人在俄第三大城市叶卡捷琳堡举行网络安全会议，俄罗斯在会上提交了《保障国际信息安全》公约的草案。该公约明确规定：禁止将互联网用于军事目的，禁止利用互联网推翻他国政权，同时各国政府可在本国网络自由行动。公约草案第 4 章还专门列举了必须防范的主要威胁，其中包括：利用信息技术从事敌对活动和侵略；一国企图颠覆他国的政治、经济和社会制度；在别国信息空间操纵舆论，扭曲社会心理和气氛，对居民施加影响，以便破坏国家和社会的稳定。俄罗斯方面表示，希望这个公约草案能在联合国获得通过。俄罗斯还积极主张在联合国、欧洲安全组织、上海合作组织等国际组织框架内拟定一份具有普遍性的国际法律文书来规范与限制网络空间的战争和制定网络战条约，俄罗斯曾经向联合国提交了一份名为《国际电信和信息领域发展安全》的议案，希望能把未来的网络信息安全和网络战等问题条约化，此举得到了除美国以外的大多数国家的支持。2015 年 5 月，中俄签署保障国际信息安全领域开展合作的政府间协议，承诺不对彼此进行黑客行为，并同意共同应对可能破坏国内政治和经济社会稳定、扰乱公共秩序或干涉他国内政的技术。中俄两国还同意交换执法部门的信息和技术，并确保信息技术设施的安全。

2016年新版《俄联邦信息安全学说》，提出了俄罗斯面临的10个方面的信息威胁，指出其中的5个方面的威胁是由一系列国家或个别国家的霸权行径造成的。俄罗斯《主权互联网法》在起草说明中明确指出是在考虑到2018年9月通过的《美国国家网络安全战略》的侵略性质的基础上编写的，旨在对抗美国国家网络安全战略的侵略特性。《主权互联网法》的推出是俄罗斯应对“网络霸权”、反击当今越发严峻的网络威胁的“重拳”。

3. 探讨建设独立安全的互联网

俄罗斯认为，西方国家在信息空间的进攻作战能力越来越强，已逐渐做好准备以便随时使用这些能力，这给俄罗斯安全带来重大威胁。为了摆脱信息霸权国家的控制，俄罗斯一直致力于建设独立于西方世界之外的安全互联网，以提高信息安全。2014年，俄罗斯通信部就进行了一次大型演习，模拟“关闭”全球互联网服务的场景，并使用俄罗斯备份系统成功支持俄罗斯国内的网络运营；2016年效仿美国推出隔离军事互联网“封闭数据传输段”（Closed Data Transfer Segment）用于实现绝密通信。2017年10月，俄罗斯联邦安全委员会成员指出，可创建独立备份DNS系统，并将该系统提供给“金砖五国”使用。2018年3月16日，俄罗斯总统普京的高级IT顾问赫尔曼·克里姆科表示，俄罗斯强大的内部网络将会在战时确保军方和政府正常运转。俄罗斯推出的“封闭数据传输段”允许俄罗斯军方在战时完全依靠内部网络，此举如今已经发展成为支持数字化的孤立政府和民间团体的举措。从技术上讲，俄罗斯已做好应对准备。2019年5月30日，俄罗斯军事系统即将投入使用本地开发的Astra Linux，从而取代Windows操作系统。

4. 重视推进国际信息安全合作

俄罗斯认为，随着信息安全威胁越来越复杂严峻，各国之间在信息领域的共同利益和合作空间也日益扩大，因此，主张信息领域利益攸关方加强对话与合作，共同构建和平、安全、开放的信息空间新秩序，保障信息空间安全。俄罗斯在不断建设提升自身信息安全保障能力的同时，也更加重视信息领域的国际合作，并开始积极倡导建立信息空间的国际安全体系，以期通过信息领域利益攸关方平等参与到国际信息空间的治理当中，从而打破一些国家对国际信息空间的主导与控制优势，实现信息领域保持战略平衡的目的。2011 年 9 月 12 日，俄罗斯等 4 国常驻联合国代表联名致函联合国秘书长潘基文，请其将 4 国共同起草的《信息安全国际行为准则》作为第 66 届联大正式文件散发，并呼吁各国在联合国框架内就此展开进一步讨论，以尽早实现规范各国在信息和网络空间行为的国际准则和规则，并达成共识。

第六章 | 欧盟网络空间安全战略

近年来，欧盟一些国家的关键基础设施遭受严峻的网络安全威胁。欧盟公民、组织和企业使用网络和信息系统十分广泛，数字化和连接性正成为其中的关键特征，并且随着物联网的出现，在未来十年内越来越多的产品和服务将在整个欧盟内产生数量极多的连接性数字设备。数字化和连接性的增加带来了与网络安全相关的更大风险，使整个社会更容易受到网络威胁。为了应对网络空间安全威胁，欧盟围绕网络空间战略政策与法规、网络空间规划与作战构想、网络空间行政指令与作战条令等，筹划与规划网络空间安全战略。

一、欧盟网络空间安全战略发展演变

相较于美俄，欧盟在网络空间安全领域的相关工作启动较晚。进入21世纪以来，网络空间安全成为欧盟焦点议题。一方面，由于网络威胁正变得日益严峻，急需统筹谋划加以应对；另一方面，欧盟各国也希望趁此领域尚存空白而尽早建章立制，抢占网络空间制高点。随着认识的提升，欧盟将网络空间安全提升到了战略高度，多次发布网络空间安全战略。

（一）发布多部网络空间安全策略法案

直到2005年，欧盟才出台《关于打击信息系统犯罪的欧盟委员会框架决议》和《网络犯罪公约》(*Convention on Cybercrime*)，对如何加强成员国之间以及国际力量联合打击网络犯罪做出规定。如今，在打击网络空间犯罪方面国际社会尚未制定全球性公约，欧洲和平议会的《网络犯罪公约》是目前世界上成员国最多、影响最大的制裁网络空间犯罪的国际法律文件。截至2014年8月，欧洲理事会（Council of Europe）47个会员国中有37个国家已加入《网络犯罪公约》，非会员国澳大利亚、多米尼加共和国、日本、毛里求斯、巴拿马、美国 6 国业已加入，共 43 个国家。但因其反映的是发达国家的利益诉求，忽视了广大发展中国家的利益诉求，因而存在很大的局限性。《网络犯罪公约》要求成员国建立相应的国内法律体系，制定关于网络空间犯罪的实体法和程序法等法律规范。

此后，欧盟又相继出台了一些网络空间安全契约和策略。2007 年《关于建立欧洲信息社会安全战略的决议》，对欧盟在网络空间安全方面的威胁来源以及应对措施都做了具体的阐述。2011 年 9 月，欧盟委员会出台了《欧盟互联网治理契约》，提出在信息基础设施保护行动计划中维护欧洲互联网活力和稳定的原则（COMPACT），即公民责任、一个网络、多方利益相关者共担、推进民主、合理建构、增进信任和透明化治理。2012 年 3 月 28 日，欧盟委员会发布了欧洲网络安全策略报告并颁布《欧盟数据保护框架草案》，确立了部分具体目标，如促进公私部门合作和早期预警，刺激网络、服务和产品安全性的改善，促进全球响应、加强国际合作等，旨在为全体欧洲公民和企业及公共机构营造一个安全的、有保障的和弹性的网络环境。2012 年 5 月，欧洲网络与信息安全局又发布了《国家网络安全策略——为加强网络空间安全的国家努力设定线路》，提出了欧盟成员国国家网络安全战略应该包含的内容和要素。2013 年 1 月，欧盟委员会在荷兰海牙正式成立欧洲网络犯罪中心，以应对欧洲日益增加的网络犯罪案件。网络犯罪中心连通所有欧盟警务部门的网络，整合欧盟各国的资源和信息，支持犯罪调查，保护欧洲民众和企业不受网络犯罪的威胁。

（二）顶层设计欧盟网络空间安全战略

近几年，欧盟的关键基础设施遭受严峻的网络安全威胁。例如，在欧盟委员会发布的 2017 年安全事务进展报告中，将网络犯罪、网络攻击列为欧盟面临的主要安全挑战之一。为应对复杂的局势，欧盟及各成员国在顶层设计上，加强战略指引、完善法规体系，在网络治理中，注重联合协作、加大惩治力度，在保护个人信息与隐私、净化网络空间等诸多方面做出了有力的改善。

1. 发布首部《欧盟网络安全战略》

基于网络空间安全威胁日益严峻，欧盟委员会以及欧盟外交事务和安全政策高级代表共同提议，制定欧盟网络空间安全战略。2013 年 2 月 7 日，欧盟委员会颁布了《欧盟网络安全战略：公开、可靠和安全的网络空间》（以下简称《欧盟网络安全战略》），对当前面临的网络安全挑战进行评估，确立了网络安全指导原则，明确了各利益相关方的权利和责任，确定了未来优先战略任务和行动方案。

《欧盟网络安全战略》是欧盟在该领域的首个综合政策性文件。该文件包括境内市场、司法和内政、外交政策领域中与网络空间问题相关的部分，是对 2012 年欧洲网络与信息安全局发布的《国家网络安全策略——为加强网络空间安全的国家努力设定线路》的积极响应。除新出台的网络安全战略，欧盟议会还附带颁布了一项立法建议，旨在巩固和加强欧盟信息系统的安全。人们在网上购物和使用互联网的安全信心得到增强，这样有助于刺激经济的增长。

《欧盟网络安全战略》的核心是建立一个自由和公开的互联网。该战略为欧盟的国际网络空间政策提供了明确的优先权，具体如下：一是自由和公开性。该战略概述了将欧盟的核心价值和基本权利应用到网络空间的前景与原则。欧盟认为人权也适用于网络空间，并要将网络空间建设成为一个拥有自由和基本权利的空间。二是促进网络安全能力建设。欧盟将与国际合作伙伴及组织、私营部门及民间团体一道致力于支持第三世界国家的网络安全能力建设。这将包括增进公开互联网上的信息获取，以及防范网络威胁。三是促进网络空间问题的国际合作。维护安全的网络环境是全球的共同责任。为此，欧盟委员会和相关的国际合作伙伴及组织、私营部门、民间团体一道应对挑战。四是发展网络防务政策能力。《欧盟网络安全战略》中五项战略目标之一，就是在欧盟共同安全与防务政策的框架下发展网络防务政策能力。在共同安全和防务政策上，欧洲防务局（EDA）正在开发网络防御技术，提升网络防御能力以及改进网络防御的训练和演习。

《欧盟网络安全战略》提出要在欧盟建立统一的网络与信息安全标准。阐明了欧盟对于网络安全问题的立场及措施，概述了欧盟在这一领域的愿景规划，明确了任务和职责，列出了在有效保护和提升公民权利的基础上所需采取的行动，反映了欧盟在互联网发展领域的雄心壮志。

2. 出台首部网络与信息安全指导性法律

欧盟出台第一部关于网络与信息安全的指导性法规《欧盟网络与信息系统安全指令》，发布了全球数据保护法规（GDPR）。旨在加强基础服务运营者、数字服务提供者的网络与信息系统之安全，要求这两者履行网络风险管理、网络安全事故应对与通知等义务。《欧盟网络与信息系统安全指令》主要内容包括：要求欧盟各成员国加强跨境管理与合作；制定本国的网络信息安全战略；建立事故应急机制，对能源、金融、交通和饮水、医疗等公共服务重点领域的基础服务运营者进行梳理，强制这些企业加强其网络信息系统的安全，增强防范风险和处理事故的能力。在线市场、搜索引擎和云计算服务等数字服务提供商必须采取确保其设施安全的必要措施，在发现和发生重大事故后，及时向本国相关管理机构汇报。该指令是欧盟第一部网络安全法，目的是在欧盟范围内实现统一的、高水平的网络与信息系统安全。

这项法令加强了欧盟各成员国之间在网络与信息安全方面的合作，提高了欧盟应对处理网络信息技术故障的能力，提升了欧盟打击黑客恶意攻击特别是跨国网络犯罪的力度。要求成员国制定网络安全国家战略，加强成员国之间的合作与国际合作，在网络安全技术研发方面加大资金投入与支持力度。根据欧盟有关方面的统计，网络信息故障和网络犯罪每年给欧盟的企业及个人造成的损失高达2600亿欧元至3400亿欧元。

3. 加强网络防恐反恐措施力度

近年来，欧洲遭受恐怖袭击的次数增多，恐怖分子越来越多地利用互联网进行信息传递和发布，威胁社会安全，欧盟各国加强了网络防恐反恐的举措。2016 年 8 月，法国和德国内政部长发布联合提案，呼吁欧盟委员会立法，迫使 Whats App、Telegram 等加密即时通信 App 应用程序运营商删除违法内容，并在恐怖调查过程中解密嫌疑人之间的对话内容，以打击网络恐怖主义。

欧盟在应对网络安全威胁中，积极通过制定标准性文件，规范网络防护工作。2016 年 10 月，欧盟委员会宣布将制定新的物联网设备安全规范。新规是欧盟电信法改革计划的一部分，旨在通过更严厉的监管规范解决安全问题。欧盟立法机构希望通过制定法规，强制企业遵守安全标准，通过多管齐下的认证流程确保物联网隐私安全，消除安全威胁。

2017 年 2 月，欧盟网络和信息安全机构发布数字服务安全措施指南报告，该报告是关于数字服务提供商实施最低安全措施的技术指南，以帮助成员国和数字服务提供商制定切实可靠的信息安全措施。2017 年 4 月，部分欧盟成员国和北约成员国签署了《谅解备忘录》。6 月，欧盟理事会推出“网络外交工具箱”联合框架，以指导成员国统一应对恶意网络活动，并对恶意攻击者采取惩罚措施。为此，英法两国发布联合反恐声明称，两国正对不配合移除恐怖宣传信息的社交网站进行罚款等强制措施，旨在保证互联网不会成为恐怖分子和罪犯逍遥法外之地。

（三）初步形成网络空间安全战略体系

1. 全方面出台网络空间安全政策

欧盟加强网络安全。2018 年 5 月 25 日《一般数据保护条例》正式施行，该条例制定了个人数据保护的一般规则，为欧盟内外个人数据的自由流动提供了确定性保护。9 月 29 日，欧盟数字峰会在爱沙尼亚首都塔林举行。与会领导人一致认为，数字化是未来的大趋势，欧盟应加强网络安全，投资数字经济增长。与会者认为，欧盟成员国政府和公共部门应全面进入电子时代，降低成本、鼓励创新，同时加强网络安全，增进人们对数字化的信任度和安全感，到2025年使欧洲成为全球网络安全的引领者，并提高人们的数字化技能。欧盟成员国承诺在2018年底前完成“单一数字市场”建设，表示欧盟应集中研发与投资，通过行业政策等促进行业数字化转型，建设数字经济时代世界级水平的基础设施，特别是5G通信、人工智能和超级计算。此次欧盟数字峰会聚焦数字政府、数字安全、数字基础设施建设以及公民数字技能培训等议题，进一步推进欧盟“单一数字市场”建设。11月，25个欧盟成员国的防长共同签署一项协议，携手开展网络领域合作，建立网络威胁和事件应对信息共享平台，以加强联合网络空间作战能力。

欧盟启动网络安全能力建设计划。2019年3月，欧盟计划投资6350万欧元，构建欧洲网络安全专业分析网络。该计划有四大主要支柱：一是整合欧盟内部网络资源，增强网络管理能力；二是形成利益相关方评估框架，进行网络预警、案例分析等；三是推广最佳网络治理实践，主要领域包括医疗、能源、经济和政府治理；四是研究欧盟网络共同治理框架，捍卫欧盟传统价值观，如个人隐私保护、中小企业平等参与网络竞争等。这些项目的合作伙伴汇集了欧盟26个成员国的160余家大企业、创新型中小企业、大学以及网络安全研究机构。欧盟数字委员加布里尔表示，这些项目将帮助欧盟建立“后2020”时代的网络研发路线图，形成工业领域的网络安全战略。该网络将有助于加强欧盟网络安全研究和协调。

欧盟发布《建设强大的网络安全》手册。该手册指出，网络安全、信任和隐私是欧洲数字单一市场繁荣的基础，因此，欧盟采取了一系列措施来保护欧洲数字单一市场，保护基础设施、政府、企业和公民。欧洲在加强合作、预防风险、加强能力、协同响应、搭建欧盟网络安全认证框架等方面做出了有益尝试。例如，加强合作方面的相关措施包括欧盟网络和信息系统安全指令（NIS指令）、网络安全公私合作、《电子身份识别及信任服务条例》（eIDAS）、网络外交、《欧盟网络安全法案》、监管。

2. 欧盟制定网络安全治理“新规划”

2018 年 5 月 29 日，欧盟委员会发起了一项欧洲未来网络安全宪章《欧盟网络安全法案》的提议。该法案是一项更广泛的网络安全包概念的外化。网络安全包的概念最初于 2017 年提出，经过一段时间的影响评估，并接受了各界评论。2019 年 6 月 27 日，欧洲议会和欧盟理事会第 2019/881 号条例《关于欧洲网络与信息安全局信息和通信技术的网络安全》(简称《欧盟网络安全法案》）正式施行。这是新时期欧盟网络安全治理的里程碑事件，对于欧盟各成员国网络和信息通信安全体系的构建、增强网络信息安全风险防控能力具有十分重要的意义。该法在制度设计、涵盖范围以及监管手段等问题上具有开创性、系统性、科学性和前瞻性，为全球网络和信息通信安全的法律设计、网络安全保护的国际合作以及网络安全标准体系的完善提供了值得参考的新思路。

《欧盟网络安全法案》核心制度框架的重点设计。《欧盟网络安全法案》全文分为三个部分：前言、正文和附则，其中正文包含三个章节共计 69 个条款。前言部分包括出台本法的背景、宗旨、主要内容、适用范围和现实意义等；正文部分涉及为实现法案目的而对欧盟网络和信息安全署（ENISA）的职能和任务进行重新定位，为信息和通信技术（ICT）等产品创建一个欧洲网络安全认证框架等事项所做的具体规定；附则部分是关于获得认证资格的评估机构应当满足的条件或要求。总体而言，内容涵盖十分全面，既涉及立法宗旨、背景、价值追求等原则性问题，也包括对机构设置、制度安排、流程设计等实际操作性规则。其立法的总体要旨与 2016 年的《网络与信息系统安全指令》、2018 年的《一般数据保护条例》及其他毗邻的网络安全规范相互关联，同时该法在核心制度框架上也有突出的重点设计。

一是欧盟网络与信息安全署职能的调整与拓展。《欧盟网络安全法案》的首要制度革新就是指定欧盟网络和信息安全署为永久性的欧盟网络安全职能机构，该法明确了其任务目标：采用欧洲网络安全认证系统的框架，以确保欧盟信息与通信技术产品、信息与通信技术服务或信息与通信技术流程具有足够的网络安全水平，同时避免欧盟内部市场在网络安全认证计划方面产生分歧。同时也对任务实施的范围进行了限定，即不得妨碍成员国在公共安全、国防、国家安全和国家刑事领域的管辖权，且不与其他关于自愿或强制性认证的欧盟法律的具体规定相冲突。在此基础上，欧盟网络与信息安全署执行该法赋予的各项职权，积极支持成员国、欧盟机构、机构办事处改善网络安全，以实现整个欧盟的共同一致的网络安全水平。

二是跨境事件的联合处理。网络信息攻击往往跨越国界，大规模安全事件可能影响整个欧盟的网络基本服务，而网络安全权力和执法当局以及相关政策反应却主要是国家性的。这就需要在欧盟层面采取有效、协调一致的对策和危机管理，并以专门的政策和更广泛的手段为基础，促进欧洲各国在该领域的团结和互助。该法前言部分即对跨境事件的联合处理有所提及，欧盟网络与信息安全署应有助于欧盟范围内对危机和跨境事件做出适应网络安全风险规模的全面反应。

三是专业化基础性服务。《欧盟网络安全法案》强调，网络和信息系统能够支持民众生活的各个方面，并推动欧盟的经济增长，是实现数字单一市场的基石。欧盟网络与信息安全署作为网络安全相关事项中欧盟部门具体政策和法律举措的咨询意见、专门知识的提供之地，应定期向欧洲议会通报其活动。同时，提供相关支持业务合作。

四是增强公民网络安全意识。网络安全不仅是一个技术问题，还是一个行动问题。《欧盟网络安全法案》强调大力推广“网络卫生”，即通过普惠的日常教育、培训等方式，促进公民、组织等社会团体的网络安全意识提高，尽量减少他们受到网络威胁的风险。同时，大力发展网络安全和信息文化，营造良好的网络安全氛围，在日常生活中造福公民、消费者、企业和公共管理部门。

《欧盟网络安全法案》的出台，适应当前数字化、信息化经济的高速发展。在网络风险不断增加的形势下，一方面，将欧盟网络与信息安全署定位成欧盟永久性机构，从而提升加强它的地位；另一方面，还将为信息与通信技术等产品创建一个欧洲网络安全认证框架，旨在为欧盟内部提供网络韧性和响应能力。最大亮点在于欧盟一级的网络安全认证框架的制度构建，既有利于统一标准，防止采用不同标准的成员国之间出现不必要的分歧并节约成本，还能够促进成员国开发具有互操作性的产品，在具有高度分化节点的网络之间缩小安全差距，增强欧盟范围内消费者对相关认证产品的信任度，促进欧盟“单一市场经济”的深度发展。

可以说，《欧盟网络安全法案》不仅在新时期欧盟网络安全治理上具有里程碑式的重大意义，其所提出的立法宗旨、治理理念和具体的制度构建、法律措施，对于世界范围内网络治理法律体系的构建都具有借鉴价值。

二、欧盟网络空间安全战略的内容与特点

继美俄之后，欧盟日益关注国家信息设施的安全。2007 年爱沙尼亚遭到大规模网络攻击之后，欧盟开始将网络空间安全纳入欧盟安全议程。作为国家集团，欧盟网络空间安全战略与一般国家的网络空间安全战略相比，具有不同的内容与特点。

（一）欧盟网络空间安全战略的主要内容

随着对网络空间安全的重视，欧盟不断出台网络空间安全方面的法规、政策和战略，网络空间安全战略体系逐渐形成。总体来看，欧盟网络安全战略既有对国际社会共同关注议题的积极回应，又有立足各成员国国情和着眼欧盟未来整体发展的深思熟虑，内容十分丰富。

一是全面维护欧盟网络空间安全利益，促进网络安全能力建设。欧盟认为，网络与信息系统安全是指网络与信息系统有能力抵抗针对经由这些网络与信息系统存储、传输、处理、提供的信息或者相关服务的可用性、真实性、完整性和保密性等采取的破坏措施。《欧盟网络安全战略》中 5 项战略目标之一，就是增加欧洲抵抗网络攻击、保障网络安全的能力。欧盟

在应对网络安全威胁中，积极通过制定标准性文件，规范网络防护工作。2016 年 10 月，欧盟委员会宣布将制定新的物联网设备安全规范。新规是欧盟电信法改革计划的一部分，计划通过更严厉的监管规范解决安全问题。欧盟立法机构希望通过制定法规，强制企业遵守安全标准，通过多管齐下的认证流程确保物联网隐私安全，以消除安全威胁。2017 年 2 月，欧盟网络和信息安全机构发布数字服务安全措施指南报告，该报告是关于数字服务提供商实施最低安全措施的技术指南，以帮助成员国和数字服务提供商制定切实可靠的信息安全措施。同年 6 月，欧盟理事会推出“网络外交工具箱”联合框架，以指导成员国统一应对恶意网络活动，并对恶意攻击者采取惩罚措施。2019 年 4 月 9 日，欧盟理事会通过《欧盟网络安全法案》，授权欧盟网络与信息安全局解决欧盟各国网络安全机构协调问题，阻止并处理网络袭击和威胁。欧盟还踊跃参与到援助国的协调发展工作中，继续在网络安全能力建设上发挥作用。相关行动举措将重点放在加强培养检察官和法官的刑事司法能力建设上，在受援国的法律体系中采用《打击网络犯罪布达佩斯公约》中的条例，加强执法能力建设以加大网络犯罪的调查力度和提高协助各国应对网络事件的能力。

二是加强网络空间安全监管与控制，制定网络防御政策。2014 年 2 月，欧盟委员会公布了一项指令，对互联网安全问题采取了约定俗成的解决办法，即欧盟委员会要求欧盟各国政府建立有权对网络安全进行监管的国家级机构，而涉及的领域则包括技术服务、能源、金融服务、交通运输与医疗行业。同时，这些国家级机构有权要求各实体采取相应的风险管理措施，并对私营部门有关网络安全的风险管理政策进行审核。为提升网络恢复能力，欧盟要求各成员国从几个方面开始积极行动：在政策方面，批准国家网络与信息系统安全战略和合作计划；在体制方面，指定主管机构，建立应急响应队伍（CERT）；在机制方面，建立预防、检测、处置和响应的协调机制，完善信息共享机制；在安全意识方面，通过发布报告、组织专家研讨会、开展“欧洲网络安全月”活动等，提高公众的网络安全意识；

在教育培训方面，分别对普通学生、计算机专业学生和政府职员开展不同内容的培训。为有效应对网络威胁，要求各成员国制定欧盟网络防御政策框架，从领导、组织、教育、训练、后勤等方面增强欧盟的网络防御能力，并与北约等合作伙伴进行对话，明确需要合作和避免重复工作的领域。

三是积极发展网络空间安全行业技术，加强供应链安全管理。计划建立一个由各利益相关方共同参与的平台，确定供应链安全良好，为开发和采用安全的信息通信技术解决方案创造有利的市场条件。支持安全标准的制定，支持在云计算等领域使用欧盟范围内的自愿认证方案。加大研发投资和促进创新，落实“2020地平线计划：欧盟研究创新计划框架”。《欧盟网络安全战略》高度重视供应链安全问题，主张利用市场手段和企业力量加以解决，并计划建立一个由各利益相关者参与的平台，确定供应链安全管理的良好实践，为开发安全的解决方案创造有利的市场条件，同时推动建立激励机制，为具有良好网络安全性能的企业授予标识并进行追踪记录。此外，《欧盟网络安全战略》还提出要为欧洲使用的所有产品制定合适的供应链安全要求。2019年6月26日，德国和荷兰签署了联合军事互联网（战术优势网络）共建协议，被视作未来统一其他北约成员国军事网络的试验。

四是通过强化成员国之间的司法合作来打击网络犯罪。欧盟成员国在网络治理和打击网络犯罪中，比较注重内部成员国之间及与外部各国际组织、国家的协作。《欧盟网络安全战略》的战略目标之一，就是通过强化成员国之间的司法合作来打击网络犯罪。为此，欧盟从以下几个层面强力打击网络犯罪：在法律方面，敦促尚未批准《布达佩斯公约》的成员国尽快批准和执行该公约，确保打击网络犯罪相关指令的迅速转化与执行。2017年4月，欧盟委员会发布一份政策文件草案，拟提出措施解决“网络平台就删除非法内容的法律不一致和不确定性”，旨在加强社交媒体网站的监控和治理。在体制方面，各成员国应建立国家网络犯罪应对机构，明确欧洲网络犯罪中心、欧洲刑警组织和欧洲司法组织各自的工作任务。2019年欧盟理事会通过《网络安全法案》，授权欧盟网络和信息安全局解决欧盟各国网络安全机构协调问题，阻止并处理网络袭击和威胁。在能力建设方面，通过欧盟资助项目如建立“网络犯罪示范中心”等方式，支持学界、政府和企业之间的合作，确定最佳实践和可行技术。

五是各国求同存异，推进个人信息与隐私保护。欧盟及各成员国在保护个人信息与隐私方面，采取了多方面的举措。2016 年 9 月，欧洲法院要求公共 Wi-Fi 提供者采取措施保护用户个人隐私和确认其身份信息。2017 年 1 月，欧盟委员会提议制定《隐私与电子通信条例》，该条例是《一般数据保护条例》的补充，将取代已有的《电子隐私指令》。新法案首次将即时通信、VoIP 等 OTT 服务商纳入与传统电信服务商一样的隐私监管范围，对通信内容及标记通信内容的元数据一并纳入电子通信数据的保护范畴。2016 年 4 月，欧盟通过全球数据保护法规（GDPR），并于 2018 年 5 月 25 日正式生效。新法规将直接或间接识别个人身份的数据全部纳入管理范畴，对数据收集、存储、处理、跨境传输等各环节进行了规范，任何违反该法规的行为都将面临 1000 万欧元到 2000 万欧元或企业全球年营业额的 2% 到 4% 的行政处罚。

六是民用和军用途径的协同配合，促进军民深度融合。根据欧盟有关方面的统计，网络信息故障和网络犯罪每年给欧盟的企业及个人造成高达 2600 亿欧元至 3400 亿欧元的损失。鉴于所面临的网络威胁是多方面的，在保护关键网络资源的问题上，应加强民用和军用途径的协同配合。这些举措需得到研究与开发机构的支持，以及要加强欧盟各成员国政府、私营部门和学术界之间更为密切的合作。欧盟还推进了早期参与进来的工业和学术部门开发解决方案的能力，加强了国防工业基础建设，同时增强了民用和军用组织中研究与开发创新技术的能力。此外，欧盟还在不遗余力地鼓励产业与学术界共同参与网络安全的军用与民用方面的研发课题，促进民间和军方在最佳实践、应急响应、风险评估等方面的交流，企业在为军方提供更多网络防御演习机会的同时，欧洲防务局（EDA）也在积极促进军民之间的对话，并在欧洲层面协调两者之间有关网络安全最新经验的交流，特别是在信息交换与预警、应急响应、风险评估与建立网络安全文化方面的做法与经验进行交流与沟通。

七是促进欧盟成员国围绕网络安全领域的战略合作。《欧盟网络安全战略》中5项战略目标之一，就是强化欧盟的国际网络空间政策以推广欧盟的核心价值观。《欧盟网络与信息系统安全指令》要求成员国制定网络安全国家战略，要求加强成员国之间的合作与国际合作，要求在网络安全技术研发方面加大资金投入与支持力度。欧盟成员国围绕网络安全领域的战略合作，将在三个方向上得到强化。首先，欧盟成员国根据《欧盟网络与信息系统安全指令》等要求，将获得并提升保障网络安全所必要的能力，如计算机安全应急响应能力等。其次，《欧盟网络与信息系统安全指令》促使成员国之间就网络安全合作（包括信息共享等），形成更加规范化的合作机制。主要举措是在欧盟之间就网络安全所需的战略合作、能力支撑以及信息共享设立专门的合作组；在与网络安全相关的关键基础设施领域（包括能源、交通、饮水、银行、金融市场、医疗保健和数字基础设施等）培育一种共同的安全文化。最后，《欧盟网络与信息系统安全指令》加强欧盟各成员国之间在网络与信息安全方面的合作，提高欧盟应对处理网络信息技术故障的能力，提升欧盟打击黑客恶意攻击特别是跨国网络犯罪的力度。此外，推动双边多边合作，促进网络空间问题的国际合作。保持一个安全的网络环境是全球的共同责任，欧盟与相关的国际合作伙伴一道应对挑战。在双边层面，欧盟尤其强调在欧美网络安全和网络犯罪工作组的背景下，加强与美国在相关领域合作的重要性；在多边层面，欧盟将寻求与联合国、欧洲理事会、经合组织、欧安组织、东盟等的合作。欧盟还强调加强与第三世界国家和国际组织间的对话，尤其是那些和欧盟志同道合的合作伙伴。此外，欧盟还力推《布达佩斯公约》，并支持国际社会制定网络安全行为规范和制定信任措施。

（二）欧盟网络空间安全战略的基本特点

随着欧盟不断出台一系列网络空间安全战略、策略和法规，欧盟网络空间安全战略逐渐形成体系。由于欧盟是以集团形式出台的网络空间安全战略，因此表现出与美俄所不同的欧盟网络空间安全战略特点。

一是倡导建立“开放、可靠、安全的网络空间”。2013 年 2 月，欧盟发布的《欧盟网络安全战略》开篇指出，“一个公开的、自由的、网络空间促进了全球范围的政治和社会融合。……为了使网络空间能够保持公开和自由，欧盟在线下所提倡的同等规范制度、法则和价值观也应当适用于网络”。欧盟外交和安全政策高级代表凯瑟琳·阿什顿表示，《欧盟网络安全战略》核心是建立一个自由和公开的互联网，为欧盟的国际网络空间政策提供了明确的优先权。

二是以合作方式应对网络空间的挑战。尽管因为英国“脱欧”公投的“意外过关”引发各方对欧盟一体化的深度反思，但在网络空间，欧盟一体化进程又以实质性的进展扳回了一程。2016 年 7 月 6 日，欧盟通过了《网络与信息安全指令》（NISD）。这是欧盟在网络空间走向一体化进程的关键一步。推动《网络与信息安全指令》的目的，在于为欧盟各成员国协调建设更加开放与安全的网络空间提供明确的行为规范，其在英国公投脱欧之后通过，凸显了网络空间欧盟一体化进程所取得的重大突破，凸显了欧盟借助信息革命实现的深度一体化已经具有了相当程度的自主发展动力。

三是欧盟网络空间战略“防御优先”的特色。相比美国而言，欧盟网络空间战略更多地凸显出“防御优先”的特色，不像美国网络空间国际战略对于“预防、威慑、塑造”等攻击性战略概念的特殊偏好。《网络与信息安全指令》的目标是旗帜鲜明地为欧盟单一数字市场服务，力求为欧盟成员国之间日趋紧密、重要和繁荣的在线商业与经济活动构建良好的安全保障。从这个意义上来说，对世界上同样关注网络安全的其他国家来说，其具有一定的借鉴和参考价值。其致力于推进开放环境下的积极合作，以合作方式应对网络空间的共同威胁和挑战，将网络安全的立足点建立在推进和服务数字经济，为在线商业活动等构建良好的外部环境。

四是欧盟在网络空间应用了与实体世界同等的法律、规范以及核心价值。建设更为安全的网络空间是全球信息社会所有成员包括国民及政府机构的职责。欧盟支持制定针对所有利益相关者在网络空间应遵守的行为规范。正如欧盟期望公民在上网时履行公民义务、社会责任和遵守相关法律一样，也期望各成员国遵守规范及现行法律，建设一个有利于全球政治和经济发展的自由公开的互联网，其中重要的先决条件就是保持一个多方参与管理模式的互联网。

三、主要国家网络空间安全战略

随着网络安全问题的日益严峻、网络攻防技术的逐步成熟、网络战实战的锻炼，欧盟列强纷纷明确国家与军队的网络安全战略，制定了专门的网络安全战略与规划，颁布和完善专门的法规制度以及网络作战条令条例，规范网络攻防，为维护网络安全提供制度保障。

欧盟部分成员国在应对网络安全威胁中，不断调整组织机构，加强组织领导。欧盟各国积极制定网络安全战略，以应对网络空间的安全威胁。目前，已经有 9 个欧盟成员国（法国、德国、芬兰、斯洛伐克、捷克、立陶宛、卢森堡、荷兰和爱沙尼亚）和欧盟前成员国英国制定和公布了本国的网络空间安全战略。

（一）法国的网络空间安全战略

法国政府一直都颇为重视网络空间安全，持续不断制定了一系列政策法规，并通过成立专门机构、应用新技术等综合手段管理网络，经过多年的发展，法国的网络空间安全政策体系愈加成熟，形成了一个完整、多元、适变的框架体系。

1. 早期推出的网络防御战略

2000 年以来，法国先后出台了多部保护国内信息安全的法律，如《互联网创作保护与传播法》《互联网知识产权刑事保护法》《数字经济信息法》《国内安全表现规划与方针法》等，不断细化信息安全保护方面的法律条款。其中许多措施专门针对网络犯罪，如要求网络运营商对含有非法内容的网站进行屏蔽，并对盗用他人网络身份从事犯罪活动进行严惩。

2008 年以来，法国政府已起草了多个高级别政策文件，包括《法国信息系统防御和安全战略》《国家数字安全战略》等作为网络空间的综合性战略，力主向全球推广自己的互联网管理理念，以期带领欧盟摆脱对美国的技术依赖，挑战美国互联网企业的垄断地位。2008 年公布的《国家安全与防卫白皮书》，把网络信息攻击视为未来 15 年最大的威胁之一。面对日益增长的网络威胁，白皮书强调法国应具备有效的信息防卫能力，对网络攻击进行侦查、反击，并研发高水平的网络安全产品。同年，法国参议院发布名为《网络防御与国家安全》的报告，明确提出网络信息安全已成为国家安全密不可分的一部分。

2009 年，法国政府公布了一项网络防御战略，战略目标是在寻求信息系统安全和全球治理方面发挥一个全球大国的主导作用。同年 7 月，根据 2008 年发布的《国防白皮书》，法国政府成立了国家级信息安全机构——国家信息系统安全局（ANSSI），负责监督关键的信息基础设施保护（CIIP）并向国防和国家安全总秘书处报告。国家信息系统安全局能够设定最低的网络安全要求，实施检测和事件通知系统，管理关键基础设施（CI）的网络安全审计，并领导跨政府的危机管理。

法国不仅强调通过技术手段来强化网络信息的安全，而且非常重视打击网络犯罪和建立网络防御体系。为此，法国专门设立了国家信息系统防御战略委员会，由国土安全部部长牵头，成员包括外交部、情报局、国防部等各部门的部长。委员会的主要工作是制定法国信息安全战略的细则，以便指导具体工作。

2. 将网络安全上升到国家战略层面

2011 年，法国发布的《法国信息系统防御和安全战略》，体现了法国有意参与全球网络空间战略博弈的积极姿态，将网络空间安全提升到国家安全的战略层面。该战略提出了关于网络安全战略的 4 个目标：成为网络防御的世界级强国；通过保护主权信息，确保法国决策自由；加强国家关键基础设施的网络安全；确保网络空间安全。

法国在 2013 年《国防与国家安全白皮书》中将网络攻击确定为最大的外部威胁之一，明确网络防御力量是法国除陆、海、空之外的第四支军队，强调应对信息化威胁的必要性以及信息攻势和信息情报对网络安全的重要性，并决定在 2019 年前为网络安全、防御和研发投入 10 亿欧元。法国政府还计划储备一支民间网络安全与防御力量，培养民间网络防御专家，必要时为政府和军队服务。

2015 年，法国发布的《国家数字安全战略》指出，网络空间已成为不公平竞争和间谍活动的一个新领域，网络谣言、不实宣传、恐怖主义和犯罪行为在网络空间层出不穷，通过加强数字安全，目的是要建立一个安全、稳定和开放的网络空间。该战略提出五大目标：保障根本利益，维护国防、国家信息系统和关键基础设施的安全，避免重大网络安全危机；建立数字信任，保护隐私和个人数据，防范网络恶意行为；提高安全意识，加强初级培训和继续教育；制订相关政策，促进数字化技术企业出口和国际化发展；维护欧洲数字战略的自主性和网络空间的稳定性。

3. 网络空间安全战略主要特点

2018 年 2 月，法国国防和国家安全总秘书处（SGDSN）发布了《网络防御战略评论》，提出了法国网络防御模式，分析了其特点，提出 6 项任务及网络防御的四大操作链。法国网络空间安全战略具有以下特点。

一是顶层设计优化配置，总体布局网络安全。在机构的设置上，法国设置专门的国家网络安全机构，以总理牵头、国防与安全总秘书长具体直接管理的方式，统筹管理网络安全相关工作，协调处理网络安全工作中产生的重大问题。网络安全政策形式重在以顶层设计、站在全局高度进行战略规划，网络安全政策目标主要集中在维护关键基础设施安全、保护公众隐私、预防网络攻击和犯罪行为等方面。政府从一开始的重点针对防范国家信息基础设施的大规模黑客攻击转向避免重大网络安全危机、角逐全球网络空间战略博弈。在技术上，法国积极倡导新技术、新应用的研发以获得自主权。法国的一系列政策法规在维护国家网络安全，保障国家和公民的网络权益上起到了不可或缺的作用。

二是提高安全意识，培养专业人才。法国在2015年发布的新战略中，强调网络空间安全技术防护的同时，更注重提高公众的网络空间安全意识，提出以适当的教育和职业培训来提高网络空间安全意识。当前，网络攻击能力越来越强、攻击手法越来越专业化，只有提高全产业链所有人员的信息安全能力才能有效保障网络空间安全。网络空间安全知识涉及硬件、系统、固件、通信等领域，需加强培养全面的专业技术人才，通过培训的方式提高研发人员、生产人员的安全技能，通过宣传教育的方式提高普通用户的安全意识，从多方位保障网络空间安全。

三是重视国际合作，积极发展新技术新应用。法国在网络空间安全管理的过程中，非常重视和其他国家的合作，积极发展新技术、新应用。

（二）德国网络空间安全战略

德国是欧洲头号经济大国，同时也是欧洲信息技术最发达的国家，电子信息和网络通信服务已渗入所有经济生活领域。德国政府非常重视信息技术应用，利用经济、法律、行政等手段促进信息技术和网络技术在经济社会中的推广应用。

1. 网络空间安全策略的早期发展

作为信息化大国，德国政府历来重视信息网络安全。2001年，德国政府计划成立保护德国互联网免受他国黑客攻击的预警系统。2005年，德国政府进一步制订了全国性的信息技术安全计划，建立了计算机紧急情况应对中心，加强全国计算机及网络安全。2008 年，德国政府批准了一项反恐法案以加强对互联网的监管。该法案允许警方在特别授权的情况下，通过向嫌疑人发送带有木马病毒的匿名电子邮件来实现对该嫌疑人计算机的监控，目的是防止恐怖分子利用互联网向德国发动攻击，保证德国互联网安全，便于警方调查、追踪嫌疑人。2010 年 11 月，德国政府启动“数字德国 2015”战略，目标包括提升每个公民、企业和政府部门在数字世界的安全和信任感。

2. 制定网络空间安全发展总方向

德国政府不仅重视网络空间的安全与发展，而且特别注重顶层设计。2011 年 2 月 23 日，德国政府通过了《德国网络安全战略》，作为指导网络安全建设的纲领性文件。该战略明确阐述了德国网络安全战略的现实依据、框架条件、基本原则、战略目标及保障措施，注重网络安全顶层设计，重视国内资源整合与国际合作，重视战略的防御性以及定期审查与更新。

《德国网络安全战略》旨在加强保护德国关键的基础设施、信息技术系统免受网络攻击。在该战略中，德国政府明确网络安全战略目标，国家成立相应的负责机构，把网络安全纳入国家安全战略之中。在最高层设计下所确立的网络安全战略目标，成为其他原则、措施制定的依据和基础。该战略确立的网络安全战略目标即确保德国 21 世纪的互联网的安全，促进德国社会经济繁荣发展，成为框架条件、两项基本原则、四项具体目标、具体的管理运行机制以及其他相关保障性措施的统领。它所阐明的所有措施、手段、管理、技术、法律等，都是围绕其战略目标所设计的。

《德国网络安全战略》明确了德国确保网络安全的两项基本原则。第一，网络安全必须保证与联网的信息基础设施的重要性以及需要保护的水平相一致，而且不损害网络空间的发展机会和利用率。网络安全措施既要保障互联网络的畅通与开放，又要对重要的信息数据进行有效的保护；哪些设施与数据需要保护或需要重点保护取决于其重要性；这些措施涉及国家在内外两个层面所做的努力以及世界各国的共同努力。第二，网络安全必须加强信息交流和合作。该战略一方面主要关注网络安全的民用方法和措施；另一方面，鉴于信息和通信技术的全球属性，强调了国际协调的不可或缺。这不仅包括在联合国开展的国际合作，还包括在其他跨国组织中开展的国际合作目的是确保国际社会有能力采取一致行动，保护网络空间。

2016 年，德国出台新版《网络安全战略》，用以应对越来越多的针对政府机构、关键基础设施、企业以及公民的网络威胁活动。新版的《网络安全战略》，将重点关注放在了以下十大领域：保护关键信息基础设施、保护信息系统安全、加强公共管理领域信息安全、成立网络应急响应中心、成立网络安全委员会、有效控制网络空间犯罪行为、加强同欧洲及全球的网络安全信息共享和协作、使用安全可靠的信息技术、培养联邦政府的网络安全人才、开发应对网络攻击的工具。

新版《网络安全战略》指出，为抵御各类针对政府机构和关键基础设施的网络威胁，将建立一支由联邦信息安全办公室领导的快速响应部队，同时，在联邦警察局、情报机构内设置类似的应急响应小组。呼吁公共与私营机构之间共享网络威胁与攻击的相关信息。德国政府希望国内企业能够逐步提高安全意识，同时更积极地应对各类网络威胁，保护关键基础设施，包括能源与水资源供应、医疗卫生系统、数字路由系统以及交通运输系统等。还要求各级政府机构维持更为出色的 IT 安全管理系统，同时呼吁提升民众意识，推广加密工具应用，为 IT 产品添加安全水平标签，并着力在校园内开展网络安全培训与教育。

2016 年德国还相继出台系列规划。8 月，德国联邦参议院通过一项新信息安全法案，要求关键基础设施机构和服务商必须执行新的信息安全规定，否则将被处以最高 10 万欧元的罚款。同时，德国政府还宣布成立名为安全领域信息中央办公室（ZITiS）的新网络安全部门，以在线应对网络恐怖分子。安全领域信息中央办公室由约 400 名公务员组成，不仅通过开发方法、产品和战略以协助德国安全机构应对网络犯罪和恐怖主义，还将监控暗网中的非法活动。9 月，德国联邦经济部发布了《数字化行动纲要》，制定了12项针对未来数字化发展的措施，以吸引更多风投资金并促进中型企业数字化转型，最终目的是在德国建设“大型数字化枢纽网络”。同年11月，德国发布一项新的网络安全战略计划，以应对越来越多针对政府机构、关键基础设施、企业以及公民的网络威胁。新战略要求在联邦信息安全办公室建立一支快速反应部队，类似于联邦警署、国内情报机构以及政府部门内设的快速反应小组。

3. 成立网络空间安全机构

为了有效应对各类频发的网络安全事件，德国在国家与军队两个层面，成立了多重网络安全职能部门，通过采取网络安全专门立法的方式，加强对网络安全威胁的防范与控制。

根据2011年2月出台的《德国网络安全战略》，德国政府设立网络安全理事会。理事会每年召开3次会议，共同商讨面临的网络空间安全问题。同年4月成立国家网络防御中心，主要负责协调政府各部门间网络安全合作，处理有关网络攻击的事宜。国家网络防御中心将成为内政部下辖机构，并继续负责协调各政府机构对网络威胁及网络攻击的响应工作。国家网络防御中心由德国联邦信息技术安全局负责，联邦宪法保卫局和联邦民众保护和灾害救援局等机构的专家参与其中，负责收集来自经济界和当局有关网络攻击的信息，协调对威胁的分析，并给相关机构提供建议。

2018年8月29日，德国政府宣布成立网络安全创新局，投资开发网络安全新技术。类似于美国国防高级研究计划局。该机构允许德国投资新技术，并保护关键基础设施，以减少对美国等其他国家的技术依赖，此外还将与其他欧盟国家合作开展项目。该机构由国防部和内政部管理，其主要任务是开发新技术，以保护德国的数字基础设施免遭网络攻击。

（三）欧盟前成员国英国的网络空间安全战略

英国强调把网络空间安全视为国家安全的重要组成部分。随着英国对于整个网络空间安全所受到的危险认识的提高，英国政府全面推行网络安全战略建设，维护网络空间安全。

1. 制定国家网络空间安全战略

英国早期的互联网立法，侧重保护关键性信息基础设施，随着网络的不断发展，英国在加强信息基础设施保护的同时，也强调网络信息的安全、加强对网络犯罪的打击。2000 年，英国制定了《通信监控权法》，规定在法定程序条件下，为维护公众的通信自由和安全以及国家利益，可以动用皇家警察和网络警察。该法规定了对网上信息的监控。“为国家安全或为保护英国的经济利益”等目的，可截收某些信息或强制性公开某些信息。2001 年实施的《调查权管理法》，要求所有的网络服务商均要通过政府技术协助中心发送数据。

发布国家战略，加强网络空间安全的顶层设计。2009 年 6 月 25 日，英国出台了首个国家网络安全战略——《英国网络安全战略》，同时宣布在组织结构上成立两个网络安全新部门：网络安全行动中心和网络安全办公室，前者负责协调政府和民间机构的计算机系统安全保护工作，后者则是协调政府各部门的网络安全。

《英国网络安全战略》强调：“正如 19 世纪海洋、20 世纪空军之于国家安全和繁荣一样，21 世纪的国家安全取决于网络空间的安全。”报告明确了四大战略目标，决定加强跨部门合作的制度化，加强政府与公共部门、企业以及国际伙伴的合作。报告还进一步指出实现上述战略目标的手段和方法，规划网络安全体制机构，成立了负责协调政府和民间计算机系统安保工作的网络安全行动中心及协调政府各部门网络安全计划的网络安全办公室。同年，英国成立了“网络安全与信息保障办公室”，支持内阁部长和国家安全委员会来确定与网络空间安全相关的问题的优先权，联合为政府网络安全项目提供战略指引。

2011 年 11 月 25 日，英国政府公布了《国家网络安全战略（2011—2016）》报告，在高度重视网络安全的基础上进一步提出了切实可行的计划和方案。新战略不仅针对威胁国家安全的恐怖主义，也将打击危害公众日常生活的网络犯罪。报告表示将加强政府与私有部门的合作，共同创造安全的网络环境和良好的商业环境。充分利用国内行业的优势，比如，支持技术创新、技术精湛的员工队伍、完善的法律和监管环境，以及“物联网”经济，以实现经济繁荣，保护国家安全及公众的生活所需。报告表示将投资 8.6 亿英镑建立更加可信和适应性更强的数字环境。

进一步完善网络空间安全战略。2016 年 11 月 1 日，英国政府发布了《国家网络安全战略（2016—2021）》，重新勾勒英国未来网络安全发展的路线图，意在打造一个繁荣、可靠、安全和具有弹性的网络空间，确保在网络空间的优势地位。新战略指出英国政府将投资 19 亿英镑，结合网络技术新发展与网络安全面临的挑战，部署未来五年网络空间发展重点。行动计划透露，英国将成立两个新的网络创新中心，以推动先进网络产品和网络安全公司的发展。拨款 1.65 亿英镑设立国防和网络创新基金，以支持国防和安全领域的创新采购。12 月，英国发布《国家安全战略实施 2016 年度报告》，提出加强网络安全建设，并将网络安全、国家威胁及恐怖主义列为重中之重的威胁问题。该报告指出：英国面临的网络威胁已显著增长，既有来自国家支持的网络攻击，也有非国家支持的网络犯罪活动。

2017 年 3 月，英国正式出台《2017 英国数字化战略》，提出七大战略任务：一是连接性，为英国建立世界一流的数字基础设施；二是技能与包容性，让每个人都能获取所需的数字化技能；三是数字领域，让英国成为建立并发展数字化业务的最佳场所；四是宏观经济，帮助每一家英国企业成为数字化企业；五是网络空间，使英国成为提供在线生活与工作环境的全球最安全场所；六是数字政府，确保英国政府在线民众服务处于全球领先地位；七是数据经济，释放数据在英国经济中的重要力量，并提高公众对使用数据的信心。10 月，英国政府发布了互联网安全战略绿皮书，阐明英国在处理网络危机问题上发挥政府作用的宏大目标，联合志愿组织、科技公司、学校和英国公民等社会各方面力量，建立一种协调方式来解决在线安全问题。

2. 加强关键基础设施保护和国家整体防控体系建设

2014 年 7 月，英国政府召开特别内阁会议，通过了《紧急通信与互联网数据保留法案》，该法案允许警察和安全部门获得电信及互联网公司用户数据的应急法案，旨在进一步打击犯罪与恐怖主义活动。2015 年，英国还按照国家网络安全计划推出“网络安全学徒计划”，鼓励年轻人加入网络安全事业。

2016 年 9 月，英国着手建立基于 DNS 的国家防火墙，目的是对抗网络犯罪，更高效地屏蔽已知的恶意程序，阻止钓鱼邮件使用恶意域名进行网络犯罪。11 月，英国交通系统技术发展中心称随着信息技术的快速发展，英国交通运输业面临越来越大的网络安全威胁，将投入更多资源加强网络安全防范。12 月，英国议会督促情报机构政府通信总部，加大力度帮助金融业加强网络安全，应对不断升级的网络犯罪。英国议会表示，政府通信总部更侧重于恐怖主义和相关国家发起的网络攻击，而忽视了针对金融业的网络攻击。这一系列举措表明，英国希望在关键基础设施领域和国家整体构建一个安全防控网。

2017 年 3 月，英国内政大臣表示，科技公司必须配合执法部门的工作，不能向恐怖分子提供互联网“秘密地点”，避免他们通过加密信息进行沟通。英国情报机构政府通信总部专门召集各政党举行了一场紧急首脑会议，会议的主题是俄罗斯很可能通过网络攻击干扰下届英国大选，要求各政党加强信息安全防范。欧盟和北约也设立了专门的“新闻”鉴别中心，同时强化基础设施抵御可能发生的网络袭击。

3. 成立网络空间安全机构

成立国家网络安全中心——针对网络攻击，提供咨询支持。面对越来越频繁和复杂的网络攻击，英国国家网络安全中心（NCSC）于 2016 年 10 月开始筹建，2017 年 2 月 14 日正式启动，总部位于英国伦敦，是一个为英国公共和私营部门提供咨询和支持，以避免网络威胁的政府组织。该中心的四大主要目标：降低英国的网络安全风险；有效应对网络事件并减少损失；了解网络安全环境、共享信息并解决系统漏洞；增强英国网络安全能力，并在重要国家网络安全问题上提供指导。2018 年 6 月，英国政府与国家网络安全中心合作推出针对所有政府部门的第一版《最低网络安全标准》，该标准将被纳入《英国政府安全职能标准》。而且，为应对新的威胁或新型漏洞，为融入新的主动网络防御措施，这些标准还会随着时间进程而不断增多。该标准细分为 5 节 10 条：身份、保护、检测、响应和恢复。

2019 年 5 月 23 日，在北约网络防务承诺年度会议上，英国国防部长表示，将投资 19 亿英镑用于国家网络安全战略，继续发展其网络作战能力，并拨款 2200 万英镑，在英国各地建设新网络作战中心，通过汇集来自国家情报和开源数据等领域的情报信息，提供全天候的信息数据和分析，保持军队作战优势。2019 年 8 月 1 日的消息称，英国陆军将成立一个被称为第 6 师的混合作战师，主要关注情报、监视、网络战和数字宣传任务，这是英国陆军更广泛的重新平衡战略的一部分。11 月 11 日，英国国防网络学校与克兰菲尔德大学合作成立了国家网络欺骗实验室，重点开展网络欺骗技术研究，以帮助英国国防部改进网络防御能力。

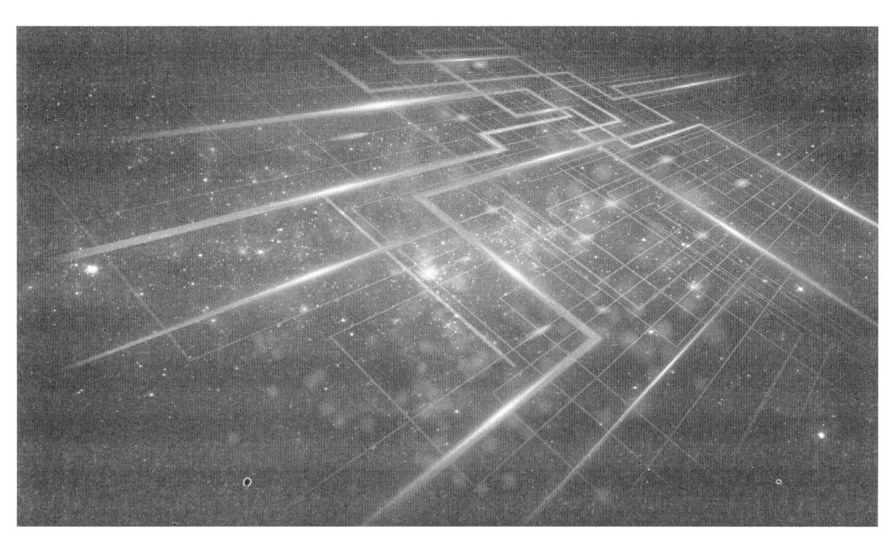

第七章 亚太国家网络空间安全战略

近年来，亚太地区主要国家如中国、日本、澳大利亚、韩国、印度等相继发布推出了各自的国家网络空间安全战略，分别发布了网络安全战略和网络作战力量建设计划，旨在整合发展网络空间防御力量，着力提升应对网络恐怖袭击的能力。

一、中国网络空间安全战略

信息技术的广泛应用和网络空间的兴起发展，极大地促进了经济社会的繁荣进步，同时也带来了新的安全风险和挑战。网络空间安全事关人类共同利益，事关世界和平与发展，事关中国的国家安全。如今，中国正在努力建设网络强国，需要一个完善的网络空间安全战略体系作为强有力的支撑。为此，中国政府从顶层设计、战略制定、法规完善、科学管理、强化自主可控、开展国际合作等方面大步向前推进，国家网络空间安全战略和政策不断完善成熟。

（一）网络空间安全战略的发展演变

面对来自全球黑客、组织、敌对势力及国家间的网络攻击，中国既是“重灾区”，又是被无端指控攻击别国较多的国家之一，从一个侧面反映出中国在网络安全防御、技术水平等方面存在的差距和问题，也在一定程度上反映出在国家网络安全战略、观念上的欠缺。为此，近年来中国陆续发布了国家层面的信息安全战略与政策文件。

2016 年是中国网络安全立法与网络空间安全顶层战略规划的元年。7 月 27 日，中共中央办公厅、国务院办公厅印发《国家信息化发展战略纲要》，要求将信息化贯穿于现代化进程始终，加快释放信息化发展的巨大潜能，以信息化驱动现代化，加快建设网络强国。作为规范和指导未来 10 年国家信息化发展的纲领性文件，明确了新的指导思想、战略目标、基本方针和重大任务。11 月 7 日，第十二届全国人大常委会第二十四次会议经表决通过了《中华人民共和国网络安全法》，并于 2017 年 6 月 1 日起施行。这是我国网络领域的基础性法律，弥补了我国网络安全立法空白。12 月 27 日，国家互联网信息办公室正式发布《国家网络空间安全战略》，中国第一次向全世界系统、明确地宣布和阐述对于网络空间发展和安全的立场和主张。至此，我国通过网络安全国家战略的形式，正式对外表明了国家在网络空间发展和安全的重大立场。要有效实现这一目标，离不开坚实有效的制度保障，正是在此背景下，2017 年 3 月 1 日，中国国家网信办和外交部共同发布了《网络空间国际合作战略》。这些战略性文件的发布，不仅体现了网络强国战略思想，同时也表明我国愿与世界各国共同维护网络空间和平安全的信心和决心。如今，中国网络安全相关的法律法规文书已有近百部，内容涉及网络安全的多个领域，已初步建立形成了中国信息安全法律法规框架体系和多层级的立法体系结构。目前，中国已经建成的互联网信息内容监管的法律体系主要包括互联网基础资源管理法规、互联网信息内容服务监管法规、与互联网信息内容有关的其他法规、网络著作权保护、个人信息保护以及打击互联网非法信息内容犯罪等方面。

从最近 10 多年的发展经验来看，中国互联网信息内容安全法律法规的体系建设在不断加快，相关法律文本的数量不断增长，同时涉及领域和覆盖范围也在不断扩大。根据网络空间的建设发展，互联网信息内容安全的相关政策急需不断完善，为下一步深入打造清朗有序的网络空间提供立法、执法的依据。中国信息安全战略、政策与法律已经比较完备。但是，与国家网络空间安全战略相配套的网络安全综合政策略显不足，《中华人民共和国网络安全法》与其他现行法律在具体表述和协调衔接等方面仍有不完善之处，有待进一步调整与完善。

（二）网络空间安全战略的主要内容

中央网络安全和信息化领导小组的成立，有力地推进了网络空间安全战略、策略和政策的制定工作。2016年，开启了中国制定网络空间安全战略的元年。

1.《国家信息化发展战略纲要》

《国家信息化发展战略纲要》提出了国家信息化发展战略总目标是建设网络强国。为实现这一战略总目标需大致分三个阶段即“三大步的跨越式战略”。第一步，到2020年，核心关键技术部分领域达到国际先进水平，信息产业国际竞争力大幅提升，信息化成为驱动现代化建设的先导力量。第二步，到2025年，建成国际领先的移动通信网络，根本改变核心关键技术受制于人的局面，实现技术先进、产业发达、应用领先、网络安全坚不可摧的战略目标，涌现一批具有强大国际竞争力的大型跨国网信企业。第三步，到21世纪中叶，信息化全面支撑富强、民主、文明、和谐的社会主义现代化国家建设，网络强国地位日益巩固，在引领全球信息化发展方面有更大作为。《国家信息化发展战略纲要》明确提出了国家发展信息化的24字基本方针：统筹推进、创新引领、驱动发展、惠及民生、合作共赢、确保安全。

2.《中华人民共和国网络安全法》

网络空间是国家的第五疆域，网络安全法就是国家治理第五疆域的大法。《中华人民共和国网络安全法》的出台，标志着建设网络强国的制度保障正在努力迈出坚实的一步，表现出鲜明的中国特色。网络安全法包括7章79条，着重定义了如下几个方面的内容：明确了网络安全等级保护制度的法律地位，要求网络运营者履行等级保护的责任和义务；明确了数据安全和个人信息安全对于国家安全的重要性；强调了国家关键信息基础设施安全防护的重要地位和意义；明确了不同层级的网络安全监测预警和应急处置的制度和机制。网络安全法在内容上有六大亮点：明确了网络空间主权的原则、明确了网络产品和服务提供者的安全义务、规定了网络运营者的安全义务、进一步完善了个人信息保护规则、建立了关键信息基础设施安全保护制度、确立了关键信息基础设施重要数据跨境传输的规则。网络安全法首次明确地界定了中国国家网络安全战略关注的主要目标，表达了中国主动参与全球网络空间治理、推动建立网络空间治理新秩序的决心。配合网络安全法，国家陆续发布了《网络安全等级保护条例 2.0》(包括大数据、云计算、物联网、移动互联网和工业互联网几个扩展系统)、《关键信息基础设施安全保护条例》《国家网络安全实践应急预案》《个人信息和重要数据出境安全评估办法》《数据安全管理办法》《个人信息安全规范》《加强工业互联网安全工作的指导意见》等不同的行业规范和国家标准。这些行业规范和国家标准是网络安全法的重要补充，提供了网络安全法落地执行的重要依据。自 2017 年生效以来，网络安全法为保障网络安全、维护网络空间主权和国家安全，保障社会公众利益，保护公民、法人和其他组织的合法权益，促进经济社会信息化健康发展发挥了重要作用。

3.《网络空间安全战略》

2016 年 12 月 27 日，国家互联网信息办公室发布了我国首部《网络空间安全战略》，重点分析了目前我国网络安全面临的“七种机遇和六大挑战”，提出了国家总体安全观指导下的“五大目标”，建立了共同维护网络空间和平安全的“四项原则”，制定了推动网络空间和平利用与共同治理的“九大任务”。《网络空间安全战略》如同一道保障网络空间安全的“防火墙”，成为指导国家网络安全工作的纲领性文件。

《网络空间安全战略》对“七种机遇与六大挑战”的总结，系统地阐述了网络给人类带来机遇的同时也带来了严峻的挑战，是从国家顶层进行全局性计划和策略的基础和前提，充分证实了习近平总书记提出的新型网络安全战略思想：网络安全和信息化是一体之两翼、驱动之双轮。提出了在总体国家安全观的指导下，在统筹国内国际两个大局和统筹发展安全两件大事的基础上，实现网络空间“和平、安全、开放、合作、有序”的五大战略目标。构建了共同维护网络空间和平安全的“四项原则”，集中体现了习近平在第二届世界互联网大会上提出的推进全球互联网治理体系的四项原则，即尊重网络主权、维护和平安全、促进开放合作、构建良好秩序。

《网络空间安全战略》制定网络空间和平利用与共同治理的“九大任务”。当前，我国网络空间安全面临着严峻风险与挑战，包括关键信息基础设施遭受攻击破坏，严重危害国家经济安全和公共利益；网络谣言、淫秽、暴力、迷信等有害信息侵蚀文化安全和青少年身心健康；网络恐怖和违法犯罪大量存在，威胁人民生命财产安全，破坏社会秩序；围绕网络空间资源控制权、规则制定权的国际竞争日趋激烈，网络空间军备竞赛挑战世界和平等。因此，《网络空间安全战略》提出捍卫网络空间主权、维护国家安全、保护关键信息基础设施、加强网络文化建设、打击网络恐怖和违法犯罪、完善网络治理体系、夯实网络安全基础、提升网络空间防护能力、强化网络空间国际合作 9 项任务。

4.《信息通信网络与信息安全规划（2016—2020 年）》

2017 年 1 月 17 日，工业和信息化部制定并印发《信息通信网络与信息安全规划（2016—2020 年）》，明确了以网络强国战略为统领，以国家总体安全观和网络安全观为指引，坚持以人民为中心的发展思想，坚持创新、协调、绿色、开放、共享的发展理念，坚持“安全是发展的前提，发展是安全的保障，安全和发展要同步推进”的指导思想；确定了到 2020 年建成“责任明晰、安全可控、能力完备、协同高效、合作共享”的信息通信网络与信息安全保障体系的工作目标。

5.《网络空间国际合作战略》

2017 年 3 月 1 日，外交部和国家互联网信息办公室共同发布《网络空间国际合作战略》。该战略以和平发展、合作共赢为主题，以构建网络空间命运共同体为目标，就推动网络空间国际交流合作首次全面系统提出中国主张，为破解全球网络空间治理难题贡献中国方案，是指导中国参与网络空间国际交流与合作的战略性文件。这是中国就网络问题第一次发布国际战略，以此全面宣示中国的网络领域对外政策理念，系统阐释中国参与网络空间国际合作的基本原则、战略目标和行动计划，表明中国致力于加强国际合作的坚定意愿，以及共同打造繁荣安全网络空间的坚定信心和不懈努力。并以《国家网络空间安全战略》为主体，在外交、文化、经济等领域逐步展开，共同构成中国网络空间安全和发展的顶层设计。《网络空间国际合作战略》正式公开声明两个在网络空间国家安全利益上的重大问题。一是网络空间国防力量建设是中国国防和军队现代化建设的重要内容，发挥军队在维护国家网络空间主权、安全和发展利益中的重要作用，加快网络空间力量建设。二是强调中国建设网络强国的目标和决心，指出这是落实“四个全面”战略布局，实现“两个一百年”奋斗目标和中华民族伟大复兴中国梦的必然选择，同时强调要秉承合作共赢理念，与各国共同打造人类命运共同体。

（三）中国网络空间安全战略的主要特点

与其他国家或区域的战略文本相比，中国网络空间安全战略是根据国情民意研究制定的，具有自身的显著特点。

一是先进的思路理念。从全球范围来看，网络安全层面的国家战略最早见于21世纪初。2000年1月，美国制定了“信息系统保护国家计划”，在世界范围内首开先河。2010年后，部分国家新制定或修订的网络安全国家战略，较之前出现了显著的代际更替。在新一代战略中，普遍提出网络安全工作应当囊括经济、社会、军事、外交、法律、技术等方面，并应在最高层的领导下，统一协调、同步推进。从上述代际变化来看，中国的《网络空间安全战略》具备新一代战略的主要特征。例如，在一开始就强调了信息技术和网络空间发展对我国乃至全球的革命性引领作用，并从经济、文化、社会、国际合作等方面详尽分析了面临的挑战。因此，无论是立意，还是视野，中国的网络安全战略切合了发展的趋势，把握住了时代的脉搏。

二是完善的网络空间安全顶层设计。中国发布的《网络空间安全战略》，阐明了中国关于网络空间发展和安全的重大立场和主张，明确了战略方针和主要任务。优化了顶层设计，完善了战略规划和法制建设，加强了网络空间安全总体部署。法制建设方面，颁布的《中华人民共和国网络安全法》，展开系列配套法律制度建设。

三是科学的组成设计。中国的网络空间安全战略基本上包含了所有战略要素。战略文本的第一部分是机遇和挑战；第二部分是总体目标，详细叙述了和平、安全、开放、合作、有序的网络空间的基本属性；第三部分是原则，非常鲜明地体现了中国秉持的价值观，如尊重主权和国与国之间的平等、爱好和平、推崇法治等；第四部分是战略任务，既指出了中国在网络安全领域的短板和不足，又突出了“加强网络文化建设”这类符合中国国情需要的工作重点。

四是鲜明的主权阐释。与其他一些国家和区域的战略相比，中国的战略对网络空间主权专节论述，从对内和对外两方面，系统、鲜明地阐释了网络空间主权对网络安全的重要意义。网络空间主权是国家主权在网络空间的继承和延伸，必须得到各国的尊重和维护；网络空间是人类共同的精神家园，和平利用网络空间应当在遵循《联合国宪章》倡导的主权平等原则的基础上，确保网络空间在和平的环境中加以利用。

二、中国周边国家网络空间安全战略

在中国周边国家中，以日本、印度和韩国的网络空间建设最为先进，网络空间安全战略最为成熟和完善。

（一）日本网络空间安全战略

日本是全球信息化程度最为发达的国家之一。日本在 2015 年的网络空间综合就绪指数为 5.6，在 143 个国家和地区中排第 10 位；通信技术发展综合指数为 8.47，在 167 个国家和地区中排第 11 位。出于维护网络空间利益，争夺网络空间主导权的需要，日本已形成较为完善的网络空间安全战略。

1. 网络空间安全战略的发展演变

日本自卫队网络空间安全战略酝酿已久。自2003年开始制定网络安全战略，接连出台《网络安全战略》《第一份国家信息安全战略》《第二份国家信息安全战略》《保护国民信息安全战略》。

随着网络安全在国家安全保障中的重要性日益突出，日本政府不断制定新的网络安全政策。2011年8月，在防卫省公布的2011年度《防卫白皮书》中，以罕见地位和篇幅强调了网络战的意义。白皮书第一章“国际社会课题”的第一节的题目是“围绕网络空间的动向”，它以大量篇幅强调国际网络空间斗争加剧的现状以及日本面临的风险，并要求大幅增强这方面的力量。日本政府吸取了2012年伦敦奥运会曾遭受超过2亿次网络攻击的经验教训，决定修改其《网络安全战略》，以迎接即将举办的东京奥运会和残奥会。军事方面，日本防卫省于2011年建立“网络空间防卫队”，由防卫相直辖，负责全时监视防卫省和自卫队的网络，应对潜在网络攻击。在此之前，自卫队已组建一支网络战部队，由计算机专家组成，共5000余人，专门从事网络系统的攻防工作。当前，该部队已经具备了较强的网络进攻实战能力。

日本内阁2013年审议通过《防卫计划大纲》，提出要重视建设“应对宇宙空间和网络空间事态”的职能和能力。此外，防卫省还将网络空间定位成与陆海空天相并列的领域，并认识到“网络空间活动的成败，与陆海空天领域的成败同等重要”。2013年6月10日，日本内阁下属的信息安全中心（NISC）发布了《网络安全战略》，旨在保护日本信息化社会正常运转不可或缺的关键基础设施的安全，维护网络空间安全，降低互联网使用风险。2014年11月6日，日本通过《网络安全基本法》，规定国家及地方政府有义务采取网络安全对策。《网络安全基本法》获得国会通过后，日本政府于2015年1月9日设立了由内阁成员组成的“网络安全战略本部”。

2015年5月25日，日本政府在首相官邸举行由阁员组成的“网络安全战略本部”会议，制定了2015年版的《网络安全战略》，提出要以此确保网络空间的自由和安全，旨在通过政府、私营企业和公民的共同努力，创造安全的网络环境，助力日本经济和社会发展，增强民众生活信心，保障国家安全。这是日本政府首次更新网络安全战略。8月20日，日本政府召开了由阁僚和专家组成的“网络安全战略总部”会议。9月4日，日本政府内阁会议正式通过了旨在确保网络空间安全的新指针——《网络安全战略》，对日本未来网络安全战略进行了规划。

2016年3月31日，日本政府召开“网络安全战略总部”会议，阁僚和专家出席，确定通过《网络安全战略》修订法案。该法案提出，为减少黑客入侵途径，政府机构重要政务系统将与网络隔离；日本政府将积极参与网络空间相关国际准则的制定工作。2017年，日本发布修订版《反跟踪骚扰法》，将互联网上的跟帖留言纳入管制对象。2018年，日本政府制定了3年的网络安全战略。日本政府在2018年底之前修订其国防指导方针，特别重视加强日本自卫队的网络安全能力并进一步加强网络自卫队的力量建设。

2019年12月17日，日本内阁审议通过了首份《日本国家安全保障战略》文件，将完善法律和监管制度，以防止谷歌、苹果、脸书、亚马逊等科技巨头滥用其市场支配力，政府将修订个人信息保护法，允许个人要求数字公司暂停使用其数据。组建网络防卫力量已经摆上日本政府的议事日程。据《产经新闻》2020年1月底报道，日本防卫省正在探讨新建部队负责太空、网络和电波等新领域的防卫。日本政府发布拟于2020年新设“太空和网络司令部”的消息，其地位将与陆上总队、航空总队和自卫舰队并列，旨在提升网络空间和太空的“攻势防御”能力。日本政府还强化网络部队建设，力争将规模增至千人，并新设开展网络攻击研究的负责部门，“由守转攻”态势凸显。

2. 网络空间安全战略的主要内容

日本作为信息化水平较高的发达国家，将网络空间安全作为国家发展的基本国策，将网络空间安全提升至国家安全高度。近年来，日本确立了“网络空间安全立国”的根本目标，提出要建立“全球领先、强大且充满活力的网络空间”，在网络空间发展战略、政策法规、管理运行机制、力量建设、产业发展、技术研发、专业人才培养以及国际合作等方面采取了大量举措，日本的网络空间战略内容十分丰富。

一是构建“充满活力”的网络空间。通过提升产业活力、开发先进技术、培养高端人才，构建“充满活力”的网络空间，以主动应对网络空间存在的风险，确保网络空间的可持续发展。为提高经济社会的活力和实现可持续发展，创建安全的物联网系统，整合体制机制，带动产业发展；提高企业在经营活动中的网络安全意识，提升公司管理层对网络安全的认识，加强内部人才培养；为网络安全产业发展创造良好的国内国际环境，国内层面完善法律法规，国际层面争取国际贸易规则的制定权，同时保护供应链安全。为了增强国民生活的信心和社会稳定，构建安全放心的网络环境，网络安全企业从产品服务的系统策划和设计阶段开始确保安全；保护重要基础设施，开展网络安全审查，实现信息共享；提升政府机构网络安全保障水平，提高网络攻击防御能力和安全威胁渗透测试能力，增强安全事件处置能力。

二是构建“领先于世界”的网络空间。日本为适应全球网络空间的发展，省级机构加强信息传输，积极参与国际规则的制定，发展海外市场，支援相关能力的构建，提升国民的信任度，在此基础上构建“领先于世界”的网络空间。认为，迅速、切实地应对网络攻击，离不开以日美安保体制为轴心的日美合作。提出加强日美双边的网络对话、对面临的网络威胁达成共识、就重要基础设施保护等具体的网络空间问题探讨相关的解决方案，并积极参与国际规则的制定。为“塑造全球领先、高延展和有活力的网络空间”，2015 年 5 月 25 日，日本政府又制定了新的《网络安全战略》。2019 年 12 月 17 日，日本内阁审议通过的《日本国家安全保障战略》指出：“从国家安全保障的角度看，网络空间的保护不可或缺”，创建“领先世界的强大而有活力的网络空间”，实现“网络安全立国”。

三是发展“自由、公正、安全”的网络空间。日本 2015 年版《网络安全战略》提出其目的是创建并发展“自由、公正、安全”的网络空间，助力“提高经济社会的活力和实现可持续性发展”“增强国民生活的信心和社会稳定”“保障国家安全和实现国际社会的和平”。为实现这一目标，2015年版《网络安全战略》提出了“信息自由流通”“法治”“对使用者的开放性”“主动遏制恶意行为的自律性”“政府和民间等多方面的合作”5项原则，并明确提出要积极参与制定网络空间的国际规范。

四是加强网络安全核心技术研究。据《日本经济新闻》2018年1月8日的报道，日本总务省下属的信息通信研究机构开发出了新型加密技术，连新一代超高速计算机——量子计算机也难以破解。该技术的原理是将需要保护的信息转换为特殊的数学问题，可代替通信网等现有加密技术使用。这项技术已入选新一代加密技术的国际标准候选方案，将成为物联网的基础技术，为保护网上交易等的机密性发挥重要作用。日本在人工智能、图像识别等方面的研究，也有长足的进步。

五是重视网络安全领域的对外合作。日本分别与亚洲、大洋洲、北美、欧洲、中南美洲、中东和非洲的一些国家开展技术、能力建设等方面的合作。日本政府在2017年提出的“网络空间的积极和平主义”计划方案中写入了将参与构建网络方面的国际规则。在实际外交活动中，日本也将网络安全列为重要的国家合作内容。虽然在应对网络威胁方面进展缓慢，但日本政府希望与其他国家合作，以便快速弥补差距。2018年1月，日本首相安倍晋三访问爱沙尼亚、拉脱维亚和立陶宛时提出，在日本和波罗的海3国之间建立“合作对话”，以实现网络安全信息共享。日本过去几年一直寻求加强与东南亚国家之间的安全关系，而网络安全正是其关注的重点领域。东南亚各国也迫切需要提升这方面的能力以提高地区弹性，进而推动经济和商业发展，并提高安全性。鉴于这些状况的存在，日本与东盟立足网络层面展开互动，包括召开信息安全与网络安全会议以及提出新的培训计划等，以加强东南亚政府机构的网络防御能力。

3. 网络空间安全战略的主要特点

为应对网络攻击对日本国民生活造成的威胁，保护网络经济发展，日本政府出台一系列网络空间战略、政策和法规，表现出自身的特点。

一是通过修改《和平宪法》加强自卫队网络安全能力建设。作为新一轮网络安全策略中的重要组成部分，日本希望通过网络空间阻止其竞争对手。日本首相安倍晋三曾于2018年初公布这一修订意向，借口应对朝鲜威胁以及出现的一系列勒索软件攻击事件。常见的威慑方法主要分为两种：一种是惩罚性举措。日本将以严厉的惩罚条款威胁对手，以避免其发动攻击。然而，网络空间内的有效惩罚举措需要配合大量准备性工作，且其中大部分需要在攻击实际发生之前部署就绪。例如，如果日本希望以关闭敌对方网络的方式应对攻击，则日本的网络运营商需要首先确定敌对方管辖范围内最为重要的网络范畴，其中运行有哪些软件及其中可能存在的安全漏洞，进而对目标网络加以利用。如果要及时惩罚攻击方并传递必要的信号，准备工作自然要在日本受到攻击之前进行。另一种是抵御性举措。要求日本提高自身网络防御能力，以确保任何潜在敌对方不会选择这种攻击成本大于一切收益的做法。这就要求日本了解其面临的网络威胁，并对日本政府和企业内的网络安全技术与专业人员提供必要的战略性投资。日本自卫队目前将重心放在网络防御部门上，该部门正在获取进行网络反击所需的技能和知识。日本防卫省一名高级官员表示，如果有大量计算机和其他设备用于网络反击，那么就有可能快速将大量数据发送至敌方的服务器上，通过DDoS攻击使敌方的服务器瘫痪。日本自卫队还准备检查内部系统抵御网络攻击的能力，以此检验系统的脆弱性。

二是将网络安全视为国家安全战略问题。2013年5月21日，在日本政府“信息安全政策会议”上，日本首相安倍晋三强调：“迅速做出应对不仅仅是国家安全和危机管理的需要，也是为了国民生活的稳定和经济发展。要努力构筑与世界最高水平的IT国家相适应的安全的网络空间。”2015年2月10日，在召开的“网络安全战略总部”首次会议中，日本首相安倍晋三强调：“威胁日益严重，（网络攻击对策）是国家安全和危机管理上的重要课题。”2015年版《网络安全战略》从机遇和挑战两个方面论述了对网络空间的认知。机遇方面，提出网络空间的无国界性和无差别、无排斥性，使任何人都可以自由参与讨论，任何信息都可能实现自由准确的流通，从而迎来现实空间与网络空间的高度深层融合，也即“连接融合信息社会”的到来，为日本经济和社会的发展带来无限多的机会。挑战方面，认为主要有两点：第一，网络空间参与门槛低的特性，使恶意攻击者拥有明显的非对称性优势，网络攻击变得非常容易。第二，网络攻击尤其是有国家背景的组织和团体发动的攻击，将对经济社会造成不可估量的危害。

三是政府层面高度重视强化战略规划和指导。日本在互联网安全战略方面的国家举措是要构建强韧的、有活力的、世界领先的网络空间。在网络安全与治理方面，设置了互联网监管的政府职能机构，包括总务省、经济产业省、警察厅、法务公正贸易委员会、法务省、内阁官房、官办“网络防卫队”等。互联网治理的民间机构包括“手机内容审查运营监管机构”日本网络安全协会（JNSA）和日本数据通信协会。与此同时，日本还制定了互联网治理的法律法规，如针对青少年网络使用安全的法案、针对青少年使用手机移动互联网的法律、网络信息安全的法案。此外，日本亦重视互联网治理的行业自律，如针对青少年使用手机移动互联网的行业自律和针对互联网广告的行业自律。电信事业规划包括推进移动通信服务、提高光纤通信的使用、针对电信行业竞争状况的评价、促进免费公众无线局域网环境等。同时，积极推进教育、医疗、看护、健康领域的信息通信技术应用，推进开放数据的应用，等等。信息通信技术国际战略的推进，还包括网络空间的国际规则化和网络安全的国家间对话。

四是注重以网络战略威慑维护网络空间安全。根据日本的一份政府咨询文件，东京方面计划对其国防战略进行重大修订，新版本的主要关注点将集中在威慑网络空间对手方面，这是日本首次提出这样的设想。目前全球已经有超过 30 个国家具有攻击性网络能力，而日本希望阻止可能破坏其国家安全或威胁公民生命或权利的网络行动。该文件同时指出，东京方面将利用全部外交、经济与技术手段实现其威慑目的。但日本一直没有将自卫队作为其威慑力量的一部分。在这里强调的威慑能力，与英国及美国的讨论方向保持一致，日本对于阻止敌对方的具体举措还很少。常见的威慑方法主要分为两种：惩罚性举措和抵御性举措。第一种就是将以严厉的惩罚条款威胁对手，以避免其发动攻击。但在日本“和平宪法”的限制下，这些威慑性质的行动，即使是用于支持威慑方法或者应对武装攻击，是否合法仍然无法确定。第二种就是抵御性威慑。这就要求提高自身网络防御能力，以确保任何潜在敌对方不会选择这种攻击成本大于一切收益的做法。这就要求了解其面临的网络威胁，并对日本政府与企业内的网络安全技术与专业人员提供必要的战略性投资。

五是不断提升维护网络空间安全的思维理念。2015 年版《网络安全战略》确立了三大方针：其一，“从事后到事先”，即面对黑客不断变换网络攻击手段，不是遭受网络攻击后采取对策，而是在分析未来变化趋势和可能产生风险的基础上，事先展开必要的行动；其二，“从被动到主导”，即指在国内层面促使私营部门和民间团体自发主导行动，在国际层面树立负责任的国家形象，积极促进全球网络空间的和平与稳定；其三，“从网络空间到融合空间”，必须考虑网络空间与现实空间各种事物和现象的相互交织，以及这种交织融合对社会可能产生的影响。

（二）印度网络空间安全战略

印度是世界著名的“软件大国”，拥有庞大的电子信息产业，在高科技领域和信息技术方面有着独特的优势，是最早使用互联网技术的国家之一。印度拥有世界第二大互联网市场，截至 2020 年 10 月，超过 6.768 亿互联网用户，网络信息技术在为印度人提供大量方便的同时，其负面效应也不断显现，甚至开始威胁印度的国家安全和利益。为确保网络空间安全，印度从政策、法律、组织领导多个层面制定了相应的规划，并在社会经济、外交和国防等领域进行了大量的实践活动。

1. 积极制定国家网络安全政策法规

随着信息技术的广泛传播，印度互联网产业呈井喷式发展，但其网络安全防范却没有同步跟上，网络犯罪层出不穷，甚至被恐怖分子利用。为此，印度政府采取了一系列措施加强网络安全管理，同时也以“保护国家安全”为由，不断加强国家网络安全政策法规体系建设，加强网络部队的攻击能力。

2000 年，印度颁布《信息技术法案》，随着网络安全形势的变化，该法案几经修订。经过十多年的探索、实践和评估，印度于 2011 年 3 月 26 日出台了《国家网络安全策略（草案）》，强调发展本土信息技术产品，减少进口高科技产品对国家安全可能带来的威胁。2013 年，印度通信和信息技术部公布《国家网络安全政策》，明确了未来 5 年印度网络安全发展的目标和行动方案，力图建立一个网络安全总体框架，为政府、企业和网络用户有效维护网络安全提供指导。2019 年 12 月 4 日，印度政府向议会提交《个人数据保护法案》，规范政府和私营机构对个人数据的收集、存储和处理，并对可能的滥用行为处以罚款。2021 年 3 月 10 日，印度正在为本国制定“国家网络安全战略”，以保护关键基础设施免受来自国外黑客的攻击。当时，印度政府正在调查 2021 年初对印度金融之都——孟买的一系列黑客攻击。这些网络攻击导致断电，南亚最大的证券交易所和银行的工作出现故障。印度军方已制定《陆军网络安全政策》《海军信息安全政策》等政策法规。

2. 建立统一管理的“网络安全体系”

为了建立一套统一管理的“网络安全体系”，印度政府专门成立了“国家网络协调中心”，并赋予该中心无限制访问所有网络账号的权利。该中心由印度国家安全委员会秘书处、情报局、印度调查分析局、印度国防研究与发展局以及诸多军事单位组成。与此同时，印度政府还大批招募 IT 专家，以构建其“网络安全系统”。此外，印度警方在全国一些主要大城市成立了网络警察局，印度第一大城市孟买的网络警察局装备最为精良、专业化警力多达150余人。

印度国防研究与发展局还试图自主开发“自有操作系统”，以摆脱对行业主流操作系统的依赖，确保印度“能够避免遭遇来自外部世界的各种风险”。此外，印度政府还加强了对电信运营商的全面系统监管、加强了对公共网吧的管理、启动了对进口网络硬件设备的监管。印度军方业已开始组建网络司令部，加强军队网络战能力。印度则在网络监视和防御方面开发建设了中央监视系统、网络流量分析系统、网络安全监控与评估系统等系统平台。

3. 加强网络军事力量建设

2005年，印度军方在位于新德里的陆军总部建立了专门负责网络中心战的网络部队，并在所有军区和重要军事单位的总部设立网络安全分部，网络部队达万余人，以防范日益严峻的网络攻击。此外，印度组建一支由软件精英组成的团队。这支团队将以先发制人的方式突破对手的安全防御，刺探对手的机密情报，团队中的网络黑客们将会得到法律的保护。据称，印度国家技术研究局和国防情报局负责组建该国的网络攻击部队。2013年5月，时任印度国防部长安东尼表示，作为加强印度网络防务安全的一部分，印度武装部队将设立网络司令部。同年8月，美军太平洋空军司令部司令赫伯特·卡莱尔将军也表示，美军拟协助印度组建网络司令部。

印度定期举行“网络堡垒”演习，据称在2015年组织的“网络堡垒-8”演习中，印度陆军网络大队利用远程渗透等手段，成功获取了印军某网络系统的管理员权限，并发现了13个大类的安全漏洞。

（三）韩国网络空间安全战略

当今全球互联网正在迅速发展中，韩国的互联网产业在世界上起步较早，在基础设施建设上、国民上网规模上以及互联网的实际利用效果上都走在世界的前列。近年来，韩国互联网用户飞速增长，韩国政府非常重视网络空间安全问题，加强了网络空间安全战略建设。

1. 网络空间安全战略体系

韩国作为一个网络大国，曾经遭遇过多次网络攻击。2003 年 1 月，韩国国内发生了因特网瘫痪事件；2009 年 7 月 7 日，发生 3 次通过 DDoS 攻击方式入侵青瓦台、国防部、银行等机构网站的事件；2011 年 3 月 3 日，发生 DDoS 攻击方式入侵韩国农业协同组合电子计算机网，导致网站瘫痪的事件；2013 年 3 月 20 日及 6 月 25 日，发生两次网络恐怖攻击，导致广播公司、金融机关网络瘫痪；2014 年 12 月 7 日，发生韩国水电与核电公司数据被黑事件。因此，韩国非常注重网络空间安全，并制定了一系列战略、策略和法案，初步形成了网络空间安全战略体系。

十多年来，韩国逐渐出台一些网络空间安全战略。2011 年，韩国政府制定《国家网络安全总体规划》，但它只是一份政府政策层面的文件，还未达到国家战略高度。2012 年，韩国正式启动民间、政府、军队网络威胁联合应对组。2013 年 7 月，韩国青瓦台、国家情报院、未来创造科学部、国防部等 16 个部门共同制定颁布《国家网络安全综合对策》，确定了四大网络安全战略：强化网络威胁防范体系的可塑性（Prompt）、构建相关机构智能合作体系（Cooperative）、增强网络空间保护措施的稳固性（Robust）、夯实网络安全创造性提升（Creative）的基础，即“PCRC”战略。从网络安全的紧迫性来看，它还是一个宣言性质的框架性文件，但它描绘出了韩国网络安全战略的发展方向。由“PCRC”战略可知，韩国网络安全战略的防御性色彩更加浓厚，与美国进攻型战略步调不一致。2015 年 3 月，韩国政府发布“韩国强化网络安保态势综合对策”，并在青瓦台国家安保室新设立网络安保秘书官，以加强政府层面的网络安保力量。2015 年 5 月，国家安保室召集国情院、军队、警察、未来创造科学部等机构高层人员商讨“以青瓦台国家安保室为中心、相关单位各负其责以加强网络作战能力”的方案。目前，韩国政府已制定《国家网络安全管理规定》《电子政府法》《国家信息化基本法》《信息通信基本保护法》《促进信息通信网络使用及信息保护法》等与网络信息有关的数十部法律。

战略目标是把韩国建设成与其世界 IT 先进国家地位相当的网络安全强国。韩国是世界信息技术强国，以 2012 年为例，国际信息化指数中，韩国 ICT 发展指数、电子政府发展指数、上网参与指数居世界首位，但网络就绪指数排第 12 位，网络安全环境相对落后。韩国政府决定通过发展 ICT 产业作为经济复苏的重要解决方案。如今，韩国政府《国家网络空间安全战略》在继承之前战略性文件成果的同时，明确提出以“战略规划—战略力量建设—战略力量运用”为核心的网络空间军事战略框架，以“事前遏制—事中应对—必要时反制”为核心的网络空间安全力量运用战略，以及集“政府战略决策文化建设”“政府战略执行文化建设”“国民安全意识建设”于一体的网络空间安全文化建设战略。因此，该战略可被视为韩国国家网络空间安全战略发展史“新的里程碑”。

2. 明确网络空间安全职责分工

为应对网络恐怖活动，韩国有一套完整的职责分工，总统为最高权力执行者，国家安保室、总统秘书室对总统负责。发生危机时，由国防部向国家安保室中的危机管理中心进行最初情况报告，尔后危机管理中心直接向总统报告；平时，由未来创造科学部向总统秘书室未来战略首席进行情报保护政策报告，尔后由其向总统报告。

与国家安保室、总统秘书室平级的机构是国家网络安全战略会议，国家网络安全战略会议由国家情报院长担任会议议长，其余人员包括韩国外交通商部副部长、法务部副部长、国防部副部长、安全行政部副部长、未来创造科学部副部长、国家安全保障会议事务处副处长以及会议议长指定的其他机构副部长级别人员，是各单位进行业务协调、确立网络安全体系及其改进事项的战略性会议。在韩国国家情报院内设立国家网络安全中心，与国家网络安全战略会议进行业务沟通，其下属机构为韩国民间、政府、军队联合成立的网络威胁联合应对小组，该小组向国家网络安全中心负责，小组由国防部、中央行政机关、未来创造科学部人员构成，分别代表军队、政府、民间三大领域。韩国各领域应对网络威胁的分工如下：国防部负责国防领域的网络威胁，国家主要基础设施及公共领域由国家情报院负责，因特网、个人手机和民间数据中心等民间领域由未来创造科学部下属的韩国互联网振兴院负责。

2004 年 2 月，为从国家层面对网络攻击进行综合性、系统性应对，韩国国家情报院内设立国家网络安全中心，该中心负责对信息通信网进行 24 小时网络威胁情报收集、分析、传递，并对国家主要计算机网的安全性成果进行评价。2015 年 3 月，政府发布“韩国强化网络安保态势综合对策”，并在青瓦台国家安保室新设立网络安保秘书官，以加强政府层面的网络安保力量。

韩国民间层面网络安全则由未来创造科学部负责，其下分 3 个网络安全应对中心，即未来创造科学网络安全中心、韩国互联网振兴院互联网入侵应对中心、科学技术网络安全中心，而其中韩国互联网振兴院在其中起中坚作用，该机构主要针对因特网、个人手机和民间数据中心等民间领域进行网络空间领域情报收集及应对。韩国民间部门应对网络威胁的体系是依据《信息通信网法》来设立的，韩国未来创造科学部长官负责发布《信息防护指针》、调节信息防护管理等级、对运营信息防护管理系统的运营商进行认证。韩国未来创造科学部长官负责收集遭遇入侵事故的情报并进行传递，同时对入侵事故进行预报、发布警报以及执行紧急处置措施，如有必要，还可以由韩国互联网振兴院代行职责。当提供信息通信服务的运营者发现网络入侵时，应当立即向未来创造科学部长官以及韩国互联网振兴院申告，接到申告后，未来创造科学部长官应立即组建政府和民间联合调查团分析原因。

3. 网络空间军事力量建设

2000 年 1 月，韩国军队系统在国防部及各集团军本部设立“计算机安全应急响应组”（CERT）；2003 年，韩军在国军机务司令部内设立“国防信息战应对中心”；2005 年，韩军在各作战司令部和各军中编入计算机安全应急响应组，以应对网络威胁；2010 年 1 月，韩军创立网络司令部，将原来国军机务司令部执行的保密业务和网络入侵调查业务接过来，并同时执行情报收集以及情报保护业务；2011 年 7 月，韩军将网络司令部提升为能够执行网络作战任务并直属国防部的“国军网络司令部”。根据《韩国国军网络司令部令》规定，国军网络司令部负责“筹划国防网络战并制定计划、实施国防网络战、培养国防网络战人才及技术研发、针对国防网络战进行部队演练、确立与相关单位间的情报共享和协作体系等相关业务”。国军网络司令部还负责制定“在网络战场公域能够执行攻击作战和防御作战的网络交战规则以及网络作战概念”，并且“网络作战执行概念”已列入韩美联合作战概念中，这就将网络作战扩大至韩美联合作战层面。

韩军在国防部内部设立网络作战相关法律和网络作战规定，以此对网络作战进行法律性、制度性规定。2012 年后，韩国国防部对网络司令部进行人员扩编。当前，韩军在国军网络司令部和军级以上野战部队开始运用 CERT 班，但并未完善相应的网络作战教义，从目前人员的编成情况来看，在编人员主要执行防病毒及联合参谋本部情报作战防护态势（INFOCON）情况处置的任务。另外，韩国在网络空间领域的军民融合具有代表性。其军事、民间层面在网络空间领域均有各自的职能分工，军民融合具有鲜明的特点。在军民合作领域，韩国注重推进形成产业化，尤其在网络空间领域，主要由国军网络司令部与韩国互联网振兴院分别负责军事与民用两个领域的工作，共同推进相关合作项目形成产业。网络空间领域的法律法规及组织架构较为完善，《韩国国家网络安全管理规定》《信息通信网法》等法律对网络空间领域的相关组织架构进行了明确，并确立了危机情况和一般情况下的应对架构。

网络空间安全合作成为美韩同盟的新拓展。美韩同盟积极拓展网络空间安全合作，在全球、区域、双边层面的互动日益频繁。2009 年 6 月，美韩峰会发表《美韩同盟未来展望宣言》，将美韩同盟发展成辐射双边、地区以及全球范围，包括军事、政治、经济、社会和文化等各领域的全球同盟。美韩政府、军队、企业、学者的参与保持了双边交流与合作渠道的多样性。

美韩定期双边对话也使网络安全讨论保持一贯性和连续性。美韩主要在外长防长会议（2+2）、安保会议（SCM）、双边首脑会谈等双边原有对话机制中探讨网络安全问题。2012 年 6 月 14 日，美韩第二届外长防长会议决定成立美韩网络安全小组，有组织地开展网络空间安全讨论。2014 年 10 月 23 日，美韩第三届外长防长会议再次讨论网络空间合作问题。随着美韩同盟双边性网络空间安全合作的凸显，将会对东北亚地区安全产生不利的冲击。

三、其他亚太国家网络空间安全战略

亚太地区其他国家即中国周边以外的亚太地区国家。这些国家的网络建设相对较好，比较重视本国的网络空间安全，并制定国家网络空间安全战略。在中东，以色列、伊朗等国家因网络空间安全形势严峻，对此非常重视，并分别制定本国网络空间安全战略。

（一）以色列网络空间安全战略

以色列的医院、股票交易所、银行、政府网站等统统遭受过严重的网络攻击。因此，以色列非常重视网络空间安全建设，形成了具有自身特色的网络空间安全战略。

1. 互联网建设稳定发展

以色列的互联网是从 1990 年开始建设的。直到 1997 年，国内互联网流量大部分来自 ISP 之间的交互或者高校学术网络。自 1997 年，以色列互联网协会开始经营互联网交换中心，国内的流量开始主要通过互联网中心进行路由交换。20 世纪 90 年代后期，以色列的 ADSL 宽带互联网开始使用，并于 2001 年对普通居民开放。1999 年政府花费大量的成本建设升级互联网基础设施。在 2001 年，以色列政府修订了《通信法》，允许通过有线基础设施提供宽带互联网。

以色列互联网用户数量从 2010 年的 5008748 增加到了 2016 年的

5941174，占总人口的比例从2010年的67.50%上升到72.50%，一年变化率从2011年的4.0%变化到2.1%。这些数据说明以色列互联网处于稳定发展阶段，互联网用户数量占总人口的比例已经较高，处于较发达阶段。在2017年全球189国家（地区）宽带网速统计中，以色列的网速是7.2Mbps，排名第60位，处于中上游水平。

以色列网络安全厂商数量仅次于美国。2016年3月，美国科技媒体CSOonline统计了全球主要网络安全厂商的数量和分布，美国稳稳地坐上头把交椅，以827家厂商的成绩位居第一。以色列拥有228家，居第二。非常引人关注的是，以色列网络安全厂商数量比排名后5个国家（英国76家、加拿大49家、印度41家、德国33家、法国25家）的厂商数量的总和还多（统计只包含实际生产网络安全产品和提供网络安全服务的厂商，不包括分销商、咨询公司等）。另外，一家科技媒体Techcrunch在2016年初的一篇报道中指出，以色列拥有超过300家网络安全公司，全球范围内仅次于美国。2014年，以色列网络安全公司产品和服务出口额占全球网络安全市场的10%。仅2015年，就有81家新的网络安全初创企业诞生。据以色列市场研究机构IVC统计，目前以色列有大约430家网络安全企业，40个外国公司投资建立网络安全研发中心。2000年到2009年，平均每年涌现49家网络安全初创企业，而2010年这个数字一下子提升到66家。不仅网络安全产业规模和企业数量可观，产业结构的完备性还很强。以色列的网络安全企业并非集中于某几类产品，而是遍布基础设施保护、云计算、终端保护、威胁情报、应用（App）保护、工控系统、物联网、智能汽车等各个领域。换句话说，任何组织和机构，无论其规模、从业领域或安全需求如何不同，都能在以色列找到完整的网络安全解决方案。

以色列网络安全产业崛起背后的核心支撑机制是网络安全生态系统。对于以色列在网络安全领域的爆炸式增长，许多以色列官员、网络安全企业高管，以及各种分析和报道，都将首要因素归于国家意志的强有力指引，其次得益于以色列政府引导建立的“网络安全生态系统”（cybersecurity eco-system）。

2. 网络安全信奉实践、实用、结果至上

2010 年，震网病毒被植入伊朗核设施的控制系统中，导致铀浓缩离心机失控毁坏。在认识到网络攻击在物理世界可造成巨大危害后，以色列政府于 2011 年在世界范围内率先制定并颁布网络空间国家战略。同期，总理内塔尼亚胡明确提出："为成为网络安全世界前五强，以色列要建成网络安全的全球孵化器。"从 2011 年开始，以色列每年召开两次网络安全国际会议，年初的"网络安全科技大会"（cyber tech）偏向产业发展，年中的"网络周"（cyber week）偏向政策和学术研讨，内塔尼亚胡从未缺席。

近年来，以色列政府不断整合政府部门、军情部门、产业界、学术界等方面的优势资源，出台了多项政策措施，设计构建了多个发展平台，推出了系统化的激励政策。以色列在网络安全方面的努力，集中体现于以色列政府在南部城市贝尔谢巴新建"网络星火产业园"（cyber spark）。恶劣的生存环境、强烈的不安全感，从根本上塑造了以色列整个国家的思维方式，也给以色列的网络安全打上深深的烙印。因此，以色列在维护网络空间安全上信奉实践、实用、结果至上。在这样的理念影响下，以色列的高科技产业，包括网络安全业，最注重的就是以实践为导向，解决实际问题，快速研发并推向市场。

（二）伊朗网络空间安全战略

自 1992 年首次与互联网相连以来，伊朗当局主要利用网络满足其确保国内政权稳定的需要，也利用监控技术以识别反对政府的信息。因此，伊朗非常重视网络空间安全，虽然没有向外公布其网络空间安全战略，但却实施了一系列战略举措和行动。

1. 维护网络空间安全的分工明确

伊朗网络空间屡遭攻击，迫使其重视加强网络空间安全建设。2010 年，伊朗核项目受到网络攻击的震网病毒事件，促使当局下决心在网络空间采取主动姿态。伊朗希望通过一系列网络工具和战略来改善地区和国际状况，在不对称战争中挫败更强的对手，从而实现其战略目标。

非传统的军事打击，美国展开对伊朗网络攻击凸显网络空间安全重要性。因此，伊朗非常重视维护网络空间安全的组织建设，并具有明确分工。在伊朗，网络空间高级理事会（High Council of Cyberspace）是处理网络领域相关问题的最高机构。在伊朗最高领导人阿亚图拉·哈梅内伊（AyatollahKhamenei）的指示下，该组织于2012年成立，被赋予设计网络空间政策的使命。其他在网络空间开展活动的政府实体包括伊斯兰革命卫队（IRGC）、巴斯基（Basij）和被动防御组织（NPDO）。IRGC是伊朗武装部队的一个分支，负责监督网络攻击活动，而巴斯基网络委员会则是由志愿的黑客组成，受伊斯兰革命卫队的监督。此外，被动防御组织的任务是阻止、预防、识别和反击针对伊朗关键基础设施的网络攻击。

2. 拥有不俗的网络空间作战力量

近年来，由于意识到与对手相比其军事实力薄弱，德黑兰已经认识到建立自己的网络力量的重要性。因此，目前伊朗在网络空间领域拥有不俗的作战力量。伊朗网络战能力大致拥有三支作战力量。

第一支是伊朗伊斯兰革命卫队中负责实施网络攻击的部门。2005年，伊朗开始秘密筹建网络战部队。在2010年“震网”攻击之后，伊朗扩大了能力并组建了本国的网络部队，用以对美、以等国发动网络反击。2011年3月14日，伊朗官方通讯社证实，伊朗已建立一支由志愿者组成的网络战部队，用于反击网络攻击并摧毁“敌人网络”。在网络空间收集情报是伊朗伊斯兰革命卫队的重要职能之一，与其他国家情报机构在网络领域的优势一样，也掌握了从事网络战所必备的人员、技术和设施，其任务是进行网络攻击及防止对伊朗关键计算机网络系统的攻击。伊朗伊斯兰革命卫队还与网络安全与通信领域的公司发展合作，致力于构建一个不断扩大的合作网络，主要目标是抵御美国的网络攻击和攻击美国的网络信息系统。美国国防部下属的“防御科技局”将伊朗列为世界上5个最厉害的黑客国家之一，其每年的网络战预算经费高达7600万美元。近年来，伊朗网军活动频繁，一直在秘密组织“网络圣战”，反抗西方国家的网络入侵，并多次攻击美、以等国家的网站。此外，伊朗还设立了网络警察，抓捕西方网络间谍。2010年3月13日，伊朗官方媒体宣布，警方逮捕了30名由美国资助、在伊朗境内实施“网络战”的特工。2011年，伊朗宣布首批互联网警察在首都德黑兰开始执行“网络巡逻”任务，以打击针对本国的网络间谍和破坏行为。计划到2012年初，全国所有警察局将配设网络警察。

第二支是高级持续性威胁（APTs）组织。由于高度的去中心化和复杂的联系与合作，很难追踪这些行为者集团内部以及它们之间的边界。即便确定个别组织，但它会随着成员随时跳槽而自行解散。尽管如此，其中5个被称为APTs的伊朗组织值得特别关注。5个被称为APTs的伊朗组织：漩涡小猫（Helix Kitten），主要从事网络间谍活动，收集航空、能源、金融、电信和政府部门运营组织的战略信息，以服务于伊朗政府的利益；飞行的小猫（Flying Kitten），也称为“Ajax安全团队”（Ajax Security Team），主要从事航空航天、石油和天然气以及国防工业有关的网络间谍活动；奥沙文集团（Shamoon Group），攻击目标包括2012年沙特阿拉伯国家石油公司、卡塔尔拉斯拉凡液化天然气公司和2018年意大利塞班油服公司等能源公司；火箭小猫（Rocket Kitten），攻击目标包括一些国家的学术机构、媒体和政府机构，收集国防、安全、人权问题的数据；可爱的小猫（Charming Kitten），专攻国防技术、军事和外交领域。

第三支是一个名为“伊朗网络军”的神秘爱国黑客组织。自2005年公开活动以来，以“伊朗网络军”名义发动的网络窃密和网络攻击活动接连不断。在伊朗顶级核科学家穆赫森·法赫里扎德被暗杀以及伊朗在叙利亚目标被轰炸之后，至少有80家以色列公司遭受网络攻击。这是一个独立的实体，本身虽然没有得到官方承认，但他们得到伊朗政府默许或支持，必要时被组织起来对特定目标发动网络攻击。这些黑客参与政府网络作战的外围和支持工作，对于一些需要人海战术的攻击而言，是一支不可忽视的作战力量。

3. 见招拆招应对网络空间威胁

一直以来，伊朗网络空间受到美国和以色列两国的多次攻击。面对网络攻势，伊朗进行了针锋相对的斗争。

伊朗采取各种措施加强舆情监控，控制网络舆情。2009 年 6 月，伊朗大选期间，政府就发射干扰电波防止伊朗人收听卫星广播，并屏蔽传送选举相关消息的网站。2011 年 12 月 6 日，美国正式启动的“虚拟大使馆”网站，第二天便遭到了伊朗有关部门的屏蔽。为进一步加强对网络和通信的监管，从 2009 年开始，伊朗革命卫队全面接管国内的通信企业，控制了所有的互联网接入、手机及社交网站。伊朗还从诺基亚 - 西门子网络公司购入电子监控系统，对网络信息进行全面的监控。

随着形势的发展和矛盾的日益尖锐，美伊之间的网络战可能会继续升级。如果美、以对伊朗发动军事打击，不可排除美军会使用病毒武器“轰炸”伊朗的国家信息基础设施，或使用“舒特”系统攻击伊朗的俄制防空系统。

第八章　全面推进网络强国战略

2014年2月27日，习近平总书记在中央网络安全和信息化领导小组第一次会议上的讲话中明确指出："网络安全和信息化是事关国家安全和国家发展、事关广大人民群众工作生活的重大战略问题，要从国际国内大势出发，总体布局，统筹各方，创新发展，努力把我国建设成为网络强国。"①建设网络强国，是以习近平同志为核心的党中央准确把握信息时代特征提出的战略目标。全面推进网络强国战略，对于促进经济社会发展、打赢信息化战争、确保国家长治久安具有极为重要的战略意义和时代价值。

一、中国亟须推进网络强国战略

互联网的出现和普及，催生了网络空间；网络空间的出现，催生了网络主权、网络边疆和网络国防。中国作为发展中的网络大国，在享有网络化带来发展机遇的同时，也承受着与日俱增的网络空间安全压力，网络空间已经成为强权国家遏制中国崛起的新抓手和着力点。在这一背景下，中国亟须强化以网络主权、网络边疆和网络国防为主要能力的网络强国建设。

（一）国家网络主权受到侵害

国家主权的覆盖范围总是随着人类活动空间的拓展而拓展，从最初的陆地逐渐向海洋、天空延伸，并得到了国际社会的普遍认可和尊重。随着人类社会进入信息时代的网络社会，网络空间作为人类生活不可或缺的新空间出现后，国家主权就伴随着人类社会的脚步自然向网络空间延伸，形成了在网络空间的国家主权。这就是国家网络主权，作为国家主权的新内

① 习近平：《把我国从网络大国建设成为网络强国》，新华网，2014年2月27日。

容和重要组成部分，越来越受到世界各国特别是网络强国的重视，以实际行动将维护网络主权上升为国家战略。

1. 网络主权为国家主权增添新内涵

网络安全的核心是网络主权。网络主权是一个新概念，随着互联网全球治理的不断深化，世界各国将在这一概念上不断达成共识。

国家主权概念发生了变化，从陆海空实体空间的主权延伸到对虚拟空间的管辖。在网络空间，公民的行为空间有了新的扩展，与此相应，国家主权概念也有了新的内涵。国家基本权利包括独立权、平等权、自卫权和管辖权，在网络空间一样要加以保护。网络主权是国家主权在网络空间的自然延伸，其主要内容就是国家在网络空间的管辖权。云计算的应用、物联网的实现、数据资源的跨境存储、基础设施的互联互通和相互服务，均已打破了传统的主权范畴，国家主权形式面临前所未有的挑战。但网络空间的虚拟性、开放性，使管辖权的行使难度加大；世界网络强国把控互联网管辖权，使网络空间公平难以实现；网络空间穿越传统国界，使网络空间独立权增加了极大的变数。

网络主权概念的提出有其法理上的依据。由于主权具有不可转让、不可分割和不可侵犯的神圣地位，任何一个国家的主权，都应是神圣和不可侵犯的。当信息逐渐成为一种重要资源，当打击一国的网络所产生的破坏力不亚于对其领土进行轰炸时，国家有权力也有义务对网络空间进行保护和规范，捍卫本国网络主权的安全。网络虽然无国界，但是网络基础设施、网民、网络公司等实体都是有国籍的，并且都是所在国重要的战略资源，理所应当受到所在国的管辖，而不应该是法外之地。

2015 年 7 月 1 日公布并实施的《中华人民共和国国家安全法》在第二十五条中首次立法“维护国家网络空间主权”。2017 年 6 月 1 日施行的《中华人民共和国网络安全法》第二条明确规定：在中华人民共和国境内建设、运营、维护和使用网络，以及网络安全的监督管理，适用本法。明确了网络主权的法治边界。“网络主权”立法正是适应当前互联网发展的现实需要，为依法管理在中国领土上的网络活动、抵御危害网络安全的活动奠定了法律基础。同时也是与国际社会同步，优化互联网治理体系，确保国家利益、国民利益不受侵害。

网络主权是国家主权在网络空间中的自然延伸和表现，也是现实主权在网络虚拟空间符合逻辑的投射。其主要内容就是国家在网络空间的所有权、管辖权和自主权不容侵犯。核心就是一国自主选择网络发展道路、网络管理模式、互联网公共政策和平等参与国际网络空间治理的权力，反对网络霸权，主张不干涉他国内政，不从事、纵容或支持危害他国国家安全的网络活动。

网络主权作为国家对网络及涉网事务行使的独立管辖权，包括国家对网络上的政治、经济、文化、科技等领域活动的独立管辖权，是国家主权在信息时代的新发展。在当今网络社会，谁掌握了网络权力，谁就掌握了网络空间的主导权；谁失去了网络权力，谁就失去了网络疆域的国家主权。从互联网的逻辑范畴来看，网络权力包括根域名的控制权、IP 地址的分配权、国际标准的制定权、网上舆论的话语权，这些权力都需要国家力量给予维护和保护。

随着信息技术革命的日新月异，互联网真正让世界变成了地球村，国际社会普遍认为，网络空间现已成为领土、领海、领空和太空之外的第五维域，是国家主权延伸的新疆域。互联网创造了人类交往和生活的新空间，必然拓展国家治理新领域，成为国家主权管辖范围的重要分支之一，即网络主权。这种新的国家网络主权也有其完整的构成体系，即由网络空间、网络边疆和网络国防等内容构成。网络空间存在是网络主权的逻辑起点，网络边疆是网络主权的基础支撑，网络国防是网络主权的权力捍卫。因此，在这个空间虽是虚拟但真实存在的电磁物理空间，表现出国家主权的很多职能和权力。

坚持国家拥有网络主权。2010 年 6 月发布的《中国互联网状况》白皮书指出，互联网是国家重要基础设施，中华人民共和国境内的互联网属于中国主权管辖范围，中国的互联网主权应受到尊重和维护。2016 年颁布的《国家网络空间安全战略》明确提出，我国将采取包括经济、政治、科技、军事等一切措施，坚定不移地维护网络空间主权。这是国家网络空间安全战略首次明确提出“我国网络空间主权”的概念。中国网络主权的重要组成部分是对“中华人民共和国境内的互联网”的管辖，还包括互联网域名及相关公共服务不受侵犯。中国提出并坚持使用的网络主权概念，不仅创新了国家主权观念，而且已经成为国家使命，并逐渐被越来越多的国家所接受。

树立网络主权概念，就应该像捍卫国家陆地、海洋、天空主权那样捍卫国家网络主权，这已经成为网络社会国家主权的内在要求。在网络时代，国际政治已经从地域空间、外太空扩展到网络空间，网络已成为新的国际政治角力场之一，网络渗透和信息入侵日益激烈，捍卫国家网络主权对内表现为对公民在网络空间行为的管辖规范，对外表现为防备和抵御网络侵略，制止网络意识形态颠覆。捍卫国家网络主权和网络空间安全，既要打击网络恐怖主义，维护社会稳定；又要防备和抵御网络侵略，守卫网络边疆；更要制止网络意识形态颠覆，防范思想殖民。

2. 网络主权面临严峻的安全威胁

网络空间以其“超领土”“超空间”的业态存在，全面渗透到世界的各个角落。由于西方发达国家掌握着网络核心技术，占据着互联网空间的主要话语权，并在网络空间大力宣扬西方价值观，导致中国网络空间主权面临严峻挑战和安全威胁。

基于国家网络主权的产生可以看出，国际互联网如同一把“双刃剑”，在给人们带来机遇的同时，也给国家安全带来挑战。随着一些西方国家对网络空间主导权的争夺加剧，使我国网络安全面临的挑战越来越严峻。一方面，国际信息安全环境日趋复杂，西方加紧对我国的网络遏制，并加快利用网络进行意识形态渗透；另一方面，重要信息系统、工业控制系统的安全风险日益突出，信息安全网络监管的难度和复杂性持续加大。

中国已是全球遭受网络攻击最严重的国家之一。近年来，有攻击团伙长期以中国政府部门、事业单位、科研院所的网站为主要目标实施网络攻击，篡改网页，境外攻击团伙持续对中国政府部门网站实施 DDoS 攻击。有关数据显示，来自美国的网络攻击数量最多，且呈现愈演愈烈之势。2018 年位于美国的 1.4 万余台木马或僵尸网络控制服务器，控制了中国境内 334 万余台主机，控制服务器数量较 2017 年增长 90.8%。

当前，针对重要信息系统和工业控制系统的网络攻击持续增多，给中国经济发展和产业安全等带来严峻挑战。2020 年，中国首次超过美国、韩国、中东等国家，成为全球高级可持续威胁攻击（APT 攻击）的首要地区性目标。随着国民经济对信息网络和系统的依赖性增强，网络安全成为关系经济平稳运行和安全的重要因素。当前，中国重要信息系统和工业控制系统多使用国外的技术和产品，这些技术和产品的漏洞不可控，使网络和系统更易受到攻击，致使敏感信息泄露、系统停运等重大安全事件多发，安全状况堪忧。国家互联网应急中心发布的《2019 年上半年我国互联网网络安全态势》显示，2019 年上半年，我国互联网安全状况具有四大特点：个人信息和重要数据泄露风险严峻；多个高危漏洞曝出给我国网络安全造成严重安全隐患；针对我国重要网站的 DDoS 攻击事件高发；利用钓鱼邮件发起有针对性的攻击频发。

更令人担忧的是，经济生产生活中的各类数据，目前有很大一部分通过互联网传播，但由于技术等因素限制，相关的重要经济信息，对于外界来说，可以用“透明”二字形容。这对中国企业和整个国民经济而言，都不是个好消息。一方面，国外竞争对手可以方便地利用网络获取我国企业的信息，在竞争中对我国的企业进行打压；另一方面，大量涉及我国经济运行状况的数据一旦被外界获得，还有可能对部分行业甚至整个国民经济造成潜在威胁。

3. 维护网络空间主权刻不容缓

随着网络信息化的深入发展以及网民规模的不断扩大，网络空间事关国家的安全利益，特别是互联网已逐渐成为舆论斗争的主战场、主阵地，直接关系到我国的意识形态安全。鉴于目前的形势，维护网络空间主权刻不容缓。

首先，维护网络空间主权要尊重网络主权。网络空间主权是国家主权的重要组成部分，是国家主权在网络空间的体现和延伸。互联网是国家的重要基础设施，中华人民共和国境内的互联网属于中国主权管辖范围，中国的互联网主权应受到尊重和维护，这是维护网络空间安全的重要前提。应通过推进网络空间主权立法、完善风险防范机制、加快电子政务建设等方式不断凝聚社会共识，为实现中华民族伟大复兴中国梦创造良好的环境。

其次，维护网络空间主权要依法行事。根据《中华人民共和国国家安全法》第二十五条规定，加强网络管理，防范、制止和依法惩治网络攻击、网络入侵、网络窃密、散布违法有害信息等网络违法犯罪行为，维护国家网络空间主权、安全和发展利益。这是维护网络空间主权的法律依据。

最后，维护网络空间主权还需展开和强化网络外交。国家形象对于国家而言是一种无形的财富，能够影响国家的国际地位。因此，我们有必要将更多的宣传精力投入网络空间，传播我国的和平发展理念，塑造良好的国家形象，从而为网络空间主权的维护奠定国际舆论基础。

（二）网络边疆安全不容乐观

现代国家的边疆经历了从陆疆到海疆再到空疆乃至天疆的建构过程，从一维的平面概念变为了多维的立体范畴。网络空间作为重要的人造跨域空间，在极大地推进人类社会文明进程的同时，也成为人类生活的新疆域，网络边疆也随之应运而生。如今，中国作为网民数量世界第一的网络大国，由于历史和现实等诸多原因，网络边疆安全并不令人乐观。

1. 网络边疆为国家疆界增添新疆域

现代国家的领域经历了从领土、领海到领空的构建过程，因而国家边疆的形成也是一个从陆疆到海疆再到空疆的建构过程，使国家领域从一维的平面概念变为多维的立体范畴。随着网络空间成为人类生活的第五疆域，国家的边疆亦从实体的物理空间扩展到了无形的电磁空间。

网络边疆并不按传统地缘概念进行划分。全国科学技术名词审定委员会给出的“边疆”定义：两国之间的政治分界线或一国之内定居区和无人定居区之间宽度不等的地带。综合国内外对网络边疆的定义可知，所谓的网络边疆，可描述为“一国网络主权范围内所有的网络设施及关联服务”①。这种建立在虚拟领域的网络边疆具有与传统边疆所不同的特征：网络边疆界域的模糊性、网络边疆攻防的不对称性、网络边疆构成的高科技性和网络边疆入侵者的多元性。随着虚拟世界对现实世界的强烈冲击和影响，网络空间已毋庸置疑地成为国家的无形疆域。网络边疆成为发达国家特别是网络强国优先构筑和捍卫的新型疆域。

网络边疆具有与传统边疆所不同的内涵。网络边疆的内涵已经发生了革命性的变化，由传统意义上主权国家管辖的地理空间的边缘部分拓展为国家安全和国家利益所涉及的电磁空间领域。与传统自然空间相比，网络空间虽然具有虚拟性、无形性、联通性，但网络主权的存在决定了网络边疆的现实性和捍卫网络边疆安全的严肃性。根据网络空间的物理建构可知，网络边疆是由“软、硬”两部分组成：“硬”的部分是国家的网络基础设施，就是国家网络边疆的显形部分，不容许任何国家采取任何方式进行攻击。“软”的部分是国家专属的互联网域名及其域内金融、电信、交通、能源等关乎国计民生的国家核心网络系统，就是国家网络边疆的隐形部分，同样不允许别国随意屏蔽或进行各种违法破坏活动。与传统边疆守护相同的是，网络边疆守护同样是国家行为，必须以强大的技术手段为支撑。

网络虽然是世界公域，但也有国家领域，不能任由拥有技术优势的网络强权势力和国家任意入侵。因此，网络空间安全就需要维护，需要专业力量进行值守。网络边疆的值守是一种授权关系，即必须符合要求并得到

① 郭世泽：《网络空间及相关概念辨析》，《军事学术》2013 年第 3 期。

允许，才能进入。例如，从大的方面讲，国家金融、电力、交通、能源、军事等系统的防护措施、防火墙等，就是网络边疆组成部分；从小的方面讲，银行卡密码系统、网上交易系统、网站密码系统等也属于网络边疆的组成部分。如果别有用心的人采取不法手段突破防火墙和密码限制，将会引起严重后果。网络边疆虽似无形，但与国家安全和我们的生活息息相关。这与传统边疆仅仅依靠军队守护不同，它需要军民专业技术力量联防共守，合力进行维护。

如今，网络空间的竞争已达到与人类生存、国家命运和军事斗争成败休戚相关的程度。随着全球网络一体化进程的加快，中国信息网络与国外网络普遍互联，互联网已经成为中国人民生活和开展各项活动不可或缺的平台。在这个背景下，建造巩固的网络边疆，远远超过历史上建造万里长城的意义。

2. 网络边疆安全令人担忧

互联网广泛应用于政治、经济、社会、文化等各个领域，以及人们生产生活的各个方面，正在发挥着越来越重要的作用。网络正广泛而深刻地影响和改变着现实社会，并对社会稳定产生了现实和潜在的影响。因而中国网络边疆面临着巨大的挑战和压力，网络边疆总体安全令人担忧，突出表现在以下几个方面：一是中国处于网络空间博弈弱势一方。二是国民的网络安全意识不强。三是缺乏自主创新的网络核心关键技术和产品。四是网络边疆处于开放状态。五是在互联网技术及其使用上受制于人。

每一种新空间的拓展总是以一定国家利益的拓展为先导，随之而来的则是基于实力的竞争引发的国家主权的变化。与历次人类活动空间拓展相类似，网络边疆的出现已经使国家利益在政治、经济、军事和文化等方面发生了新的变迁。面对中国目前面临的令人担忧的网络安全形势，非常需要国家上下拿出必要的精力维护网络边疆安全。

3. 网络边疆安全亟须维护

如今，中国虽然已经成为名副其实的网络大国，但中国距离网络强国还有差距。其表现：中国在全球信息化排名中处于70名之后；作为网络强国重要标志的宽带基础设施建设明显滞后，人均宽带与国际先进水平差距较大；关键技术受制于人，自主创新能力不强，网络安全面临严峻挑战。另外，中国城乡和区域之间“数字鸿沟”问题突出，以信息化驱动新型工业化、新型城镇化、农业现代化和国家治理现代化的任务十分繁重。①

鉴于目前网络安全形势，强化网络边疆的治理可谓迫在眉睫，构建维护国家安全的网络边疆异常重要。当今在网络边疆问题上，虽然目前还存在大量的不确定性，需要研究的问题还很多，但可以肯定的是，谁能找到好的工具，先把态势弄清楚，谁就会在网络空间占据主动，谁的网络边疆就相对牢固。

（三）网络国防存在安全隐患

存在网络主权、网络边疆，必然就需要网络国防来维护安全。网络国防为信息时代国防增添了新内涵，使信息时代国防呈现出鲜明的时代特征和独特属性。深入研究网络国防，明确其目标任务，树立国家大安全观，对于维护信息时代网络空间安全具有重要的现实意义和深远的历史意义。

1. 网络国防为网络时代国防增添新内涵

有主权则有边疆，有边疆则需防卫。在网络主权和网络边疆的概念明确后，就需要在传统国防的基础上对网络国防进行探讨。国防是指“国家为防备和抵抗侵略，制止武装颠覆，保卫国家的主权、统一、领土完整和安全所进行的军事及与军事有关的政治、经济、外交、科技、文化、教育等方面的活动，是国家生存与发展的安全保障”②。人类在无数次主权被践踏、边疆被入侵、生活被毁坏的切肤之痛中认识到，没有武装保护的主权

① 汪玉凯：《网络强国战略助推发展转型实施网络强国战略势在必行 大力推动以“互联网+”行动计划为代表的互联网应用》，《人民日报》2016年2月17日。

② 全军军事术语管理委员会、军事科学院：《中国人民解放军军语》（全本），军事科学出版社2011年版，第17页。

是脆弱的主权，没有国防捍卫的边疆是形同虚设的边疆。因此，人们产生了强烈的边防、海防、空防意识。而现在人们又走到了建立网络国防意识的时代关键点。

当前，迅猛发展的互联网络正悄无声息地穿越传统国界，将地球上相距万里的信息节点联结为一体，通过网络可以轻而易举从一国进入另一国腹地直至心脏部位。这个变化，打破了原有的国家防卫格局，给传统国防观念以巨大冲击，需要建立网络国防新观念。在信息时代，相对于有形实体空间，无形网络空间更容易遭到入侵和破坏。对无形网络空间多渠道、多形式的入侵和破坏，通常看不见、摸不着，但这种入侵毁坏于无形、攻心于无声，导致的后果有时无法估量。虚拟的网络空间成为人类社会生存的新空间，网络国防必然随之产生，因此网络国防成为信息时代国防的新概念和新内涵。

以互联网为主体的全球网络空间迅速兴起、发展和普及，网络战力量异军突起，打破了原有的国家防卫格局，网络国防成为网络时代国防的全新内容。有别于陆海空天等实体空间，网络国防呈现出与传统国防所不同的特征。一是网络国防活动软性化。网络空间融入陆海空天 4 个传统战场，不仅是联合作战的血脉和纽带，也成为人们进行社会交往和思想交流的平台。这些特性决定了网络国防活动的软性特征，既可毁伤于无形，也可攻心于无声。二是网络国防边境弹性化。网络空间互联互通，多路由、多节点特性为我们带来了一条“无形但有界”的复杂“疆界”，网络空间融入实体空间，并随着技术发展时期、斗争对抗阶段的不同而发生相应的变化。三是网络国防手段多样化。由于网络空间融入陆海空天战场，其武器和手段多样化趋势明显。网络国防的武器既包括能量武器等硬杀伤，也包括病毒、木马等软手段，同时其作战手段也突破了传统范畴，具备网络情报战、网络阻瘫战、网络心理战等独特样式。四是网络国防范畴全域化。传统国防的范畴主要集中在陆海空天等实体空间，聚焦点在实体领域。而网络国防的范畴有了极大的拓展，既包括实体领域，也包括信息、认知、社会等范畴。五是网络国防力量多元化。传统国防的核心和主体力量都是军队。但在网络国防中，一方面，主权国家、经济竞争者、各种罪犯、黑客、恐怖主义者等都可能成为网络国防的防卫对象；另一方面，网络国防的力量也拓展成军政联合、军民融合的复合力量。

网络国防已经成为国防新盾牌。网络国防是网络边疆的主要守护者，具有国家主体、军队主导、军民融合的突出特点。中国的网络国防建设相对滞后，网络国防也相对脆弱，甚至出现有疆无防的困境。以致一些网站、企业和个人各行其是，自主防卫。近年来，我国被一些国家、地区列为主要的假想攻击对象，成为世界上遭受黑客攻击最多的国家之一，针对我国网络空间的恶意活动和犯罪行为一直呈上升趋势。

2. 网络国防存在明显软肋

我国虽然已经发展成为一个网络大国，但网络安全防护方面还很薄弱，网络国防存在明显的软肋。

一是中国存在网络空间被封杀的风险。当今，中国网民数量为全球第一，是名副其实的网络大国，但不是网络强国。中国不仅是遭受网络攻击最严重的国家之一，而且还存在网络空间被封杀的风险。具体表现为如下两种：一种是“一国互联网体系被从国际互联网社会抹掉的风险”，只要在原根域名解析服务器中删除一国的顶级域名注册记录，即可让世界各国都无法访问这个国家域名下的网站。据报道，伊拉克、利比亚的顶级域名曾经先后被从原根域名解析服务器中抹掉了数天。伊拉克战争期间，伊拉克域名（.IQ）的申请和注册工作被终止，相关后缀的网站全部从网络中消失。另一种是无法接入国际互联网的风险，即只要原根域名解析服务器及其所有从服务器、镜像服务器拒绝为一个国家的所有递归解析服务器的 IP 地址提供根域名解析服务，依赖这个国家递归解析服务器的网络用户就会因无法获得域名解析服务而无法上网。

二是关键核心技术受制于人严重威胁网络国防安全。中国在网络领域的核心技术上对发达国家的依存度较高，存在严重的安全隐患。一些西方国家在实际控制和垄断网络空间基础资源、核心技术和关键产品的同时，大力推动云计算、物联网、量子通信和生物计算机等新技术的发展应用，企图主导未来竞争格局。如今，我国对国外信息技术产品的依赖度较高，CPU、内存、硬盘和操作系统等核心基础软硬件产品依赖进口。例如，进口的计算机、交换机、路由器等，其密钥芯片上均可能留有端口供人控制，这些设备随时可能被非法“入侵”和“窃听”。这些技术和产品的漏洞难以预防，使得网络和系统更易受到攻击，中国互联网存在敏感信息泄露、系统停运等重大安全风险。国际上针对关键技术信息基础设施的网络攻击持续增多，这类攻击目标性强，持续时间长，一旦成功可能导致基础网络、重要信息系统和工业控制系统等瘫痪。

三是网络空间军事能力明显弱于网络强国。在网军力量建设上，美国和西方网络强国具有当今世界最强的军事实力。为了在网络空间打造“网络北约”，美国联合英、法、德、日等国多次举行“网络风暴”“网络防御”和“黑色魔鬼”等网络安全演习。此外，美国早已将网络攻击投入实战。在海湾战争、科索沃战争和伊拉克战争中，美国都曾发动网络攻击配合正面作战行动。我国目前在网络空间的军事战略部署还较薄弱，网络空间作战力量建设和网络武器研发方面也落后于西方国家。当今，信息网络技术已经成为信息化军队指挥控制（C^4ISR）系统的基础。信息网络如同人的神经系统一样延伸到军队各级作战单位，这使得围绕制网权的网络对抗在军队作战行动中的重要性大大增加。当前，一些国家和组织的网络作战力量部署已经凸显出你中有我、我中有你，超越地理国界的态势。平时“休眠”潜伏，战时对他国军队网络指挥、管理、通信、情报系统网络实施可控范围的“破袭”，大量瘫痪其军事信息网络系统。如何有效防护、控制和构建利于己方的网络空间，已经成为中国军队维护网络安全必须面对的严峻问题。

四是国家重要基础设施和支撑国民经济运转的系统严重依赖于网络系统。随着我国日益与世界接轨，引进技术设备的网络远程服务增加，包括核心军工企业引进技术设备的网络远程服务十分普及，大型电力机组、高精尖的数控设备以及生产线等，都与国外企业技术联网，在进行网上远程诊断、技术升级、维修保养等售后服务的同时，外方也能时时监控设备的运转和生产情况，不仅令我国自身“门户洞开”，关键时候还可能接受指令而停止工作，从而对我国经济命脉造成致命打击。我国金融系统使用的是国际维萨系统，定期向国际金融机构自动报告业务流量，极可能受到恶意控制。在进行网上交易和业务服务时，也极易被渗透入侵。据中国人民银行统计，目前我国已经有几十家银行的几百个分支机构拥有网址和主页，其中开展实质性网络银行业务的分支机构近百家，金融信息资料被网上窃取、篡改的情况严重。我国核心信息网络存在严重的安全隐患，而且网络面临的威胁状况还在恶化，网络国防安全形势亟待维护。

3. 网络国防建设亟待加强

国家政治利益在网络空间的拓展，直接关系到国家管辖网络空间权益的拓展；国家经济利益在网络空间的拓展，直接关系到国家经济的可持续发展；国家军事利益在网络空间的拓展，则直接关系到未来信息化战争的胜败。所有这些，都要求我们必须进一步提升网络国防能力，维护网络空间的国家利益。

必须树立网络国防的安全意识。信息时代，网络空间作为现代人生活休戚相关的新天地，延伸了国家安全的疆域，拓展了国家安全的范畴，特别是对于无“网”不胜的信息社会，对维护国家安全、打赢未来战争具有越来越重要的影响。习近平总书记在党的十九大报告中指出：“世界面临的不稳定性不确定性突出，世界经济增长动能不足，贫富分化日益严重，地区热点问题此起彼伏，恐怖主义、网络安全、重大传染性疾病、气候变化等非传统安全威胁持续蔓延，人类面临许多共同挑战。”[①]可见，网络国防已成为国家和军队关注的重大安全课题，必须引起高度重视并摆到

① 习近平：《决胜全面建成小康社会 夺取新时代中国特色社会主义伟大胜利》，《光明日报》2017年10月28日，第5版。

突出位置，加大对策措施研究，采取有效办法切实提升网络空间安全防护能力。

把网防提升到与边防、海防、空防同等重要的战略地位。在注重维护网络安全的同时，加强网络空间作战准备，时刻保持安全防范意识，建立和完善军民一体、平战结合、统一指挥、协调运用的网防网控机构。要加强组织协调，成立权威高效的领导机构，建立国家、军队和地方多级国防动员体系、技术标准体系、安全评估体系等，完善联合行动协调机制，形成多元化、整体性、互补性的使用模式，把网络空间作战与常规作战有机结合起来，构建多维一体、要素齐全的网络国防力量。要统筹网络资源，充分发挥人民战争的优势，以国家信息基础设施为依托，统筹国家、军队网络资源，制定平时、战时资源联合使用预案，将军民网络系统有机融合，形成高效联动体系，采取多种方法手段，力争夺取和保持网络空间斗争的主动权。要开展常态化演练，参照发达国家做法，建设国家级网络靶场、普及网络安全意识、熟悉安全事件响应流程、检验网络攻防技术、打造专业化人才队伍，以常态化方式开展国家、军队、地方部门、企事业单位、科研院所和民营机构等参与的网络攻防对抗演练。

努力提升网络空间安全防护能力。没有网络国防，就不会有网络安全；没有网络安全，就难以保障国家安全。我们必须坚持总体国家安全观，树立正确网络安全观，统筹发展和安全、自主和开放、管理和服务的关系，全面提升网络空间安全保障能力。健全网络安全治理体系，探索多方协同的治理模式，充分调动各利益相关方的积极性，形成政府、行业、企业、社会协同共治新格局；统筹推进国家网络与信息安全技术手段建设，提升全天候全方位网络安全态势感知、防御和威慑能力；完善网络安全法律法规，持续提升依法治网水平，切实保障关键信息基础设施、重要信息系统、数据资源、用户个人信息安全，严密防范网络犯罪尤其是新型网络犯罪。

积极构筑强大网络国防。2017 年 3 月 1 日，《网络空间国际合作战略》

发布，其中明确提出："网络空间国防力量建设是中国国防和军队现代化建设的重要内容，遵循一贯的积极防御军事战略方针。中国将发挥军队在维护国家网络空间主权、安全和发展利益中的重要作用，加快网络空间力量建设，提高网络空间态势感知、网络防御、支援国家网络空间行动和参与国际合作的能力，遏控网络空间重大危机，保障国家网络安全，维护国家安全和社会稳定。"网络国防力量是新时代的大国重器，中国网络国防力量建设必须加速。

二、推进网络强国战略基本构想

当前，网络空间已成为陆海空天之外的新国家主权空间，保卫网络空间安全就是保卫国家主权。习近平总书记在 2014 年 2 月 27 日主持召开中央网络安全和信息化领导小组第一次会议时指出："没有网络安全就没有国家安全。"此次会议描绘了建设网络强国的宏伟蓝图，要求有自己的技术、过硬的技术。如何及早解决受制于人的问题，建设世界一流网络强国，已成为中国当前面临的重要任务之一。

（一）走中国特色网络强国之路

网络强国建设是一项长期、复杂的系统性战略工程，涉及经济社会的方方面面，需要统筹解决一系列重大发展问题。加快推进新时代网络强国建设，必须坚定不移地走中国特色网络发展道路，增强维护国家网络安全的思想自觉和行动自觉。

1. 网络强国基本内涵

从全球来看，美国是如今世界当之无愧的最主要网络强国。从美国网络强国的内涵来看，网络强国具有三层含义：一是网络强国成为国家战略，通过不断建设，使网络世界越来越强大，通过网络促进其他领域越来越强大；二是网络强国作为一种状态，在国际上处于一流水平，表现为技术强大、产业强大、安全强大、治理强大，保障在全球领先；三是网络强国在维护网络空间安全方面具有强大的国防实力，能够维护本国网络空间安全，同时遏制和打击外部对网络空间的入侵。

可见，要建设网络强国，首先，必须在网络技术上具有很强的创新性，研发水平在国际上具有领先性；其次，网络产业和企业在国际上与国家的经济实力和规模相匹配；再次，网络领域确保不受到国内外组织与个人摧毁式攻击，保障重大应用系统正常运营，网络治理具有更好的开放性、创新性与包容性；最后，网络治理在全球具有领先水平。

当今全球最主要的网络强国非美国莫属。美国是全球网络信息技术的发源地，近半个世纪以来，美国的企业、政府、科研机构相互携手，主导着全球网络信息技术和产业的发展进程，包括英特尔、IBM、高通、思科、苹果、微软、甲骨文等一批 IT 巨头控制着全球网络信息产业链的主干，在半导体（集成电路）、通信网络、操作系统、办公系统、数据库、搜索引擎、云计算、大数据技术等关键技术领域占据着明显的先发优势。在核心芯片和操作系统这两个领域，美国具有垄断地位。普通消费者平时接触的 Intel、AMD、高通和 Windows、iOS、安卓，都是源于美国。

中国虽然已经是网络大国，但成为网络强国还面临基础设施、技术、安全等关卡。中国互联网在安全、网络话语权、互联网法制 3 个方面的关卡，与发达国家相比也有较大差距。中国信息化建设还面临很多挑战，如数据开放战略尚未就绪，信息资源共享与对外开放能力非常弱；基于企业主体的技术研发和商业模式创新能力还较弱，全球性网络服务与产品输出能力还不强；对网络世界的影响范围、广度、深度还不够，资源整合能力还不强；网络安全的总体应对和保障能力还比较脆弱，技术、产品、服务以及相关的制度还不够成熟完善。可见，中国要建设成一个网络强国，仍然任重道远。

2. 抓住新时代网络强国建设战略机遇

推进新时代网络强国建设是国家层面的大战略。如今，以网络信息技术为主要驱动力的新一轮科技革命和产业变革正在加速推进，全球技术、产业和分工格局深刻调整，与我国加快转变经济发展方式形成历史性交汇，网络强国建设面临难得的历史机遇。我们要从新形势新变化新要求中把握好网络强国建设新机遇，加快推进新时代网络强国建设。

一是将网络空间安全上升至国家安全的高度。随着云计算、大数据、移动互联、物联网、社交网络、智能机器等新技术的应用发展，网络空间安全面临的新形势和新挑战日益增多，特别是“棱镜门事件”的暴露以及“震网”“火焰”病毒的出现，使各国重新重视起网络安全威胁，纷纷将网络安全提升至战略高度，不断地制定网络安全国家战略，将政治、经济、军事、文化意图融入其中，在多个层面采取措施，将网络空间安全的战略地位提升到国家安全的高度，谋求网络空间战略优势。在复杂多变的国际国内新形势下，习近平总书记强调指出：“没有网络安全就没有国家安全”，从而将网络空间安全上升至国家安全战略高度。在这一背景下，加强网络强国建设就成为国家战略的重点内容，受到党中央的高度重视，得到全国人民的高度认同。这是网络强国建设很好的战略机遇期。

二是将网络空间安全纳入新时代总体国家安全体系之中。进入新时代以来，随着信息技术迅速发展，网络空间安全和国家政治、军事、经济、文化等各个领域的安全关系越来越密切，已经成为国家安全的重要组成部分。因此，新时代党中央将网络空间安全纳入总体国家安全体系之中，成为总体国家安全的重要内容之一。中国网络技术起步较晚，面临的新挑战日益增多，加强网络强国建设任重道远。因此，为进一步推动我国网络强国战略的实施，保障网络空间安全，就必须从国家政治安全、军事安全、经济安全、文化安全和社会安全等多维角度思考和谋划网络强国建设。这为推进网络强国建设创造了更好的条件。

三是我国已经成为世界第一大网络大国。中国有将近 7 亿的网民，固定宽带覆盖到全国所有城市、乡镇和 93.5% 的行政村。这证明中国是网络大国，但还不是网络强国。近年来，随着“宽带中国”战略的启动实施和持续推进，特别是自 2015 年 5 月国务院办公厅印发《关于加快高速宽带网络建设推进网络提速降费的指导意见》以来，我国宽带发展水平有了显著提升。这是建设网络强国的基础和条件。

3. 自主创新推进网络强国建设

自主创新推进网络强国建设，必须坚持以习近平新时代中国特色社会主义思想为指引，在网络强国战略思想指导下，坚定不移地走中国特色网络强国之路。

新时代，必须自主创新推进网络强国建设。2018 年 5 月 24 日，习近平总书记在全国网络安全和信息化工作会议上强调，必须敏锐抓住信息化发展的历史机遇，自主创新推进网络强国建设。建设网络强国，要以自主创新为基石，善于抢抓信息化发展的历史机遇，大力推进信息领域核心技术的研发和应用，坚定不移地走出一条中国特色治网之道，让人民群众在信息化发展中获得丰收和喜悦。

（二）制定落实网络强国发展战略

经过几十年发展，中国已经从一个后发国家迈入信息化时代。如今，中国互联网和信息化工作取得了显著发展成就，网络走入千家万户，网民数量世界第一，中国已成为网络大国，但还不是网络强国。为此，习近平总书记提出：把中国从网络大国建设成为网络强国。为落实习近平总书记的指示，在中央网络安全和信息化委员会（原中央网络安全和信息化领导小组）的统一领导下，积极推进网络强国战略的制定与落实工作。

1. 明确建设网络强国的战略目标

党的十八大以来，党中央高度重视网信事业的发展进步，党的十八届五中全会提出了“实施网络强国战略”。这标志着将中国从“网络大国”发展成“网络强国”上升为国家战略，中国网信事业深化改革的大幕由此拉开。

习近平总书记在中央网络安全和信息化领导小组第一次会议上强调，网络安全和信息化是事关国家安全和国家发展、事关广大人民群众工作生活的重大战略问题，要从国际国内大势出发，总体布局，统筹各方，创新发展，努力把中国建设成为网络强国。为了落实习近平总书记的重要指示，推进网络强国战略，中共中央办公厅和国务院办公厅于 2016 年 7 月 27 日发布了《国家信息化发展战略纲要》，明确了网络强国建设的“三步走”战略总目标：第一步到 2020 年，核心关键技术部分领域达到国际先进水平，信息产业国际竞争力大幅提升，信息化成为驱动现代化建设的先导力量；第二步到 2025 年，建成国际领先的移动的移动通信网络，根本改变核心关键技术受制于人的局面，实现技术先进、产业发达、应用领先、网络安全坚不可摧的战略目标，涌现一批具有强大国际竞争力的大型跨国网信企业；第三步到 21 世纪中叶，信息化全面支撑富强民主文明和谐的社会主义现代化国家建设。网络强国地位日益巩固，在引领全球信息化发展方面有更大作为。

以总体国家安全观为指导，贯彻落实创新、协调、绿色、开放、共享的发展理念，增强风险意识和危机意识，统筹国内国际两个大局，统筹发展安全两件大事，积极防御、有效应对，推进网络空间和平、安全、开放、合作、有序，维护国家主权、安全、发展利益，实现建设网络强国的战略目标。和平：信息技术滥用得到有效遏制，网络空间军备竞赛等威胁国际和平的活动得到有效控制，网络空间冲突得到有效防范。安全：网络安全风险得到有效控制，国家网络安全保障体系健全完善，核心技术装备安全可控，网络和信息系统运行稳定可靠。开放：信息技术标准、政策和市场开放、透明，产品流通和信息传播更加顺畅，数字鸿沟日益弥合。合作：世界各国在技术交流、打击网络恐怖和网络犯罪等领域的合作更加密切，多边、民主、透明的国际互联网治理体系健全完善，以合作共赢为核心的网络空间命运共同体逐步形成。有序：公众在网络空间的知情权、参与权、表达权、监督权等合法权益得到充分保障，网络空间个人隐私获得有效保护，人权受到充分尊重。

2. 具有实现网络强国战略的实力基础

近年来，网络信息化建设突飞猛进，互联网基础环境全面优化，网络空间法治化快速推进，网络空间日渐清朗，互联网企业突飞猛进，网络文化全面繁荣，互联网成为国家经济发展的重要驱动力，中国具备了由网络大国迈向网络强国的坚实物质基础。

一是中国是一个名副其实的网络大国。1994 年中国第一次全功能接入国际互联网，20 多年来，中国的网民数量迅猛增长、网络基础设施建设成就斐然。中国网民数量早在 2008 年就跃居全球第一，目前仍在不断增长。2014 年 2 月 27 日，中央网络安全和信息化领导小组宣告成立，从组织上建立了国家统一领导机构。如今，网络深度融入我国经济社会发展、融入人民群众生活。中国企业越来越广泛地使用互联网工具开展交流沟通、信息获取与发布、内部管理等方面的工作，为企业“互联网 +”应用奠定了良好基础。[①]

二是顶层设计描绘网络强国宏伟蓝图。“没有网络安全就没有国家安全，没有信息化就没有现代化。”“建设网络强国的战略部署要与‘两个一百年’奋斗目标同步推进。”党的十八大以来，习近平总书记多次对我国网信事业发展做出重要指示，提出一系列新理念新思想新战略，为新时期我国互联网发展和治理提供了根本遵循。党的十八届三中全会围绕创新社会治理体制，提出“坚持积极利用、科学发展、依法管理、确保安全的方针，加大依法管理网络力度，加快完善互联网管理领导体制，确保国家网络和信息安全”。党的十八届四中全会提出，“加强互联网领域立法，完善网络信息服务、网络安全保护、网络社会管理等方面的法律法规，依法规范网络行为”。将“依法治网”纳入全面推进依法治国的整体部署。党的十八届五中全会、“十三五”规划纲要，都对实施网络强国战略、“互联网 +”行动

① 中国互联网络信息中心（CNNIC）：《中国互联网络发展状况统计报告》，中国网信网，2016 年 1 月 22 日，http：//www.cac.gov.cn/2016-01/22/c_1117860830.htm。

计划、大数据战略等作了周密部署，着力推动互联网和实体经济深度融合发展。习近平总书记深刻指出，要正确处理“网络安全和信息化”中“安全和发展”的关系；要争取尽快在核心技术上取得突破，实现“弯道超车”；互联网不是法外之地，要建设网络良好生态；要让人民在共享互联网发展成果上有更多“获得感”；要提高我们在全球配置人才资源的能力。一系列深刻精辟的论断，一整套高瞻远瞩的布局，描绘了中央关于网络强国战略的顶层设计图，为深入推进我国网信事业发展指明了方向。

三是网络空间法治化全面推进。习近平总书记指出，网络安全和信息化对一个国家很多领域都是牵一发而动全身的，网络安全和信息化是一体之两翼、驱动之双轮，必须统一谋划、统一部署、统一推进、统一实施。做好网络安全和信息化工作，要处理好安全和发展的关系，做到协调一致、齐头并进，以安全保发展、以发展促安全，努力建久安之势、成长治之业。习近平总书记强调指出，要抓紧制定立法规划，完善互联网信息内容管理、关键信息基础设施保护等法律法规，依法治理网络空间，维护公民合法权益。党的十八大以来，我国网络空间法律体系进入基本形成并飞速发展的新阶段，网络立法进程明显提速，网络内容管理执法卓有成效。《中华人民共和国网络安全法》《中华人民共和国电子商务法》相继施行。网络安全相关法律法规及配套制度逐步健全，逐渐形成综合法律、监管规定、行业与技术标准的综合化和规范化体系，中国网络安全工作法律保障体系不断完善，网络安全执法力度持续加强。

四是中国互联网企业进入世界前列。中国互联网企业市值规模迅速扩大，互联网经济在中国 GDP 中占比持续攀升，电子商务改变了绝大多数中国人的生活，网购规模年年创新高。中国的互联网产品和品牌不仅在国内家喻户晓，在世界上也小有名气。

五是互联网基础环境整体优化。自从中国全功能接入国际互联网以来，经过近 30 年的建设，已发展成生机勃勃的网络大国，互联网用户规模连续多年稳居世界第一，“.CN”域名保有量近几年在国家和地区域名中保持全球第一，互联网新应用、新业态、新模式层出不穷，我国已初步建成快速便捷的网络环境。网络覆盖更广，网络基础资源更加丰富，资源质量明显提升。目前，中国互联网基础环境全面升级，助推数字经济的发展。截至 2018 年底，中国 IPv4（互联网协议第四版）和 IPv6（互联网协议第六版）地址数量均居全球第二。此外，中国在网络覆盖、网络速度、国际出口带宽方面，都取得了长足进步。

3. 全面落实网络强国战略

信息化、网络化是当今世界最显著的特征之一。建设网络强国已成为提升一国综合国际竞争力的必由之路，这是当今世界各国都竞相发展和普及互联网、注重网络强国建设的内在动因。信息化、网络化在发达国家引领再工业化，在发展中国家则带动城镇化、市场化和农业现代化。全面落实网络强国战略，直接关系国家综合国际竞争力的提升。

全面落实网络强国战略，有助于中国经济技术发展转型。经过 40 多年的改革开放，中国经济由高速增长进入中高速增长的新常态。与此同时，中国经济技术发展面临三个历史性拐点：一是由数量规模型向质量效益型转变；二是由引进消化型向开放融通型转变；三是由学习模仿型向自主创新型转变。能否顺利实现经济技术发展转型，不仅关系稳增长、调结构、促改革、惠民生、防风险政策措施的贯彻落实，更关系适应和引领经济发展新常态的大局，而且直接影响“两个一百年”奋斗目标的实现。加快实施网络强国战略，可为经济技术发展转型提供强大动力。

（三）推进网络强国建设路径选择

当今世界，信息技术革命日新月异，对国际政治、经济、文化、社会、军事等领域发展产生了深刻影响。习近平总书记指出，建设网络强国的战略部署要与“两个一百年”奋斗目标同步推进，向着网络基础设施基本普及、自主创新能力显著增强、信息经济全面发展、网络安全保障有力的目标不断前进。未来中国如何由网络大国走向网络强国？至少可以考虑以下途径。

1. 健全优化网络空间安全的组织管理体系

制定国家网络强国战略，加强顶层设计和组织领导是建设网络强国的重要保证。要从组织领导层面，加强对网络安全和信息化的决策和领导，为网络强国提供强有力的组织保障。

中央网络安全和信息化领导小组（2018 年 3 月，改为中央网络安全和信息化委员会）的成立，为实施网络强国战略提供了强有力的组织保障。制定和实施网络强国战略，要站在世界互联网发展的前沿，把握互联网未来发展趋势，紧密结合我国实际，对指导思想、战略目标、重点领域应用推进策略以及保障条件等做出明确规定，以此统一思想和行动。网络空间安全涉及政治安全、国防安全以及社会安定问题，世界主权国家都非常重视这一战略问题。

2. 加强基础设施建设，筑牢网络强国战略

建设和普及信息基础设施是从网络大国迈向网络强国的基本前提，只有建好信息基础设施，才能形成实力雄厚的信息经济。目前，无论是基础设施、自主技术、产业市场，还是网络安全和网络话语权，中国与发达国家相比，差距依然明显。因此，加强网络基础设施建设是实施网络强国战略的必然选择。

当今，人类已经深度融入信息社会，信息网络和服务已逐步渗入经济、社会与生活的各个领域，成为全社会快捷高效运行的坚强支撑。对于我国而言，信息基础设施已成为加快经济发展方式转变、促进经济结构战略性调整的关键要素和重要支撑。加大与网络强国相适应的基础设施建设，特别是宽带建设，包括大数据、云计算、移动互联网、物联网等新技术的基础设施建设和广泛应用等。国务院办公厅印发的《关于加快高速宽带网络建设　推进网络提速降费的指导意见》指出：宽带网络是国家战略性公共基础设施，建设高速畅通、覆盖城乡、质优价廉、服务便捷的宽带网络基础设施和服务体系一举多得。

网络强国建设，必须深入推进“宽带中国”建设，只有修好了“网络

高速公路”，网络经济才能得到快速发展；只有筑好了网络根基，网络强国才能更加牢固。中央已经全面部署实施“宽带中国”战略，提出加快网络、通信基础设施建设和升级，全面推进“三网”融合。可以设想，云、网、端等互联网基础设施水平的大幅度提升，必将为互联网产业发展、应用奠定坚实基础。

3. 完善网络安全法律体系和制度框架

由网络大国走向网络强国，如果没有制度和法治体系来保障是非常困难的。因此，不管从立法还是制度建设等方面，都要系统考虑如何由网络大国走向网络强国的问题。

“依法治网”构建良好网络秩序。我国网络安全法治建设取得突破性进展，目前已出台了一批法律、法规、司法解释等规范性文件，形成了国家层面立法、国务院行政法规、部门规章及地方性法规三个层次，覆盖网络安全、电子商务、个人信息保护、网络知识产权等领域的网络法律体系。2014 年 3 月 1 日，《中华人民共和国保守国家秘密法实施条例》正式施行。2015 年，相继通过《中华人民共和国国家安全法》《中华人民共和国反恐怖主义法》。2017 年 6 月 1 日正式实施《中华人民共和国网络安全法》，成为我国网络安全领域的首部专门法律，为依法治网、化解网络风险提供了法律武器。2020 年 5 月，十三届全国人大三次会议通过《中华人民共和国民法典》，在网络安全义务、网络侵权规则等相关问题上已有了明确的规定。这些法律法规共同组成了我国网络安全管理的法律体系。一部部法律法规、规章制度、管理条例出台，从各自领域规范互联网的发展，保护了我国公民合法安全上网的权利，标志着我国网络空间法制化进程的实质性展开。

然而，目前中国网络法律治理体系尚有不健全之处，依法治网的运作模式和实现方式上还有不尽如人意的地方。比如，法律法规还难以涵盖网络违法犯罪行为类型，对网络运营商责任缺乏细化规定等。鉴于此，应结合网络发展趋势加快完善网络法制管理。改变以个别化的条文应对信息网络安全的立法模式，探索出台专门法律，明确虚拟社会治理框架体系和运作模式；加强对现有法律法规的“速立频修”，完善《刑法》中关于“网络安全”秩序和责任义务等法律规定；细化重大国家安全领域立法工作，弥补法律监管缺漏；建立健全网络安全监测预警体系，提升信息安全事件的及时应对能力；依法明确网络运营主体的安全责任，严厉打击和整治网络安全违法犯罪活动，实现网络空间良法与善治的有机结合。

4. 自主创新信息网络领域核心技术研发与应用

党的十八大以来，以习近平同志为核心的党中央重视互联网、发展互联网、治理互联网，把加强自主创新一直摆在重要位置。习近平总书记强调，核心技术是国之重器。要下定决心、保持恒心、找准重心，加速推动信息领域核心技术突破。建设网络强国，必须做到对网络空间安全的可管、可防、可控，努力掌握网络空间的国际话语权和规则制定权，有效运用互联网推进社会治理、提升民生保障水平和改善能力，为国家谋发展、为民族谋安全、为民生谋福祉。实现这一目标，必须紧紧牵住核心技术自主创新这个“牛鼻子”，构建安全可控的信息技术体系。

建设网络强国要以自主创新信息网络核心技术为基石。近年来，我国大力推进信息领域核心技术发展，取得一系列重大成果，但同世界先进水平相比仍有不小差距。以自主创新推进网络强国建设，必须加快补齐信息领域核心技术短板，有目的、有计划、有成效地推进信息领域核心技术研发和应用。目前，我国在信息领域核心技术发展方面的主导权和控制力还不够强。改变这一状况，需要努力补短板、强弱项，立足国情和国家重大需求，瞄准世界科技前沿，围绕网络信息体系建设的重要领域、核心层面和关键环节做好顶层设计，做到精密部署、统筹规划。这离不开对网络核心技术发展规律的深刻把握。做到按规律办事，不断加强体系化技术布局，按重点、分类别、有次序推进各项工作，通过连点成线、连线成面实现稳扎稳打、步步为营。发挥好社会主义制度集中力量办大事的优势，为网络强国建设提供坚强保障。一方面，通过加强基础研究推动信息领域核心技术群发展，促进信息产业发展繁荣；另一方面，着力推进互联网、大数据、人工智能与实体经济深度融合，加快制造业、农业、服务业数字化、网络化、智能化进程，以市场需求牵引技术突破。

创新发展信息网络核心技术是迈向网络强国的先导力量。创新技术是互联网发展的不竭动力，从网络大国走向网络强国，必须加强信息网络技术的自主创新。为此，应该把握以下几点：一是发挥国家战略引领作用，从国家层面统筹部署信息产业核心技术装备的创新发展，强化政府引导，推动机制创新；二是充分发挥市场配置资源的决定性作用，突出企业市场主体地位，广泛调动行业用户积极性，推动产学研用协同创新，快速突破核心关键技术；三是加大研发投入，统筹政府资源，集中力量突破核心技术。在当今历史条件下，应该立足于全面突破核心关键技术，抓住全球技术和产业格局加速变革的历史机遇，积极谋划部署云计算、大数据、下一代网络等新架构、新技术、新模式、新应用，力争谋取产业发展的主动权、主导权。

5. 推动国际互联网建立新秩序

互联网具有高度全球化的特征，推进网络强国建设，需要统筹国内、国际两个大局，团结一切可以团结的力量，深化网络合作意识，通过网络空间联通“中国梦”和“世界梦”，走出合作共赢强国之路。“十三五”规划建议提出：“积极参与网络、深海、极地、空天等新领域国际规则制定。”“建立便利跨境电子商务等新型贸易方式的体制。”

以国际合作提升强国战略。网络信息是跨国界流动的，建设网络强国，要积极开展双边、多边的互联网国际交流合作。在第二届世界互联网大会上，习近平主席结合全球互联网治理的形势，提出要打造网络空间命运共同体，为“人类命运共同体”的内涵再添浓墨重彩的一笔。习近平主席指出，中国倡导和平安全开放合作的网络空间，主张各国制定符合自身国情的网络公共政策，重视发挥互联网对经济建设的推动作用，实施“互联网+”政策，鼓励更多产业利用互联网实现更好发展。中国愿意同世界各国携手努力，本着互相尊重、互相信任的原则，深化国际合作交流，尊重网络主权，维护网络安全，共同构建和平、安全、开放、合作的网络空间，建立多边、民主、透明的国际互联网治理体系。2016 年 11 月，习近平主席在第三届世界互联网大会开幕式上发表视频讲话指出："中国愿同国际社会一道，坚持以人类共同福祉为根本，坚持网络主权理念，推动全球互联网治理朝着更加公正合理的方向迈进，推进网络空间实现平等尊重、创新发展、开放共享、安全有序的目标。"① 国际社会要本着相互尊重和相互信任的原则，通过积极有效的国际合作，共同构建和平、安全、开放、合作的网络空间，建立多边、民主、透明的国际互联网治理体系。

三、全面推进网络强国战略主要措施

随着信息技术的快速发展和全球网络化进程的加快，网络强国已经成为实现中国伟大复兴的必由之路。然而，网络强国建设是一项长期、复杂的系统性战略工程，涉及经济社会方方面面，需要统筹考虑一系列重大发展问题。为此，必须科学施策，从顶层设计上筹划推进网络强国建设的战略措施。

（一）牢固树立网络安全新观念，提高维护网络空间安全意识

观念的改变是根本的改变。网络空间作为人类生活的"第二空间"，对其安全的维护还是新生事物，人们的安全观念可能还停留在传统的有形空间安全理念上，对于虚拟空间的安全理念尚未形成，因此必须树立网络空间安全新观念，提高维护网络空间安全意识。

一是树立科学的网络安全观。没有网络安全，就难以保障国家安全。要坚持总体国家安全观，树立正确网络安全观，统筹发展和安全、自主和开放、管理和服务的关系，全面提升网络空间安全保障能力。在网络空间

① 朱基钗：《为推进全球互联网治理贡献中国智慧——习近平主席在第三届世界互联网大会开幕式上的视频讲话引起热烈反响》，新华网，2016 年 11 月 16 日。

这个战略博弈和军事角力的新领域，维护国家网络空间安全最迫切需要解决的是观念更新问题。无论军队，还是地方，无论军人，还是百姓，都应摒弃重视实体空间安全而不重视虚拟空间安全的传统观念。当前，在日益激烈的网络空间安全战略博弈中，敌强我弱的态势和核心技术受制于人的局面仍然没有改变。网络空间极其脆弱，是计算科学、体系结构和计算模式问题。网络安全风险的实质是设计 IT 系统不能穷尽所有逻辑组合，必定存在逻辑不全的缺陷。因此，利用缺陷挖掘漏洞进行攻击是网络安全永恒问题。在严峻的网络安全形势下，建设网络强国、夯实网络安全基础，首先需要树立科学的网络安全观。面对永恒的网络空间安全风险，只有牢固树立科学的网络安全观，提高网络空间安全维护能力和系统的主动免疫能力，才能确保网络空间安全。

二是不断强化网络空间安全意识。随着陆海空天在国家安全利益上的重要性不断增加，人们便产生了强烈的边防、海防、空防和天防意识。当今，网络可以兴国，也可以误国，甚至还可以败国。随着网络空间捍卫国家利益的需要，网防又成为世界各国关注的新内容，牢固树立网络国防意识成为时代发展的内在要求。2007 年 9 月 6 日，以色列采用美军的舒特网络攻击系统，成功躲过叙军苦心经营多年的防空网，摧毁其纵深内核的设施，表明网络战已由实验室走向战场，实用和实战化程度越来越高，已对指挥控制网、侦察预警网、战场通信网、综合保障网等战场网络构成了实质性威胁。由于战场网络对整个作战体系起着关键性支撑作用，必须充分认识这一威胁对信息化条件下作战指挥和部队行动的严重影响，不断强化制网权意识、网络管控和网络安全防护意识。

三是有效强化网络安全风险意识。在信息时代，没有意识到风险是最大的风险。当前，网络安全威胁和风险日益突出，并逐渐向政治、经济、文化、社会、生态、国防等领域传导渗透。这是令世界各国都头疼的难题，我国也不例外。然而，国民的网络安全意识教育并不与网络大国相适应，相当一部分国民网络安全意识落后，认为自身网络系统没有重要信息，被攻击的可能性不大，技术人员安全意识不强，忽视基本的网络防护。据国家计算机病毒应急处理中心 2020 年 3 月初在“净网 2020”专项行动中通过互联网监测发现，多款违法、违规有害移动应用存在隐私不合规行为，违反网络安全法相关规定，涉嫌超范围采集个人隐私信息。每次攻防演练都有高危漏洞被发现和重要目标系统被攻破。体验和感受网络被攻破的后果是效果最好的网络安全意识教育，有助于各领域管理和技术人员发现网络安全威胁，了解网络攻击带来的巨大危害，更能增强对网络风险认知的直观性和紧迫性。

四是强化维护网络空间意识形态安全意识。维护网络意识形态安全实质上是事关民心向背的重大问题，事关我们党的群众基础问题。如何应对无孔不入而又具有致命性的网络意识形态攻击，是建设网络强国需要重点关注的问题。与信息窃取、系统破坏等网络攻击方式不同，网上意识形态的攻防战斗因其潜伏性、隐蔽性和巨大的破坏性而愈演愈烈。近年来，中国处于网上意识形态斗争的风口浪尖，一些国家大肆渲染并炒作“中国网络威胁论”，横加指责中国限制网络自由，一再施压中国加大网络开放度，并鼓励开发专门针对中国的网络“翻墙”技术。鉴于当前复杂严峻的网络意识形态论争形势，应从以下几个方面进一步改进工作：提高对于意识形态论争的科学认识能力；积极打造一支网络意识形态工作队伍；实现政治话语、学术话语和大众话语的有机统一；化被动应付为主动出击，掌握网络空间话语权；发动和依靠群众，做好网络意识形态工作。针对网络空间现实和潜在威胁，应加紧防范网络政治颠覆行为，既打政治仗，又打军事仗，获取制网权和制信息流动权，捍卫国家主权、安全和发展利益。

（二）加强网络空间基础设施建设，努力打造数字经济新形态

互联网日益渗透到经济社会的各个领域，深刻改变着经济发展方式，影响着人们的生产、生活和学习。在此过程中，网络空间现实化、现实生活网络化的趋势交融发展，网络空间基础设施已经成为国家建设的重要基

础。因此，加快推进新时代网络强国建设，必须深入落实习近平总书记网络强国战略思想，突出抓好加强网络空间基础设施建设，努力打造数字经济新业态。

一是构建高速、移动、安全、泛在的新一代信息基础设施。建设网络强国首先要有良好的信息基础设施。要瞄准全球领先目标，持续抓好网络演进升级。加快全光网络建设，部署 4G 及后续演进技术，大力发展工业互联网，深入推进网络提速降费，推进基础设施智能化改造，形成万物互联、人机交互、天地一体的网络空间；全面提升网络服务水平，积极稳妥推进电信市场开放，促进各类资本平等竞争，激发市场主体活力；积极推动网络共享发展，进一步扩大电信普遍服务范围，不断缩小城乡数字鸿沟，助力打赢脱贫攻坚战。

二是提高关键基础设施支撑能力。中国是网络大国而不是网络强国的一个重要原因就是我们缺乏安全可控的信息技术体系的支撑。我国的信息基础设施以及信息化所需的软硬件和服务，大量来自外国跨国公司。由此构成的基础设施或信息系统就像沙滩上的建筑，在遭到攻击时顷刻间便会土崩瓦解。因此，要加快构建高速、移动、安全、泛在的新一代网络和信息基础设施。网络基础设施是一个国家重要的战略资源，对于一个国家而言，倘若网络和信息关键基础设施被控制、威胁、攻击或者破坏，国家整个网络系统必然面临威胁。从国家经济和社会层面来看，中国的网络关键基础设施信息系统发展较晚，整体技术落后，抗外部入侵和攻击能力较弱。金融、能源、电力、通信、交通等领域的关键信息基础设施是经济社会运行的神经中枢，是网络安全的重中之重，也是可能遭到重点攻击的目标。

三是打造网络化、智能化、服务化、协同化的数字经济新业态。我国经济发展进入新常态，新常态要有新动力，互联网在这方面大有可为。加快发展数字经济，以信息化培育新动能，用新动能推动新发展；持续强化网络服务产业，加快发展云计算、大数据，广泛开展应用和模式创新，丰富网络应用服务，夯实网络应用基础，不断完善网络生态体系；大力繁荣融合产业，支持制造业、农业、金融、能源、物流等传统产业利用网络信息技术实现优化升级，促进传统产业数字化、网络化、智能化；做大做强融合应用产业，在中高端消费、创新引领、绿色低碳、共享经济、现代供应链等领域培育新增长点，形成新动能。

四是推进国家网络空间治理体系和治理能力现代化。互联网在国家治理和社会治理中具有重要作用。要着眼推进国家治理体系和治理能力现代化，更好利用互联网技术和信息化手段提升国家治理能力和效率。把握并顺应社会治理模式从单向治理转向双向互动、从线下转向线上线下结合、从单纯政府监管向更加注重社会协同治理转变的趋势，强化互联网思维，利用互联网扁平化、交互式、快捷性优势，推进政府决策科学化、社会治理精准化、公共服务高效化，打造共建共治共享的社会治理格局；推进电子政务建设，支持各地智慧城市建设，利用各类创新技术，完善公共服务体系，提升公共服务效率，提高社会治理社会化、法治化、智能化、专业化水平。

（三）推动关键核心技术创新发展，在网络核心技术领域实现突破

核心技术是国之重器。建设网络强国，必须加强网络技术提升，掌握核心技术，不断研发拥有自主知识产权的互联网产品，才能不受制于人。近年来，我国网信事业发展取得重大成就。但信息领域所掌握的核心技术同世界先进水平相比仍有不小差距，这成为我国网信事业发展的重要制约。因此，习近平总书记 2018 年 4 月 20 日在出席全国网络安全和信息化工作会议上发表讲话指出，核心技术是国之重器。要下定决心、保持恒心、找准重心，加速推动信息领域核心技术突破。

一是努力突破并掌握网络核心技术。突破并掌握核心技术既是建设网络强国的重要内容，也是建成网络强国的必由之路。正如习近平总书记所指出的那样："互联网核心技术是我们最大的'命门'，核心技术受制于人是我们最大的隐患。"掌握互联网发展主动权，保障互联网安全、国家安

全，就必须突破核心技术这个难题，通过自主创新与开放创新的有机结合，奋力赶超世界互联网技术的先进水平。因此，我们要在技术、产业、政策上共同发力，充分激发创新活力，加大新兴技术研发力度，加速推动网络空间核心技术突破。当前，我国网信技术的核心技术主要包括集成电路制造（芯片制造）、工艺和设计工具以及大型软件（如 EDA、CAD/CAM 等工业软件）等方面。整合各方力量，重点联合攻关操作系统、CPU、网络加密认证、防病毒、防攻击入侵检测、区域隔离安全系统等维护网络安全的关键技术；重点研发若干独创的网络武器，增强网络战中的反制能力，以非对称性方式寻求破敌之策；大力实施自主研发的国产技术和产品的替代战略。通过技术创新、模式创新等，从政府和重要领域开始，加快推进国产自主可控替代计划和构建安全可控的信息技术体系。

二是抢占事关长远和全局的科技竞争制高点。发展互联网，核心技术是最大“命门”，受制于人是最大隐患。掌握我国互联网发展主动权，必须突破这个难题，紧紧牵住互联网核心技术自主创新这个“牛鼻子”，努力实现从跟跑并跑到并跑领跑的转变。强化基础技术研究，突出通用芯片、基础软件、智能传感器等关键共性技术创新，重点突破自主可控操作系统、高端工业和大型管理软件技术；超前布局网络前沿技术，推进高性能计算、人工智能、量子通信等研发和商用，实现前瞻性基础研究、引领性原创成果重大突破；加大非对称技术、“撒手锏”技术研发攻关力度，提升网络安全、系统安全、融合应用安全技术水平，增强安全保障能力。

三是立足国情实现网络信息核心技术突破。以习近平网络强国战略思想为引领，在遵循技术创新发展规律的基础上，立足我国国情下大力气突破信息网络领域核心技术。首先，加大基础科学研究投入。要在基础科学研究领域加大人力和物力投入，强化基础科学研究的支撑作用，打通基础研究和技术创新衔接的绿色通道，力争以基础研究带动应用技术群体突破。其次，提升企业技术创新能力。继续完善金融、财税、国际贸易、人才、知识产权保护等制度，优化市场环境，更好释放各类创新主体的活力。再次，营造激发技术创新的政策环境。发挥更为积极的政策引导作用，推动建立和完善适应企业技术创新和协同发展的治理方式，形成有利于技术交流和深化研发的产业平台与市场机制，引导企业通过资本、人才、项目合作的方式加入全球创新体系。最后，立足全球产业链和价值链谋划核心技术的突破口与着力点。通过加强对全球产业链和价值链的分析，寻找其中的关键环节，重点研究未来技术和未来产业，汇聚战略资源集中攻关，以基础技术突破占领下一代技术生态系统的起点和基线，从根本上提升对产业链的控制力和对价值链的作用力，推进技术系统生态的更新迭代，完成核心技术的跨越式发展。

四是加速推进网络创新技术向实际运用上的转化。近年来，我国高度重视核心技术发展，在高性能计算、量子通信、5G 等一些领域取得了突破，但核心技术受制于人特别是向实际运用转化能力不足的状况尚未得到根本改变。建强网络国防，要有自己的技术，要有过硬的技术。当前，中国网络核心技术能力与西方国家差距较大，随着国家经济、政治和社会生活对网络依赖程度的不断加深，一旦这种依赖被切断或被利用，国家安全将面临严峻挑战。因此，建强网络国防，要不断提高核心技术开发运用水平，并将其提高到国家安全战略层面。要重点强化政府、军队和民间力量的融合，通过国家投资和市场引导，以全面的信息网络战略布局，支持和指导形成联合一体的信息安全网络，并利用政策和市场合力为其发展完善提供源源不断的动力支撑。要大力支持国家下一代信息技术自主创新支撑体系。推进国家高等院校和科研院所协作建立下一代信息技术自主创新体系和标准，并建立下一代信息技术研发和测试平台，为中国下一代信息产业的发展和应用提供强有力的物质支撑。以应用推进下一代技术向广度和深度二维方向发展，推进更广泛的用户的应用，使技术发展与用户的应用进入良性循环，这是所有信息技术强国的必由之路。

五是大力推动网络空间安全核心关键设备和技术的自主可控发展。抓住新一轮信息网络技术变革重大机遇，大力推动网络空间安全核心关键设备和技术的自主可控发展，夯实我国网络空间安全的技术基础。当前，世界范围内新一轮信息网络技术正迎来新的发展浪潮，大数据、物联网、量子信息、云计算等新兴前沿技术的发展，正推动传统信息网络技术进入更新换代阶段，推动网络空间的技术基础、系统形态和安全机理发生深刻变化。应充分利用信息网络技术更新换代的宝贵“时间窗”，聚焦前沿新兴领域中对网络空间安全具有基础性、全局性影响的核心关键技术，加大自主信息网络技术和自主信息产业发展力度，持续推进“核高基”重大专项，积极营造自主可控应用的生态环境，下决心摆脱网络空间安全核心关键技术受制于人的被动局面，将国家网络空间安全的技术和产业发展的命脉牢牢掌控在自己手中。

（四）加快推进网络国防力量建设，积极构筑强大网络国防

网络空间对于国家安全的颠覆性影响，决定了建设网络强国的必要性和正确性。未来战争是信息化战争，网络战是信息化战争的主要作战样式。为了赢得信息化战争，必须抢占网络空间战略制高点，才能有效维护国家主权、安全和领土完整。因此，建设网络强国，发展网络空间国防力量刻不容缓，要努力提高对网络空间安全保障的积极防御能力。

一是构建符合国情军情的网络空间安全战略体系。牢固确立网络空间安全在国家安全中的战略地位，加强国家网络空间安全的顶层设计，加快形成符合我国国情军情的网络空间安全战略体系。习近平主席指出，没有网络安全就没有国家安全，没有信息化就没有现代化。这一重要论述，明确了网络空间安全的战略地位，为我国网络空间安全力量建设提供了强大动力。当前，国家网络空间安全涉及军队的“军政后装”，尤其是作战、装备部门，以及国家工业、金融、能源、交通、教育等部门。为此，应着眼推进跨领域、多部门网络空间安全体系构建，形成指导有力、要素完善、动态演化的网络空间安全战略体系。国家网络空间安全战略应深入开展国家网络空间安全态势评估，明确各部门自身网络空间安全策略，以及在国

家网络空间安全中的主要任务和职责分工，科学设计军民联动、覆盖全面、反应敏捷的网络空间安全力量体系、组织体系和制度体系。网络空间军事战略应着眼于军事行动安全、实施自卫反击和协同国土防御需要，科学规划网络空间“侦、攻、防、控”力量建设，明确网络空间军事力量建设运用的时机、原则和任务，以及与地方力量的协同关系。网络空间国际战略应着眼于反对网络空间霸权、争夺网络空间治理权和话语权，坚决维护国家网络空间主权利益、发展利益，积极推动国际网络空间的和平发展和共同繁荣。

二是加快推进网络空间军事力量建设。加快建设一支规模适度、攻防结合的网络空间军事力量，不断提高网络空间实战能力，为维护国家网络空间安全提供战略支撑。着眼于有效应对网络空间主要对手威胁和支撑信息化联合作战，以高素质复合型人才队伍为主体，加快构建网电一体、软硬结合、攻防兼备的网络空间力量体系，重点发展情报侦察能力、综合攻击能力、体系防御能力和影响控制能力，有效满足安全防御和有效反击任务需要。当前，应按照战略和战役层次，立足国家和军队网络安全和电子对抗力量基础，以指挥、侦察、攻击、防御、“三战”和保障 6 支力量为重点，设置直属全军的网络力量部队和配属各军兵种、战略和安全部门的侦察、攻击、防御、“三战”4 支网络力量部队，能够实现对敌国际互联网、关键基础设施、国防信息网、战场信息系统等进行防御作战。技术保障基地按照网络空间作战保障需要，建立核心装备技术研发、攻防靶场、联合作战演练等若干技术保障基地，为网络装备研究、开发、试验与评估提供技术支撑。

三是加强网络空间军事理论研究与运用。在信息化战争背景下，应加强网络空间军事理论研究，积极探索网络空间战斗力生成模式，着力提高我军网络空间作战能力。在战争发展演变的进程中，军事博弈已由平面战场、立体战场向虚拟多维战场延伸，战争的形态、作战方式和作战手段正发生革命性变革，赢得未来战争胜利不再依靠子弹和炸药而是字节和字符串，不再依靠军队规模而是依靠僵尸网络的数量，必将孕育和催生新的作战理论。加快网络空间作战理论创新研究，系统分析人类战争的历史演变，寻找战争的共同特点和规律，探索军事领域可能出现的新思想、新理论，深入研究网络空间作战理论、作战原则、作战样式，以及网络空间作战的力量体系的要素组成，科学判断各要素自身及相互关系的变化对网络空间作战形态的变化和演进。加强网络空间作战制胜机理研究，系统分析网络空间与物理空间的相互依存、相互制约和相互增强等关系，深入开展网络空间制权机理、攻击与防御机理、作战效果机理、自组织协同机理等方面的研究，积极探索网络空间作战制胜新机理、新途径。积极探索网络空间战斗力生成机理，着眼于国家网络空间安全战略，以提高部队战斗力为基点，系统剖析网络空间战斗力生成结构，分析结构中各战斗力要素的组成和相互作用关系，科学形成网络空间战斗力生成的新模式，为我军在网络空间能打仗打胜仗提供坚实的创新理论。在网络军事力量的运用上，应根据战略形势，重点研究网络动态防御、网络战局控制等问题，在有信息网络支持的其他空间作战，客观上要求具备网络空间安全的持续有效维持能力，以实现陆海空天和电磁空间内作战行动跨军种、跨机构的同步和一体化。军队信息化转型面临如何在信息领域、网络空间完成守土有责的使命重托，既要做好“养兵千日、用兵一时”的战时准备，也需准备并打赢“养兵千日、用兵千日”的平时应对，加速核心军事能力向新的作战领域拓展，向战略博弈的制高点聚焦。

四是创新发展网络空间先进对抗技术装备特别是“撒手锏”装备。着眼于提高自主创新能力，超前部署和重点发展网络空间先进对抗技术，着力突破具有自主知识产权的网络技术。加速军队关键核心技术的国产化进程，推动国产计算机关键软硬件在军队的规模应用。研发新一代具有自主知识产权的操作系统、路由器和高性能存储与处理芯片等核心软硬件。加强安全测试和主动预警手段建设，全力打造一体化的防火墙、入侵检测、防病毒、信道和信息加密、区域隔离等安全系统。研发基于战略网络战和战场网络战的攻击渗透技术，重视网络攻防武器的开发应用，建立以隐蔽渗透、控制利用和攻击破坏为重点的网络作战系统，以及以干扰卫星、数据链等为重点的陆、海、空、天、电、网相结合的电子战系统。紧跟网络空间技术发展前沿领域，加大对量子科技、物联网和云计算等新技术的研发力度。按照“系统设计，突出重点，逐步完善”的思路，以网络空间整体攻防能力为核心，规划安全防护和攻击策略，使用先进成果，优化部署策略，实现网络信息安全、共享和融合，安全预警、监控、保护、响应和恢复一体化，以独创技术筑牢网络空间信息安全屏障，以前沿科技促进网络空间攻防能力全面提升。应积极发展维护网络空间国防安全的“撒手锏”装备，努力打造具有中国特色的网络空间武器装备体系。

五是加强网络空间联合军事演练。举行网络攻防演练具有积极意义，攻防队伍实施“背靠背”的演练，通过攻防对抗，考验防守方的安全防护能力以及对安全事件的监测发现能力和应急处置能力。通过对抗、复盘和研讨，总结经验教训，对提升网络安全保障整体能力和水平具有突出价值。目前，国外典型的网络空间演习包括美国的网络风暴、网络卫士、网络旗帜和网络盾牌等一系列演习；北约组织的“锁盾”系列演习，等等。应该学习和借鉴国外网络空间联合军演的经验教训，适时加紧启动国家层面网络空间攻防测试演练，组织针对国家关键信息基础设施的网络空间攻防演练，并形成常态化的机制。网络空间对抗演练是一种将参演选手接入预设的网络中相互攻击对抗，锻炼安全技术的过程。主要演练模式包括单对单对抗、单向攻击对抗、高地抢夺和阵地互攻击 4 种对抗演练模式。举办高质量的网络攻防演练可以发现目前网络存在的隐患并及时弥补，加强部门之间协同响应，同时也可为培养高水平网络攻防人才提供技术支撑，为国家的网络安全决策提供依据。应组织针对国家关键信息基础设施的网络攻防演练，并形成常态化的机制，已经成为提高网络攻防能力的重要训练方法。应大力开展战场网络防护训练，在官兵中普及漏洞、病毒、木马、黑客等网络安全基础知识，了解网络战基本理论，提高官兵网络安全素养；突出抓好各类网络操作人员的技能训练，确实把网络防护基本技能训细、训实、训精。

六是构建平战结合军民融合的网络国防体系。充分发挥我国制度优势，推进我国网络空间安全力量军民融合式发展，科学构建军民联动、平战结合的国家网络空间安全防御体系。网络空间具有“平战结合、军民一体”的特点，决定了网络空间安全体系必须采取军民融合发展模式。美国国防部新版网络空间安全战略的重要特点，就是广泛动员军民人力、技术和产业资源，加快在网络空间形成突出的军事和技术优势。我国应充分发挥制度优势和网络大国的优势，积极推动网络空间作战力量的军民融合发展，充分吸纳军队、地方专业技术力量以及孕育在民间的网络攻防人才，形成国家统一指挥体制下的各方“主力军”和“游击队”相结合的力量体系；通过完善构建军民融合的组织领导、规划计划、协同创新和产业发展的国家网络空间安全体系，推动军民两用网络信息技术的发展，优化军民两用网络信息产业布局，加快形成“既能驰骋市场又能决战沙场”的信息科技产业基础；建立完善军民融合网络国防动员体系，明确网络空间安全军民联动体制和运行机制，推动军民融合的网络空间行动联合演习，积极探索如何在网络空间中发挥人民战争威力，凝聚制衡强敌、反对霸权的巨大能量，实现我国由网络大国向网络强国的飞跃。

（五）制定科学的网络空间法律体系，有秩序推进网络空间发展与治理

坚持利用制度的规范性、强制性、普遍性、稳定性有效维护网络秩序，使网络强国建设能够真正建立在制度保障的基础之上。因此，要进一步完善国家网络信息安全法律体系，制定新的网络信息安全法律，规范网络空间主体的权利和义务，尤其在网络犯罪、信息资源保护使用、信息资源和数据的跨国流动等方面加强立法，明确相关主体应当承担的法律责任和义务，逐步构建起信息安全立法框架。

一是完善法律法规，加强对网络空间安全的监管。有法可依是有序推

进工作，解决无谓争端的基础。我国网络空间安全的法律法规制定与实施还处于初级阶段，实施过程中还存在很多法律规定的空白，对于不断出现的各种各样网络违法犯罪行为，不能及时有效应对并给予相应处罚。面对我国网络空间安全管理秩序混乱、网络安全系统存在潜在隐患的局面，政府部门应建立健全相关的法律制度，细化网络违法犯罪法律界定范围和量刑标准，加大网络违法犯罪的打击力度，做到有法可依、执法必严、违法必究，这不仅是维护我国网络空间安全的重要举措，更是维护社会治安的关键。另外，网络社会与现实社会一样，既要制定法律要求人们自觉遵守法律，更要强调自由，提倡自律。加强对公共互联网空间安全的治理和监管，更要重视网络行业的自我管理，净化网络空间，对网上商城、增值电信业务经营者网络安全进行管理，加强行业自律。同时，继续开展针对木马、僵尸网络、移动互联网恶意程序、网络钓鱼、拒绝服务攻击等安全威胁的清理和处置，更好地构建良好的网络安全秩序，更好地保障广大网民的合法权益。

二是推动网络空间科学立法，这是网络空间法治化的前提和基础。必须坚持立法先行，发挥立法对规范网络空间秩序的引领作用。如今，国家已经制定了《网络安全法》，这是国家层面制定的一部规范网络空间各类关系的基本法，确定了网络空间法治建设的总体框架，明确政府、企业、网民等相关主体的权利与义务。在此基础上，应坚持“立改废释”并举，形成多层次的法律体系。“立”，就是加强对新领域的立法工作，填补制度空白。“改”，就是现行法律法规要随着互联网发展中出现的新情况，进行不断修改和完善。“废”，就是要对那些与上位法相违背、过时的法律法规进行清理、废止。“释”，就是通过司法机关对网络空间法律的具体适用进行解释。坚持开门立法，在完善网络法律法规过程中，可委托网络研究组织、互联网协会组织等第三方机构起草网络法律法规草案，广泛征求利益相关者的意见及建议，推进立法的公开化、民主化。

三是坚持网络空间严格执法，是网络空间法治化的关键和核心。必须坚持依法管理网络空间，保障网络空间主体履行责任、享受权利，在法治轨道上提升治网能力。一方面要加强部门间的协调配合，通信管理部门要在网信部门的统一协调下，按照分工加强配合，形成网络管理合力；另一方面要强化依法行政的意识，通信管理部门要根据法律法规的规定，重点加强对增值电信业务市场的事中、事后监管，做好非经营网站的备案管理和电话用户实名制工作，配合公安、宣传等部门开展网络各类专项整治行动，打击网络淫秽色情等行为，及时有效处置网上有害信息。

四是促进全民守法，这是网络空间法治化的目标和根本。充分利用网络手段，开展普法教育，让广大网民认识到网络不是“法外之地”，养成按照法治观念思考、分析、解决问题的价值取向、行为习惯和行为模式，有效遏制网络违法犯罪行为的发生。充分发挥互联网协会等社团组织的作用，通过签订互联网行业自律公约等方式，引导互联网企业依法合规经营。发挥网络文化的道德教化作用，把网络空间法治化的理念深度嵌入网络文化发展过程中，推动法治理念家喻户晓、深入人心，使网络守法从外在约束转化为内在自觉。

（六）加速网络空间人才培养，打造高素质网络空间建设人才队伍

“千军易得，一将难求。”人才是夺取网络空间战略优势的关键，应大力培养网络安全方面的专业性人才。当前，网络空间安全日趋尖锐复杂，关键信息、基础设施、重要数据和个人隐私都面临新的威胁和风险，而网络安全人才却严重短缺。因此完善网络安全人才队伍的建设刻不容缓。当前，无论是在网络安全技术人才储备上，还是网络安全研究人才培养上，中国都存在巨大的市场供需缺口，总需求量超过 70 万人，并以每年 1.5 万人的速度递增，人才缺口巨大[①]。因此，要培养造就世界水平的科学家、网

---

① 《专家：我国网络安全专业人才缺口达 70 万　每年递增 1.5 万人》，中新网，http：//www.chinanews.com/cj/2017/02-28/8162018.shtml。

络科技领军人才、卓越工程师、高水平创新团队。

一是加强网络安全人才顶层设计。从国家战略高度统一部署，组织多方力量加强国家网络安全人才顶层设计，建立我国网络安全人才岗位框架体系，制定网络安全人才战略，协同各部门共同推进网络安全人才队伍建设工作。科学引导网络空间安全人力资源的建设，积极构建多层次、多学科、多来源的国家信息安全专业人才队伍。除了网络信息安全的院校专业人才培养，国家相关部门应大力加强网络空间人才培养力度，加大宣传和教育投入，培育全社会公众网络空间信息安全素养和能力。不仅要培养高水平的技术研发人员，还要着力提高那些从事网络监控、网络执法、网络对抗等工作的专门人员的专业素质和业务技术水平，提高“网络哨兵”“网络警察”“网络卫士”的实战能力，建立起以专业部队为核心、外围力量多元互补的强大网络国防力量。从而改善国家安全整体环境，打牢“积极防御”网络空间战略的人力资源基础。

二是强化高校对网络安全人才的培养。加强我国网络安全学科建设，扩大网络安全专业招生数量，逐步实现我国网络安全人才体系化、规模化培养。引导和支持高等院校设置相关专业、完善课程体系、转变教学模式。推动高等院校设立网络信息安全一级学科，加强相关学科、师资队伍建设，丰富信息安全教学资源，提高人才教育水平。加强高校网络安全实验室建设，提升高校实验课程设置和指导能力，为学生提供实践环境。要构建全面的网络安全专业人才培育系统，不仅包括掌握过硬网络安全本领的技术人才，而且还包括那些精通多门通用外语、熟悉国际国内法律法规、擅长国际规则谈判制定、了解国际政治经济关系等涉及网络安全各个重要方向的研究人才。通过大胆尝试改革研究人才培育模式，力争培养出一批创新能力强、业务素质硬、政治靠得住的网络安全研究人才，切实提升中国对外网络安全话语的创造力、传播力和影响力，从而更好地维护中国在网络空间的合法权益。

三是重视网络安全职业培训。建立网络安全职业认证制度和考培分离制度，完善网络安全培训体系制度环境。大力支持职业培训机构发展，建设网络安全培训课程体系和学习资源中心，不断更新课程体系，加强培训相关基础设施建设，壮大网络安全培训机构力量，建立以市场为主导的网络安全培训模式。鼓励用人单位和高校联合培养，大力推动“产学研”相结合的培养模式。加强大专院校与企业的合作，依托重点企业和相关课题，探索网络信息安全人才培养机制。设立专项的信息安全人才培养基金，与各类培训机构合作，积极开展信息安全人才社会化培训。研究多种选拔机制，借鉴印度、美国、英国等对网络人才的选拔方式，广泛从民间选拔和搜寻网络人才。

四是要完善人才培养、选拔、使用、评价、激励机制。只有网络安全高层次人才队伍不断壮大，才能为网络强国保驾护航。要完善人才培养、选拔、使用、评价、激励机制，破除壁垒，聚天下英才而用之，为网信事业发展提供有力人才支撑。要探索网信领域科研成果、知识产权归属、利益分配机制，在人才入股、技术入股以及税收方面制定专门政策。在人才流动上要打破体制界限，让人才能够在政府、企业、智库间实现有序顺畅流动。国外那种“旋转门”制度的优点，我们也可以借鉴。要顺势而为，改革人才引进各项配套制度，构建具有全球竞争力的人才制度体系。不管是哪个国家、哪个地区的，只要是优秀人才，都可以为我所用。

五是建立适应网信特点的人事和薪酬制度。要采取特殊政策，建立适应网信特点的人事制度、薪酬制度，把优秀人才凝聚到技术部门、研究部门、管理部门中来。要建立适应网信特点的人才评价机制，以实际能力为衡量标准，不唯学历、不唯论文、不唯资历，突出专业性、创新性、实用性。互联网领域的人才，不少是怪才、奇才，他们往往不走一般套路，有很多奇思妙想。对待特殊人才要有特殊政策，不要求全责备，不要论资排辈，不要都用一把尺子衡量。

（七）推动网络空间安全国际合作，共建网络空间命运共同体

从北京飞往纽约最少需要 13 个小时，而在北京访问纽约的网站，数秒就可以实现。从诞生以来，互联网就以其“无远弗届”的特点，迅速发展壮大。在虚拟的网络空间里，三维世界成了二维平面，人类从来没有如现在这般紧密相连。当前，全球治理体系和国际秩序变革加速推进，各国相互联系和相互依存日益加深。因此，习近平总书记强调，“各国应该加强沟通、扩大共识、深化合作，共同构建网络空间命运共同体”。这为我们推进网络强国建设，统筹国内、国际两个大局指明了方向。推动网络空间开放、合作、交流、共享，推动共建网络空间命运共同体，是推动构建人类命运共同体的应有之义和全球视野下的理性价值选择。

一是积极推动网络空间安全的国际合作。互联网时代，各国的网络空间实际上是不可分割的整体，一国网络边疆的有效治理还有赖于良好的国际网络环境。目前，面对不利的国际网络环境，消极地躲避退让肯定于事无补，任由其发酵恶化也不可行，唯有积极主动地参与国际网络合作，在趋利避害的同时，努力改善国际网络环境，争夺国际网络空间的话语权。通过网络空间国际合作，一方面，积极参与全球信息安全的共同治理，共同应对跨国信息安全等互联网议题的讨论与研究；另一方面，积极参与国际互联网标准与规则的建构，改变我国在国际互联网标准制定方面的被动局面，更好地捍卫我国网络主权，维护国家的现实和长远利益。在合作过程中，采取网络人文交流、网络技术合作、网络空间治理 3 种主要网络空间国际合作形式，通过加强与其他国家和国际组织在网络空间安全标准、技术等方面的合作交流，共同推动网络空间国际法制定、网络空间国际监督机制和全球制裁方案的形成，最终推动全球化时代网络空间安全机制的建立和实施。在实施过程中，应注意发挥网络人文交流的宣传作用，推进“民心相通”，增强共识与认同感；加强网络技术合作，主要包括网络基础设施建设、网络规制构建、网络技术提升以及双边网络安全维护；网络空

间治理应平衡国内、国际两方面需求，注意主体的多元性，形成政府、企业以及普通民众协同推进的局面。

二是建立适应全球的网络空间安全治理话语体系。当今时代，具有高度全球化特征的互联网给世界各个角落的人类带来极大便利的同时，也对各个主权国家和民族的稳定、安全、发展利益造成了潜在的威胁。任何一个国家对自己主权利益的维护不应该以牺牲他国利益为前提，因此，一个安全、稳定、繁荣、共享的网络生态空间，对一国乃至世界和平与发展都具有重大意义。推进网络空间命运共同体建设是历史发展的必然。从互联网基础设施、互联网平台建设、互联网技术创新与经济融合发展等方面来细分，网络空间命运共同体建设主要包括：加快全球网络基础设施建设，促进互联互通；打造网上文化交流共享平台，促进交流互鉴；推动网络经济创新发展，促进共同繁荣；保障网络安全，促进有序发展；构建互联网治理体系，促进公平正义。中国特色社会主义进入新时代，互联网作为信息传播的新渠道、社会治理的新平台、国家主权的新疆域，积极探寻有效路径，最大限度利用网络空间发展潜力，维护我国网络空间安全，构建合理的网络空间话语体系，与世界各国一同构建“网络空间命运共同体”，是新时代维护我国网络空间安全的应有之义，更是必然选择，是贯彻落实习近平总书记网络强国战略思想的主要渠道，更是中华民族伟大复兴中国梦早日实现的有力保障。从《网络空间国际合作战略》的发布，到杭州 G20 峰会《二十国集团数字经济发展与合作倡议》的签署；从共同推动互联网关键资源管理权完成转移，到积极助推互联网域名地址分配机构的国际化进程……中国在推动构建网络空间命运共同体中扮演的角色越来越重要。

三是积极推进网络空间国际法建设。推进网络空间国际法建设是建立公正合理的网络空间国际秩序的必然选择。为此，应该注意把握以下几点：首先，遵循国际法基本原则。网络空间应与其他空间一致，在制定法律法规时遵循国际法基本原则，即不使用武力、和平解决争端。基于《联合国海洋法公约》《关于各国探索和利用包括月球和其他天体的外层空间活动所应遵守原则的条约》等国际法规定，已经确立的国际法基本原则，网络空间国际法也应遵循。与此同时，鉴于网络空间国际法自身特点，应确立网络通信自由原则、信息安全原则等，利用这些原则对网络空间国际法加以规范，确保网络空间国际法能够维系良好的网络秩序。其次，制定网络空间国际法管辖规则。从网络的本质来看，即便网络具有虚拟性、匿名性，但利用技术手段仍可以追踪到幕后操作的个体，可以确定该个体的国籍。因此，可遵循属人管辖原则。与此同时，还可以依据网络空间设施设立管辖权，如计算机、路由器等基础设施必然会在某国领土范畴之内，可以通过这些设施确定管辖权。如果无法确定个体国籍，也无法找寻相关网络设备归属地，可以结合效果原则和最密切关系原则，确定与该网络行为最密切关系的国家具有管辖权。此外，还应明确网络空间国际法责任范畴。网络空间国际法归责主要把握以下几点：其一，确定归责原则。国际法归责原则可以参考《国家责任条款》，并结合互联网自身特征，详细拟定网络空间国际法归责原则。其二，区分不同主体的责任。互联网用户是责任的直接承担者，而网络运营商也要承担相应的连带责任，在连带责任判断时要遵循是否存在过错。其三，制定免责条款，规定在某些特殊情况下，责任主体可以免责。

四是提高网络空间全球治理能力。随着网络危机在全球的持续性爆发，单方面的网络空间国家治理不能满足当前解决危机的需求，全球治理成为必然选择。网络空间权力机构缺失、治理主体多元化、缺少国际规范，这些因素导致了全球网络空间治理出现决策权分散、治理低效和治理碎片化的困境。如今，网络空间治理的争议聚焦于关键基础设施控制权、网络空间标准制定、网络主权与网络自由的分歧、网络知识产权、治理模式和治理平台等热点议题。当前，以美国为主的发达国家出现逆全球化和贸易保护主义的新趋势，加剧了这种博弈态势，网络空间治理的难度上升。因此，我们要高度重视全球治理的这个新前沿，积极参与国际合作，构建和平、安全、开放、合作的网络空间新秩序。目前，中国网络空间治理仍然存在核心技术研发能力薄弱、全球网络空间制度性话语权的缺失、中国坚持的网络主权原则没有在国际社会达成共识等问题。中国需要加强以上 3 方面的建设和投入，加强国际合作的组织协调能力，以创新驱动发展，积极参与构建网络空间命运共同体，有序推动当前国际网络空间治理体系的变革。努力为国际社会提供更多公共产品，分享数字红利，减少数字鸿沟，引导全球治理走向更具包容性的道路。

五是努力推动建立公正合理的网络空间国际秩序。中国提出的网络空间治理理念和治理模式与传统的西方观点并非完全对立。各方尽可能地寻求共识，在一定程度上会对网络空间规则乃至国际法的构建大有助益。中国提出的“构建网络空间命运共同体”的倡议打破了西方“网络自由”“网络民主”等价值观念的束缚，更强调维护全人类在网络空间中的共同利益。这有助于推动建立公正合理的网络空间国际秩序，促使各方摆脱成见，共同营造安全稳定繁荣的网络空间。在推动建立公正合理的网络空间国际秩序过程中，要贯彻落实尊重网络主权、维护和平安全、促进开放合作、构建良好秩序的“四项原则”；贯彻落实加快全球网络基础设施建设、促进互联互通，打造网上文化交流共享平台、促进交流互鉴，推动网络经济创新发展、促进共同繁荣，保障网络安全、促进有序发展，构建互联网治理体系、促进公平正义的“五点主张”。积极开展各领域双边、多边国际交流合作，共建网络空间命运共同体。

六是共建网络空间命运共同体。当前，全球治理体系和国际秩序变革加速推进，各国相互联系和相互依存日益加深，国际力量对比更趋平衡。要贯彻落实习近平总书记提出的“四项原则”和“五点主张”，积极开展各领域双边、多边国际交流合作，共建网络空间命运共同体。

近年来，中国基于自身的网络主权需要，在国内加强了依法治网、依法管网，取得了显著成效。同时，积极参与全球互联网治理，倡导和推动互联网领域的国际交流与合作，共同维护全球互联网安全和发展，共同分享全球互联网机遇和成果。针对当前全球互联网治理不公平、不合理、不可持续的现状，站在人类未来的制高点上所提出的重塑互联网国际治理秩序的中国方案，以互联网为切入点重塑国际公正合理新秩序的中国努力，尤其反映了广大发展中国家的利益和心声，体现了中国作为负责任网络大国的胸怀和担当。

结束语

建设网络强国是一个复杂的系统工程。在信息化时代，各国对于网络空间的争夺已日趋激烈。面对日益严峻的国际网络空间形势，我们要立足国情，创新驱动，解决受制于人的问题。在习近平新时代中国特色社会主义思想和总体国家安全观指引下，举国上下有信心也有决心探索网络强国建设新路径，开拓全球网络治理新境界，全面推进网络强国建设，构建牢固的网络安全保障体系，一定能够把我国建设成为网络强国！

参考文献

[1]《习近平：在第二届世界互联网大会开幕式上的讲话》,《人民日报》2015年12月17日，第2版。

[2] 全军军事术语管理委员会、军事科学院：《中国人民解放军军语》，军事科学出版社2011年版。

[3] 张晓松、朱基钗：《习近平：自主创新推进网络强国建设》，新华社，2018年4月22日。

[4] 张舒、李淼：《2018年度国内外网络空间安全形势回顾》,《信息安全与通信保密》2019年第2期。

[5]《2018年全球网络空间安全动态发展综述》,《网信军民融合》2019年第1期。

[6] 桂畅旎：《2018年国际网络安全形势回顾》,《中国信息安全》2019年第1期。

[7] 翟贤军、杨燕南、李大光：《网络空间安全战略问题研究》，人民出版社2018年版。

[8] 方滨兴：《定义网络空间安全》,《网络与信息安全学报》2018年第4期。

[9] 李大光、李万顺：《基于信息系统的网络作战》，解放军出版社2010年版。

[10] 郭世泽：《网络空间及相关概念辨析》,《军事学术》2013年第3期。

[11] 张显龙：《自主创新推进网络强国建设》,《人民日报》2018年5月24日。

[12] 欧阳杰同、欧阳材彦：《信息安全、网络安全、网络空间安全的研究》,

《信息与计算机》2018 年第 1 期。

[13] 叶征、赵宝献:《网络战作为信息时代战略战已成为顶级作战形式》,《中国青年报》2011 年 6 月 3 日。

[14] 张焕国、韩文报、来学嘉等:《网络空间安全综述》,《中国科学:信息科学》2016 年第 2 期。

[15] 闫怀志:《网络空间安全原理、技术与工程》,电子工业出版社 2017 年版。

[16] 魏亮、魏薇等编著:《网络空间安全》,电子工业出版社 2017 年版。

[17] 邬江兴:《网络空间拟态防御导论》,科学出版社 2018 年版。

[18] 程群、何奇松:《美国网络威慑战略浅析》,《国际论坛》2012 年第 5 期。

[19] 赵秋梧:《论网络空间战争的特征及其本质》,《南京政治学院学报》2015 年第 2 期。

[20] 倪良:《论网络安全对国家安全的颠覆性影响》,《中国信息安全》2016 年第 9 期。

[21] 惠志斌、覃庆玲、张衡等:《中国网络空间安全发展报告》,社会科学文献出版社 2017 年版。

[22]《第 44 次中国互联网络发展状况统计报告(全文)》,http://www.cac.gov.cn/2019-08/04/c_1121427728.htm,2019-08-04。

[23] 高见、王安:《面向网络攻击的能力评估分类体系研究》,《计算机应用研究》,中国知网,https://doi.org/10.19734/j.issn.1001-3695.2019.01.0075。

[24] 陈文玲:《互联网引发全面深刻产业变革》,《人民日报》2017 年 3 月 9 日。

[25] 朱启超:《各国网军争雄第五维空间》,新华网,2015 年 12 月 18 日。

[26] 沈逸:《网络空间国家主权的理论与实践》,《21 世纪经济报道》2016 年 1 月 11 日,第 8 版。

[27] 盘冠员、章德彪:《网络反恐大策略:如何应对网络恐怖主义》,时事出版社 2016 年版。

[28] 刘欣然:《网络攻击分类技术综述》,《通信学报》2004 年第 7 期。

[29] 王传军:《美国发布网络战争新战略》,《光明日报》2015 年 4 月 25 日。

[30] 袁艺:《建设网络强国必须谋划打赢网络战争》,《中国信息安全》2015 年第 3 期。

[31] 王吉伟:《"互联网 +" 未来发展十大趋势》, 网易科技报道, 2015 年 4 月 3 日。

[32] 郝叶力:《对网络国防问题的认识与思考》,《信息对抗学术》2011 年第 1 期。

[33] 崔文波:《自议网络空间主权》,《江南社会学院学报》2017 年第 3 期。

[34] 闫州杰、付勇、刘同等:《我国网络空间安全评估研究综述》,《计算机科学与应用》, 2018 年 8 月, https: //doi.org/10.12677/CSA.2018.812206。

[35] 檀有志:《安全困境逃逸与中美网络空间竞合》,《理论视野》2015 年第 2 期。

[36] 方有培、汪立萍、赵霜等:《以色列空袭叙利亚核目标中的网络战》,《航天电子对抗》2010 年第 6 期。

[37] 陈婷:《追求网络空间绝对优势——透析美国网络空间安全战略》,《解放军报》2017 年 4 月 13 日。

[38] 吕晶华:《美国接连发布两份网络战略报告》,《世界知识》2018 年第 23 期。

[39] 林丽枚:《欧盟网络空间安全政策法规体系研究》,《信息安全与通信保密》2015 年第 4 期。

[40] 蔡翠红:《网络地缘政治: 中美关系分析的新视角》,《国际政治研究》2018 年第 1 期。

[41] 陈航辉、费玉春:《备战第五空间, 美军网络部队如何练兵》,《解放军报》2018 年 1 月 18 日。

[42] 司春磊、陈晶晶:《新时代我国网络空间安全面临的挑战及应对》,《人民法治》2019 年第 2 期。

[43]《2018 年我国互联网网络安全态势综述》, 新华社, 2019 年 6 月 10 日电,《人民日报》2019 年 6 月 11 日。

［44］黄道丽：《全球网络安全立法态势与趋势展望》，《信息安全与通信保密》2018 年第 3 期。

［45］张文君：《建设网络强国的三重意蕴》，《经济日报》2019 年 9 月 16 日。

［46］彭波、张璁、倪弋：《迈出建设网络强国的坚实步伐—习近平总书记关于网络安全和信息化工作重要论述综述》，《人民日报》2019 年 10 月 19 日。

［47］刘勃然、黄凤志：《网络空间国际政治权力博弈问题探析》，《社会主义研究》2012 年第 3 期。

［48］［美］马丁·C. 比利基：《美国如何打赢网络战争》，薄建禄译，东方出版社 2013 年版。

［49］《2017 中国网站安全形势分析报告》，http：//zt.360.cn/1101061855.php?dtid=1101062368&did=490995546，2018-01-23。

［50］http：//tass.com/society/1055048，last visited on 26th April，2019.；https：//www.themoscowtimes.com/2019/04/21/russias-sovereign-internet-law-will-destroy-innovation-a65317，last visited on 26th April，2019.

［51］Wright，Joe；Jim Harmening（2009）．“15”.In Vacca，John.Computer and Information Security Handbook. Morgan Kaufmann Publications.Elsevier Inc. p.257.ISBN 978-0-12-374354-1.

［52］See http：//sozd.duma.gov.ru/bill/608767-7，last visited on 26th April，2019.

［53］Kenneth Lieberthal and Peter W. Singer，“Cybersecurity and US-China Relations，” 21st Century Defense Initiative at Brookings，February 12，2012.

［54］Department of Defense，“Sustaining U.S.Global Leadership：Priorities For 21st Century Defense”，January2012，http：//www.defense.govnewsDefense_Strategic_Guidance.pdf.

［55］Mayer，M.，Martino，et al. G.（2014）How Would You Define Cyberspace? http：//www.academia.edu/7097256/How_would_you_define_Cyberspace.

后记

多年来，我一直关注网络空间安全问题，并对这一领域进行跟踪研究，本书是近年来研究网络空间安全的最新成果。

研究的出发点和落脚点是为从事网络空间安全的研究人员提供具有重要参考价值的资料。因此，我本着为使用者负责的精神，按照学术研究的严谨科学思维，对当今世界网络空间安全战略问题进行了全面、认真和深入的研究，既重视研究的学术性，又重视在理论上增加深度，同时还体现网络空间的最新形势。如本书能为全国广大读者开阔眼界，增加一点知识，能为从事相关研究的科研人员提供一点帮助，乃是本人的最大心愿！

值此本书出版之际，特别向为本书顺利出版提供帮助的有关人士表示衷心的感谢！首先，衷心感谢为本书面世做间接贡献的专家学者！没有他们前期研究撰写的相关学术著作和研究文章，就不会有本书的面世。此外，还要感谢我身边所有为本书研究撰写出力的亲朋好友！没有他们的支持和帮助也不可能有本书的面世。同时在此说明一点，由于本人的学识和能力所限，本书内容难免会有错漏，敬请广大读者和相关领域的专家学者批评指正！

李大光

2021 年 8 月 28 日于海淀田村山